工程质量控制与技术
——主体结构

陈　坤　王改成　邢慧娟　编著

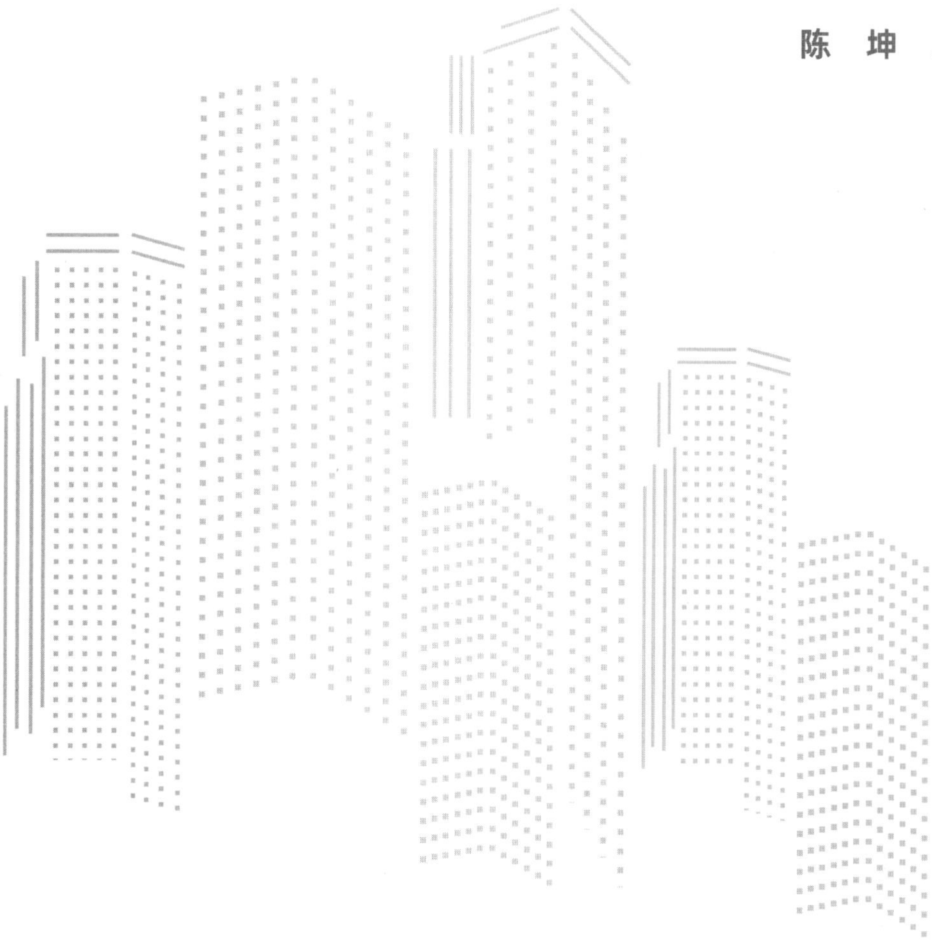

GONGCHENG ZHILIANG
KONGZHI YU JISHU
——ZHUTI JIEGOU

哈尔滨工程大学出版社
Harbin Engineering University Press

图书在版编目(CIP)数据

工程质量控制与技术：主体结构/陈坤，王改成，邢慧娟编著．—哈尔滨：哈尔滨工程大学出版社，2021.1
ISBN 978-7-5661-2936-9

Ⅰ.①工… Ⅱ.①陈… ②王… ③邢… Ⅲ.①混凝土结构-工程质量-质量控制 Ⅳ.①TU37

中国版本图书馆 CIP 数据核字(2020)第 272791 号

责任编辑：张　彦
封面设计：天　一

出版发行　哈尔滨工程大学出版社
社　　址　哈尔滨市南岗区南通大街 145 号
邮政编码　150001
发行电话　0451-82519328
传　　真　0451-82519699
经　　销　新华书店
印　　刷　河南省环发印务有限公司
开　　本　880 mm×1230 mm　1/16
印　　张　19.5
字　　数　508 千字
版　　次　2021 年 1 月第 1 版
印　　次　2021 年 1 月第 1 次印刷
定　　价　88.00 元
http://www.HRB eupress.com
E-mail:heupress@HRB eu.edu.cn

编写人员及单位

主　编　陈　坤　王改成　邢慧娟

副主编　周宝国　郑　委　白艳娟　陈　华

参　编　朱关锋　郝　杰　刘明磊　单意超　史怀香　魏　新
常海庆　朱　英　吴　铮　陈　俊　张　勇　刘国政
郑西平　高清渊　郑军伟　王智勇　孔　川　樊伟强
杜　峰　陈仕开　辛　伟　王云飞　酒　江　孟成龙
刘若瀚　刘志刚　乔蒙丹　汤劲松　李治峰　吴　睿

主　审　张　达　李珉安　蒋雅南　张巧云　李献勇

主要参编单位　河南聚誉帆工程技术咨询有限公司
河南省住房和城乡建设厅
河南省建设工程质量监督总站
郑州市工程质量监督站
安阳市建筑工程质量监督站

PREFACE

前　言

混凝土结构已成为基本建设工程中常用的建筑形式之一。由于混凝土结构材料自身和使用环境的特点,混凝土结构存在严重的质量问题。由混凝土结构质量而导致的经济损失是非常严重的问题。我国地域广阔,自然地理环境不同,混凝土的生产过程也不同。通过对混凝土结构的材料及使用功能进行研究,一方面可以对既有建筑结构物进行科学性评定和质量预测,选择有利于混凝土结构的正确处理方法;另一方面有益于新建工程项目的混凝土结构设计。因此,混凝土结构的材料研究既有服务于现役结构正常使用的现实意义,又有知道待建混凝土结构质量设计的理论意义。

本书详细介绍了主体结构混凝土所涉及的材料要求、采用机具、施工方法、操作要点、质量控制、质量通病及应对措施、验收标准和需要提供的技术文件等内容,总结了混凝土的相关规范及规定,实现了创新发展的脉络。本书突出如下特点:

1. 全面系统性:国家验收规范内常用的分部、分项工程,标准中均有相应的施工工艺与之对应。

2. 科学先进性:淘汰了落后的施工工艺,增加了目前工程建设实际应用较多、管理较薄弱的分项工程施工工艺标准,总结出近年来先进工程管理技术和细部做法,为广大施工技术人员提供依据和参考。

3. 直观实用性:在编制过程中,采用直观图、示意图、数据、表格、图片等比较直观的方式来表述相关内容,做到通俗化、图解化,实用性强。

本书编写人员及编写分工如下:第一、二章由河南省建设工程质量监督总站邢慧娟组织编写,第三、四、五章由安阳市建筑工程质量监督站王改成编写,第六、七章由河南聚誉帆工程技术咨询有限公司陈坤编写,第八、九章由郑州市工程质量监督站周宝国组织编写,第十、十一章由河南省住房和城乡建设厅蒋雅南组织编写。全书由王改成、陈坤统稿和定稿。

由于时间紧、工作量大,加之编写人员水平有限,书中难免出现错误和疏漏之处,敬请广大读者批评指正,以便再版时修订。

编　者

2020 年 8 月

CONTENTS

目　　录

第一章　混凝土材料

第一节　建筑混凝土适用范围 …… 001
第二节　常用水泥主要技术指标要求 …… 028
第三节　砂的主要技术指标要求 …… 031
第四节　碎石或卵石的各项主要技术指标要求 …… 033
第五节　混凝土外加剂各项技术指标要求 …… 036

第二章　混凝土构件

第一节　竖向构件施工技术 …… 039
第二节　底板大体积混凝土施工技术 …… 050
第三节　预应力混凝土施工技术 …… 064
第四节　后张法无黏结预应力技术 …… 078
第五节　木散装模板技术 …… 085
第六节　模板施工技术 …… 093
第七节　大模板施工技术 …… 103
第八节　高大支模架体施工技术 …… 122

第三章　结构钢筋施工技术

第一节　钢筋施工技术 …… 137
第二节　钢筋的锚固 …… 142

第三节　钢筋的最小搭接长度 …… 143
第四节　钢筋绑扎技术 …… 143

第四章　钢筋连接技术

第一节　电弧焊接技术 …… 153
第二节　钢筋焊接一般规定 …… 159
第三节　钢筋电渣压力焊技术 …… 161
第四节　套筒挤压连接技术 …… 167
第五节　钢套筒技术要求 …… 172
第六节　滚压直螺纹套筒连接技术 …… 174

第五章　混凝土的拌制

第一节　常用混凝土搅拌机 …… 180
第二节　现场混凝土搅拌站 …… 184
第三节　混凝土搅拌施工要点 …… 188

第六章　混凝土养护与拆模

第一节　自然养护 …… 191
第二节　加热养护 …… 192
第三节　混凝土拆模 …… 194

第七章　混凝土质量检验

第一节　混凝土分项工程质量检验 …… 195
第二节　现浇混凝土结构分项工程质量检验 …… 197
第三节　混凝土强度检测 …… 200

第八章　混凝土裂缝的形成和控制

第一节　混凝土裂缝产生的主要原因 …… 204
第二节　大体积混凝土裂缝控制的计算 …… 205
第三节　大体积混凝土控制温度和收缩裂缝的技术措施 …… 213

第九章　常用特种混凝土

第一节　纤维混凝土 …… 215
第二节　聚丙烯纤维混凝土 …… 221
第三节　碳纤维片材加固混凝土结构技术 …… 222
第四节　玻璃纤维混凝土 …… 224
第五节　聚合物水泥混凝土 …… 227
第六节　轻集料混凝土 …… 230
第七节　耐火混凝土 …… 236
第八节　补偿收缩混凝土 …… 241
第九节　水下不分散混凝土 …… 243

第十章　砌体工程施工技术

第一节　预拌砂浆施工技术 …… 249
第二节　砖砌体工程施工技术 …… 257
第三节　小型空心砌块工程技术 …… 262
第四节　配筋砌体施工技术 …… 266
第五节　填充墙砌体施工技术 …… 271

第十一章　装配式混凝土结构技术

第一节　基本规定 …… 291
第二节　材料控制 …… 292
第三节　预制构件制作与运输 …… 293
第四节　施工过程控制 …… 296
第五节　检测 …… 300

第一章　混凝土材料

第一节　建筑混凝土适用范围

一、适用范围

建筑混凝土适用于建筑工程梁、板普通混凝土结构的施工，未涉及转换层大体积梁板混凝土、高性能混凝土、高强度等级混凝土、自流混凝土、超长结构混凝土、补偿收缩混凝土、整体式楼板、叠合楼板混凝土、纤维掺合料混凝土等其他特殊混凝土的施工。

二、施工准备

(一)技术准备

1. 图纸会审已完成。

2. 根据设计混凝土强度等级、混凝土性能要求、施工条件、施工部位、气温、浇筑方法、使用水泥、骨料、掺合料及外加剂，确定各种类型的混凝土强度等级所需的坍落度和初、终凝时间，委托有资质的专业实验室完成混凝土配合比设计。

3. 编制混凝土施工方案，明确流水作业划分、浇筑顺序、混凝土的运输与布料、作业进度计划、工程量等，并分级进行交底。

4. 确定浇筑混凝土所需的各种材料、机具、劳动力需用量，确定混凝土的搅拌能力是否满足连续浇筑的需求。

5. 确定混凝土施工用水、电，以满足施工需要。

6. 确定混凝土试块制作组数，满足标准养护和同条件养护的需求。

（二）材料要求

1. 水泥：应根据工程特点、所处环境及设计、施工的要求，选用适当品种和强度等级的水泥。普通混凝土宜选用硅酸盐水泥、普通硅酸盐水泥、矿渣硅酸盐水泥、火山灰质硅酸盐水泥及粉煤灰硅酸盐水泥。水泥的技术指标应符合水泥的主要技术指标要求。

2. 细骨料：当选用砂配制混凝土时宜优先选用Ⅱ区砂。对于泵送混凝土用砂，宜选用中砂。砂的各项主要技术指标应符合砂的主要技术指标的要求。

3. 粗骨料：当采用碎石或卵石配制混凝土时，其技术指标应符合碎石或者卵石技术的要求。

4. 掺合料。

（1）用于混凝土中的掺合料应符合现行国家标准《用于水泥和混凝土中的粉煤灰》（GB/T 1596—2017）、《用于水泥中的火山灰质混合材料》（GB/T 2847—2005）和《用于水泥中的粒化高炉矿渣》（GB/T 203—2008）的规定。当采用其他品种的掺合料时，其烧失量及有害物质含量等质量指标应通过试验，确认符合混凝土质量要求时方可使用。

（2）选用的掺合料应使混凝土达到预定改善性能的要求或在满足性能要求的前提下取代水泥。其掺量应通过试验确定，其取代水泥的最大量应符合有关标准的规定。

（3）掺合料在运输与存储中应有明显标志。严禁与水泥等其他粉状材料混淆。

5. 混凝土外加剂。

（1）选用混凝土外加剂时，应根据混凝土的性能要求、施工工艺及气候条件，结合混凝土的原材料性能、配合比及对水泥的适应性等因素，通过试验确定其品种和掺量。

（2）混凝土外加剂的各项技术指标要求应符合国家标准要求。

6. 水：混凝土拌制用水宜采用饮用水；当采用其他水源时，应进行取样检测，水质应符合国家现行标准《混凝土用水标准》（JGJ 63—2006）的规定。

（三）主要机具

主要机具包括混凝土生产设备、运输和泵送设备、浇筑和捣实设备、手工操作器具等。

（四）作业条件

1. 所有的原材料经检查，应全部符合设计配合比通知单所提出的要求。

2. 根据原材料及设计配合比进行混凝土配合比检验，应满足坍落度、强度及耐久性等方面的要求。

3. 新下达的混凝土配合比应进行开盘鉴定，并符合要求；需用浇筑混凝土的工程部位已办理隐检手续，混凝土浇筑的申请单已经有关人员批准。

4. 搅拌机及其配套设备经试运行安全可靠，同时配有专职技工，随时检修。电源及配电系统符合要求，安全可靠，所有计量器具必须具有经检定的有效期标识，地磅下面及周围的砂、石清理干净，计量器具灵敏可靠，并按施工配合比设专人定磅。

5. 管理人员向作业班组进行配合比、操作规程和安全技术交底，泵送操作人员经培训、考核合格，持证上岗。

6. 木模在混凝土浇筑前洒水湿润。

7. 依据泵送浇筑作业方案,确定泵车型号、使用数量,搅拌运输车数量、行走路线、布置方式、浇筑程序、布料方法等。

8. 浇筑混凝土必需的脚手架和马道已经搭设,经检查符合施工需要和安全要求,混凝土运输道路确保畅通。

三、关键要求

(一)材料的关键要求

1. 所用的水泥应有质量证明文件。质量证明文件内容应包括规定的各项技术要求及试验结果。水泥厂在水泥发出之日 7 d 内寄发的质量证明文件应包括除 28 d 强度以外的各项试验结果。28 d 强度数值应在水泥发出之时起 32 d 内补报。

2. 骨料的选用应符合下列要求。

(1)粗骨料最大粒径应符合下列要求:不得大于混凝土结构截面最小尺寸的 1/4,并不得大于钢筋最小净间距的 3/4;对混凝土实心板,其最大粒径不宜大于板厚的 1/3,且不得超过 40 mm。泵送混凝土用的碎石不应大于输送管内径的 1/3,卵石不应大于输送管内径的 2/5。

(2)泵送混凝土用的细骨料,对 0.315 mm 筛孔的通过量不应少于 15%,对 0.16 mm 筛孔的通过量不应少于 5%。

(3)泵送混凝土用的骨料还应符合泵车技术条件的要求。

3. 骨料在生产、采集、运输与存储过程中,严禁混入影响混凝土性能的有害物质。

4. 骨料应按品种、规格分别堆放,不得混杂。在其装卸及存储时,应采取措施使骨料颗粒级配均匀,保持洁净。堆放场地应平整、排水畅通,宜铺筑混凝土地面。

5. 不得使用海水拌制钢筋混凝土和预应力混凝土,不宜用海水拌制有饰面要求的素混凝土。

6. 混凝土拌合物中的氯化物总含量(以氯离子含量计)应符合下列规定:

(1)对素混凝土,不得超过水泥质量的 2%。

(2)对处于干燥环境或有防潮措施的钢筋混凝土,不得超过水泥质量的 1%。

(3)对处在潮湿并含有氯离子环境中的钢筋混凝土,不得超过水泥质量的 0.3%。

(4)预应力混凝土及处于易腐蚀环境中的钢筋混凝土,不得超过水泥质量的 0.06%。

(5)混凝土中氯化物总含量不得大于 0.3 kg/m^3。

(6)混凝土细骨料中氯离子含量应符合下列规定:

①对钢筋混凝土,按干砂的质量百分比计算不得大于 0.06%。

②对预应力混凝土,按干砂的质量百分比计算不得大于 0.02%。

(7)混凝土拌合物中的碱含量 $<3.0\ kg/m^3$。

(8)混凝土拌合物的各项质量指标应按下列规定检验:

①各种混凝土拌合物均应检验其坍落度。

②掺引气型外加剂的混凝土拌合物应检验其含气量。

③根据需要应检验混凝土拌合物的水灰比、水泥含量及均匀性。

混凝土拌合物的坍落度均匀，坍落度的允许偏差应符合表 1-1 的要求；维勃稠度（s）的允许偏差应符合表 1-2 的要求。

表 1-1　混凝土拌合物的坍落度允许偏差　　单位：mm

坍落度	允许偏差
≤40	±10
50～90	±20
≥100	±30

表 1-2　维勃稠度（s）允许偏差　　单位：s

设计值	≥11	10 至 6	≤5
允许偏差	±3	±2	±1

（9）掺引气型外加剂混凝土的含气量应满足设计和施工工艺的要求。根据混凝土采用粗骨料的最大粒径，其含气量的限值不宜超过表 1-3 的规定。含气量的检测结果与要求值的允许偏差范围应为 ±15%。

表 1-3　掺引气型外加剂混凝土含气量的限值

粗骨料最大粒径/mm	混凝土含气量/%
10	7.0
15	6.0
20	5.5
25	5.0
40	4.5

（10）各类具有室内使用功能的建筑用混凝土外加剂中释放氨的量应≤0.10%（质量分数）。

（11）混凝土拌合物应拌和均匀，颜色一致，不得有离析和泌水现象。

（二）技术的关键要求

1. 每一工作班正式称量前，应对计量设备进行零点校验。

2. 运送混凝土的容器和管道应不吸水、不漏浆。

3. 混凝土拌合物运至浇筑地点时的温度，最高不宜超过 35 ℃，最低不宜低于 5 ℃。

4. 在浇筑混凝土时，应经常观察模板、支架、钢筋、预埋件和预留孔洞的情况，当发现有变形、移位时，应立即停止浇筑，并应在已浇筑的混凝土凝结前修整完好。

5. 在浇筑与柱、墙连成整体的梁和板时，应在柱和墙浇筑完毕后停歇 1～1.5 h，使混凝土获得初步沉实后，再继续浇筑，或者采取二次振捣的方法进行。

6. 在浇筑混凝土时，应制作供结构拆模、张拉、强度合格评定用的标准养护和与结构同条件养护的试件。需要时还应制作抗冻、抗渗或其他性能试验用的试件。

7. 对于有预留洞、预埋件和钢筋密集的部位,应采取技术措施,确保顺利布料和振捣密实。在浇筑混凝土时,应经常观察,当发现混凝土有不密实等现象时,应立即予以纠正。

8. 水平结构的混凝土表面,应适时用木抹子磨平(必要时,可用铁筒滚压)搓毛两遍以上,且最后一遍宜在混凝土收水时完成。

9. 应控制混凝土处在有利于硬化及强度增长的温度和湿度环境中。

(三)质量的关键要求

1. 进场原材料必须按有关标准规定取样检测,并符合有关标准要求。

2. 生产过程中应测定骨料的含水率,每一工作班不应少于一次。当含水率有显著变化时,应增加测定次数,依据检测结果及时调整用水量和骨料用量。

3. 宜采用强制式搅拌机搅拌混凝土。

4. 混凝土搅拌的最短时间应符合表 1-5 的规定。搅拌混凝土时,原材料应计量准确,上料顺序正确。混凝土的搅拌时间、原材料计量、上料顺序,每一工作班至少应抽查两次。

5. 混凝土拌合物的坍落度应在搅拌地点和浇筑地点分别取样检测。所测坍落度值应符合设计和施工要求,其允许偏差应符合表 1-1 的规定。每一工作班坍落度检测不应少于一次。评定时应以浇筑地点的测值为准。在检测坍落度时,还应观察混凝土拌合物的黏聚性和保水性。

6. 混凝土从搅拌机卸出后到浇筑完毕的延续时间应符合表 1-8 的规定。

7. 混凝土运送至浇筑地点应立即浇筑入模。如混凝土拌合物出现离析或分层现象,应对混凝土拌合物进行二次搅拌。

8. 浇筑混凝土应连续进行。如必须间歇时,其间歇时间宜缩短,并应在前层混凝土凝结之前, 将次层混凝土浇筑完毕。混凝土运输、浇筑及间歇的全部时间不得超过混凝土初凝时间,当超过规定时间时,必须设置施工缝。

9. 混凝土应振捣成型,根据施工对象及混凝土拌合物性质应选择适当的振捣器,并确定振捣时间。

10. 混凝土在浇筑及静置过程中,应采取措施防止产生裂缝。由于混凝土的沉降及干缩产生的非结构性的表面裂缝,应在混凝土终凝前予以修整。

11. 施工现场应根据施工对象、环境、水泥品种、外加剂及对混凝土性能的要求,提出具体的养护方法,并应严格执行规定的养护制度。

(四)职业健康安全的关键要求

1. 施工现场所有的用电设备除作保护接零外,必须在设备负荷线的首端处设置漏电保护装置。

2. 每台用电设备应有各自专用的开关箱,必须实行“一机一闸一保”制,严禁用同一开关电器直接控制两台及两台以上用电设备(含插座)。

3. 各种电源导线严禁直接绑扎在金属架上。

4. 需要夜间工作的塔吊,应设置正对工作面的投光灯。塔身高于 30 m 时,应在塔顶和臂架端部装设防撞红色信号灯。

5. 分层施工的楼梯口和梯段边必须安装临时护栏。顶层楼梯口应随工程结构进度安装正式防护栏杆。

6. 作业人员应从规定的通道上下，不得在阳台之间等非规定通道进行攀登，也不得任意利用吊车臂架等施工设备进行攀登。

7. 混凝土浇筑时的悬空作业必须遵守下列规定：

(1)浇筑离地2 m以上独立柱、框架、过梁、雨篷和小平台时，应设操作平台，不得直接站在模板或支撑件上操作。

(2)特殊情况下如无可靠的安全设施，必须系好安全带、扣好保险钩，并架设安全网。

8. 机、电操作人员应体检合格，无妨碍作业的疾病和生理缺陷，并应经过专业培训、考核合格取得行业主管部门颁发的操作证，方可持证上岗。

9. 在工作中，操作人员和配合作业人员必须按规定穿戴劳动保护用品，长发应束紧不得外露，高处作业时必须系安全带。

10. 机械必须按照出厂使用说明书规定的技术性能、取载能力和使用条件正确操作，合理使用，严禁超载作业或任意扩大使用范围。

11. 机械上的各种安全防护装置及监测、指示、仪表、报警、信号装置应完好齐全，有缺损时应及时修复。安全防护装置不完整或已失效的机械不得使用。

12. 搅拌机作业中，当料斗升起时，严禁任何人在料斗下停留或通过；当需要在料斗下检修或清理料坑时，应将料斗提升后用铁链或插入销锁住。

13. 电缆线应满足操作所需的长度，电缆线上不得堆压物品或让车辆挤压，严禁用电缆线拖拉或吊挂振动器。

(五)环境的关键要求

1. 在机械产生对人体有害的气体、液体、尘埃、渣滓、放射性射线、振动、噪声等场所，必须配置相应的安全保护设备和三废处理装置。

2. 混凝土机械作业场地应有良好的排水条件，机械旁应有水源，机棚内应有良好的通风、采光及防雨、防冻设施，并不得有积水。

3. 作业后，应及时将机内、水箱内、管道内的存料、积水放尽，并应清洁、保养机械，清理工作场地。

4. 应选用低噪声或有消声降噪设备的混凝土施工机械，现场混凝土搅拌站应搭设封闭的搅拌棚，防止扬尘和噪声污染。

四、施工工艺

(一)工艺流程

混凝土搅拌→混凝土运输、泵送与布料→混凝土浇筑→混凝土振捣→混凝土养护。

(二)施工操作工艺

1. 混凝土搅拌。

(1)混凝土的搅拌要求。

①搅拌混凝土前，宜将搅拌筒充分润滑。搅拌第一盘时，宜按配合比减少粗骨料用量。在全部混凝

土卸出之前不得再投入拌合料，更不得采取边出料边进料的方法进行搅拌。

②混凝土搅拌中必须严格控制水灰比和坍落度，未经试验人员同意严禁随意加减用水量。

③混凝土的原材料计量。

水泥计量：搅拌时采用袋装水泥时，应抽查 10 袋水泥的平均质量，并以每袋水泥的实际质量按设计配合比确定第一盘混凝土的施工配合比；搅拌时采用散装水泥的，应每盘精确计量。

外加剂及混合料计量：对于粉状的外加剂和混合料，宜按施工配合比确定第一盘的用料，预先在外加剂和混合料存放的仓库中进行计量，并以小包装运到搅拌地点备用；液态外加剂应随用随搅拌，并用比重计检查其浓度，宜用量筒计量。

混凝土原材料每盘称量的偏差应符合表 1-4 的规定。

表 1-4　原材料每盘称量的允许偏差

材料名称	允许偏差/%	
水泥、掺合料	≥C60 ±1%	<C60 ±2%
粗、细骨料	≥C60 ±2%	<C60 ±3%
水、外加剂	≥C60 ±0.5%	<C60 ±2%

混凝土搅拌的装料顺序宜按下列要求进行：

当无外加剂、混合料时，依次进行上料斗的顺序宜为粗骨料→水泥→细骨料；当有掺混合料时，其顺序宜为粗骨料→水泥→混合料→细骨料；当掺干粉状外加剂时，其顺序宜为粗骨料→外加剂→水泥→细骨料或粗骨料→水泥→细骨料→外加剂。

混凝土的搅拌时间宜按表 1-5 确定。

表 1-5　混凝土的搅拌时间

混凝土坍落度/mm	搅拌机类型	搅拌机容积/L		
		<250	250~500	>500
≤30	自落式	90 s	120 s	150 s
	强制式	60 s	90 s	120 s
>30	自落式	90 s	90 s	120 s
	强制式	60 s	60 s	90 s

注：掺有外加剂时，搅拌时间应适当延长。

(2)冬期施工混凝土的搅拌要求。

①室外日平均气温连续 5 天稳定低于 5 ℃时，混凝土拌制应采取冬施措施，并应及时采取气温突然下降的防冻措施。配制冬期施工的混凝土，宜优先选用硅酸盐水泥或普通硅酸盐水泥，水泥强度等级不宜低于 42.5 MPa，最小水泥用量不应少于 300 kg/m^3，水灰比不应大于 0.6。

②混凝土所用骨料应清洁，不得含有冰、雪、冻结物及其他易冻裂物质。在掺用含有钾、钠离子的防冻剂混凝土中，不得采用活性骨料或在骨料中混有这类物质的材料。

③在钢筋混凝土中掺用氯盐类防冻剂时，氯盐掺量不得大于水泥质量的 1%(按无水状态计算)，且

不得采用蒸汽养护。在下列情况下,钢筋混凝土中不得采用氯盐:

a. 排出大量蒸汽的车间、澡堂、洗衣房,经常处于空气相对湿度大于80%的房间,以及有顶盖的钢筋混凝土蓄水池等在高湿度空气环境中使用的结构。

b. 处于水位升降部位的结构。

c. 露天结构或经常受雨水淋的结构。

d. 有镀锌钢材或铝铁相接触部位的结构和有外露钢筋、预埋件而无防护措施的结构。

e. 与含有酸、碱或硫酸盐等侵蚀介质相接触的结构。

f. 使用过程中经常处于环境温度为60 ℃以上的结构。

g. 使用冷拉钢筋或冷拔低碳钢丝的结构。

h. 电解车间和直接靠近直流电源、直接靠近高压电源的结构。

④采用非加热养护法施工所选用的外加剂,宜优先选用含引气成分的外加剂,含气量宜控制在2% ~4%。

⑤冬期拌制混凝土应优先采用加热水的方法。水及骨料的加热温度应根据热工计算确定,但不得超过表1-6的规定。

表1-6　拌合水和骨料最高加热温度要求

水泥强度等级	拌合水	骨料
强度等级42.5以下	80 ℃	60 ℃
强度等级42.5、42.5R及以上	60 ℃	40 ℃

⑥水泥不得直接加热,宜在使用前运入暖棚内存放。

⑦当骨料不加热时,水可加热到100 ℃,但水泥不应与80 ℃以上的水直接接触。投料顺序为先投入骨料和已加热的水,然后再投入水泥。混凝土拌制前,应用热水或蒸汽冲洗搅拌机,拌制时间应取常温的1.5倍。混凝土拌合物的出机温度不宜低于10 ℃,入模温度不得低于5 ℃。

⑧冬期混凝土拌制的质量检查除遵守规范的规定外,应进行以下检查:检查外加剂掺量;测量水、骨料、水泥、外加剂溶液入机温度;测量混凝土出罐及入模时的温度;室外气温及环境温度;搅拌机棚温度。

以上检查每一工作班不宜少于4次。

冬期施工混凝土试块的留置除应符合一般规定外,还应增设不少于两组与结构同条件养护的试件,用于检验受冻前的混凝土强度。

(3)高温施工。

①高温施工时,对露天堆放的粗、细骨料应采取遮阳防晒等措施。必要时,可对粗骨料进行喷雾降温。

②高温施工混凝土配合比设计除应符合规范的规定外,还应符合下列规定:

a. 应考虑原材料温度、环境温度、混凝土运输方式与时间对混凝土初凝时间、坍落度损失等性能指标的影响,根据环境温度、湿度、风力和采取温控措施的实际情况,对混凝土配合比进行调整。

b. 宜在近似现场运输条件、时间和预计混凝土浇筑作业最高气温的天气条件下,通过混凝土试拌和试运输的工况试验后，调整并确定适合高温天气条件下施工的混凝土配合比。

c. 宜采用低水泥用量的原则，并可采用粉煤灰取代部分水泥。宜选用水化热较低的水泥。

d. 混凝土坍落度不宜小于 70 mm。

③混凝土的搅拌应符合下列规定：

a. 应对搅拌站料斗、储水器、皮带运输机、搅拌楼采取遮阳防晒措施。

b. 对原材料进行直接降温时，宜采用对水、粗骨料进行降温的方法。当对水直接降温时，可采用冷却装置冷却拌合用水，并应对水管及水箱加设遮阳和隔热设施，也可在水中加碎冰作为拌合用水的一部分。混凝土拌合时掺加的固体冰应确保在搅拌结束前融化，且在拌合用水中应扣除其质量。

c. 原材料入机温度不宜超过表 1-7 的规定。

表 1-7　原材料最高入机温度　　单位：℃

原材料	入机温度
水泥	60
骨料	30
水	25
粉煤灰等掺合料	60

d. 混凝土拌合物出机温度不宜大于 30 ℃。必要时，可采取掺加干冰等附加控温措施。

④混凝土宜采用白色涂装的混凝土搅拌运输车运输；对混凝土输送管应进行遮阳覆盖，并应洒水降温。

⑤混凝土浇筑入模温度不应高于 35 ℃。

⑥混凝土浇筑宜在早间或晚间进行，且宜连续浇筑。当水分蒸发速率大于 1 kg/(m^2·h)时，应在施工作业面采取挡风、遮阳、喷雾等措施。

⑦混凝土浇筑前，施工作业面宜采取遮阳措施，并应对模板、钢筋和施工机具采用洒水等降温措施，但浇筑时模板内不得有积水。

⑧混凝土浇筑完成后，应及时进行保湿养护。侧模拆除前宜采用带模湿润养护。

(4)混凝土拌制中应进行下列检查：

①检查拌制混凝土所用原材料的品种、规格和用量，每一个工作班至少两次。

②检查混凝土的坍落度及和易性，每一个工作班至少两次。

③混凝土的搅拌时间应随时检查。

2. 混凝土运输、泵送与布料。

(1)混凝土运输。

①混凝土运输车装料前应将拌筒内、车斗内的积水排净。

②运输途中拌筒应保持 3 ~ 5 r/min 的慢速转动。

③混凝土应以最少的转载次数和最短的时间从搅拌地点运到浇筑地点。混凝土的延续时间不宜超过表 1-8、表 1-9 的规定。

表 1-8　混凝土从搅拌机中卸出后到浇筑完毕的延续时间

条件	气温	
	不高于 25 ℃	高于 25 ℃
不掺外加剂	90 min	60 min
掺外加剂	150 min	120 min

注：对掺外加剂或快硬水泥拌制的混凝土，其延续时间应按试验确定。

表 1-9　运输、输送入模及间歇总时间限值

条件	气温	
	不高于 25 ℃	高于 25 ℃
不掺外加剂	180 min	150 min
掺外加剂	240 min	210 min

(2)混凝土泵送。

①混凝土泵的选型、配管设计应根据工程和施工场地特点，混凝土浇筑方案，要求的最大输送距离，最大输出量，混凝土浇筑计划确定。

②混凝土泵车的布置应考虑下列条件：

混凝土泵设置处应场地平整、坚实，道路通畅，供料方便，距离浇筑地点近，便于配管，具有重车行走条件。

混凝土泵应尽可能靠近浇筑地点。在使用布料杆工作时，浇筑部位应尽可能地在布料杆的工作范围内，尽量少移动泵车。

多台混凝土泵或泵车同时浇筑时，选定的位置要使其各自承担的浇筑量接近，最好能同时浇筑完毕，避免留置施工缝。

接近排水设施和供水、供电方便。在混凝土泵的作业范围内，不得有高压线等障碍物。当高层建筑或高耸构筑物采用接力泵泵送混凝土时，接力泵的设置位置应使上、下泵的输送能力相匹配。设置接力泵的楼面或其他结构部位应验算其结构所能承受的荷载，必要时应采取加固措施。

在混凝土泵的作业范围内，不得有障碍物、高压线，同时要有防范高空坠物的设施。在转移运输混凝土泵时要注意安全要求，应符合产品说明及有关标准的规定。

③固定混凝土输送管时，不得直接支承在钢筋、模板及预埋件上，并应符合下列规定：水平管宜每隔一定距离用支架、台垫、吊具等固定，以便排除堵管、装拆和清洗管道。

垂直管宜用预埋件固定在墙和柱或楼板预留孔处，在墙及柱上每节管不得少于 1 个固定点，在每层楼板预留孔处均应固定；垂直管下端的弯管不应作为上部管道的支撑点，宜设钢支撑承受垂直管质量，管道接头卡箍处不得漏浆。

炎热季节施工时，要在混凝土输送管上遮盖湿罩布或湿草袋，以避免阳光照射，同时每隔一定的时间洒水湿润；严寒季节施工时，混凝土输送管道应用保温材料包裹，以防管内混凝土受冻，并保证混凝土的入模温度。

④混凝土搅拌运输车给混凝土喂料时,应符合下列要求:

向泵喂料前,应中、高速旋转拌筒 20~30 s,使混凝土拌合物均匀,当拌筒停稳后,方可反转卸料;卸料应配合泵送均匀进行,且应使混凝土保持在集料斗内高度标志线以上,当遇特殊情况中断喂料作业时,应使拌筒保持慢速拌合混凝土。

混凝土泵的进料斗上应安置网筛并设专人监视喂料,以防止粒径过大,骨料或杂物进入混凝土泵造成堵塞。混凝土搅拌运输车喂料完毕后,应及时清洗拌筒及溜槽等,并排尽积水。

喂料作业应由本车驾驶员完成,严禁非操作人员操作。

⑤混凝土的泵送宜按下列要求进行:

混凝土泵的操作应严格执行使用说明书有关规定,同时应根据使用说明书制定专门操作要点。操作人员必须经过专门培训后,方可上岗独立操作。

混凝土泵送施工现场,应有统一指挥和调度,以保证顺利施工。

泵送施工时,应规定联络信号和配备通信设备,可采用有线或无线通信设备等进行混凝土泵、搅拌运输车和搅拌站与浇筑地点之间的通信联络。

在配制泵送混凝土布料设备时,应根据工程特点、施工工艺、布料要求等选择布料设备。在布置布料设备时,应根据结构平面尺寸、配管情况等考虑,要求布料设备能覆盖整个结构平面,并能均匀、迅速地进行布料。设备应牢固、稳定且不影响其他工序的正常操作。

泵送混凝土时,泵机必须放置在坚固平整的地面上。在安置混凝土时,应根据要求将其支腿完全伸出,并插好安全销。在场地较软时采取措施在支腿下垫枕木等,以防混凝土泵移动或倾翻。

混凝土泵与输送管连接后,应按所用混凝土泵使用说明书的规定进行全面检查,符合要求后方能开机进行空运转。若气温较低,空运转时间应长些,要求液压油的温度升至 15 ℃以上时才能投料作业。混凝土泵启动后,应先泵送适量水(约 10 L)以湿润混凝土的料斗、活塞及输送管的内壁等直接与混凝土接触的部位。泵送时,混凝土泵应处于慢速、匀速并随时可能反泵的状态。泵送的速度应先慢,后加速,同时应观察混凝土泵的压力和各系统的工作情况,待各系统运转顺利,方可以正常速度进行泵送,混凝土泵送应连续进行。如必须中断时,其中断时间不得超过搅拌至浇筑完毕所允许的延续时间。

泵送混凝土时,混凝土泵的活塞应尽可能保持在最大行程运转。混凝土泵的水箱或活塞清洗室中应经常充满水。经泵送水检查,确认混凝土泵和输送管中无杂物后,宜采用混凝土内除粗骨料外的其他成分相同配合比的水泥砂浆润滑混凝土泵和输送管内壁。润滑用水泥砂浆应分散分料,不得集中浇筑在同一处。

泵送混凝土时,如输送管内吸入空气,应立即反泵吸出混凝土至料斗中重新搅拌,排出空气后再泵送。在混凝土泵送过程中,若需接长 3 m 以上(含 3 m)的输送管时,仍应预先用水或水泥砂浆进行湿润,并不得把拆下的输送管内的混凝土洒落在未浇筑的地方。

当混凝土泵出现压力升高且不稳定、油压升高、输送管明显振动等现象而泵送困难时,不得强行泵送,并应立即查明原因,采取措施排除。可先用木槌敲击输送管弯管、锥形管等部位,并进行慢速泵送或反泵,防止堵塞。

向下泵送混凝土时,应先把输送管上气阀打开,待输送管下段混凝土有一定压力时,方可关闭气阀。

混凝土泵送即将结束前,应准确计算尚需用的混凝土数量,并及时告知混凝土搅拌处。废弃的混凝土和泵送终止时多余的混凝土应按预先确定的处理方法和场所及时进行妥善处理。

泵送完毕,应将混凝土泵和输送管清洗干净。清洗混凝土泵时,布料设备的出口应朝安全方向,以防废浆高速飞出伤人。

(3)混凝土布料:混凝土布料机的选型、布设应根据混凝土浇筑场地特点、混凝土浇筑方案、布料机的性能确定。使用布料应注意下列事项:

①布料设备不得碰撞或直接搁置在模板上。

②浇筑混凝土时应注意保护钢筋,一旦钢筋骨架发生变形或位移,应及时纠正。

③混凝土板的水平钢筋应设置足够的钢筋脚或钢支架;钢筋骨架重要节点宜采取加固措施。

④手动布料杆应设钢支架架空,不得直接支承在钢筋骨架上。

使用布料杆泵车时,应遵守下列操作要点:

①布料杆作业范围应与高压输电线路保持一定安全距离。

②布料杆泵车的一切指示仪表及安全装置均不得擅自改动。

③进行检修和保养作业或排除故障时,必须关闭发动机,使机器完全停止运转。

④布料杆泵车在斜坡上停车时,轮胎下必须用木楔垫牢,并要支好支腿;风力超过 8 级时,禁止使用布料杆布料。

⑤布料杆不应当作起重机吊臂使用;布料杆作业范围应与脚手架及其他工地临时设施保持一定安全距离。

⑥布料杆必须折叠妥善后,泵车才能行驶和转移;布料杆首端悬挂的橡胶软管长度不得超过规定要求。

⑦布料杆用吹出法清洗臂架上附装的输送管时,杆端附近不许站人。

⑧应经常检查布料杆各部位结构完好情况,每年应对布料杆进行一次全面、安全的大检查。

⑨作业时,司机必须集中注意力,细心操作,严禁违章操作和擅离岗位。

3. 混凝土浇筑。

(1)混凝土浇筑时的坍落度。

①对于商品混凝土应由试验员随机检查坍落度,并分别做好记录。

②对于现场搅拌混凝土应按施工组织设计要求或技术方案要求检查混凝土坍落度,并做好记录。

③混凝土浇筑时的坍落度宜按表 1-10 选用。混凝土经时坍落度损失值按表 1-11 选用。

表 1-10 混凝土浇筑时的坍落度 单位:mm

<table>
<tr><th>项次</th><th>结构种类</th><th colspan="2">入模方式</th><th>坍落度</th></tr>
<tr><td rowspan="5">1</td><td rowspan="5">梁、板</td><td colspan="2">塔吊</td><td>30 ~ 50</td></tr>
<tr><td rowspan="4">泵送</td><td>30 m 以下</td><td>100 ~ 140</td></tr>
<tr><td>30 ~ 60 m</td><td>140 ~ 160</td></tr>
<tr><td>60 ~ 100 m</td><td>160 ~ 180</td></tr>
<tr><td>100 m 以上</td><td>180 ~ 200</td></tr>
<tr><td>2</td><td>配筋较密的梁</td><td colspan="2">塔吊</td><td>70 ~ 90</td></tr>
</table>

表 1-11　混凝土经时坍落度损失值　　单位：mm

大气温度/℃	10～20	20～30	30～50
混凝土经时坍落度损失值（掺粉煤灰和木钙，经 1 h）	5～25	25～35	35～50

（2）施工缝的设置。

①混凝土施工缝与后浇带。

a. 施工缝和后浇带的留设位置应在混凝土浇筑之前确定。施工缝和后浇带宜留设在结构受剪力较小且便于施工的位置。受力复杂的结构构件或有防水抗渗要求的结构构件，施工缝留设位置应经设计单位认可。

b. 水平施工缝的留设位置应符合下列规定：

ⅰ. 柱、墙施工缝可留设在基础、楼层结构顶面，柱施工缝与结构上表面的距离宜为 0～100 mm，墙施工缝与结构上表面的距离宜为 0～300 mm。

ⅱ. 柱、墙施工缝也可留设在楼层结构底面，施工缝与结构下表面的距离宜为 0～50 mm；当板下有梁托时，可留设在梁托下 0～20 mm。

ⅲ. 高度较大的柱、墙、梁及厚度较大的基础可根据施工需要在其中部留设水平施工缝；必要时，可对配筋进行调整，并应征得设计单位认可。

ⅳ. 特殊结构部位留设水平施工缝应征得设计单位同意。

c. 垂直施工缝和后浇带的留设位置应符合下列规定：

ⅰ. 有主次梁的楼板施工缝应留设在次梁跨度中间的 1/3 范围内。

ⅱ. 单向板施工缝应留设在平行于板短边的任何位置。

ⅲ. 楼梯梯段施工缝宜设置在梯段板跨度端部的 1/3 范围内。

ⅳ. 墙的施工缝宜设置在门洞口过梁跨中 1/3 范围内，也可留设在纵横交接处。

ⅴ. 后浇带留设位置应符合设计要求。

ⅵ. 特殊结构部位留设垂直施工缝应征得设计单位同意。

d. 设备基础施工缝留设位置应符合下列规定：

ⅰ. 水平施工缝应低于地脚螺栓底端，与地脚螺栓底端的距离应大于 150 mm；当地脚螺栓直径小于 30 mm 时，水平施工缝可留设在深度不小于地脚螺栓埋入混凝土部分总长度的 3/4 处。

ⅱ. 垂直施工缝与地脚螺栓中心线的距离不应小于 250 mm，且不应小于螺栓直径的 5 倍。

e. 承受动力作用的设备基础施工缝留设位置应符合下列规定：

ⅰ. 标高不同的两个水平施工缝，其高低接合处应留设成台阶形，台阶的高宽比不应大于 1.0。

ⅱ. 在水平施工缝处继续浇筑混凝土前，应对地脚螺栓进行一次复核校正。

ⅲ. 垂直施工缝或台阶形施工缝的垂直面处应加插钢筋，插筋数量和规格应由设计确定。

ⅳ. 施工缝的留设应经设计单位认可。

f. 施工缝、后浇带留设界面应垂直于结构构件和纵向受力钢筋。结构构件厚度或高度较大时，施工缝或后浇带界面宜采用专用材料封挡。

g. 混凝土浇筑过程中，因特殊原因需临时设置施工缝时，施工缝留设应规整，并宜垂直于构件表面，必要时可采取增加插筋、事后修凿等技术措施。

h. 施工缝和后浇带应采取钢筋防锈或阻锈等保护措施。

②混凝土施工缝不应随意留置，其位置应按设计要求和施工技术方案事先确定，确定施工缝的原则为尽可能留置在受剪力较小的部位，留置部位应便于施工。施工缝的留置应符合下列规定：

ⅰ. 和板连成整体的大断面梁，留置在板底面以下 20～30 mm 处。

ⅱ. 单向板留置在平行于板的短边的任何位置。

ⅲ. 有主次梁的楼板，宜顺着次梁方向浇筑，施工缝应留置在次梁跨中 1/3 范围内。

ⅳ. 楼梯的施工缝应留置在楼梯段 1/3 的部位。

(3) 施工缝的处理。

①在施工缝处继续浇筑混凝土时，已浇筑的混凝土的抗压强度必须达到 1.2 MPa 以上，普通混凝土达到 1.2 MPa 抗压强度所需龄期可参照表 1-12 确定。在施工缝施工时，应在已硬化的混凝土表面上清除水泥薄膜、松动的石子及软弱的混凝土层，同时还应加以凿毛，用水冲洗干净并充分湿润，一般不宜少于 24 h，残留在混凝土表面的积水应予清除，并在施工缝处铺一层水泥浆或与混凝土内成分相同的水泥砂浆。

表 1-12　普通混凝土达到 1.2 MPa 抗压强度所需龄期参考表

外界温度	水泥品种及强度等级	混凝土强度等级	期限/h	外界温度	水泥品种及强度等级	混凝土强度等级	期限/h
1～5 ℃	普通 42.5	C15	48	10～15 ℃	普通 42.5	C15	24
		C20	44			C20	20
	矿渣 32.5	C15	60		矿渣 32.5	C15	32
		C20	50			C20	24
5～10 ℃	普通 42.5	C15	32	15 ℃以上	普通 42.5	C15	20 以上
		C20	28			C20	20 以上
	矿渣 32.5	C15	40		矿渣 32.5	C15	20
		C20	32			C20	20

②注意施工缝位置附近需弯钢筋时，要做到钢筋周围的混凝土不受松动和损坏，钢筋上的油污、水泥砂浆及浮锈等杂物也应清除。

③在浇筑前，在水平施工缝处宜先铺上 10～15 mm 厚的水泥砂浆一层，其配合比与混凝土内的砂浆成分相同。

④从施工缝处开始继续浇筑时，要注意避免靠近缝边下料。机械振捣前，宜向施工缝处逐渐推进。

(4) 后浇带的设置。

①后浇带的留置位置、留置时间应按设计要求和施工技术方案确定。当后浇带的保留时间设计无要求时，宜保留 42 d 以上。后浇带的宽度宜为 700～1 000 mm。

②后浇带内的钢筋应予以保护，后浇带在浇筑混凝土前，应将整个混凝土表面按照施工缝的要求进行处理。

③后浇带混凝土宜采用补偿收缩混凝土，其强度等级不得低于两侧混凝土，并保持至少 28 d 的湿润养护。

④当后浇带用膨胀加强带代替时，膨胀加强带应提高膨胀率 0.02%。

(5)混凝土的浇筑。

柱、墙模板内混凝土浇筑倾落高度限值如表 1-13 所示。

表 1-13　柱、墙模板内混凝土浇筑倾落高度限值　单位:m

条件	浇筑倾落高度限值
粗骨料粒径 > 25 mm	≤3
粗骨料粒径≤25 mm	≤6

注:当有可靠措施能保证混凝土不产生离析时，混凝土倾落高度可不受本表限制。

①混凝土自吊斗口下落的自由倾落高度不宜超过 2 m。

②梁、板应同时浇筑，浇筑方法应由一端开始用“赶浆法”，即先浇筑梁，根据梁高分层阶梯形浇筑，当达到板底位置时再与板的混凝土一起浇筑，随着阶梯形不断延伸，梁板混凝土浇筑连续向前进行。

③和板连成整体高度大于 1 m 的梁，允许单独浇筑。浇捣时，浇筑与振捣必须紧密配合，第一层下料慢些，梁底充分振实后再下第二层料，用“赶浆法”保持水泥浆沿梁底包裹石子向前推进，每层均应振实后再下料，梁底及梁帮部位应振实，振捣时不得触动钢筋及预埋件。

④梁、柱节点钢筋较密时，浇筑此处混凝土时宜用小料径石子同强度等级的混凝土浇筑，并用小直径振捣棒振捣。

⑤浇筑板混凝土的虚铺厚度应略大于板厚，用平板振捣器垂直浇筑方向来回振捣，厚板可用插入式振捣器振捣，并用铁插尺检查混凝土厚度，振捣完毕后用木抹子抹平。浇筑板混凝土时严禁用振捣棒铺摊混凝土。

⑥柱、墙混凝土设计强度等级高于梁、板混凝土设计强度等级时，混凝土浇筑应符合下列规定：

a. 柱、墙混凝土设计强度比梁、板混凝土设计强度高一个等级时，柱、墙位置梁、板高度范围内的混凝土经设计单位同意，可采用与梁、板混凝土设计强度等级相同的混凝土进行浇筑。

b. 柱、墙混凝土设计强度比梁、板混凝土设计强度高两个等级及以上时，应在交界区域采取分隔措施。分隔位置应在低强度等级的构件中，且距高强度等级构件边缘不应小于 500 mm。

c. 宜先浇筑高强度等级混凝土，后浇筑低强度等级混凝土。

当柱与梁、板混凝土强度等级差二级以内时，梁柱节点核心区的混凝土可随楼板混凝土同时浇筑，但在施工前应核算梁柱节点核心区的承载力，包括抗剪、抗压应满足设计要求；当柱与梁、板混凝土级差大于二级时，应先浇筑节点混凝土，强度与柱相同，其部位要求如图 1-1 所示，必须在节点混凝土初凝前浇筑梁板混凝土。

⑦楼梯段混凝土自下而上浇筑，先振实底板混凝土，达到踏步位置时再与踏步混凝土一起浇捣，不断连续向上推进，并随时用木抹子(或塑料抹子)将踏步上表面抹平。

(6)泵送混凝土的浇筑顺序。

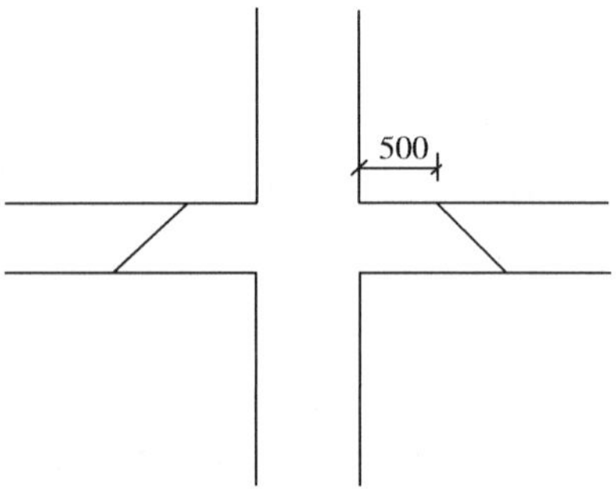

图 1-1　梁柱节点临时施工缝留置

①宜根据结构形状及尺寸、混凝土供应、混凝土浇筑设备、场地内外条件等划分每台输送泵的浇筑区域及浇筑顺序。

②采用输送管浇筑混凝土时，宜由远及近浇筑；采用多根输送管同时浇筑时，其浇筑速度宜保持一致。

③同一区域的混凝土，应按先竖向结构后水平结构的顺序分层连续浇筑。

④当不允许留施工缝隙时，区域之间、上下层之间的混凝土浇筑间歇时间不得超过混凝上初凝时间。

⑤润滑输送管的水泥砂浆用于湿润结构施工缝时，水泥砂浆应与混凝土浆液同成分；接浆厚度不应大于 30 mm，多余水泥砂浆应收集后运出。

⑥混凝土泵送浇筑应保持连续；当混凝土供应不及时，应采取间歇泵送方式。

⑦混凝土浇筑后，应按要求完成输送泵和输送管的清理。

4. 混凝土振捣。

(1)表面振动器振捣混凝土应符合下列规定：

①表面振动器振捣应覆盖振捣平面边角。

②表面振动器移动间距应覆盖已振实部分混凝土边缘。

③倾斜表面振捣时，应由低处向高处进行振捣。

(2)附着振动器振捣混凝土应符合下列规定：

①附着振动器应与模板紧密连接，设置间距应通过试验确定。

②附着振动器应根据混凝土浇筑高度和浇筑速度，依次从下往上振捣。

③模板上同时使用多台附着振动器时应使各振动器的频率一致，并应交错设置在相对面的模板上。

(3)混凝土分层振捣的最大厚度应符合表 1-14 的规定。

表 1-14　混凝土分层振捣的最大厚度

振捣方法	混凝土分层振捣的最大厚度
振动棒	振动棒作用部分长度的 1.25 倍
表面振动器	200 mm
附着振动器	根据设置方式，通过试验确定

(4)特殊部位的混凝土应采取下列措施加强振捣:

①宽度大于0.3 m的预留洞底部区域应在洞口两侧进行振捣,并应适当延长振捣时间;宽度大于0.8 m的洞口底部,应采取特殊的技术措施。

②后浇带及施工缝边角处应加密振捣点,并应适当延长振捣时间。

③钢筋密集区域或型钢与钢筋结合区域应选择小型振动棒辅助振捣、加密振捣点,并应适当延长振捣时间。

④基础大体积混凝土浇筑流淌形成的坡顶和坡脚应适时振捣,不得漏振。

混凝土应用混凝土振动器进行振实捣固,只有在工程量很小或不能使用振动器时才允许采用人工捣固。

(5)插入式振动器使用要点。

①使用前应检查各部件是否完好,各连接处是否紧固,电动机绝缘是否可靠,电压和频率是否符合规定,检查合格后方可接通电源进行试运转。

②作业时,要使振动棒自然沉入混凝土,不得用力猛插,宜垂直插入,并插到尚未初凝的下层混凝土中50~100 mm,以使上下层相互结合。

③振动棒各插点间距应均匀,插点间距不应超过振动棒有效作用半径的1.25倍,最大不超过50 cm,应"快插慢拔"。

④振动棒在混凝土内的振捣时间为每插点20~30 s,见到混凝土不再显著下沉,不出现气泡,表面泛出水泥浆和外观均匀为止。振捣时应将振动棒上下抽动50~100 mm,使混凝土振实均匀。

⑤作业中要避免振动棒触及钢筋、芯管及预埋件等,更不得通过振动棒振动钢筋的方法来促使混凝土振实;作业时振动棒插入混凝土中的深度不应超过棒长的2/3~3/4,更不宜将软管插入混凝土中,以防水泥浆侵蚀软管而损坏机件。

⑥振动器在使用中如温度过高,应立即停机冷却检查,冬季低温下振动器在使用前,要缓慢加温,使振动棒内的润滑油解冻后方能使用;振动器软管的弯曲半径不得小于500 mm,并不得多于两个弯,软管不得有断裂、死弯现象,若软管使用过久,长度变长时应及时更换。

⑦振动器不得在初凝的混凝土上及干硬的地面上试振;严禁用振动棒撬动钢筋和模板,或将振动棒当锤使用;不得将振动棒头夹到钢筋中;移动振动器时必须切断电源,不得用软管或电缆线拖拉振动器。

⑧作业完毕,应将电动机、软管、振动棒擦刷干净,按规定要求进行保养作业,振动器应放在干燥处,不要堆压软管。

(6)平板振动器使用要点。

①平板振动器振捣混凝土,应使平板底面与混凝土全面接触,每一处振至混凝土表面泛浆,不再下沉后,即可缓缓向前移动,移动速度以能保证每一处混凝土振实泛浆为准。移动时应保证振动器的平板覆盖已振实部分的边缘,在振的振动器不得放在已初凝的混凝土上。

②振动器的引出电缆不能拉得过紧,禁止用电缆拖拉振动器,禁止用钢筋等金属物当绳来拖拉振动器。

③振动器外壳应保持清洁,以保证电动机散热良好。

5. 混凝土的养护。

(1)混凝土养护的一般规定。

浇筑完毕后,为保证已浇筑好的混凝土在规定龄期内达到设计要求的强度,并防止产生收缩,应按施工技术方案及时采取有效的养护措施,并应符合下列规定:

①应在浇筑完毕后的 12 h 以内对混凝土加以覆盖并保湿养护。

②混凝土的养护时间应符合下列规定:

a. 采用硅酸盐水泥、普通硅酸盐水泥或矿渣硅酸盐水泥配制的混凝土,不应少于 7 d;采用其他品种水泥时,养护时间应根据水泥性能确定。

b. 采用缓凝型外加剂、大掺量矿物掺合料配制的混凝土,不应少于 14 d。

c. 抗渗混凝土、强度等级 C60 及以上的混凝土,不应少于 14 d。

d. 后浇带混凝土的养护时间不应少于 14 d。

e. 地下室底层墙、柱和上部结构首层墙、柱宜适当增加养护时间。

f. 基础大体积混凝土养护时间应根据施工方案确定。

对采用硅酸盐水泥、普通硅酸盐水泥或矿渣硅酸盐水泥拌制的混凝土,不得少于 7 d。对掺用缓凝型外加剂或有抗渗要求的混凝土,不得少于 14 d;当采用其他品种的水泥时,混凝土的养护应根据所采用水泥的技术性能确定。

③浇水次数应能保持混凝土处于湿润状态;混凝土养护用水应与拌制用水相同。

④混凝土强度达到 1.2 N/mm^2 前,不得在其上踩踏或安装模板及支架。

(2)正温下施工常用的养护方法。

①覆盖浇水养护。

a. 洒水养护应符合下列规定:

ⅰ. 洒水养护宜在混凝土裸露表面覆盖麻袋或草帘后进行,也可采用直接洒水、蓄水等养护方式;洒水养护应保证混凝土处于湿润状态。

ⅱ. 洒水养护用水应符合规范混凝土用水的规定。

ⅲ. 当日最低温度低于 5 ℃时,不应采用洒水养护。

b. 覆盖养护应符合下列规定:

ⅰ. 覆盖养护宜在混凝土裸露表面覆盖塑料薄膜、塑料薄膜加麻袋、塑料薄膜加草帘进行。

ⅱ. 塑料薄膜应紧贴混凝土裸露表面,塑料薄膜内应保持有凝结水。

ⅲ. 覆盖物应严密,覆盖物的层数应按施工方案确定。

c. 喷涂养护剂养护应符合下列规定:

ⅰ. 应在混凝土裸露表面喷涂覆盖致密的养护剂进行养护。

ⅱ. 养护剂应均匀喷涂在结构构件表面,不得漏喷;养护剂应具有可靠的保湿效果,保湿效果可通过试验检验。

ⅲ. 养护剂使用方法应符合产品说明书的有关要求。

d. 基础大体积混凝土裸露表面应采用覆盖养护方式;当混凝土表面以内 40 ~ 80 mm 位置的温度与

环境温度的差值小于25 ℃时，可结束覆盖养护。覆盖养护结束但尚未到达养护时间要求时，可采用洒水养护方式直至养护结束。

e. 柱、墙混凝土养护方法应符合下列规定：

ⅰ. 地下室底层和上部结构首层柱、墙混凝土带模养护时间，不宜少于3 d；带模养护结束后可采用洒水养护方式继续养护，必要时也可采用覆盖养护或喷涂养护剂养护方式继续养护。

ⅱ. 其他部位柱、墙混凝土可采用洒水养护；必要时，也可采用覆盖养护或喷涂养护剂养护。

f. 混凝土强度达到1.2 N/cm^2前，不得在其上踩踏、堆放荷载、安装模板及支架。

g. 同条件养护试件的养护条件应与实体结构部位养护条件相同，并应采取措施妥善保管。

h. 施工现场应具备混凝土标准试件制作条件，并应设置标准试件养护室或养护箱。标准试件养护应符合国家现行有关标准的规定。

ⅰ. 利用平均气温高于5 ℃的自然条件，用适当的材料对混凝土表面加以覆盖并浇水，使混凝土在一定的时间内保持水泥水化作用所需要的适当温度和湿度条件。

ⅱ. 薄膜布养护：在有条件的情况下，可采用不透水、汽的薄膜布养护。用薄膜布把混凝土表面敞露的部分全部严密地覆盖起来，保证混凝土在不失水的情况下得到充足的养护，但应该保持薄膜布内有凝结水。

ⅲ. 薄膜养生液养护：混凝土的表面不便浇水或使用塑料薄膜布养护时，可采用涂涮薄膜养生液，以防止混凝土内部水分蒸发的方法进行养护。

(3)冬期施工常用的养护方法。

①蓄热法养护：当气温太低时，应优先采用蓄热法施工。蓄热法养护是将混凝土的组成材料进行加热后搅拌，在经过运输、振捣后仍具有一定温度，浇筑后的混凝土周围用保温材料严密覆盖。蓄热法施工，宜选用强度较高、水化热较大的硅酸盐水泥，普通硅酸盐水泥或快硬硅酸盐水泥，同时选用导热系数小、价廉耐用的保温材料。保温层敷设后要注意防潮和防止透风，对于构件的边棱、端部等要特别加强保温，新混凝土与已硬化的混凝土连接处，为避免热量的传导损失，必要时应采取局部加热措施。

②综合蓄热法养护：适用于在日平均气温不低于－10 ℃或极端最低气温不低于－16 ℃的条件下施工。综合蓄热法是在蓄热法工艺的基础上，在混凝土中掺入防冻剂，以延长硬化时间和提高抗冻害能力。在混凝土拌合物中掺有少量的防冻剂，原材料预先加热，搅拌站和运输工具都要适当保温，拌合物浇筑后的温度一般须达到10 ℃以上，当构件的断面尺寸小于300 mm时须达到13 ℃以上。

③覆盖式养护：在混凝土成型、表面搓平后，覆盖一层透明的或黑色塑料薄膜，其上再盖一层气垫薄膜。覆盖时应紧贴四周，用砂袋或其他重物压紧盖严，防止被风吹开，塑料薄膜采用搭接时，其搭接长度应大于300 mm。

④暖棚法养护：对于混凝土量较多的地下工程，日平均气温大于－10 ℃时可采用暖棚法养护。暖棚法养护是在建筑物或构件周围搭起大棚，通过人工加热使棚内空气保持正温，混凝土的浇筑与养护均在棚内进行。暖棚通常以脚手材料（钢管、脚手片等）为骨架，用薄膜或帆布围护。塑料薄膜不仅质量小，而且透光，白天不需要人工照明，吸收太阳能后还能提高棚内温度。加热用的能源一般为煤或焦炭，也可使用以电、燃气、煤油或蒸汽为能源的热风机或散热器。

(4)混凝土养护期间温度测量。

①蓄热法或综合蓄热法养护从混凝土入模开始至混凝土达到受冻临界强度，或混凝土温度降至0 ℃或设计温度以前，应至少每隔6 h测量一次。

②受冻混凝土的临界强度应按《建筑工程冬期施工规程》(JGJ/T 104—2011)的规定执行。

③掺防冻剂的混凝土在强度未达到规定的受冻临界强度之前应每隔2 h测量一次，达到受冻临界强度以后每隔6 h测量一次。

④应绘制测温孔布置图并编号，测温孔应设在有代表性的结构部位和温度变化大易冷却的部位，孔深宜为10～15 cm，也可为板厚的1/2。

⑤测温时，测温仪表应采取与外界气温隔离的措施，并留置测温孔内不小于3 min。

⑥模板和保温层在混凝土达到要求强度并冷却至5 ℃方可拆除，拆模时混凝土温度与环境温度差大于20 ℃时，拆模后的混凝土表面应及时覆盖，使其缓慢冷却。

五、质量控制

(一)原材料与配合比设计

1. 水泥进场时应对其品种、级别、包装或散装仓号、出厂日期等进行检查，并应对其强度、安全性及其他必要的性能指标进行复验，其质量必须符合现行国家标准《硅酸盐水泥、普通硅酸盐水泥》(GB 175—1999)等的规定。

当在使用中对水泥质量有怀疑或水泥出厂超过三个月(快硬硅酸盐水泥超过一个月)时，应进行复验，并按复验结果使用。

钢筋混凝土结构、预应力混凝土结构中，严禁使用含氯化物的水泥。

检查数量：按同一生产厂家、同一等级、同一品种、同一批号且连续进场的水泥，袋装不超过200 t为一批，散装不超过500 t为一批，每批抽样不少于一次。

2. 混凝土中掺用外加剂的质量及应用技术应符合现行国家标准《混凝土外加剂》(GB 8076—2009)、《混凝土外加剂应用技术规范》(GB 50119—2013)等和有关环境保护的规定。

预应力混凝土结构中，严禁使用含氯化物的外加剂。钢筋混凝土结构中，当使用含氯化物的外加剂时，混凝土氯化物的总量应符合现行国家标准《混凝土质量控制标准》(GB 50164—2011)的规定。

检查数量：按进场的批次和产品的抽样检验方案确定。

3. 混凝土中氯化物和碱的总含量应符合现行国家标准《混凝土结构设计规范》(GB 50010—2010)中3.4条执行或符合设计要求。

4. 混凝土配合比应按国家标准《普通混凝土配合比设计规程》(JGJ 55—2011)的有关规定，根据混凝土强度等级、耐久性和工作性等要求进行配合比设计。对有特殊要求的混凝土，其配合比设计尚应符合国家现行有关标准的专门规定。

5. 混凝土中掺用矿物掺合料的质量应符合现行国家标准《用于水泥和混凝土中的粉煤灰》(GB/T 1596—2017)等的规定。矿物掺合料的掺量应通过试验确定。

检查数量：按进场的批次和产品的抽样检验方案确定。

6. 普通混凝土所用的粗、细骨料的质量应符合国家现行标准《普通混凝土用碎石或卵石质量标准及检验方法》(JGJ 53—92)、《普通混凝土用砂质量标准及检验方法》(JGJ 52—92)的规定。

检查数量:按进场的批次和产品的抽样检验方案确定。

注:①混凝土用的粗骨料的最大颗粒粒径不得超过构件截面最小尺寸的1/4,且不得超过钢筋最小净间距的3/4。

②对混凝土实板,骨料的最大粒径不宜超过板厚的1/3,且不得超过40 mm。

7. 拌制混凝土宜用饮用水。当采用其他水源时,水质应符合国家现行标准《混凝土拌合用水标准》(JGJ 63—89)的规定。

检查数量:同一水源检查不应少于一次。

8. 首次使用的混凝土配合比应进行开盘鉴定,其工作性应满足设计配合比的要求。开始生产时应至少留置一组标准养护试件,作为验证配合比的依据。

9. 混凝土拌制前,应测定砂、石含水率并根据测试结果调整材料用量,提出施工配合比。

检查数量:每工作班检查一次。

10. 混凝土原材料及配合比设计检验标准应符合表1-15的规定。

表1-15 混凝土原材料及配合比设计检验标准

项	序	检查项目	允许偏差或允许值	检查方法
主控项目	1	水泥进场检验	第1条	产品合格证、出厂检验报告、进场复试报告
	2	外加剂质量及应用	第2条	产品合格证、出厂检验报告、进场复试报告
	3	混凝土中氯化物、碱的总含量	第3条	原材料试验报告和氯化物、碱含量计算书
	4	配合比设计	第4条	配合比设计资料
一般项目	1	矿物掺合料质量及掺量	第5条	出厂合格证、进场复试报告
	2	粗细骨料的质量	第6条	进场复验报告
	3	拌制混凝土用水	第7条	水质试验报告
	4	开盘鉴定	第8条	开盘鉴定资料和试件强度试验报告
	5	按砂、石含水量调整配合比	第9条	含水率测试结果和施工配合比通知单

(二)混凝土施工

1. 结构混凝土的强度等级必须符合设计要求。用于检查结构构件混凝土强度的试件,应在混凝土的浇筑地点随机抽取。取样与试件留置应符合下列规定:

(1)每拌制100盘且不超过100 m^3的同配合比的混凝土,取样不得少于一次。

(2)每工作班拌制的同一配合比的混凝土不足100盘时,取样不得少于一次。

(3)当一次连续浇筑超过1 000 m^3时,同一配合比的混凝土每200 m^3取样不得少于一次。

(4)每一楼层、同一配合比的混凝土,取样不得少于一次。

(5)每次取样应至少留置一组标准养护试件,同条件养护试件的留置组数应根据实际需要确定。

2. 对有抗渗要求的混凝土结构,其混凝土试件应在浇筑地点随机取样。防水混凝土抗渗性能,应采用标准条件下养护混凝土抗渗试件的试验结果评定,试件应在浇筑地点制作。

连续浇筑混凝土每500 m^3应留置一组抗渗试件(一组为6个抗渗试件),且每项工程不得少于两组。采用预拌混凝土的抗渗试件,留置的组数应视结构的规模和要求而定。

抗渗性能试验应符合现行《普通混凝土长期性能和耐久性能试验方法》(GBJ 82—85)的有关规定。

3. 混凝土原材料每盘称量的偏差应符合表 1-4 的规定。

检查数量:每工作班抽查不应少于一次。

4. 混凝土运输、浇筑及间歇的全部时间不应超过混凝土的初凝时间。同一施工段的混凝土应连续浇筑,并应在底层混凝土初凝之前将上一层混凝土浇筑完毕。当底层混凝土初凝后浇筑上一层混凝土时,应按施工技术方案中对施工缝的要求进行处理。

检查数量:全数检查。

5. 施工缝的位置应在混凝土浇筑前按设计要求和施工技术方案确定。施工缝的处理应按施工技术方案执行。

检查数量:全数检查。

6. 后浇带的留置位置应按设计要求和施工技术方案确定。后浇带混凝土浇筑应按施工技术方案进行。

检查数量:全数检查。

7. 混凝土浇筑完毕后,应按施工技术方案及时采取有效的养护措施,并应符合下列规定:应在浇筑完毕后的 12 h 以内对混凝土加以覆盖并保湿养护。

(1)混凝土浇水养护的时间:对采用硅酸盐水泥、普通硅酸盐水泥或矿渣硅酸盐水泥拌制的混凝土,不得少于 7 d。

(2)对掺用缓凝型外加剂或有抗渗要求的混凝土,不得少于 14 d。

(3)浇水次数应保持混凝土处于湿润状态,混凝土养护用水应与拌制用水相同。

采用塑料布覆盖养护的混凝土,其敞露的全部表面应覆盖严密,并应保持塑料布内有凝结水。

(4)混凝土强度达到 1.2 N/mm^2 前,不得在其上踩踏或安装模板及支架。

注:①当日平均气温低于 5 ℃时,不得浇水。

②当采用其他品种水泥时,混凝土的养护时间应根据所采用水泥的技术性能确定。

③混凝土表面不便浇水或使用塑料布时,宜涂刷养护剂。

④对大体积混凝土的养护,应根据气候条件按施工技术方案采取控温措施。

检查数量:全数检查。

8. 混凝土施工检验标准按表 1-16 的规定。

表 1-16 混凝土施工检验标准

项	序	检查项目	允许偏差或允许值	检查方法
主控项目	1	混凝土强度等级及试件的取样和留置	第 1 条	施工记录及试件强度试验报告
	2	混凝土抗渗及试件取样和留置	第 2 条	试件抗渗试验报告
	3	原材料每盘称量的偏差	第 3 条	复称
	4	初凝时间控制	第 4 条	观察、检查施工记录
一般项目	1	施工缝的位置和处理	第 5 条	观察、检查施工记录
	2	后浇带的位置和浇筑	第 6 条	观察、检查施工记录
	3	混凝土养护	第 7 条	观察、检查施工记录

（三）观感质量

1. 现浇结构的外观质量缺陷，应由监理（建设）单位、施工单位等各方根据其对结构性能和使用功能影响的严重程度，按表 1-17 确定。

表 1-17　现浇结构外观质量缺陷

名称	现象	严重缺陷	一般缺陷
露筋	构件内钢筋未被混凝土包裹而外露	纵向受力钢筋有露筋	其他钢筋有少量露筋
蜂窝	混凝土表面缺少水泥砂浆而形成石子外露	构件主要受力部位有蜂窝	其他部位有少量蜂窝
孔洞	混凝土中孔穴深度和长度均超过保护层厚度	构件主要受力部位有孔洞	其他部位有少量孔洞
夹渣	混凝土中夹有杂物且深度超过保护层厚度	构件主要受力部位有夹渣	其他部位有少量夹渣
疏松	混凝土中局部不密实	构件主要受力部位有疏松	其他部位有少量疏松
裂缝	缝隙从混凝土表面延伸至混凝土内部	构件主要受力部位有影响结构性能或使用功能的裂缝	其他部位有少量不影响结构性能或使用功能的裂缝
连接部位缺陷	构件连接处混凝土缺陷及连接钢筋、连接件松动	连接部位有影响结构传力性能的缺陷	连接部位有基本不影响结构传力性能的缺陷
外形缺陷	缺棱掉角、棱角不直、翘曲不平、飞边凸肋等	清水混凝土构件有影响使用功能或装饰效果的外形缺陷	其他混凝土构件有不影响使用功能的外形缺陷
外表缺陷	构件表面麻面、掉皮、起砂、沾污等	具有重要装饰效果的清水混凝土构件有外表缺陷	其他混凝土构件有不影响使用功能的外表缺陷

2. 现浇结构拆模后，应由监理（建设）单位、施工单位对外观质量和尺寸偏差进行检查，做出记录，并应及时按施工技术方案对缺陷进行处理。

3. 现浇结构的外观质量不应有严重缺陷。对已出现的严重缺陷，应由施工单位提出技术处理方案，并经监理（建设）单位认可后进行处理。对经处理的部位，应重新检查验收。

检查数量：全数检查。

检查方法：观察，检查技术处理方案。

4. 现浇结构的外观质量不宜有一般缺陷。对已经出现的一般缺陷，应由施工单位按技术处理方案进行处理，并重新检查验收。

检查数量：全数检查。

检查方法：观察，检查技术处理方案。

5. 现浇结构的尺寸偏差应符合表 1-18 的规定。

表 1-18　现浇结构尺寸允许偏差和检验方法

<table>
<tr><th colspan="3">项目</th><th>允许偏差/mm</th><th>检验方法</th></tr>
<tr><td rowspan="4">轴线位置</td><td colspan="2">基础</td><td>10</td><td rowspan="4">钢尺检查</td></tr>
<tr><td colspan="2">独立基础</td><td>8</td></tr>
<tr><td colspan="2">墙、柱、梁</td><td>5</td></tr>
<tr><td colspan="2">剪力墙</td><td>5</td></tr>
<tr><td rowspan="3">垂直度</td><td rowspan="2">层高</td><td>≤5 m</td><td>5</td><td>经纬仪或吊线、钢尺检查</td></tr>
<tr><td>>5 m</td><td>8</td><td>经纬仪或吊线、钢尺检查</td></tr>
<tr><td colspan="2">全高(H)</td><td>H/1 000 且≤30</td><td>经纬仪、钢尺检查</td></tr>
<tr><td rowspan="2">标高</td><td colspan="2">层高</td><td>±10</td><td rowspan="2">水准仪或拉线、钢尺检查</td></tr>
<tr><td colspan="2">全高</td><td>±20</td></tr>
<tr><td colspan="3">截面尺寸</td><td>+8，−5</td><td>钢尺检查</td></tr>
<tr><td rowspan="2">电梯井</td><td colspan="2">井筒长、宽对定位中心线</td><td>+25,0</td><td>钢尺检查</td></tr>
<tr><td colspan="2">井筒全高(H)垂直度</td><td>H/1 000 且≤30</td><td>经纬仪、钢尺检查</td></tr>
<tr><td colspan="3">表面平整度</td><td>8</td><td>2 m 靠尺和塞尺检查</td></tr>
<tr><td rowspan="3">预埋设施中心线位置</td><td colspan="2">预埋件</td><td>10</td><td rowspan="3">钢尺检查</td></tr>
<tr><td colspan="2">预埋螺栓</td><td>5</td></tr>
<tr><td colspan="2">预埋管</td><td>5</td></tr>
<tr><td colspan="3">预留洞中心线位置</td><td>15</td><td>钢尺检查</td></tr>
</table>

注：检查轴线、中心线位置时，应沿纵、横两个方向量测，并取其中的较大值。

检查数量：按楼层、结构缝或施工段划分检验批。在同一检验批内，对梁、柱和独立基础，应抽查构件数量的 10%，且不少于 3 件；对墙和板，应按有代表性的自然间抽查 10%，且不少于 3 间；对大空间结构，墙可按相邻轴线间高度 5 m 左右划分检查面，板可按纵、横线划分检查面，抽查 10%，且均不少于 3 面；对电梯井，应全数检查，对设备基础应全数检查。

6. 现浇结构不应有影响结构性能和使用功能的尺寸偏差。

对超过尺寸允许偏差且影响结构性能和使用功能的部位，应由施工单位提出技术处理方案，并经监理（建设）单位认可后进行处理。对经处理的部位，应重新检查验收。

检查数量：全数检查。

检验方法：量测，检查技术处理方案。

7. 施工过程中发现混凝土结构缺陷时，应认真分析缺陷产生的原因。对严重缺陷施工单位应制订专项修整方案，方案应经论证审批后再实施，不得擅自处理。

8. 混凝土结构外观一般缺陷修整应符合下列规定：

（1）对于露筋、蜂窝、孔洞、夹渣、疏松、外表缺陷，应凿除胶结不牢固部分的混凝土，清理表面，洒水湿润后应用 1∶2～1∶2.5 水泥砂浆抹平。

(2)应封闭裂缝。

(3)连接部位缺陷、外形缺陷可与面层装饰施工一并处理。

9. 混凝土结构外观严重缺陷修整应符合下列规定:

(1)对于露筋、蜂窝、孔洞、夹渣、疏松、外表缺陷,应凿除胶结不牢固部分的混凝土至密实部位,清理表面,支设模板,洒水湿润,涂抹混凝土界面剂,应采用比原混凝土强度等级高一级的细石混凝土浇筑密实,养护时间不应少于 7 d。

(2)开裂缺陷修整应符合下列规定:

①对于民用建筑的地下室、卫生间、屋面等接触水介质的构件,均应注浆封闭处理,注浆材料可采用环氧、聚氨酯、氰凝、丙凝等。对于民用建筑不接触水介质的构件,可采用注浆封闭、聚合物砂浆粉刷或其他表面封闭材料进行封闭。

②对于无腐蚀介质工业建筑的地下室、屋面、卫生间等接触水介质的构件及有腐蚀介质的所有构件,均应注浆封闭处理,注浆材料可采用环氧、聚氨酯、氰凝、丙凝等。对于无腐蚀介质工业建筑不接触水介质的构件,可采用注浆封闭、聚合物砂浆粉刷或其他表面封闭材料进行封闭。

(3)清水混凝土的外形和外表严重缺陷,宜在水泥砂浆或细石混凝土修补后用磨光机械磨平。

10. 混凝土结构尺寸偏差一般缺陷,可采用装饰修整方法修整。

11. 混凝土结构尺寸偏差严重缺陷,应会同设计单位共同制订专项修整方案,结构修整后应重新检查验收。

(四)混凝土实体检验

1. 对涉及混凝土结构安全的重要部位应进行结构实体检验。结构实体检验应在监理工程师(建设单位项目专业技术负责人)见证下,由施工项目技术负责人组织实施。承担结构实体检验的试验室应具有相应的资质。

2. 对混凝土强度的检验,应以在混凝土浇筑地点制备并与结构实体同条件养护的试件强度为依据。对混凝土强度的检验,也可根据合同的约定,采用非破损或局部破损的检测方法,按国家现行有关标准的规定进行。

混凝土强度检验用同条件养护试件的留置、养护和强度代表值应符合下列规定:

(1)同条件养护试件的留置方式和取样数量,应符合下列要求:

①同条件养护试件所对应的结构件或结构部位,应由监理(建设)、施工等各方共同确定。

②对混凝土结构工程中的各混凝土强度等级,均应留置同条件养护试件。

③同一强度等级的同条件养护试件,其留置的数量应根据混凝土工程量和重要性确定,不宜少于 10 组,且不应少于 3 组。

④同条件养护试件拆模后,应放置在靠近相应结构构件或结构部位的适当位置,并应采取相同的养护方法。

(2)同条件养护试件应在达到等效养护龄期时进行强度试验。

等效养护龄期应根据同条件养护试件强度与在标准养护条件下 28 d 龄期试件强度相等的原则确定。

(3)同条件自然养护试件的等效养护龄期及相应的试件强度代表值,宜根据当地的气温和养护条件,按下列规定确定:

①等效养护龄期可取按日平均温度逐日累计达到600 ℃·d时所对应的龄期,0 ℃及以下的龄期不应小于14 d,也不宜大于60 d。

②同条件养护试件的强度代表值应根据强度试验结果按现行国家标准《混凝土强度检验评定标准》(GB 50107—2010)的规定确定后,乘折算系数取用。折算系数宜取为1.10,也可根据当地的试验统计结果做适当调整。

(4)冬期施工、人工加热养护的结构,其同条件养护试件的等效养护龄期可按结构的实际养护条件,由监理(建设)、施工等各方共同确定。

3. 结构混凝土的强度等级必须符合设计要求。每组三个试件应在同盘混凝土中取样制作,并按下列规定确定该组试件的混凝土强度代表值:

(1)取三个试件强度的平均值。

(2)当三个试件强度中的最大值或最小值之一与中间值之差超过中间值的15%时,取中间值。

(3)当三个试件强度中的最大值和最小值之一与中间值之差均超过中间值的15%时,该组试件不应作为强度评定的依据。

4. 当同条件养护试件强度的检验结果符合现行国家标准《混凝土强度检验评定标准》的有关规定时,混凝土强度应判为合格。

5. 当未能取得同条件养护试件强度、同条件养护试件强度被判为不合格时,应委托具有相应资质等级的检测机构按国家有关标准的规定进行检测。

6. 同条件养护试件的留置组数和养护应符合下列规定:

(1)每层梁、板结构的混凝土,或每一个施工段(划分施工段时)梁、板结构的混凝土,或在同一结构部分每浇筑一次混凝土但不大于100 m^3 的同材料、同配比、同强度的混凝土,应根据需要留设同条件养护试块。

(2)留置组数根据以下用途确定:

①用于检测等效混凝土强度。

②用于检测拆模时的混凝土强度。

③用于检测受冻前混凝土的强度。

④用于检测预应力张拉时的混凝土强度等。每种功能的试块不少于1组。

(3)同条件养护试块应放置在钢筋笼子中,间距100 mm,挂于所代表的混凝土母体结构处,与母体混凝土结构同条件养护。

六、成品保护

1. 施工中,不得用重物冲击模板,不准在吊帮的模板和支撑上搭脚手板,以保证模板牢固、不变形。

2. 侧模板,应在混凝土强度能保证其棱角和表面不受损伤时,方可拆模。

3. 混凝土浇筑完后,待其强度达到1.2 MPa以上,方可在其上进行下道工序施工。

4. 预留的暖卫、电气暗管，地脚螺栓及插筋，在浇筑混凝土的过程中不得碰撞，或使之产生位移。

5. 应按设计要求预留孔洞或埋设螺栓和预埋铁件，不得以后凿洞埋设。

6. 要保证钢筋和垫块的位置正确，不得踩楼板、楼梯的弯起钢筋，不碰动预埋件和插筋。

七、安全环保措施

1. 混凝土搅拌开始前，应对搅拌机及配套机械进行无负荷试运转，检查运转正常，运输道路畅通，然后方可开机工作。

2. 搅拌机运转时，严禁将锹、耙等工具伸入罐内，必须进罐扒混凝土时，要停机进行。工作完毕，应将拌筒清洗干净。搅拌机应有专用开关箱，并应装有漏电保护器，停机时应拉断电闸，下班时电闸箱应上锁。

3. 采用手推车运输混凝土时，不得争先抢道，装车不应过满；卸车时应有挡车措施，不得用力过猛或撒把，以防车把伤人。

4. 使用井架提升混凝土时，应设制动安全装置，升降应有明确信号，操作人员未离开提升台时，不得发升降信号。提升台内停放手推车要平稳，车把不得伸出台外，车轮前后应挡牢。

5. 混凝土浇筑前，应对振动器进行试运转，振动器的操作人员应穿绝缘靴、戴绝缘手套；振动器不能挂在钢筋上，湿手不能接触电源开关。

6. 混凝土运输、浇筑部位应有安全防护栏杆、操作平台。

7. 用电应按三级配电、三级保护进行设置；各类配电箱、开关箱的内部设置必须符合有关规定，开关电器应标明用途。所有配电箱应外观完整、牢固、防雨、箱内无杂物；箱体应涂有安全色标、统一编号；箱壳、机电设备接地应良好；停止使用时切断电源，箱门上锁。

8. 施工用电的设备、电缆线、导线、漏电保护器等应有产品质量合格证；漏电保护器要经常检查，动作灵敏，发现问题立即调换，闸刀熔丝要匹配。

9. 电动工具应符合有关规定，电源线、插头、插座应完好，电源线不得擅自接长和调换，工具的外绝缘完好无损，维护和保管由专人负责。

10. 现场施工负责人应为机械作业提供道路、水电、机棚或停机场地等必备的条件，并消除对机械作业有妨碍或不安全的因素。夜间作业应设置充足的照明。

11. 机械进入作业地点后，施工技术人员应向操作人员进行施工任务和安全技术措施交底。操作人员应熟悉作业环境和施工条件，听从指挥，遵守现场安全规则。

12. 操作人员在作业过程中，应集中精力正确操作，注意机械工况，不得擅自离开工作岗位或将机械交给其他无证人员操作。严禁无关人员进入作业区或操作室内。

13. 实行多班作业的机械，应执行交接班制度，认真填写交接班记录；接班人员经检查确认无误后，方可进行工作。

14. 机械不得带病运转，运转中发现不正常时，应先停机检查，排除故障后方可使用。

15. 机械在寒冷季节使用，应符合《建筑机械使用安全技术规程》(JGJ 33—2012)规定。

16. 使用机械与安全生产发生矛盾时，必须首先服从安全要求。

17. 应在施工前，做好施工道路规划，充分利用永久性的施工道路。路面及其余场地地面宜硬化。闲置场地宜绿化。

18. 水泥和其他易飞扬的细颗粒散体材料应尽量安排库内存放，露天存放时宜严密遮盖，卸运时防止遗洒飞扬。

19. 混凝土运送罐车每次出场应清理下料斗，对车体进行冲洗，防止混凝土遗洒。

20. 现场搅拌机前台及运输车辆清洗处应设置沉淀池。废水应排入沉淀池内，经二次沉淀后，方可排入市政污水管线或回收用于洒水降尘。未经处理的泥浆水，严禁直接排入城市排水设施。

21. 现场使用照明灯具宜用定向可拆除灯罩型，使用时应防止光污染。

第二节　常用水泥主要技术指标要求

常用水泥主要有硅酸盐水泥、普通硅酸盐水泥、矿渣硅酸盐水泥、火山灰质硅酸盐水泥及粉煤灰硅酸盐水泥。

硅酸盐水泥分为Ⅰ类硅酸盐水泥（代号 P·Ⅰ）和Ⅱ类硅酸盐水泥（代号 P·Ⅱ），硅酸盐水泥的强度等级分为 42.5、42.5R、52.5、52.2R、62.5、62.5R；普通硅酸盐水泥简称普通水泥，代号 P·O，普通硅酸盐水泥的强度等级分为 42.5、42.5R、52.5、52.2R。其中 R 均代表早强型。

矿渣硅酸盐水泥简称矿渣水泥，代号 P·S；火山灰质硅酸盐水泥简称火山灰水泥，代号为 P·P；粉煤灰硅酸盐水泥简称粉煤灰水泥，代号 P·F。矿渣水泥、火山灰水泥、粉煤灰水泥强度等级分为 32.5、32.5R、42.5、42.5R、52.5、52.2R。

1. 硅酸盐水泥、普通硅酸盐水泥技术指标应符合下列要求：

（1）不溶物：Ⅰ型硅酸盐水泥中不溶物不得超过 0.75%；Ⅱ型硅酸盐水泥中不溶物不得超过 1.50%。

（2）烧失量：Ⅰ型硅酸盐水泥中烧失量不得大于 3.0%；Ⅱ型硅酸盐水泥中烧失量不得大于 3.5%；普通水泥中烧失量不得大于 5.0%。

（3）氧化镁：水泥中氧化镁的含量不宜超过 5.0%。如果水泥经压蒸安定性试验合格，则水泥中氧化镁含量允许放宽至 6.0%。

（4）三氧化硫：水泥中三氧化硫的含量不得超过 3.5%。

（5）细度：硅酸盐水泥比表面积大于 300 m^2/kg，普通水泥 80 μm 方孔筛筛余不得超过 10.0%。

（6）凝结时间：硅酸盐水泥初凝不得早于 45 min，终凝不得迟于 6.5 h；普通水泥初凝不得早于 45 min，终凝不得迟于 10 h。

（7）安定性：用沸煮法检验必须合格。

（8）强度：水泥强度等级按规定龄期的抗压强度和抗折强度来划分，各强度等级水泥的各龄期强度不得低于表 1-19 中的数值。

表 1-19　各强度等级水泥的各龄期强度最小值（一）　单位:MPa

品种	强度等级	抗压强度		抗折强度	
		3 d	28 d	3 d	28 d
硅酸盐水泥	42.5	17.0	42.5	3.5	6.5
	42.5R	22.0	42.5	4.0	6.5
	52.5	23.0	52.5	4.0	7.0
	52.5R	27.0	52.5	5.0	7.0
	62.5	28.0	62.5	5.0	8.0
	62.5R	32.0	62.5	5.5	8.0
普通水泥	32.5	11.0	32.5	2.5	5.5
	32.5R	16.0	32.5	3.5	5.5
	42.5	16.0	42.5	3.5	6.5
	42.5R	21.0	42.5	4.0	6.5
	52.5	22.0	52.5	4.0	7.0
	52.5R	26.0	52.5	4.5	7.0

(9)碱:水泥中碱含量按设计要求和现行《混凝土结构设计规范》规定取值。

2. 矿渣硅酸盐水泥、火山灰质硅酸盐水泥及粉煤灰硅酸盐水泥技术指标应符合下列要求:

(1)氧化镁:熟料中氧化镁的含量不宜超过 5.0%。如果水泥经压蒸安定性试验合格,则熟料中氧化镁的含量允许放宽到 6.0%。

(2)三氧化硫:矿渣水泥中三氧化硫的含量不得超过 4.0%;火山灰水泥和粉煤灰水泥中三氧化硫的含量不得超过 3.5%。

(3)细度:80 μm 方孔筛筛余不得超过 10.0%。

(4)凝结时间:初凝不得早于 45 min,终凝不得早于 10 h。

(5)安定性:用沸煮法检验必须合格。

(6)强度:水泥强度等级按规定龄期的抗压强度和抗折强度来划分,各强度等级水泥的各龄期强度不得低于表 1-20 中的数值。

表 1-20　各强度等级水泥的各龄期强度最小值（二）　单位:MPa

强度等级	抗压强度		抗折强度	
	3 d	28 d	3 d	28 d
32.5	10.0	32.5	2.5	5.5
32.5R	15.0	32.5	3.5	5.5
42.5	15.0	42.5	3.5	6.5

（续表）

强度等级	抗压强度		抗折强度	
	3 d	28 d	3 d	28 d
42.5R	19.0	42.5	4.0	6.5
52.5	21.0	52.5	4.0	7.0
52.5R	23.0	52.5	4.5	7.0

(7)碱:水泥中碱含量按设计要求和现行《混凝土结构设计规范》规定取值。

注:当采用其他品种水泥时,应符合国家现行标准的有关规定。

3. 水泥的包装与标志应符合下列要求:

(1)包装:水泥有袋装或散装,袋装水泥每袋净含量 50 kg,且不得少于标志质量的 98%,随机抽取 20 袋总质量不得少于 1 000 kg。其他包装形式由供需双方协商确定,但有关袋装质量要求,必须符合上述原则规定。

(2)标志:水泥袋上应清楚标明产品名称、代号、净含量、强度等级、生产许可证编号、生产者名称和地址、出厂编号、执行标准号、包装年月日。掺火山灰质混合料的普通水泥(矿渣水泥)还应标上“掺火山灰”的字样。包装袋两侧应印有水泥名称和强度等级。硅酸盐水泥和普通水泥的印刷采用红色;矿渣水泥的印刷采用绿色;火山灰和粉煤灰水泥采用黑色。散装运输时应提交与袋装标志相同内容的卡片。

(3)取样方法:从进场水泥中 20 个以上不同部位取等量样品,总量至少为 12 kg。

4. 常用水泥选用见表 1-21。

表 1-21　常用水泥选用

<table>
<tr><th colspan="2"></th><th>优先选用</th><th>可以选用</th><th>不得选用</th></tr>
<tr><td rowspan="6">混凝土所处环境条件</td><td>在普通气候环境中的混凝土</td><td>普通硅酸盐水泥</td><td>矿渣水泥、火山灰水泥及粉煤灰水泥</td><td>—</td></tr>
<tr><td>在干燥气候环境中的混凝土</td><td>普通硅酸盐水泥</td><td>矿渣水泥</td><td>火山灰水泥、粉煤灰水泥</td></tr>
<tr><td>在高温环境中或永远处在水下的混凝土</td><td>矿渣水泥</td><td>普通水泥、火山灰水泥和粉煤灰水泥</td><td>—</td></tr>
<tr><td>在严寒地区的露天混凝土、寒冷地区经常处在水位升降范围内的混凝土</td><td>普通硅酸盐水泥</td><td>矿渣水泥</td><td>火山灰水泥、粉煤灰水泥</td></tr>
<tr><td>在严寒地区在水位升降范围内的混凝土</td><td>普通硅酸盐水泥(强度≥42.5 MPa)</td><td>—</td><td>矿渣水泥、火山灰水泥及粉煤灰水泥</td></tr>
<tr><td>受侵蚀性环境水或侵蚀性气体作用的混凝土</td><td colspan="3">根据侵蚀介质的种类、浓度等具体条件按专门(或设计)规定选用</td></tr>
</table>

（续表）

		优先选用	可以选用	不得选用
混凝土工程特点	厚大体积混凝土	粉煤灰水泥、矿渣水泥	普通水泥、火山灰水泥	硅酸盐水泥、快硬硅酸盐水泥
	要求快硬的混凝土	快硬硅酸盐水泥、硅酸盐水泥	普通水泥	矿渣水泥、火山灰水泥及粉煤灰水泥
	高强混凝土（大于 C40）	硅酸盐水泥	普通水泥、矿渣水泥	火山灰水泥、粉煤灰水泥
	有抗渗要求的混凝土	普通水泥、火山灰水泥	—	不宜使用矿渣水泥
	有耐磨性要求的混凝土	硅酸盐水泥、普通水泥	矿渣水泥	火山灰水泥、粉煤灰水泥

注：1. 寒冷地区指最寒冷月份里的月平均气温处在 -5 ~ 15 ℃的地区；严寒地区指最寒冷月份里的月平均温度低于 -15 ℃的地区。

2. 蒸汽养护用的水泥品种，宜根据具体条件通过试验确定。

第三节　砂的主要技术指标要求

砂指粒径小于 5 mm，在湖、海、河等天然水域中形成和堆积的岩石碎屑，也可以是岩石经除土开采、机械破碎、筛分而成的碎屑。

1. 砂的主要技术指标应符合下列要求：

（1）砂的粗细程度按细度模数 μ_f 分为粗、中、细、特细四级，其范围应符合以下规定：

粗砂：$\mu_f = 3.7 \sim 3.1$；中砂：$\mu_f = 3.0 \sim 2.3$；细砂：$\mu_f = 2.2 \sim 1.6$；特细：$\mu_f = 1.5 \sim 0.7$。

（2）除特细砂外，砂按 0.630 mm 筛孔的累计筛余量（以质量百分率计，下同）分成三个级配区。砂的颗粒级配应处于表 1-22 中的某一个区内。

表 1-22　砂颗粒级配区

公称粒径/mm	级配Ⅰ区	级配Ⅱ区	级配Ⅲ区
	累计筛余/%		
5.00	10 ~ 0	10 ~ 0	10 ~ 0
2.50	35 ~ 5	25 ~ 0	15 ~ 0
1.25	65 ~ 35	50 ~ 10	25 ~ 0
0.630	85 ~ 71	70 ~ 41	40 ~ 16
0.315	95 ~ 80	92 ~ 70	85 ~ 55
0.160	100 ~ 90	100 ~ 90	100 ~ 90

（3）天然砂中含泥量应符合表 1-23 的规定。对有抗冻、抗渗或其他特殊要求的小于或等于 C25 混

凝土用砂,其含泥量不应大于3.0%。

表1-23　天然砂中含泥量　　单位:%

混凝土强度等级	≥C60	C55~C30	≤C25
含泥量(按质量计)	≤2.0	≤3.0	≤5.0

(4)砂中的泥块含量应符合表1-24的规定。对于有抗冻、抗渗或其他特殊要求的小于或等于C25混凝土用砂,其泥块含量不应大于1.0%。

表1-24　砂中的泥块含量　　单位:%

混凝土强度等级	≥C60	C55~C30	≤C25
泥块含量(按质量计)	≤0.5	≤1.0	≤2.0

(5)人工砂或混合砂中石粉含量应符合表1-25的规定。

表1-25　人工砂或混合砂中石粉含量　　单位:%

混凝土强度等级		≥C60	C55~C30	≤C25
石粉含量	MB<1.4(合格)	≤0.5	≤7.0	≤10.0
	MB≥1.4(不合格)	≤2.0	≤3.0	≤5.0

(6)砂的坚固性用硫酸钠溶液检验,试样经5次循环后其质量损失应符合表1-26的规定。

表1-26　砂的坚固性指标　　单位:%

混凝土所处的环境条件及其性能要求	5次循环后的质量损失
在严寒及寒冷地区室外使用,并经常处于潮湿或干湿交替状态下的混凝土;对于有抗疲劳、耐磨、抗冲击要求的混凝土;有腐蚀介质作用或经常处于水位变化区的地下结构混凝土	≤8
其他条件下使用的混凝土	≤10

(7)砂中如含云母、轻物质、有机物、硫化物及硫酸盐等有害物质,其含量应符合表1-27的规定。有抗冻、抗渗要求的混凝土,砂中云母含量不应大于1.0%;砂中如发现含有颗粒状的硫酸盐或硫化物杂质时,则要进行专门检验,确认能满足混凝土耐久性要求时,方能采用。

表1-27　砂中的有害物质限值　　单位:%

项目	质量指标
云母含量(按质量计)	≤2.0
轻物质含量(按质量计)	≤1.0
硫化物及硫酸盐含量(折算成SO_3,按质量计)	≤1.0
有机物含量(用比色法试验)	颜色不应深于标准色。当颜色深于标准色时,应按水泥胶砂强度试验方法进行强度对比试验,抗压强度比不应低于0.95

(8)对长期处于潮湿环境的重要混凝土结构用砂,应采用砂浆棒(快速法)或砂浆长度法进行骨料的碱活性检验。经上述检验判断为有潜在危害时,应控制混凝土中的碱含量不超过3 kg/m^3,或采用能抑制碱-骨料反应的有效措施。

(9)砂中氯离子含量应符合下列规定:对于钢筋混凝土用砂,其氯离子含量不得大于0.06%(以干砂的质量百分率计);对于预应力混凝土用砂,其氯离子含量不得大于0.02%(以干砂的质量百分率计)。

(10)采用海砂配制混凝土时,其贝壳含量应符合表1-28规定。

表1-28 海砂中贝壳含量 单位:%

混凝土强度等级	≥C40	C35～C30	C25～C15
贝壳含量(按质量计)	≤3	≤5	≤8

对于有抗冻、抗渗或其他特殊要求的小于或等于C25混凝土用砂,其贝壳含量不应大于5.0%。

2. 砂的验收应符合下列要求:

(1)应按同产地、同规格分批验收。用大型工具(如火车、货船、汽车)运输的,以400 m^3 或600 t为一验收批。用小型工具运输的,以200 m^3 或300 t为一验收批。不足上述数量者以一验收批论。

(2)每验收批至少应进行颗粒级配、含泥量和泥块含量检验。如为海砂,还应检验其氯离子含量。对重要工程或特殊工程应根据工程要求,增加检测项目。如对其他指标的合格性有怀疑时,应予以检验。

当质量比较稳定、进料量又较大时,可定期检验。使用新产源的砂时,应由供货单位按砂的技术指示进行全面检验。

(3)砂的质量检测报告内容应包括委托单位、样品编号、工程名称、样品产地和名称、代表数量、检测条件、检测依据、检测项目、检测结果、结论等。

3. 砂的取样应符合下列要求:

(1)每验收批取样方法应按下列规定执行:

①在料堆上取样时,要样部位应均匀分布。取样前先将取样部位表层铲除,然后从各部位抽取大致相等的砂共8份,组成一组样品。

②从皮带运输机上取样时,应在皮带运输机机尾的出料处用接料器定时抽取砂4份,组成一组样品。

③从火车、汽车、货船上取样时,从不同部位和深度抽取大致相等的砂8份,组成一组样品。

(2)若检验不合格时,应重新取样。对不合格项,进行加倍复验,若仍有一个试样不能满足标准要求,应按不合格品处理。

第四节 碎石或卵石的各项主要技术指标要求

卵石也称砾石,指岩石风化破碎后,在潮、海、河等天然水域中形成和堆积的、粒径大于5 mm的岩石颗粒,外形浑圆少棱角。碎石指岩体爆破后经人工破碎或卵石经人工破碎筛分而成的、粒径大于5 mm的岩石颗粒。

1. 碎石或卵石的主要技术指标应符合下列要求:

(1)碎石或卵石的颗粒级配应符合表1-29的要求。混凝土用石应采用连续级配。颗粒级配不符合

表 1-29 要求时,应采取措施并经试验证实能确保工程质量,方允许使用。

表 1-29　碎石或卵石的颗粒级配范围

级配情况	公称粒级/mm	累计筛余(按质量计)/% 方孔筛筛孔边长尺寸/mm											
		2.36	4.75	9.5	16.0	19.0	26.5	31.5	37.5	53	63	75	90
连续粒级	5~10	95~100	80~100	0~15	0	—	—	—	—	—	—	—	—
	5~16	95~100	85~100	30~60	0~10	0	—	—	—	—	—	—	—
	5~20	95~100	90~100	40~80	—	0~10	0	—	—	—	—	—	—
	5~25	95~100	90~100	—	30~70	—	0~5	0	—	—	—	—	—
	5~31.5	95~100	90~100	70~90	—	15~45	—	0~5	0	—	—	—	—
	5~40	—	95~100	70~90	—	30~65	—	—	0~5	0	—	—	—
单粒级	10~20	—	95~100	85~100	—	0~15	0	—	—	—	—	—	—
	16~31.5	—	95~100	—	85~100	—	—	0~10	0	—	—	—	—
	20~40	—	—	95~100	—	80~100	—	—	0~10	0	—	—	—
	31.5~63	—	—	—	95~100	—	—	75~100	45~75	—	0~10	0	—
	40~80	—	—	—	—	95~100	—	—	70~100	—	30~60	0~10	0

(2)碎石或卵石中针、片状颗粒含量应符合表 1-30 的规定。

表 1-30　针、片状颗粒含量　　单位:%

混凝土强度等级	≥C60	C55~C30	≤C25
针、片状颗粒含量(按质量计)	≤8	≤15	≤25

(3)碎石或卵石中的含泥量应符合表 1-31 的规定。

表 1-31　碎石或卵石中的含泥量　　单位:%

混凝土强度等级	≥C60	C55~C30	≤C25
含泥量(按质量计)	≤0.5	≤1.0	≤2.0

对有抗冻、抗渗基等其他特殊要求的混凝土,其所用碎石或卵石的含泥量不应大于 1.0%。当含泥是非黏土质的石粉时,含泥量可由表 1-30 的 0.5%、1.0%、2.0% 分别提高到 1.0%、1.5%、3.0%。

(4)碎石或卵石中的泥块含量应符合表 1-32 的规定。

表 1-32　碎石或卵石中的泥块含量　　单位:%

混凝土强度等级	≥C60	C55~C30	≤C25
泥块含量(按质量计)	≤0.2	≤0.5	≤0.7

有抗冻、抗渗和其他特殊要求的强度等级小于 C30 的混凝土,其所用碎石或卵石的泥块含量不应大于 0.5%。

(5)碎石的强度可用岩石的抗压强度和压碎指标值表示。岩石的抗压强度应比所配制的混凝土强度至少高 20%。当混凝土强度等级大于或等于 C60 时,应进行岩石抗压强度检验。岩石的抗压强度首先应由生产单位提供,工程中可采用压碎值指标进行质量控制。碎石压碎指标值宜符合表1-33的规定。

表1-33　碎石压碎指标值

单位:%

岩石品种	混凝土强度等级	碎石压碎指标值
沉积岩	C60～C40	≤10
	≤C35	≤16
变质岩或深成的火成岩	C55～C40	≤12
	≤C35	≤20
喷出的火成岩	C55～C40	≤13
	≤C35	≤30

注:沉积岩包括石灰岩、砂岩等;变质岩包括片麻岩、石英岩等;深成的火成岩包括花岗岩、正长岩、闪长岩和橄榄岩等;喷出的火成岩包括玄武岩和辉绿岩等。

卵石压碎指标值如表1-34所示。

表1-34　卵石压碎指标值

单位:%

混凝土强度等级	C60～C40	≤C35
压碎指标值	≤12	≤16

(6)碎石或卵石的坚固性用硫酸钠溶液法检验,试样经5次循环后,其质量损失应符合表1-35的规定。

表1-35　碎石或卵石的坚固性指标

单位:%

混凝土所处的环境条件	循环后的质量损失
在严寒及寒冷地区室外使用,并经常处于潮湿或干湿交替状态下的混凝土;有腐蚀介质作用或经常处于水位变化区的地下结构或有抗疲劳、耐磨、抗冲击等要求的混凝土	≤8
在其他条件下使用的混凝土	≤12

(7)碎石或卵石中的硫化物和硫酸盐含量,以及卵石中有机物等有害物质含量应符合表1-36的规定。

表1-36　碎石或卵石中的有害物质含量

项目	质量要求
硫化物及硫酸盐含量(折算成 SO_3,按质量计)/%	≤1.0
卵石中有机质含量(用比色法试验)	颜色应不深于标准色。当颜色深于标准色时,应配制成混凝土进行强度对比试验,抗压强度比应不低于0.95

当碎石或卵石中含有颗粒状硫酸盐或硫化物杂质时,应进行专门检验,确认能满足混凝土耐久性要求时方可采用。

(8)对于长期处于潮湿环境的重要结构混凝土,其所使用的碎石或卵石应进行碱活性检验。

2.碎石或卵石的验收应符合下列要求:

(1)应按同产地、同规格分批验收。用大型工具运输的,以400 m^3 或600 t为一验收批。用小型工具运输的,以200 m^3 或300 t为一验收批。不足上述数量者以一验收批论。

(2)每验收批至少应进行颗粒级配、含泥量、泥块含量及针、片状颗粒含量检验。对重要工程或特殊工程应根据工程要求增加检测项目。对其他指标的合格性有怀疑时应予以检验。

当质量比较稳定、进料量又较大时，可定期检验。当使用新产源的石子时，应由供货单位按碎石的技术指标要求进行全面检验。

(3)碎石或卵石的质量检测报告内容包括委托单位、样品编号、工程名称、样品产地、类别、代表数量、检测依据、检测条件、检测项目、检测结果、结论等。

3. 碎石或卵石的取样应符合下列要求：

(1)每验收批的取样应按下列规定进行：

①在料堆上取样时，取样部位应均匀分布。取样前先将取样部位表面铲除，然后从各部位抽取大致相等的石子15份(在料堆的顶部、中部和底部各从均匀分布的五个不同部位取得)，组成一组样品。

②从皮带运输上取样时，应在皮带运输机机尾的出料处用接料器定时抽取石子8份，组成一组样品。

③从火车、汽车、货船上取样时，应从不同部位和深度抽取大致相同的石子16份，组成一组样品。

(2)若检验不合格，应重新取样。对不合格项进行加位复验，若仍有一个试样不能满足标准要求，应按不合格品处理。

(3)每组样品应妥善包装，以避免细料散失及遭受污染。并应附有卡片标明样品名称、编号、取样的时间、产地、规格、样品所代表的验收批的质量或积数、要求检验的项目及取样方法等。

第五节　混凝土外加剂各项技术指标要求

混凝土外加剂包括普通减水剂、高效减水剂、缓凝高效减水剂、早强减水剂、缓凝减水剂、引气减水剂、早强剂、缓凝剂和引气剂等外加剂。

1. 掺外加剂混凝土性能指标应符合表1-37的要求。

表1-37　掺外加剂混凝土性能指标

试验项目	外加剂品种																	
	普通减水剂		高效减水剂		早强减水剂		缓凝高效减水剂		缓凝减水剂		引气减水剂		早强剂		缓凝剂		引气剂	
	一等品	合格品	一等品	合格品	一等品	合格品	一等品	合格品	一等品	合格品	一等品	合格品	一等品	合格品	一等品	合格品	一等品	合格品
减水率不小于/%	8	5	12	10	8	8	12	10	8	5	10	10	—	—	—	—	6	6
泌水率比不大于/%	95	100	90	95	95	100	100		100		70	80	100		100	110	70	80
含气量/%	≤3.0	≤4.0	≤3.0	≤4.0	≤3.0	≤4.0	<4.5		<5.5		>3.0		—		—		>3.0	

(续表)

试验项目		外加剂品种																	
		普通减水剂		高效减水剂		早强减水剂		缓凝高效减水剂		缓凝减水剂		引气减水剂		早强剂		缓凝剂		引气剂	
		一等品	合格品	一等品	合格品	一等品	合格品	一等品	合格品	一等品	合格品	一等品	合格品	一等品	合格品	一等品	合格品	一等品	合格品
凝结时间差/min	初凝	-90 ~ +120		-90 ~ +120		-90 ~ +90		> +90		> +90		-90 ~ +120		-90 ~ +90		> +90		-90 ~ +120	
	终凝							—		—						—			
抗压强度比不小于/%	1 d	—	—	140	130	140	130	—		—		—		135	125	—		—	
	3 d	115	110	130	120	130	120	125	120	110		115	110	130	120	100	90	95	80
	7 d	115	110	125	115	115	110	125	115	110		110		110	105	100	90	95	80
	28 d	110	105	120	110	105	100	120	110	110	105	100		100	95	100	90	90	80
收缩率比不大于/%	28 d	135		135		135		135		135		135		135		135		135	
相对耐久性指标(200次)/%		—		—		—		—		—		≥80	≥60	—		—		≥80	≥60
对钢筋锈蚀		应说明对钢筋有无锈蚀危害																	

注:1. 除含气量外,表中所列数据为掺外加剂混凝土与基准混凝土的差值或比值。

2. 凝结时间指标,“ - ”号表示提前,“ + ”号表示延缓。

3. 相对耐久性指标一栏中,“200 次≥80 和 60”表示将 28 d 龄期的掺外加剂混凝土试件冻融循环 200 次后,动弹性模量保留值≥80% 或≥60% 。

4. 对于可以用高频振捣排除的,由外加剂所引入的气泡的产品,允许用高频振捣,达到某类型性能指标要求的外加剂,可按本表进行命名和分类,但须在产品说明书和包装上注明“用于高频振捣的××剂”。

2. 匀质性指标应符合表 1-38 的要求。

表 1-38　匀质性指标

试验项目	指标
含固量或含水量	(1)对液体外加剂,应在生产厂控制值的相对量的 3% 之内; (2)对固体外加剂,应在生产厂控制值的相对量的 5% 之内
密度	对液体外加剂,应在生产厂所控制值的 ±0.02 g/cm^3 之内
氯离子含量	应在生产厂所控制值相对量的 5% 之内

（续表）

试验项目	指标
水泥净浆流度	应不小于生产控制值的95%
细度	0.315 mm筛筛余应小于15%
pH值	应在生产厂控制值±1%之内
表面张力	应在生产厂控制值±1.5%之内
还原糖	应在生产厂控制值±3%之内
总碱量（$Na_2O+0.658K_2O$）	应在生产厂控制值的相对量的5%之内
硫酸钠	应在生产厂控制值的相对量的5%之内
泡沫性能	应在生产厂控制值的相对量的5%之内
砂浆减水率	应在生产厂控制值的±1.5%之内

3. 选用的外加剂应具有产品合格证、出厂检验报告和说明书。外加剂的说明书内容应包括产品名称及型号、出厂日期、主要特性及成分、适用范围及推荐掺量、外加剂总碱量、氯离子含量、有无毒性、易燃状况、储存条件及有效期、使用方法及注意事项。

4. 外加剂的包装应符合下列要求：

（1）粉状外加剂应采用有塑料袋衬里的编织袋，每袋重20～50 kg。液体外加剂应采用塑料桶、金属桶包装或槽车运输。

（2）所有包装的容器上均应在明显位置注明以下内容：产品名称、型号、净质量或体积（包括含量或浓度）、生产厂名、生产日期及出厂编号（应在产品合格证上予以说明）。

5. 混凝土中掺用外加剂的质量及应用技术除应符合上述要求外，还应符合《混凝土外加剂应用技术规范》（GB 50119—2013）等和有关环境保护的规定。钢筋混凝土结构中，当使用含氯化物的外加剂时，混凝土中氯化物的总含量应符合相关标准的要求。

6. 外加剂的检验批及取样应符合下列要求：

（1）同品种、同一编号的外加剂，50 t为一检验批，不足50 t时也应按一检验批计。

（2）取样时从三个或更多的点处取等量均匀混合。每一编号取样量不少于0.2 t胶凝材料所需用的外加剂量。

7. 不同品种外加剂应分别存储，做好标记，在运输与存储时不得混入杂物和遭受污染。

第二章　混凝土构件

第一节　竖向构件施工技术

一、适用范围

竖向构件施工技术适用于剪力墙结构、框架结构、框剪结构及砖混结构中混凝土墙和柱的施工，不适用于地下连续墙的施工，有抗冻、抗渗或其他特殊要求的混凝土的施工。

未涉及巨柱大体积混凝土施工，厚墙（如射线防护）施工，高强、高性能混凝土的施工，钢管柱免振混凝土的施工，地下室墙补偿收缩混凝土的施工，采用滑模施工技术的混凝土的施工。

二、施工准备

（一）技术准备

1. 图纸会审已完成。

2. 根据设计混凝土强度等级、混凝土性能要求、施工条件、施工部位、气温、浇筑方法、使用水泥、骨料、掺合料及外加剂，确定各种类型混凝土强度等级的所需坍落度和初、终凝时间，委托有资质的专业试验室完成混凝土配合比设计。

3. 编制混凝土施工方案，明确流水作业划分、浇筑顺序、混凝土的运输与布料、作业进度计划、工程量等并分级进行交底。

4. 确定浇筑混凝土所需的各种材料、机具、劳动力需用量，确定混凝土的搅拌能力是否满足连续浇筑的需求。

5. 确定混凝土施工用水、电，以满足施工需要。

6. 确定混凝土试块制作组数，满足标准养护和同条件养护的需求。

(二)材料要求

1. 水泥:应根据工程特点、所处环境及设计、施工的要求,选用适当品种和强度等级的水泥。普通混凝土宜选用硅酸盐水泥、普通硅酸盐水泥、矿渣硅酸盐水泥、火山灰质硅酸盐水泥及粉煤灰硅酸盐水泥。水泥的各项主要技术指标应符合水泥主要技术指标的要求。

2. 细骨料:当选用砂配制混凝土时宜优先选用Ⅱ区砂。对于泵送混凝土用砂,宜选用中砂。砂的各项主要技术指标应符合砂主要技术指标的要求。

3. 粗骨料:当采用碎石或卵石配制混凝土时,其技术指标应符合碎石或者卵石技术的要求。

4. 掺合料:用于混凝土中的掺合料,应符合现行国家标准《用于水泥和混凝土中的粉煤灰》(GB/T 1596—2017)、《用于水泥中的火山灰质混合材料》(GB/T 2847—2005)和《用于水泥中的粒化高炉矿渣》(GB/T 203—94)的规定。

(1)当采用其他品种的掺合料时,其烧失量及有害物质含量等质量指标应通过试验,确认符合混凝土质量要求时,方可使用。

(2)选用的掺合料,应使混凝土达到预定改善性能的要求或在满足性能要求的前提下取代水泥。其掺量应通过试验确定,其取代水泥的最大量应符合有关标准的规定。

(3)掺合料在运输与存储中,应有明显标志。严禁与水泥等其他粉状材料混淆。

5. 混凝土外加剂。

(1)选用混凝土外加剂时,应根据混凝土的性能要求、施工工艺及气候条件,结合混凝土的原材料性能、配合比及对水泥的适应性等因素,通过试验确定其品种和掺量。

(2)混凝土外加剂的各项技术指标要求应符合国家标准要求。

6. 水:混凝土拌制用水宜采用饮用水;当采用其他水源时,应进行取样检测,水质应符合国家现行标准《混凝土拌合用水标准》(JGJ 63—89)的规定。

(三)主要机具设备

1. 机械设备。

混凝土搅拌上料设备:混凝土搅拌机、拉铲、抓斗、皮带输送机、推土机、装载机、散装水泥储存罐、振动筛和水泵等。

2. 运输设备:自卸翻斗车、机动翻斗车、手推车、提升机、卷扬机、塔式起重机或混凝土搅拌运输车、混凝土输送泵和布料机、客货两用电梯或龙门架(提升架)等。

混凝土振捣设备:插入式振动器。

3. 主要工具:水箱、胶皮管、手推车、串筒、溜槽、混凝土吊斗、贮料斗、大小平锹、铁板、铁钎、抹子、铁插尺、12~15 寸活扳手电工常规工具、机械常规工具、对讲机等。

4. 主要试验检测工具:混凝土坍落度筒、混凝土标准试模、振动台、靠尺、塞尺、水准仪、经纬仪、混凝土结构实体检验工具等。

(四)作业条件

1. 钢筋和预埋件的位置如有偏差应予以纠正完毕,钢筋上的油污等杂物已清除干净。

2. 浇筑层剪力墙及柱根部松散混凝土已在支设模板前剔掉清净。检查模板下口、洞口及角模处拼接是否严密，边角柱加固是否可靠，各种连接件是否牢固。检查并清理模板内残留杂物，用水冲净。外砖内模的砖墙及模板，常温时应浇水湿润。浇筑混凝土用的操作架及马道按要求搭设完毕，并经检查验收合格，柱子模板的清扫口应在清除杂物及积水后封闭完成。

3. 所有的原材料经检查，全部应符合设计配合比通知单所提出的要求。根据原材料及设计配合比进行混凝土配合比检验，应满足坍落度、强度及耐久性等方面要求。新下达的混凝土配合比，应进行开盘鉴定，并符合要求；需用浇筑混凝土的工程部位已办理隐检手续，混凝土浇筑的申请单已经有关人员批准。

4. 搅拌机及其配套设备经试运行安全可靠，同时配有专职技工，随时检修。电源及配电系统符合要求，安全可靠。所有计量器具必须具有经检定的有效期标识，地磅下面及周围的砂、石清理干净，计量器具灵敏可靠，并按施工配合比设专人定磅。

5. 管理人员向作业班组进行配合比、操作规程和安全技术交底，泵送操作人员经培训、考核合格，持证上岗。

6. 木模在混凝土浇筑前洒水湿润。

7. 依据泵送浇筑作业方案，确定泵车型号、使用数量；搅拌运输车数量、行走路线、布置方式、浇筑程序、布料方法、明确布设。

8. 浇筑混凝土必需的脚手架和马道已经搭设，经检查符合施工需要和安全要求，混凝土运输道路确保畅通。

三、关键要求

（一）材料的关键要求

施工所用混凝土材料的主要技术指标是强度和耐久性，施工时必须保证。施工时严格控制原材料的质量，通过有资质的试验室控制混凝土配合比来保证混凝土的强度，混凝土拌合物的基本性能可以用混凝土的和易性与稠度来测定。

1. 所用的水泥应有质量证明文件。质量证明文件内容应包括规定的各项技术要求及试验结果。水泥厂在水泥发出之日 7 d 内寄发的质量证明文件应包括除 28 d 强度以外的各项试验结果。28 d 强度数值应在水泥发出之时起 32 d 内补报。

2. 骨料的选用应符合下列要求：

（1）粗骨料最大粒径应符合下列要求：不得大于混凝土结构截面最小尺寸的 1/4，并不得大于钢筋最小净间距的 3/4；对混凝土实心板，其最大粒径不宜大于板厚的 1/3，且不得超过 40 mm。泵送混凝土用的碎石不应大于输送管内径的 1/3；卵石不应大于输送管内径的 2/5。

（2）泵送混凝土用的细骨料，对 0.315 mm 筛孔的通过量不应少于 15%，对 0.16 mm 筛孔的通过量不应少于 5%。

（3）泵送混凝土用的骨料还应符合泵车技术条件的要求。

3. 骨料在生产、采集、运输与存储过程中，严禁混入影响混凝土性能的有害物质。

4. 骨料应按品种、规格分别堆放，不得混杂。在其装卸及存储时，应采取措施，使骨料颗粒级配均匀,保持洁净。堆放场地应平整、排水畅通,宜铺筑混凝土地面。

5.不得使用海水拌制钢筋混凝土和预应力混凝土。不宜用海水拌制有饰面要求的素混凝土。

6.混凝土拌合物中的氯化物总含量(以氯离子质量计)应符合下列规定:

(1)对素混凝土,不得超过水泥质量的2%。

(2)对处于干燥环境或有防潮措施的钢筋混凝土,不得超过水泥质量的1%;对处在潮湿并含有氯离子环境中的钢筋混凝土,不得超过水泥质量的0.3%。

(3)预应力混凝土及处于易腐蚀环境中的钢筋混凝土,不得超过水泥质量的0.06%。

(4)混凝土中氯化物总含量不得大于0.3 kg/m^3。

(5)混凝土细骨料中氯离子含量应符合下列规定:

①对钢筋混凝土,按干砂的质量百分比计算不得大于0.06%。

②对预应力混凝土,按干砂的质量百分比计算不得大于0.02%。

(6)混凝土拌合物中的碱含量<3.0 kg/m^3。

(7)混凝土拌合物的各项质量指标应按下列规定检验:

①各种混凝土拌合物均应检验其坍落度。

②掺引气型外加剂的混凝土拌合物应检验其含气量;根据需要应检验混凝土拌合物的水灰比、水泥含量及均匀性。

(二)技术的关键要求

1.每一工作班正式称量前,应对计量设备进行零点校验。

2.运送混凝土的容器和管道,应不吸水、不漏浆。

3.混凝土拌合物运至浇筑地点时的温度,最高不宜超过35 ℃,最低不宜低于5 ℃。

4.在浇筑混凝土时,应经常观察模板、支架、钢筋、预埋件和预留孔洞的情况,当发现有变形、移位时,应立即停止浇筑,并应在已浇筑的混凝土凝结前修整完好。

5.在浇筑与柱、墙连成整体的梁和板时,应在柱和墙浇筑完毕后停歇1~1.5 h,使混凝土获得初步沉实后,再继续浇筑,或者采取二次振捣的方法进行。

6.在浇筑混凝土时,应制作供结构拆模、张拉、强度合格评定用的标准养护和与结构同条件养护的试件。需要时还应制作抗冻、抗渗或其他性能试验用的试件。

7.对于有预留洞、预埋件和钢筋密集的部位,应采取技术措施,确保顺利布料和振捣密实。在浇筑混凝土时,应经常观察,当发现混凝土有不密实等现象,应立即予以纠正。

8.水平结构的混凝土表面,应适时用木抹子磨平(必要时,可用铁筒滚压)搓毛两遍以上,且最后一遍宜在混凝土收水时完成。

9.应控制混凝土处在有利于硬化及强度增长的温度、湿度环境中。

(三)质量的关键要求

1.混凝土原材料的质量控制。

2.混凝土浇筑方式的选择、控制及混凝土的振捣质量要求是本工艺质量的关键要求。生产过程中应测定骨料的含水率,每一工作班不应少于一次,当含水率有显著变化时,应增加测定次数,依据检测结果及时调整用水量和骨料用量。

3. 宜采用强制式搅拌机搅拌混凝土。

4. 混凝土搅拌的最短时间应符合表 1-5 的规定。搅拌混凝土时，原材料应计量准确，上料顺序正确。混凝土的搅拌时间、原材料计量、上料顺序，每一工作班至少应抽查两次。

5. 混凝土拌合物的坍落度应在搅拌地点和浇筑地点分别取样检测。所测坍落度值应符合设计和施工要求。其允许偏差应符合表 1-1 的规定。

(四)职业健康安全的关键要求

1. 施工现场所有用电设备，除作保护接零外，必须在设备负荷线的首端处设置漏电保护装置。

2. 每台用电设备应有各自专用的开关箱，必须实行“一机一闸一保”制，严禁用同一开关电器直接控制两台及两台以上用电设备(含插座)。

3. 各种电源导线严禁直接绑扎在金属架上。

4. 需要夜间工作的塔吊，应设置正对工作面的投光灯。塔身高于 30 m 时，应在塔顶和臂架端部装设防撞红色信号灯。

5. 分层施工的楼梯口和梯段边，必须安装临时护栏。顶层楼梯口应随工程结构进度安装正式防护栏杆。

6. 作业人员应从规定的通道上下，不得在阳台之间等非规定通道进行攀登，也不得任意利用吊车臂架等施工设备进行攀登。

7. 混凝土浇筑时的悬空作业，必须遵守下列规定：浇筑离地 2 m 以上独立柱、框架、过梁、雨篷和小平台时，应设操作平台，不得直接站在模板或支撑件上操作。特殊情况下如无可靠的安全设施，必须系好安全带、扣好保险钩，并架设安全网。

8. 机、电操作人员应体检合格，无妨碍作业的疾病和生理缺陷，并应经过专业培训、考核合格取得行业主管部门颁发的操作证，方可持证上岗。

9. 在工作中操作人员和配合作业人员必须按规定穿戴劳动保护用品，长发应束紧不得外露，高处作业时必须系安全带。

10. 机械必须按照出厂使用说明书规定的技术性能、取载能力和使用条件，正确操作，合理使用，严禁超载作业或任意扩大使用范围。

11. 机械上的各种安全防护装置及监测、指示、仪表、报警、信号装置应完好齐全，有缺损时应及时修复。安全防护装置不完整或已失效的机械不得使用。

12. 搅拌机作业中，当料斗升起时，严禁任何人在料斗下停留或通过；当需要在料斗下检修或清理料坑时，应将料斗提升后用铁链或插入销锁住。

13. 电缆线应满足操作所需的长度，电缆线上不得堆压物品或让车辆挤压，严禁用电缆线拖拉或吊挂振动器。

(五)环境的关键要求

1. 在机械产生对人体有害的气体、液体、尘埃、渣滓、放射性射线、振动、噪声等场所，必须配置相应的安全保护设备和三废处理装置。

2. 混凝土机械作业场地应有良好的排水条件，机械近旁应有水源，机棚内应有良好的通风、采光及防雨、防冻设施，并不得有积水。

3. 作业后，应及时将机内、水箱内、管道内的存料、积水放尽，并应清洁保养机械，清理工作场地。

4. 应选用低噪声或有消声降噪设备的混凝土施工机械，现场混凝土搅拌站应搭设封闭的搅拌棚，防止扬尘和噪声污染。

四、施工工艺

(一)工艺流程

混凝土搅拌→混凝土运输→柱剪力墙壁混凝土浇筑与振捣→养护。

(二)操作工艺

1. 混凝土搅拌。混凝土的搅拌要求如下：

①搅拌混凝土前，宜将搅拌筒充分润滑。搅拌第一盘时，宜按配合比减少粗骨料用量。在全部混凝土卸出之前不得再投入拌合料，更不得采取边出料边进料的方法进行搅拌。

②混凝土搅拌中必须严格控制水灰比和坍落度，未经试验人员同意严禁随意加减用水量。

③混凝土的原材料计量。

水泥计量：搅拌时采用袋装水泥时，应抽查 10 袋水泥的平均质量，并以每袋水泥的实际质量，按设计配合比确定第一盘混凝土的施工配合比；搅拌时采用散装水泥的，应每盘精确计量。

外加剂及混合料计量：对于粉状的外加剂和混合料，宜按施工配合比第一盘的用料，预先在外加剂和混合料存放的仓库中进行计量，并以小包装运到搅拌地点备用；液态外加剂应随用随搅拌，并用比重计检查其浓度，宜用量筒计量。

2. 混凝土运输。

①混凝土运输车装料前应将拌筒内、车斗内的积水排净。

②运输途中拌筒应保持 3 ~ 5 r/min 的慢速转动。

③混凝土应以最少的转载次数和最短时间，从搅拌地点运到浇筑地点。

3. 混凝土浇筑与振捣。

混凝土浇筑时的坍落度必须符合国家现行标准《混凝土结构工程施工质量验收规范》(GB 50204—2015)的规定。其坍落度的测定方法应符合国家现行技术标准《普通混凝土拌合物性能试验方法标准》(GB/T 50080—2016)的规定。施工中的坍落度应按混凝土实验室配合比进行测定和控制，并填写混凝土坍落度测试记录。

柱、墙混凝土浇筑前底部应先填以 50 ~ 100 mm 厚与混凝土配合比相同减石子水泥砂浆。墙体模板上留设浇捣孔等。浇筑混凝土时应分段分层连续进行，浇筑层高度应根据结构特点、钢筋疏密决定，一般为振捣器作用部分长度的 1.25 倍，最大不超过 500 mm。

使用插入式振捣器应快插慢拔，插点要均匀排列，逐点移动，须按序进行，不得遗漏，做到均匀振实。移动间距不大于振捣作用半径的 1.25 倍(一般为 300 ~ 400 mm)。振捣上一层时应插入下层 50 ~ 100 mm，以消除两层间的接缝。

4. 浇筑混凝土应连续进行，如必须间歇，其间歇时间应尽量缩短，并应在前层混凝土凝结之前，将次层混凝土浇筑完毕。间歇的最长时间应按所用水泥品种、气温及混凝土凝结条件确定，一般超过 2 h 应按施工缝处理。

浇筑混凝土时应经常观察模板、钢筋、预留孔洞、预埋件和插筋等有无移动、变形或堵塞情况，发现问题应立即处理，并应在已浇筑的混凝土凝结前修正完好。

在已浇筑的混凝土强度未达到 1.2 N/mm^2 以前，不得在其上踩踏或安装模板及支架。

5. 柱的混凝土浇筑还应符合以下要求：

①柱的混凝土应分层振捣，使用插入式振捣器的每层厚度不大于 500 mm，并边投料边振捣（可先将振动棒插入柱底部，使振动棒产生振动，再投入混凝土），振捣棒不得触动钢筋和预埋件，除上面振捣外，下面要有人随时敲打模板。在浇筑柱混凝土的全过程中应注意保护钢筋的位置，要随时检查模板是否变形、位移，螺栓和拉杆是否有松动、脱落，以及漏浆等现象，并应有专人进行管理。

②柱高在 3 m 之内，可在柱顶直接下料进行浇筑，超过 3 m 时，应采取措施（按上述规定执行）或在模板侧面开门洞安装斜溜槽分段浇筑，每段高度不得超过 2 m，每段混凝土浇筑后将门子洞模板封闭严实，并用箍箍牢。

③柱子混凝土应一次浇筑完毕，如需留施工缝时应留在基础的顶面、主梁下面。无梁楼板应留在柱帽下面。施工缝的留置应在施工组织设计、施工方案或施工技术措施中明确。在与梁板整体浇筑时，应在柱浇筑完毕后停歇 1 ~1.5 h，使其获得初步沉实后，再继续浇筑。

④浇筑完后，应同时将伸出的搭接钢筋整理到位。

6. 剪力墙混凝土浇筑。

①墙体浇筑混凝土时应用铁锹或混凝土输送泵管均匀入模，不应用吊斗直接灌入模内。每层混凝土的浇筑厚度控制在 500 mm 左右进行分层浇筑、振捣。混凝土下料点应分散布置。墙体连续进行浇筑，间隔时间不超过 2 h。墙体混凝土的施工缝宜设在门洞过梁跨中 1/3 区段。当采用大模板时宜留在纵横墙的交界处，墙应留垂直缝。接槎处应振捣密实。浇筑时随时清理落地灰。

柱、墙连为一体的混凝土浇筑时，如柱、墙的混凝土强度等级相同时，可以同时浇筑；当柱、墙混凝土标高不同时，宜采取先浇高标号混凝土柱、后浇低标号剪力墙混凝土，保持柱高 0.5 m 混凝土高差上升，至剪力墙浇最上部时与柱浇齐的浇筑方法，始终保持高标号混凝土侵入低标号剪力墙混凝土 0.5 m 的要求。（与设计、监理协商，取相同标号）

②墙体上的门窗洞口浇筑混凝土时，宜从两侧同时投料浇筑和振捣，使洞口两侧浇筑高度对称均匀，一次浇筑高度不宜太大，以防止洞口处模板产生位移。因此，必须预先安排好混凝土下料点位置、振捣器操作人员数量及振捣器的数量，使其满足使用要求，以防洞口变形。

混凝土的浇筑次序是先浇筑窗台以下部位的混凝土，后浇筑窗间墙混凝土，长度较大的洞口下部模板应开口，并补充混凝土及振捣，以防止窗台下面混凝土出现蜂窝、空洞现象。

③外砖内模、外板内模大角及山墙构造柱应分层浇筑，每层不超过 500 mm，内外墙交界处加强振捣，保证密实。外砖内模应采取措施，防止外墙鼓胀。

④作业时振动棒插入混凝土中的深度不应超过棒长的 2/3 ~3/4，振动棒各插点间距应均匀，插点

间距不应超过振动棒有效作用半径的 1.25 倍,且小于 500 mm。振捣时,要做到“快插慢拔”。快插是为了防止将表层混凝土先振实,与下层混凝土发生分层、离析现象。慢拔是为了使混凝土能来得及填满振动棒抽出时所形成的孔洞。每插点的延续时间(以表面呈现浮浆为度)为 20~30 s,见到混凝土不再显著下沉,不出现气泡,表面泛出水泥浆和外观均匀为止。由于振动棒下部振幅要比上部大,故在振捣时应将振动棒上下抽动 50~100 mm,使混凝土振实均匀。为使上下层混凝土结合成整体,振捣器应插入下层混凝土 50~100 mm。振捣时注意钢筋密集及洞口部位,为防止出现漏振,以表面呈现浮浆和不再明显沉落为达到要求,避免碰撞钢筋、模板、预埋件、预埋管、外墙板空腔防水构造等。发现有变形、移位,各有关工种相互配合进行处理。

⑤墙上口找平:混凝土浇筑振捣完毕,将上口甩出的钢筋加以整理,用木抹子按预定标高线,将表面找平。

7. 型钢混凝土结构浇筑应符合下列规定:

①混凝土粗骨料最大粒径不应大于型钢外侧混凝土保护层厚度的 1/3,且不宜大于 25 mm。

②混凝土浇筑应有充分的下料位置,浇筑应能使混凝土充盈整个构件各部位。

③型钢周边混凝土浇筑宜同步上升,混凝土浇筑高差不应大于 500 mm。

8. 钢管混凝土结构浇筑应符合下列规定:

①宜采用自密实混凝土浇筑。

②混凝土应采取减少收缩的措施。

③在钢管适当位置应留有足够的排气孔,排气孔孔径不应小于 20 mm;浇筑混凝土应加强排气孔观察,并应在确认浆体流出和浇筑密实后再封堵排气孔。

④当采用粗骨料粒径不大于 25 mm 的高流态混凝土或粗骨料粒径不大于 20 mm 的自密实混凝土时,混凝土最大倾落高度不宜大于 9 m;倾落高度大于 9 m 时,应采用串筒、溜槽、溜管等辅助装置进行浇筑。

⑤混凝土从管顶向下浇筑时应符合下列规定:

a. 浇筑应有充分的下料位置,浇筑应能使混凝土充盈整个钢管。

b. 输送管端内径或斗容器下料口内径应小于钢管内径,且每边应留有不小于 100 mm 的间隙。

c. 应控制浇筑速度和单次下料量,并应分层浇筑至设计标高。

d. 混凝土浇筑完毕后应对管口进行临时封闭。

⑥混凝土从管底顶升浇筑时应符合下列规定:

a. 应在钢管底部设置进料输送管,进料输送管应设止流阀门,止流阀门可在顶升浇筑的混凝土达到终凝后拆除。

b. 合理选择混凝土顶升浇筑设备,配备上下通信联络工具,有效控制混凝土的顶升或停止过程。

c. 应控制混凝土顶升速度,并均衡浇筑至设计标高。

⑦自密实混凝土浇筑应符合下列规定:

a. 应根据结构部位、结构形状、结构配筋等确定合适的浇筑方案。

b. 自密实混凝土粗骨料最大粒径不宜大于 20 mm。

c. 浇筑应能使混凝土充填到钢筋、预埋件、预埋钢构周边及模板内各部位。

d. 自密实混凝土浇筑布料点应结合拌合物特性选择适宜的间距，必要时可通过试验确定混凝土布料点下料间距。

⑧清水混凝土结构浇筑应符合下列规定：

a. 应根据结构特点进行构件分区，同一构件分区应采用同批混凝土，并应连续浇筑。

b. 同层或同区内混凝土构件所用材料牌号、品种、规格应一致，并应保证结构外观色泽符合要求。

c. 竖向构件浇筑时应严格控制分层浇筑的间歇时间。

⑨基础大体积混凝土结构浇筑应符合下列规定：

a. 用多台输送泵接输送泵管浇筑时，输送泵管布料点间距不宜大于 10 m，并宜由远及近浇筑。

b. 用汽车布料杆输送浇筑时，应根据布料杆工作半径确定布料点数量，各布料点浇筑速度应保持均衡。

c. 宜先浇筑深坑部分再浇筑大面积基础部分。

d. 宜采用斜面分层浇筑方法，也可采用全面分层、分块分层浇筑方法，层与层之间混凝土浇筑的间歇时间应能保证整个混凝土浇筑过程的连续。

e. 混凝土分层浇筑应采用自然流淌形成斜坡，并应沿高度均匀上升，分层厚度不宜大于 500 mm。

f. 抹面处理应符合规范的规定，抹面次数宜适当增加。

g. 应有排除积水或混凝土泌水的有效技术措施。

⑩预应力结构混凝土浇筑应符合下列规定：

a. 应避免预应力锚垫板与波纹管连接处及预应力筋连接处的管道移位或脱落。

b. 应采取保证预应力锚固区等配筋密集部位混凝土浇筑密实的措施。

9. 混凝土拆模：常温时柱、墙壁体混凝土强度大于 1 MPa 时方可拆模；冬期时掺防浆剂，混凝土强度达到 4 MPa 时方可拆模。拆模时先拆一个柱或一面墙体，观察混凝土不粘模、不掉角、不坍落即可大面积拆模，拆模后及时修整墙面边角。

五、混凝土的养护

混凝土养护工艺应根据《混凝土结构工程施工质量验收规范》的有关规定，制定科学的组织和操作方法。常温养护时应在混凝土浇筑完毕后 12 h 以内加以覆盖和浇水，浇水次数应能保持混凝土有足够的润湿状态，对采用硅酸盐水泥、普通硅酸盐水泥或矿渣硅酸盐水泥拌制的混凝土，不得少于 7 d；对掺用缓凝型外加剂或有抗渗要求的混凝土，不得少于 14 d；对采用其他品种水泥时，混凝土的养护应根据所采用水泥的技术性能确定。当温度低于 5 ℃时，不得浇水养护混凝土，应采取加热保温养护或延长混凝土养护时间。

正温下施工几种常用的养护方法如下。

（一）覆盖浇水养护

利用平均气温高于 5 ℃的自然条件，用适当的材料对混凝土表面加以覆盖并浇水，使混凝土在一定的时间内保持水泥水化作用所需要的适当温度和湿度条件。

（二）薄膜布养护

在有条件的情况下，可采用不透水、气的薄膜布（如塑料薄膜布）养护。用薄膜布把混凝土表面敞露的部分全部严密地覆盖起来，保证混凝土在不失水的情况下得到充足的养护。这种养护方法的优点是不必浇水，操作方便，能重复使用，能提高混凝土的早期强度，加速模具的周转，但应该保持薄膜内有凝结水。

（三）喷涂薄膜养生液

混凝土的表面不便浇水或使用塑料薄膜养护时，可采用喷涂薄膜养生液，防止混凝土内部水分蒸发的方法进行养护。薄膜养生液养护是将可成膜的溶液喷洒在混凝土表面上，溶液挥发后在混凝土表面凝结成一层薄膜，使混凝土表面与空气隔绝，封闭混凝土中的水分不再蒸发，而完成水化作用。这种养护方法一般适用于表面积大的混凝土施工和缺水地区。

（四）覆盖式养护

在混凝土柱或墙体拆除模板后，在其上覆盖塑料薄膜进行封闭养护，有两种做法：第一种是在构件上覆盖一层黑色塑料薄膜（厚0.12～0.14 mm），在冬季再盖一层气被薄膜。第二种是在混凝土构件上先覆盖一层透明的或黑色塑料薄膜，再盖一层气垫薄膜（气泡朝下）。塑料薄膜应采用耐老化的，接缝应采用热黏合。覆盖时应紧贴四周，用砂袋或其他重物压紧盖严，防止被风吹开，影响养护效果。塑料薄膜采用搭接时，其搭接长度应大于30 cm。

（五）混凝土冬期施工措施

冬期浇筑混凝土时，最常用的方法是冷混凝土法、综合蓄热法、外部加热法三种，最常用的是冷混凝土法和综合蓄热法。冷混凝土法是促使混凝土早强，降低混凝土冰点。主要通过改善混凝土配合比和掺加混凝土外加剂，掺量应经试验确定。

冬期施工的混凝土的配制应由具有资质的试验室提供冬期施工配合比，同时选用符合环境保护要求的外加剂，其掺量用试验确定。冬期配制混凝土时，应优先采用加热水的方法，水及骨料的加热温度应根据热工计算确定，水泥不得直接加热，宜在使用之前运至暖棚内存放。

冬期施工混凝土在浇筑前，应清除干净模板和钢筋上的冰雪和污垢。运输和浇筑混凝土的容器应具有保温措施。混凝土在运输、浇筑过程中的温度，应与《混凝土结构工程施工质量验收规范》附录三热工计算的要求相符，当与要求不符时应采取措施进行调整。当采用加热养护时，混凝土养护前的温度不得低于2 ℃。对加热养护的现浇混凝土结构，混凝土的浇筑顺序和施工缝的位置，应能防止在加热时产生较大的温度应力，当加热温度在40 ℃以上时，应征得设计单位同意。

冬期施工的模板及混凝土表面应用塑料薄膜和草袋等保温材料覆盖保温，不得浇水养护。对掺加防冻剂的混凝土进行养护时，在负温条件下严禁浇水且外露表面必须覆盖。同时混凝土的初期养护温度不得低于防冻剂的规定温度，达不到规定温度时，应立即采取保温措施。采用防冻剂的混凝土，当温度降低到防冻剂的规定温度以下时，其强度不应小于4 N/mm^2。冬期施工的混凝土拆模后混凝土的表面温度与环境温度差大于15 ℃时，应对混凝土采用保温材料覆盖养护。

冬期施工混凝土养护温度的测量应符合下列规定：当采用蓄热法养护时，在养护期间至少每6 h一次，对掺用防冻剂的混凝土，在强度未达到4.0 N/mm^2以前每2 h测定一次，以后每6 h测定一次；当采用蒸汽法或电流加热时,在升温、降温期间每 1 h 测定一次,在恒温期间每 2 h 测定一次;同时室外气温及周围环境温度在每昼夜内至少应定点测量四次。

混凝土养护温度的测量方法应符合下列规定:全部测温孔应编号,并绘制测温孔布置图;测量表应采取措施与外界气温隔离;测温表留置在测温孔内的时间应小于 3 min;测温孔的设置,当采用蓄热法养护时,应在易于散热的部位设置,当采用加热养护时,应在离热源不同的位置分别设置,大体积结构应在表面及内部分别设置。

冬期施工所有各项测量及检验结果,均应填写“混凝土施工记录”和“混凝土冬期施工日报”。

六、施工注意事项

1. 蜂窝:原因是混凝土一次下料过厚,振捣不实或漏振模板有缝隙,使水泥浆流失,钢筋较密而混凝土坍落度过小或石子过大,柱、墙根部模板有缝隙,以致混凝土中的砂浆从下部涌出。

2. 露筋:原因是钢筋垫块位移、间距过大、漏放、钢筋紧贴模板,造成露筋,或梁、板底部振捣不实,也可能出现露筋。

3. 麻面:拆模过早或模板表面漏刷隔离剂或模板湿润不够,构件表面混凝土易黏附在模板上造成麻面脱皮。

4. 孔洞:原因是钢筋较密的部位混凝土被卡,未经振捣就继续浇筑上层混凝土。

5. 缝隙与夹渣层:施工处杂物清理不净或未浇底浆等原因,易造成缝隙、夹渣层。

6. 梁、柱连接处断面尺寸偏差过大:主要原因是柱接头模板刚度差或支此部位模板时未认真控制断面尺寸。

7. 墙体、柱根部烂根:墙体及柱混凝土浇筑前,先均匀浇筑 5 cm 厚砂浆或减石子混凝土。混凝土坍落度要严格控制,防止混凝土离析,底部振捣应认真操作。

8. 洞口移位变形:浇筑时防止混凝土冲击洞口模板,洞口两侧混凝土应对称、均匀进行浇筑、振捣。模板穿墙螺栓应紧固可靠。

9. 外砖墙歪闪:外砖内模墙体施工时,砖墙预留洞,用方木、花篮螺栓将砖墙从外面与大模板拉牢,振捣时振捣棒不碰砖墙。洞口模应有足够刚度。

10. 墙面、柱面气泡过多:采用高频振捣棒,每层混凝土均要振捣至气泡排出为止。

11. 混凝土与模板粘连:注意清理模板,拆模不能过早,隔离剂涂刷均匀。

12. 剪力墙浇筑除按一般原则进行外,还应注意以下几点:

(1)门窗洞口部位应两侧同时下料,高差不能太大,以防止门窗洞口横向位移,施工时应先浇捣窗台下部,后振捣窗间墙,以防窗台下部出现蜂窝孔洞。

(2)混凝土浇捣过程中,不可随意挪动钢筋,要经常检查钢筋保护层及预埋件的牢固程度、位置的准确性。

13. 混凝土强度不足或强度不均匀,强度离差大,是常发生的质量问题,是影响结构安全的质量问题。防止这一质量问题需要综合治理,除了在混凝土运输、浇筑、养护等各个环节要严格控制外,在混凝土拌制阶段要特别注意。要控制好各种原材料的质量,认真执行配合比,严格控制原材料的配料计量。

14. 混凝土拌合物和易性差,坍落度不符合要求。造成这类质量问题的原因是多方面的:第一,水灰比影响最大;第二,石子的级配差,针、片状颗粒含量过多;第三,搅拌时间过短或太长等。解决的办法应从以上三方面着手。

15. 冬期施工混凝土易发生冻害。解决的办法是认真执行冬施的有关规定,在拌制阶段注意骨料及水的加热温度,保证混凝土的出机温度。要注意水泥、外加剂、混合料的存放保管。水泥应有水泥库,防止雨淋和受潮;出厂超过三个月的水泥应复试。外加剂、混合料要防止受潮和变质,要分规格、品种分别存放,以防止错用。

第二节　底板大体积混凝土施工技术

大体积混凝土是指最小断面任何一个方向尺寸大于 1.0 m 以上的混凝土结构,其尺寸已大到必须采取相应的技术措施降低其温差,控制温度应力与裂缝开展的混凝土。

一、适用范围

底板大体积混凝土施工技术适用于建筑工程底板大体积混凝土和大体积防水混凝土的施工;不适用于环境温度高于 80 ℃、侵蚀性介质对混凝土构成危害及建筑结构其他部位大体积混凝土的施工。

二、施工准备

(一)技术准备

1. 熟悉图纸,与设计沟通。

(1)了解混凝土的类型、强度、抗渗等级和允许利用后期强度的龄期。

(2)了解底板的平面尺寸,各部位厚度、设计预留的结构缝和后浇带或加强带的位置、构造和技术要求。

(3)了解消除或减少混凝土变形外约束所采取的措施和超长结构一次施工或分块施工所采取的措施。

(4)了解使用条件对混凝土结构的特殊要求和采取的措施。

(5)在可能的情况下,争取降低大体积混凝土的设计强度等级。

2. 依据施工合同和施工条件与业主、监理沟通。

(1)采用预拌混凝土施工在交通管制方面提供连续施工可能性时,才能满足大方量一次浇筑的要求。否则,则宜分块施工。

(2)采用现场搅拌混凝土时,业主应提供足够的施工场地以满足设置混凝土搅拌站和料场的需要,同时尚应提供足够的能源或设置发电设备设施。

(3)施工部门为保证工程质量建议采取的技术措施应报告监理,并通过监理取得设计单位和业主的同意。

3. 委托设计需提供的条件包括混凝土的类型、指定龄期混凝土的强度、抗渗等级、混凝土场内外输送方式与耗时、混凝土的浇筑坍落度、施工期平均气温、混凝土的入模温度及其他要求。委托单位尚应提供混凝土试配所需原材料。

4. 混凝土配合比设计除必须满足上述条件的要求外，应尽可能降低混凝土的干缩与温差收缩。

(1)混凝土配合比试验报告需提供混凝土的初、终凝时间，按预定程序施工的坍落度损失的坍落度现场调整方法，普通混凝土 7 d、28 d 的实测收缩率，所选用外加剂的种类和技术要求。

(2)对补偿收缩混凝土尚应按《混凝土外加剂应用技术规范》的试验方法提供试块在水中养护 14 d 的限制膨胀率，该值应大于 0.015%(结构厚在 1 m 以下)或 0.02%(结构厚在 1 m 以上)；一般底板混凝土的限制膨胀率以 0.02% ~0.025%，加强带、后浇缝以 0.035% ~0.045% 为宜；6 个月混凝土干缩率不大于 0.045%。

(3)混凝土的试配强度以后期强度换算的 28 d 强度为准。对补偿收缩混凝土，若以 7 d 强度推算换算的 28 d 强度，则应以限制膨胀试块的 7 d 强度为依据。

5. 混凝土配合比设计的基本要求。

(1)混凝土配合比按设计抗渗水压加 0.2 MPa 控制，储备不可过高。

(2)在保证混凝土强度和抗渗性能的条件下应尽可能添加掺合料，粉煤灰应不低于二级，其掺量不宜大于 20%，硅粉掺量不应大于 3%。当有充分根据时掺合料的掺量可适当调高。

(3)送达现场混凝土的坍落度：泵送宜为 80 ~ 140 mm，其他方式输送宜为 60 ~ 120 mm，坍落度允许偏差 ±15 mm，到达现场前坍落度损失不应大于 30 mm/h，总损失不应大于 60 mm。

(4)混凝土最小水泥用量不低于 300 kg/m^3，掺活性粉料或用于补偿收缩混凝土的水泥用量不少于280 kg/m^3。

(5)根据水泥品种、施工条件和结构使用条件选择化学外加剂。

(6)水灰比宜控制在 0.45 ~0.5，最高不超过 0.55；用水量宜在 170 kg/m^3 左右；用于补偿收缩混凝土用水量在 180 kg/m^3 左右。

(7)粗骨料适宜含量≤C30，为 1 150 ~1 200 kg/m^3；含量≥C35，为 1 050 ~1 150 kg/m^3。

(8)砂率宜控制在 5% ~45%，灰砂比宜为 1∶2 ~1∶2.5。

(9)混凝土中总含碱量使用碱活性骨料时限制在 3 kg/m^3 以下。

(10)混凝土中氯离子总含量不得大于水泥用量的 0.3%，当结构使用年限为 100 年时为 0.06%。

(11)混凝土的初凝时间应控制在 6 ~8 h，混凝土的终凝时间应在初凝后 2 ~3 h。

(12)缓凝剂用量不可过高，尤其是在补偿混凝土中应严格限量以防减少膨胀率。

(13)膨胀剂取代水泥量应按结构设计和施工设计所要求的限制膨胀率及产品说明书并经试验确定；其取代水泥量必须充足以满足膨胀率的要求。

6. 施工方案编制要点。

(1)施工方案的主要内容。

①工程概况：建筑结构和大体积混凝土的特点——平面尺寸与划分、底板厚度、强度、抗渗等级等。

②温度与应力计算：大体积混凝土施工必须进行混凝土绝热和外约束条件下的综合温差与应力的

计算;对混凝土入模温度、原材料温度调整,保温隔热与养护,温度测量,温度控制,降温速率提出明确要求。

③原材料选择:配合比设计与试配。

④混凝土的供应搅拌:运输与浇筑。

⑤保证质量、安全、消防、环保、环卫的措施。

(2)技术要点。

①混凝土供应。

a. 大体积混凝土必须在设施完善、严格管理的强制式搅拌站拌制。

b. 预拌混凝土搅拌站必须具有相应资质,并应选择备用搅拌站。

c. 对预拌混凝土搅拌站所使用的膨胀剂,施工单位或工程监理应派驻专人监督其质量、数量和投料计量;最后复核掺入量应符合要求。

d. 混凝土浇筑温度宜控制在25 ℃以内,依照运输情况计算混凝土的出厂温度和对原材料的温度要求。

e. 原材料温度调整方案的选择:当气温高于30 ℃时应采用冷却法降温,当气温低于5 ℃时应采用加热法升温。

f. 原材料降温应依次选用下列物质:

水:加冰屑降温或用制冷机提供低温水。

骨料:料场搭棚防烈日暴晒,或水淋或浸水降温。

水泥和掺合料:贮罐设隔热罩或淋水降温,袋装粉料提前存放于通风库房内降温。

罐车:盛夏施工应淋水降温,低温施工应加保温罩。

h. 混凝土输送车辆计算:

$$n=(Q_m/60\ V)[(60L/S)+T]$$

式中 n——混凝土罐车强数;

Q_m——罐车计划每小时输送量(m^3/h);

$$Q_m=Q_{mal8}\eta$$

Q_{mal8}——罐车额定输送量(m^3/h);

η——混凝土泵的效率系数,底板取0.43;

V——罐车额定容量(m^3);

L——罐车往返一次行程(km);

S——平均车速(一般为30 km/h);

T——一个运行周期总停歇时间(min),该值包括装卸料、停歇、冲洗等耗时。

②底板混凝土施工的流水作业。

a. 底板分块施工时,每段工程量按可保证连续施工的混凝土供应能力和预期确定。

b. 流水段的划分应与设计的结构缝和后浇带相一致,非必要时不再增加施工缝。

c. 施工流水段长度不宜超过40 m。采用补偿收缩混凝土不宜超过60 m,混凝土宜跳仓浇筑。

d. 在取得设计部门同意时，宜以加强带取代后浇带，加强带间距 30 ~ 40 m，加强带的宽度宜为 2 ~ 3 m。

e. 超长、超宽一次浇筑混凝土可分条划分区域，各区同向同时相互搭接连续施工。

f. 采用补偿收缩混凝土无缝施工的超长底板，每 60 m 应设加强带一道。

g. 加强带衔接面两侧先后浇筑混凝土的间隔时间不应大于 2 h。

③混凝土的场内运输和布料。

a. 预拌混凝土的卸料点到浇筑处；现场搅拌站自搅拌机到浇筑处均应使用混凝土地泵输送混凝土和布料。

b. 混凝土泵的位置应邻近浇筑地点且便于罐车行走、错车、喂料和退管施工。

c. 混凝土泵管配置应最短，且少设弯头，混凝土出口端应装布料软管。

d. 施工方案应绘制泵及泵管布置图、泵管支架构造图。

e. 混凝土泵的需要数量与选型应通过计算确定：

$$N = Q_h / Q_{mal8}\eta$$

式中 N——混凝土泵台数；

Q_h——每小时计划混凝土浇筑量（m^3/h）；

Q_{mal8}——所选泵的额定输送量（m^3/h）；

η——混凝土泵的效率系数，底板取 0.43。

f. 沿基坑周边的底板浇筑可辅以溜槽输送混凝土，溜槽需设受料台（斗），溜槽与边坡处垂线夹角不宜小于 45°。

g. 底板周边的混凝土也可使用汽车泵布料。

④混凝土的浇筑。

a. 底板混凝土的浇筑方法。

厚 1.0 m 以内宜采用平推浇筑法：同一坡度，薄层循序推进依次浇筑到顶。厚 1.0 m 以上宜分层浇筑，在每一浇筑层采用平推浇筑法。厚度超过 2 m 时应考虑留置水平施工缝，间断施工。

b. 有可能时应避开高温时间浇筑混凝土。

⑤混凝土硬化期的温度控制。

a. 温控方案选择：当气温高于 30 ℃以上可采用预埋冷水管降温法；或蓄水法施工；当气温低于 30 ℃以下时应优先采用保温法施工；当气温低于 -15 ℃时应采用特殊温控法施工。

b. 蓄水养护应进行周边围挡与分隔，并设供水和水温调节装备。

c. 必要时可采用混凝土内部埋管冷水降温与蓄热结合或与蓄水结合的养护方法。

d. 大体积混凝土的保温养护方案应详示结构底板上表面和侧模的保温方式、材料、构造和厚度。

e. 烈日下施工应采取防晒措施；深基坑空气流通不良环境宜采取送风措施。

f. 玻璃温度计测温：每个测温点位由不少于三根间距各为 100 mm 呈三角形布置，分别埋于距板底 50 mm，板中间距不大于 600 mm 及距混凝土表面 50 mm 处的测温管构成。测温点位间距大于 6 m，测温管可使用水管或铁皮卷焊管，下端封闭，上端开口，管口高于保温层 50 ~ 100 mm。

g. 电子测温仪测温：建议使用用途广、精度高、直观、操作简单、便于携带的半导体传感器——建筑电子测温仪测温。

每一测温点传感由距板底 50 mm，板中间距不大于 600 mm，距板表面 50 mm 的各测温点构成。各传感器分别附着于 ϕ16 圆钢支架上。各测温点位间距不大于 6 m。

h. 不宜采用热电阻温度计测温，也不推荐热电偶测温。

（二）材料要求

1. 水泥。

（1）应优先选用铝酸三钙含量较低，水化游离氧化钙、氧化镁和二氧化硫尽可能低的低收缩水泥。

（2）应优先选用低、中热水泥；尽可能不使用高强度、高细度的水泥。利用后期强度的混凝土，不得使用低热微膨胀水泥。

（3）对不同品种水泥用量及总的水化热应进行估算；当矿渣水泥或其他低热水泥与普通硅酸盐水泥掺入粉煤灰后的水化热总值差异较大时应选用矿渣水泥；无较大差异时，则应选用普通硅酸盐水泥而不采用干缩较大的矿渣水泥。

（4）不准使用早强水泥和含有氯化物的水泥。

（5）非盛夏施工应优先选用普通硅酸盐水泥。

（6）补偿收缩混凝土加硫铝酸钙类（明矾石膨胀剂除外）膨胀剂时应选用硅酸盐或普通硅酸盐水泥；其他类水泥应通过试验确定。明矾石膨胀剂可用于普通硅酸盐或矿渣水泥，其他类水泥也需试验。

（7）水泥的含碱量（$Na_2O + K_2O$）应小于 0.6%，尽可能选用含碱量不大于 0.4% 的水泥。

（8）混凝土受侵蚀性介质作用时应使用适应介质性质的水泥。

（9）进场水泥和出厂时间超过三个月或怀疑变质的水泥应作复试检验并合格。

（10）用于大体积混凝土的水泥应进行水化热检验；其 7 d 水化热不宜大于 240 kJ/（kg·K），当混凝土中掺有活性粉料或膨胀剂时应按相应比例测定 7 d、28 d 的综合水化热值。

2. 粗骨料。

（1）应选用结构致密强度高且不含活性二氧化硅的骨料；石子骨料不宜用砂岩，不得含有蛋白石凝灰岩等遇水明显降低强度的石子。其压碎指标应低于 16%。

（2）粗骨料应尽可能选择大粒径，但最大不得超过钢筋净距的 3/4；当使用泵送混凝土时应符合表 2-1 要求。

表 2-1　混凝土泵允许骨料粒径　　单位：mm

混凝土管直径	最大粒径	
	卵石	碎石
125	40	30
150	50	40
180	70	60
200	80	70
280	100	100

(3)石子粒径:C30以下可选5～40 mm的卵石,尽可能选用碎石;C30～C50可选5～31.5 mm的碎石或碎卵石。

(4)石子应连续级配,以5～10 mm含量稍低为佳,针、片状粒含量应≤15%。

(5)含泥量不得大于1%,泥块含量不得大于0.25%。

(6)粗骨料应符合相关规范的技术要求:

普通粗骨料:《普通混凝土使用碎石或卵石质量标准及检验方法》(JGJ 53—92)。

高炉矿渣碎石:《混凝土用高炉渣碎石技术条件》含粉量(粒径小于0.08 mm)不大于1.5%。

3. 细骨料。

(1)应优先选用中、粗砂,其粉粒通过0.315 mm筛孔量不小15%;对泵送混凝土应通过0.16 mm筛孔量不小于5%为宜。不宜使用细砂。

(2)砂的SO_3含量应<1%;砂的含泥量应不大于3%,泥块含量不大于0.5%。

(3)使用海砂时,应测定其氯含量,氯离子总量不应大于0.06%。

(4)使用天然砂或岩石破碎筛分的产品均应符合《普通混凝土用砂质量标准及检验方法》(JGJ 52—92)的规定。

4. 水。

(1)使用混凝土设备洗刷水拌混凝土时只可部分利用并应考虑水中所含水泥和外加剂对拌合物的影响,其中氯化物含量不得大于1 200 mg/L,硫酸盐含量不得大于2 700 mg/L。

(2)拌合用水应洁净,质量需符合《混凝土拌合用水标准》(JGJ 63—89)的要求。

5. 掺合料。

(1)粉煤灰。

①粉煤灰不应低于Ⅱ级,以球状颗粒为佳。

②粉煤灰的SO_3含量不应大于3%。

③粉煤灰应符合《用于水泥和混凝土中的粉煤灰》(GB/T 1596—2017)。

(2)使用其他种掺合料应遵照相应标准规定。

(3)掺合料供应厂商应提供掺合料水化热曲线。

6. 膨胀剂。

(1)地下工程允许使用硫铝酸钙类膨胀剂,不允许使用氯化钙类膨胀剂(氧化钙-硫铝酸钙)。

(2)膨胀剂的含碱量不应大于0.75%,使用明矾石膨胀剂尤应严格限制。

(3)膨胀剂应选用一等品,膨胀剂供应商应提供不同龄期膨胀率变化曲线。使用膨胀剂的混凝土试件在水中14 d限制膨胀率不应大于0.025%;28 d膨胀率应大于14 d的膨胀率;于空气中28 d的变形以正值为佳。

(4)膨胀应符合《混凝土膨胀剂》(JC 476—2001)的要求。

7. 外加剂。

(1)大体积混凝土应选用低收缩率特别是早期收缩率低的外加剂,除膨胀剂、减缩剂外,外加剂厂家应提供使用该外加剂的混凝土1 d、3 d、7 d和28 d的收缩率试验报告,任何龄期混凝土的收缩率均不得大于基准混凝土的收缩率。

(2)外加剂必须与水泥的性质相适应。

(3)外加剂带入每立方米混凝土的碱量不得超过1 kg。

(4)非早强型减水剂应按标准严格控制硫酸钠含量;减水剂含固体量应≥30%;减水率应≥20%;坍落度损失应≤20 mm/h。

(5)泵送剂、缓凝减水剂应具有良好的减水、增塑、缓凝和保水性,引气量宜介于3% ~5%之间。对补偿收缩混凝土,使用缓凝剂必须经试验证明可延缓初凝而无其他不良影响。

(6)外加剂氨的释放量不得大于0.1%。

(7)外加剂应符合下列标准规定:

《混凝土外加剂》(GB 8076—2009);《混凝土泵送剂》(JC 473—2001);《混凝土外加剂中释放氨的限量》(GB 18588—2001)。

(三)主要机具设备

1. 机械设备、仪表。

现场搅拌站——成套强制式混凝土搅拌站、皮带机、装载机、水泵、水箱等。现场输送混凝土——泵车、混凝土及钢、软泵管。

混凝土浇筑——流动电箱,插入式、平板式振动器,抹平机,小型水泵等。

专用——发电机、空压机、制冷机、电子测温仪和测温元件或温度计和测温埋管。

2. 工具。

手推车、串筒、溜槽、吊斗、胶管、铁锹、钢钎、刮杠、抹子等。

三、关键要求

(一)材料的关键要求

1. 选用低热和低收缩水泥。

2. 采用低强度等级水泥。

3. 控制各种材料和外加剂的含碱量。

4. 控制骨料含泥量。

(二)技术的关键要求

1. 控制混凝土浇筑成型温度。

2. 利用混凝土后期强度或掺入掺合料降低水泥单方用量。

3. 控制坍落度及坍落度损失,使其符合泵送要求。

4. 浇筑混凝土适时二次振捣、抹压消除混凝土早期塑性变形。

5. 尽可能延长脱膜时间并及时保湿、保温,加强温度监测。

(三)质量的关键要求

1. 严格控制混凝土搅拌投料计量。

2. 监督膨胀剂加入量。

3. 控制混凝土的温差及降温速率。

四、施工工艺

(一)工艺流程

工艺流程如图 2-1 所示。

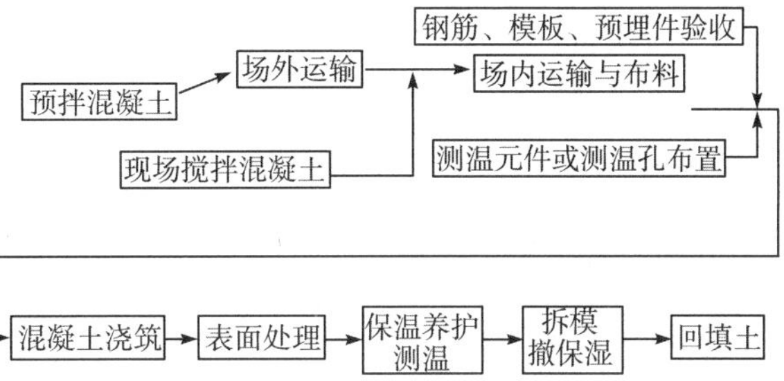

图 2-1　工艺流程图

(二)施工操作工艺

1. 混凝土搅拌。

(1)根据施工方案的规定对原材料进行温度调节。

(2)搅拌采用二次投料工艺,加料顺序为先将水和水泥、掺合料、外加剂搅拌约 1 min 成水泥浆,然后投入粗、细骨料拌匀。

(3)计量精度每班至少检查两次,计量控制在:外加剂 ±0.5%,水泥、掺合料、膨胀剂、水 ±1%,砂石 ±2% 以内。

其中加水量应扣除骨料含水量及冰雪质量。

(4)搅拌应符合所用机械说明中所规定的时间,一般不少于 90 s,加膨胀剂的混凝土搅拌时间延长 30 s,以搅拌均匀为准,时间不宜过长。

(5)出罐混凝土应随时测定坍落度,与要求不符时应由专业技术人员及时调整。

2. 混凝土的场外运输。

(1)预拌混凝土的远距离运输应使用滚筒式罐车。

(2)运送混凝土的车辆应满足均匀、连续供应混凝土的需要。

(3)必须有完善的调度系统和装备,根据施工情况指挥混凝土的搅拌与运送,减少停滞时间。

(4)罐车在盛夏和冬季应有隔热覆盖。

(5)混凝土搅拌运输车,第一次装料时,应多加两袋水泥。运送过程中筒体应保持慢速转动;卸料前,筒体应加快运转 20 ~30 s 后方可卸料。

(6)送到现场混凝土的坍落度应随时检验,需调整或分次加入减水剂均应由搅拌站派驻现场的专业技术人员执行。

3. 混凝土的场内运输与布料。

(1)固定泵(地泵)场内运输与布料。

①受料斗必须配备孔径为 50 mm ×50 mm 的振动筛,防止个别大颗粒骨料流入泵管,料斗内混凝土上表面距离上口宜为 200 mm 左右以防止泵入空气。

②泵送混凝土前,先将储料斗内清水从管道泵出,以湿润和清洁管道,然后压入纯水泥浆或 1∶1 ~

1:2水泥砂浆润滑管道后，再泵送混凝土。

③开始压送混凝土时速度宜慢，待混凝土送出管子端部时，速度可逐渐加快，并用正常速度进行连续泵送。遇到运转不正常时，可放慢泵送速度。进行抽吸往复推动数次，以防堵管。

④泵送混凝土浇筑入模时，端部软管均匀移动，使每层布料均匀，不应成堆浇筑。

⑤泵管向下倾斜输送混凝土时，应在下斜管的下端设置相当于5倍落差长度的水平配管，若与上水平线倾斜度大于7°时应在斜管上端设置排气活塞。如因施工长度有限，下斜管无法按上述要求长度设置水平配管时，可用弯管或软管代替，但换算长度仍应满足5倍落差的要求。

⑥沿地面铺管，每节管两端应垫50 mm×100 mm方木，以便拆装；向下倾斜输送时，应搭设宽度不小于1 m的斜道，上铺脚手板，管两端垫方木支承，泵管不应直接铺设在模板、钢筋上，而应搁置在马凳或临时搭设的架子上。

⑦泵送将结束时，计算混凝土需要量，并通知搅拌站，避免剩余混凝土过多。

⑧混凝土泵送完毕，混凝土泵及管道可采用压缩气推动清洗球清洗，压力不超过0.7 MPa。方法是先安好专用洗管，再启动空压机，渐渐加压。清洗过程中随时敲击输送管判断混凝土是否接近排空。管道拆卸后按不同规格分类堆放备用。

⑨泵送中途停歇时间不应多于60 min，如超过60 min则应清管；泵管混凝土出口处，管端距模板应大于500 mm。

⑩盛夏施工，泵管应覆盖隔热。

⑪只允许使用软管布料，不允许使用振动器推赶混凝土；在预留凹坛模板或预埋件处，应沿其四周均匀布料。

⑫加强对混凝土泵及管道的巡回检查，发现声音异常或泵管跳动应及时停泵排除故障。

(2)汽车泵布料。

①汽车泵行走及作业应有足够的场地，汽车泵应靠近浇筑区并应有两台罐车能同时就位卸混凝土的条件。

②汽车泵就位后应按要求撑开支腿，加垫枕木，汽车泵稳固后方准开始工作。

③汽车泵就位与基坑上口的距离视基坑护坡情况而定，一般应取得现场技术主管的同意。

(3)混凝土的自由落距不得大于2 m。

(4)混凝土的浇筑地点的坍落度，每工作班至少检查四次。混凝土的坍落度试验应符合现行《普通混凝土拌合物性能试验方法标准》的有关规定。

混凝土实测的坍落度与要求坍落度之间的偏差应不大于±20 mm。

4. 混凝土浇筑。

(1)混凝土浇筑可根据面积大小和混凝土供应能力采取全面分层、分段分层或斜面分层连续浇筑(图2-2)，分层厚度300～500 mm且不大于震动棒长1.25倍。分段分层多采取踏步式分层推进，一般踏步宽为1.5～2.5 m。斜面分层浇灌每层厚30～35 cm，坡度一般取1:6～1:7。

(a)分段分层

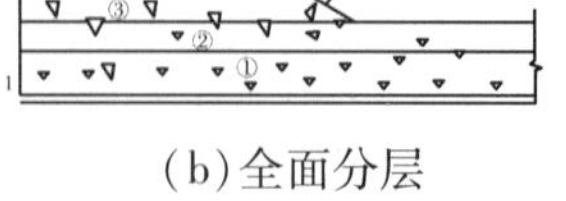

(b)全面分层

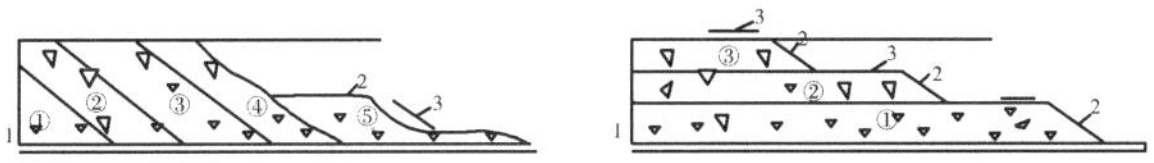

(c)斜面分层　　　　(d)全面分层

1—分层线;2—新浇灌的混凝土;3—浇灌方。

图 2-2　底板混凝土浇筑方式

(2)浇筑混凝土时间应按表 2-2 控制。掺外加剂时由试验确定,但最长不得大于初凝时间减 90 min。

表 2-2　混凝土搅拌至浇筑完的最大延续时间　　单位:mim

混凝土强度	气温		混凝土强度	气温	
	≤25 ℃	>25 ℃		≤25 ℃	>25 ℃
≤C30	120	90	>C30	90	60

(3)混凝土浇筑宜从低处开始,沿长边方向自一端向另一端推进,逐层上升。亦可采取中间向两边推进的方式,保持混凝土沿基础全高均匀上升。浇筑时,要在下一层混凝土初凝之前浇筑上一层混凝土,避免产生冷缝,并将表面泌水及时排走。

(4)局部厚度较大时先浇深部混凝土,2 ~4 h 后再浇上部混凝土。

(5)振捣混凝土应使用高频振动器,振动器的插点间距为 1.5 倍振动器的作用半径,防止漏振。斜面推进时振动棒应在坡脚与坡顶处插振。

(6)振动混凝土时,振动器应均匀地插拔,插入下层混凝土 50 cm 左右,每点振动时间为 10 ~15 s,以混凝土泛浆不再溢出气泡为准,不可过振。

(7)混凝土浇筑终了以后 3 ~4 h 在混凝土接近初凝之前进行二次振捣,然后按标高线用刮尺刮平并轻轻抹压。

(8)混凝土的浇筑温度按施工方案控制,以低于 25 ℃为宜,最高不得超过 28 ℃。

(9)间断施工超过混凝土的初凝时应待先浇混凝土具有 1.2 N/mm^2 以上的强度时才允许后续浇筑混凝土。

(10)混凝土浇筑前应对混凝土接触面先行湿润,对补偿收缩混凝土下的垫层或相邻其他已浇筑的混凝土应在浇筑前 24 h 即大量洒水浇湿。

5.混凝土的表面处理。

(1)处理程序:初凝前一次抹压→临时覆盖塑料膜→混凝土终凝前 1 ~2 h 掀膜二次抹压→覆膜。

(2)混凝土表面泌水应及时引导集中排除。

(3)混凝土表面浮浆较厚时,应在混凝土初凝前加粒径为 2 ~4 mm 的石子浆,均匀撒布在混凝土表面并用抹子轻轻拍平。

(4)在四级以上风或烈日下施工应有遮阳挡风措施。

(5)当施工面积较大时可分段进行表面处理。

(6)混凝土硬化后的表面塑性收缩裂缝可灌注水泥素浆刮平。

6.混凝土的养护与温控。

(1)混凝土侧面钢木模板在任何季节施工均应设保温层。采用砖侧模时在混凝土浇筑前宜回填完毕。

(2)蓄水养护混凝土:混凝土表面在初凝后覆盖塑料薄膜,终凝后注水,蓄水深度不小于80 mm。当混凝土表面温度与养护水的温差超过20 ℃时即应注入热水;令温差降至10 ℃左右。非高温雨季施工,事先采取防暴雨降低养护水温的挡雨措施。

(3)蓄热法养护混凝土:盛夏采用降温搅拌混凝土施工时,混凝土终凝后立即覆盖塑料膜和保温层。常温施工时混凝土终凝后立即覆盖塑料膜和浇水养护,当混凝土实测内部温差或内外温差超过20 ℃再覆盖保温层。

当气温低于混凝土成型温度时,混凝土终凝后应立即覆盖塑料膜和保温层,在有可能降雨雪时为保持保温层的干燥状态,保温层上表面应覆有不透水的遮盖。

(4)混凝土养护期间需进行其他作业时,应掀开保温层尽快完成,随即恢复保温层。

(5)当设计无特殊要求时,混凝土硬化期的实测温度应符合下列规定:

①混凝土内部温差(中心与表面下100 mm或50 mm处)不大于20 ℃。

②混凝土表面温度(表面下100 mm或50 mm处)与混凝土表面外50 mm处的温差不大于25 ℃;对补偿收缩混凝土,允许介于30~35 ℃。

③混凝土的降温速度不大于1.5 ℃/d。

④撤除保温层时混凝土表面与大气温差不大于20 ℃。

当实测温度不符合上述规定时,则应及时调整保温层或采取其他措施使其满足温度及温差的规定。

(6)混凝土的养护期限:除满足上条规定外,混凝土的养护时间自混凝土浇筑开始计算,使用普通硅酸盐水泥不少于14 d,使用其他水泥不少于21 d,炎热天气适当延长。

(7)养护期内(含撤除保温层后)混凝土表面应始终保持温热潮湿状态(塑料膜内应有凝结水),对掺有膨胀剂的混凝土尤应富水养护;但气温低于5 ℃时,不得浇水养护。

7. 测温。

(1)测温延续时间自混凝土浇筑至撤保温层后为止,同时应不少于20 d。

(2)测温时间间隔:混凝土浇筑后1~3 d为2 h,4~7 d为4 h,其后为8 h。

(3)测温点应在平面图上编号,并在现场挂编号标志,对于测得的温度应详细记录并整理绘制温度曲线图,应及时反馈温度变化情况,当各种温差达到18 ℃时应预警,22 ℃时应报警。

(4)使用普通玻璃温度计测温:测温管端应用软木塞封堵,只允许在放置或取出温度计时打开。温度计应系线绳垂吊至管底,停留不少于3 min后取出并迅速看温度。

(5)使用建筑电子测温仪测温:附着于钢筋上的半导体传感器应与钢筋隔离,保护测温探头不受污染、不受水浸,插入测温仪前应擦拭干净,保持干燥以防短路,也可事先埋管,管内插入可周转使用的传感器测温。

(6)当采用其他测温仪时应按产品说明书操作。

8. 拆模与回填。

底板侧模的拆除应符合温度条件,侧模拆除后宜尽快回填,否则应与底板面层在养护期内同样予以养护。

9. 施工缝、后浇带与加强带。

(1)大体积混凝土施工除预留后浇带尽可能不再设施工缝,遇有特殊情况必须设施工缝时应按后浇缝处理。

(2)施工缝、后浇带与加强带均应用钢板网或钢丝网支挡。如支模时,在后浇混凝土之前应凿毛清洗。

(3)后浇缝使用的遇水膨胀止水条必须具有缓涨性能,7 d 膨胀率不应大于最终膨胀率的60%。

(4)膨胀止水条应安放牢固,自粘型止水条也应使用间隔为500 mm 的水泥钉固定。

(5)后浇带和施工缝在混凝土浇筑前应清除杂物、润湿,水平缝刷净浆再铺0~20 mm 厚的1∶1水泥砂浆或涂刷界面剂并随即浇筑混凝土。

(6)后浇缝与加强带混凝土的膨胀率应高于底板混凝土的膨胀率0.02%以上或按设计、产品说明书确定。

(三)冬期施工

1. 冬期施工的期限:室外日平均气温连续5 d 稳定低于5 ℃起至高于5 ℃止。

2. 混凝土的受冻临界强度:使用硅酸盐或普通硅酸盐水泥的混凝土应为混凝土强度标准值的30%,使用矿渣硅酸盐水泥的混凝土应为混凝土强度标准值的40%。掺用防冻剂的混凝土,当气温不低于-15 ℃时不得小于4 N/mm^2;当气温不低于-30 ℃时不得小于5 N/mm^2。

3. 冬期施工的大体积混凝土应优先使用硅酸盐水泥和普通硅酸盐水泥,水泥强度等级宜为42.5。

4. 大体积混凝土底板冬期施工,当气温在-15 ℃以上时应优先选用蓄热法,当蓄热法不能满足要求时应采用综合蓄热法施工。

5. 蓄热法施工应进行混凝土的热工计算,决定原材料加热及搅拌温度、浇筑温度,确定保温层的种类、厚度等,并且保温层外应覆盖防风材料封闭。

6. 综合蓄热法可在混凝土中加少量抗冻剂或掺少量早强剂。搅拌混凝土用粉剂防冻剂,可与水泥同时投入。液体防冻剂应先配制成需要的浓度;各溶液分别置于有明显标志的容器内备用,并随时用比重计检验其浓度。

7. 混凝土浇筑后应尽早覆盖塑料膜和保温层,且应始终保持保温层的干燥。侧模及平面边角应加厚保温层。

8. 混凝土冬期施工所用外加剂应具有适应低温的施工性能,不准使用缓凝剂和缓凝型减水剂,不准使用可挥发氯气的防冻剂,不准使用含氯盐的早强剂和早强型减水剂。

9. 混凝土的浇筑温度应为10 ℃左右,分层浇筑时已浇混凝土被上层混凝土覆盖时不应低于2 ℃。

10. 原材料的加热应优先采用水加热,当气温低于-8 ℃时再考虑加热骨料,依次为砂、石子,加热温度不能低于规定值。当水及骨料加热到规定温度仍不能满足要求时,水可加热至100 ℃,但水泥不得与80 ℃以上的水直接接触。

水宜使用蒸汽加热或用热交换罐加热,在容器中调至要求的温度后使用。砂可利用火坑或加热料斗升温。

水泥、掺合料应提前运入暖棚或罐进行保温。

11. 混凝土的搅拌。

(1)骨料中不得带有冰雪及冻团。

(2)搅拌机应设置于保温棚内,棚温不低于5 ℃。

(3)使用热水搅拌应先投入骨料、加水,待水温降到40 ℃左右时再投入水泥和掺合料等。

12. 混凝土的运送应尽量缩短耗时,罐车应有保温被罩。

13. 混凝土泵应设于挡风棚内,泵管应保温。

14. 测温项目与次数如表2-3所示。

表2-3 混凝土冬期施工的测温项目和次数

测温项目	测温次数
室外气温及环境温度	每昼夜不少于4次,此外还需测最高、最低气温
搅拌机棚温度	每一工作班不少于4次
水、水泥、砂、石及外加剂溶液温度	每一工作班不少于4次
混凝土出罐、浇筑、入模温度	每一工作班不少于4次

注:室外混凝土低气温测量起、止日期为本地区冬期施工起始终了时止。

15. 混凝土浇筑后的测温同常温大体积混凝土的施工要求。

16. 模板和保温层应在混凝土达到要求强度,且混凝土表面温度冷却到5 ℃以后再拆除。如拆模时混凝土与环境温差大于20 ℃,则拆模后的混凝土表面仍应覆盖,使其缓慢冷却。

五、质量控制

(1)大体积防水混凝土的变形缝、施工缝、后浇带、加强带、埋设件等设置和构造,均须符合设计要求,严禁有渗漏。检验方法:检查隐蔽工程验收记录。

(2)补偿收缩混凝土的抗压强度,抗渗压力与混凝土的膨胀率必须符合设计要求。检验方法:现场制作试块进行膨胀率测试。

(3)防水混凝土结构表面的裂缝宽度不应大于0.2 mm,并不得贯通。检验方法:用刻度放大镜检查。裂缝宽大于0.2 mm的非贯穿裂缝可将表面凿开30~50 mm的三角槽,用掺有膨胀剂的水泥浆或水泥砂浆修补。贯穿性或深裂缝宜用化学浆修补。

六、成品保护

(1)跨越模板及钢筋应搭设马道。

(2)泵管下应设置木枋,不准直接摆放在钢筋上。

(3)混凝土浇筑振动棒不准触及钢筋、埋件和测温元件。

(4)测温元件导线或测温管应妥为维护,防止损坏。

(5)混凝土强度达到1.2 N/mm^2之前不准踩踏。

(6)拆模后应立即回填土。

(7)处理混凝土表面裂缝。

七、安全环境措施

(一)安全措施

1. 所有机械设备均需设漏电保护。

2. 所有机电设备均需按规定进行试运转,正常后投入使用。

3. 基坑周围设围护栏杆。

4. 现场应有足够的照明设施,线路应埋地或设专用电杆架空敷设。

5. 马道应牢固、稳定且具有足够承载力。

6. 振动器操作人员应戴绝缘靴和手套。

7. 泵车外伸支腿底部应设木板或钢板支垫,泵车离未护壁基坑的安全距离应为基坑深再加 1 m;布料杆伸长时,其端头到高压电缆之间的最小安全距离应不小于 8 m。

8. 泵车布料杆采取侧向伸出布料时,应进行稳定性验算,使倾覆力矩小于稳定力矩。严禁利用布料杆作起重使用。

9. 泵送混凝土作业的过程中,软管末端出口与浇筑面应保持 0.5 ~ 1 m,防止埋入混凝土内,造成管内瞬时压力增高爆管伤人。

10. 泵车应避免经常处于高压工作,泵车停歇后再启动时,要注意表压是否正常,预防堵管和爆管。

11. 泵管应敷设在牢固的专用支架上,转弯处设有支撑的井式架。

12. 泵受料斗的高度应保证混凝土压力,防止吸入空气发生气锤现象。

13. 发生堵管现象应将泵机反转,使混凝土退回料斗后再正转小行程泵送,无效时需拆管排堵。

14. 检修设备时必须先行卸压。

15. 拆除管道接头应先多次反抽卸除管内压力。

16. 清洗管道时不准同时使用压力水与压缩空气,水洗中可改气洗,但气洗中途严禁改为水洗,在最后 10 m 应缓慢减压。

17. 清管时,管端应设安全挡板并严禁管端前方站人,以防射伤。

(二)环保措施

1. 禁止混凝土罐车高速运行,停车待卸时应熄火。

2. 混凝土泵应设于隔音棚内。

3. 使用低噪音振动器。

4. 夜间使用聚光灯照射施工点以防对环境造成光污染。

5. 汽车出场需经冲洗,冲洗水沉清再用或排出。

第三节　预应力混凝土施工技术

预应力按预加应力的方法不同可分为先张法预应力和后张法预应力,按施工方式不同可分为预制预应力混凝土、现浇预应力混凝土和叠合预应力混凝土等。在后张法中,按预应力筋黏结状态又可分为有黏结预应力混凝土和无黏结预应力混凝土。前者在张拉后通过孔道灌浆使预应力筋与混凝土相互黏结,后者由于预应力筋涂有油脂,预应力只能永久地靠锚具传递给混凝土。

先张法是将预应力筋张拉至设计控制力,用夹具临时固定在台座横梁上,在台面上完成非预应力筋的安装及混凝土的浇筑、养护,待混凝土达到预定强度后,放张预应力筋,通过预应力筋与混凝土之间的黏着力而使混凝土构件建立预压力。

后张法是制作构件时按设计位置预留孔道,待混凝土强度达到设计要求后,将预应力筋穿入孔道,进行张拉,利用锚具将预应力筋锚固在构件端部,然后向孔道内进行压力灌浆,预应力筋通过锚具使构件混凝土建立预应力。

一、特点及适用范围

预应力混凝土与钢筋混凝土相比较,具有构件截面小、自重轻、刚度大、抗裂度高、耐久性好、材料省等优点,但预应力混凝土施工需要专门的材料与设备、特殊的工艺且单价较高。大开间、大跨度与重荷载的结构中,采用预应力混凝土结构可减少材料用量,扩大使用功能,且综合经济效益好,在现代结构中具有广阔的发展前景。

预应力混凝土适用于一般工业与民用建筑、一般构筑物,如预制板、梁,吊车梁,超长构件,现浇大柱网等结构。在建筑工程中,预应力混凝土结构体系主要有部分预应力混凝土现浇框架结构体系、无黏结预应力混凝土现浇楼板结构体系。在特殊构筑物中,预应力混凝土结构也用于电视塔、安全壳、筒仓、贮液池等。

二、施工准备

(一)技术准备

1. 施工前应编制详细的适合于工程的预应力施工方案,并进行针对性的技术交底。

2. 根据设计及施工方案的要求,选定预应力钢丝、钢绞线、夹具、锚具、承压板、张拉设备等。

3. 预应力筋、夹具、锚具的检验与复验。

4. 预应力张拉等设备的检修、标定。

（二）材料要求

1. 预应力筋：按材料的类型可分为钢丝、钢绞线、钢筋、非金属预应力筋等，其中以钢绞线和钢丝采用最多。非金属预应力筋主要有碳纤维增强塑料（CFRP）、玻璃纤维增强塑料（GFRP）等。预应力筋的发展趋势为高强度、低松弛、粗直径、耐腐蚀。预应力筋的验收按国家相应标准执行。

（1）预应力钢丝是用优质高碳钢盘条经索氏体化处理、酸洗、镀铜或磷化后冷拔而成的钢丝总称。预应力钢丝根据深加工要求的不同，可分为冷拉钢丝和消除应力钢丝两类。消除应力钢丝按应力松弛性能的不同，又可分为普通松弛钢丝和低松弛钢丝。预应力钢丝按表面形状的不同，可分为光圆钢丝、刻痕钢丝和螺旋肋钢丝。

冷拉钢丝是经冷拔后直接用于预应力混凝土的钢丝。此种钢丝存在残余应力，屈强比低，伸长率小，仅用于铁路轨枕、压力水管、电杆等。

消除应力钢丝（普通松弛型）是冷拔后经高速旋转的矫直，并经回火（350～400 ℃）处理的钢丝。钢丝经矫直回火后，可消除钢丝冷拔中产生的残余应力，提高钢丝的比例极限、屈强比和弹性模量，并改善塑性；同时获得良好的伸直性，施工方便。

消除应力钢丝（低松弛型）是冷拔后在张力状态下经回火处理的钢丝。其弹性极限和屈服强度有所提高，应力松弛率大大降低，但单价稍贵。考虑到构件的抗裂性能提高、钢材用量减少等因素，其综合经济效益较好。

刻痕钢丝是用冷轧或冷拔方法使钢丝表面产生周期变化的凹痕或凸纹的钢丝。钢丝表面的凹痕或凸纹可增加与混凝土的握裹力，这种钢丝可用于先张法预应力混凝土构件。

螺旋肋钢丝是通过专用拔丝模冷拔方法使钢丝表面沿长度方向上产生规则间隔的肋条的钢丝，钢丝表面螺旋肋可增加与混凝土的握裹力。这种钢丝可用于先张法预应力混凝土构件。

（2）预应力钢绞线是用多根冷拉钢丝在绞线机上成螺旋形绞合，并经消除应力回火处理制成，钢绞线的整根破断力大，柔性好，施工方便。预应力钢绞线按捻制结构的不同可分为 1×2 钢绞线、1×3 钢绞线、1×7 钢绞线等；根据深加工要求的不同又可分为标准型钢绞线、刻痕钢绞线和模拔钢绞线。

标准型钢绞线即消除应力钢绞线。在预应力钢绞线新标准中，只规定了低松弛钢绞线的要求，取消了普通松弛钢绞线。低松弛钢绞线的力学性能优异、质量稳定、价格适中。

刻痕钢绞线是由刻痕钢丝捻制成的钢绞线，可增加钢绞线与混凝土的握裹力，其力学性能与低松弛钢绞线相同。

模拔钢绞线是在捻制成型后，再经模拔处理制成。这种钢绞线内的钢丝在模拔时被压扁，各根钢丝成为面接触，使钢绞线的密度提高约 18%。在相同截面面积时，该钢绞线的外径较小，可减小孔道直径；在相同直径的孔道内，可使钢绞线的数量增加，而且它与锚具的接触面较大，易于锚固。

（3）精轧螺纹钢筋是一种用热轧方法在整根钢筋表面上轧出不带纵肋而横肋为不连续的梯形螺纹的直条钢筋。该钢筋在任意截面处都可拧上带内螺纹的连接器进行接长，或拧上特制的螺母进行锚固，无须冷拉与焊接，施工方便，主要用于房屋、桥梁与构筑物等直线筋。

2. 锚具、夹具和连接器。

锚具是后张法结构或构件中为保持预应力筋拉力并将其传递到混凝土上的永久性锚固装置。夹具是先张法构件施工时为保持预应力筋拉力并将其固定在张拉台座(或钢模)上的临时性锚固装置。后张法张拉用夹具又称工具锚,是将千斤顶的张拉力传递到预应力筋的装置。连接器是先张法或后张法施工中将预应力从一根预应力筋传递到另一根预应力筋的装置。

预应力筋用锚具、夹具和连接器按锚固方式的不同,可分为夹片式(单孔或多孔夹片锚具)、支承式(镦头锚具、螺母锚具等)、锥塞式(钢质锥形锚具等)和握裹式(挤压锚具、压花锚具等)四类。在后张法施工中,预应力筋锚固体系包括锚具、锚垫板和螺旋筋等。

多孔夹片锚固体系主要的产品有 XM 型、QM 型、OVM 型、BS 型等。常用的连接器有锚头连接器、接长连接器、精轧螺纹钢筋连接器。

3. 混凝土:混凝土强度等级不低于 C30。

4. 孔道灌浆材料:水泥浆采用强度不低于 32.5 MPa 的硅酸盐水泥或普通硅酸盐水泥拌制,水灰比 0.40 ~ 0.45。

(三)主要机具设备

1. 先张法:墩式台座、横梁及锚定板、张拉设备等。

2. 后张法:钢筋冷拉装置、张拉设备、灌浆设备等。

3. 张拉设备由液压张拉千斤顶、电动油泵和外接油管等组成。液压千斤顶按机型的不同可分为拉杆式千斤顶、穿心式千斤顶、锥锚式千斤顶和台座式千斤顶等。简易张拉机具有电动螺杆张拉机、电动卷扬张拉机等。

(四)作业条件

1. 先张法:冷拔钢丝经过调直,经检验合格;电动螺杆张拉机经过校验;锥形夹具进场验收合格。

2. 后张法:钢筋经过冷拉,检验合格;锚具经检查验收合格;张拉设备配套校验,计算张拉值及伸长值;灌浆设备齐全完好;张拉时混凝土抗压强度达到设计要求。

三、关键要求

(一)材料的关键要求

1. 预应力筋、灌浆等材料必须符合国家相关标准。

2. 锚具、夹具、连接器性能和应用应符合国家现行标准《预应力筋用锚具、夹具和连接器》(GB/T 14370—2015)和《预应力筋用锚具、夹具和连接器应用技术规程》(JGJ 85—2010)的规定。

(二)技术的关键要求

1. 无黏结预应力筋的张拉顺序按设计、规范及施工方案要求进行。

2. 先张法张拉时,张拉机具与预应力筋在一条直线上;同时在台面上每隔一定距离放一根圆钢筋头或与保护层厚度相同的其他垫块,以防预应力筋因重而下垂,破坏隔离剂,沾污预应力筋。

3. 芯管按时转动并掌握好拔管时间,这是孔道成型的关键环节,应有专人负责,防止坍孔或拔不出芯管。

4. 预应力筋所用的钢绞线和钢丝不应有死弯,如有死弯必须将其切除。

（三）质量的关键要求

1. 预应力筋、锚具、夹具、连接器等符合有关要求，并经检验合格。

2. 预应力筋张拉机具及仪表应定期维护和校验，张拉设备应配套标定，并配套使用。

3. 张拉时，预应力筋、锚具、千斤顶应符合“三心一线”（变角张拉应符合特定要求）。

4. 预应力筋锚固端，必须保证承压板、螺旋筋、网片筋等可靠固定，锚固区混凝土必须振捣密实。

（四）职业健康安全的关键要求

1. 张拉施工人员必须持证上岗。

2. 张拉过程中，操作人员应精神集中、细心操作，给油、回油要平稳。

3. 台座两端设置挡板，张拉时台座两端禁止站人，也不准靠近台座。

4. 张拉作业时，应站在两侧操作，严禁站在千斤顶作用力方向，同时在张拉千斤顶侧的后面应设立防护装置。

（五）环境的关键要求

1. 作业面必须工完场清。

2. 维护施工现场的环保措施。

四、施工工艺

（一）工艺流程

1. 先张法：其详细的施工工艺流程图如图 2-3 所示。

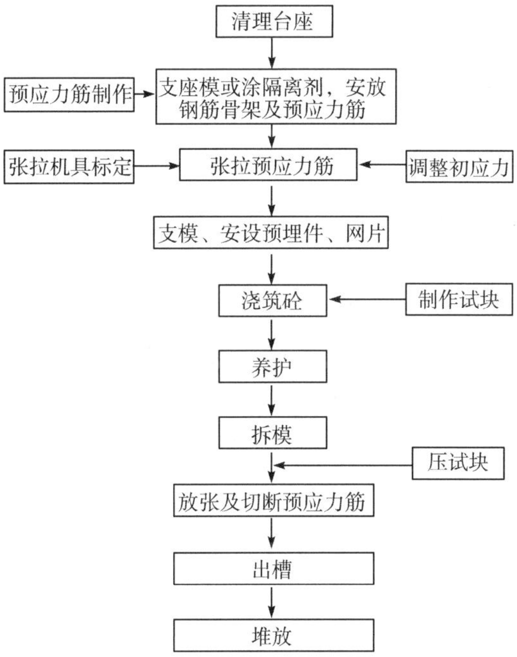

图 2-3　先张法预应力施工工艺流程图

2. 后张法:其详细的工艺流程如图 2-4 所示。

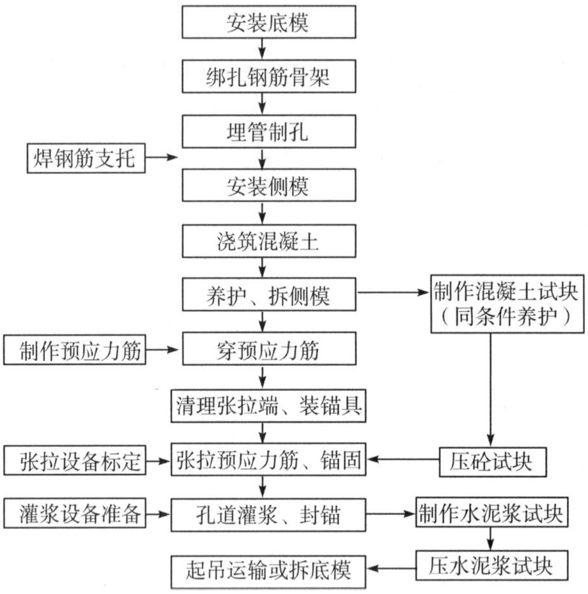

图 2-4　后张法有黏结预应力施工工艺流程（穿预应力筋也可在浇筑混凝土前进行）

(二)操作工艺

1. 先张法。

(1)验算台座的承力台墩,应具有足够的强度、刚度,满足抗倾覆要求,台座横梁挠度控制在 2 mm 以内,钢丝锚固板的挠度应控制在 1 mm 以内。

(2)台座台面应平整光滑,用 2 m 靠尺检查,其表面平整度不超过 3 mm。电动螺杆张拉机的测力误差不得超过 3%,校验设备精度不低于 2 级,校验周期为 2 个月。

(3)台面在铺设钢丝之前应涂刷隔离剂,隔离剂如被雨水冲掉应重新补刷。铺放钢丝时每隔一定距离在钢丝下垫一根短钢筋,以防钢丝被污染,且可减少钢丝与台面的摩擦影响。新台座使用前应先刷 2 ~ 3 遍废机油,上撒一层滑石粉;使用中每隔 30 d 刷一遍废机油,撒一层滑石粉。

(4)钢丝接长的绑扎接头,使用钢丝绑扎器用 20 号铁丝密排绑扎,绑扎段长度不小于 $40d$(冷拔低碳钢丝)或 $50d$(冷拔低合金钢丝)。钢丝搭接长度应比绑扎长度大 $10d$(d 为钢丝直径)。

(5)钢丝张拉程序采用一次张拉到张拉控制力的方法。如需要超张拉,需经过验算,超张拉的数值不宜超过 $0.05\sigma_{con}$。

(6)钢丝张拉时如滑丝、断丝,应更换钢丝进行补张。张拉锚定后,注意观察,如钢丝锚定时的滑移值超过 5 mm,应进行补张。

(7)钢丝张拉锚定后 1 h,使用 2CN－1 型钢丝内力测定仪检测其应力值,每一工作班按构件条数的 10% 抽检,且不得少于一条。检测结果在一根梁中全部钢丝应力平均值与设计规定检测值的偏差不应超过 $\pm 0.05\sigma_{con}$,当设计对检测值无规定时,可按 $0.94\sigma_{con}$ 取用。

(8)预应力筋张拉完成后,应于当天浇筑混凝土。浇筑混凝土时,振动器应避免碰撞钢丝及模板,仔细振捣,不得漏振,尤其是梁端锚固区应特别注意捣固密实。一条生产线应连续浇筑完成。刚浇筑完的混凝土梁,其外露的钢丝应防止践踏。

(9)混凝土浇筑完毕后,应及时覆盖洒水养护,使混凝土保持良好的湿润状态。

(10)放松预应力钢丝时的混凝土抗压强度应符合设计要求,如设计无明确规定,则不得低于其强度标准值的75%。

(11)预应力钢丝放松顺序:先同时放松预压力较小区域的预应力筋,再同时放松预压力较大区域的预应力筋。预应力钢丝的切断宜在台座中部开始,用钢丝钳或无齿锯逐根切断。

2. 后张法。

(1)预留孔道:预留孔道是后张法工艺中的重要工序之一。它的成型、位置等直接影响结构构件质量,而且要先于浇灌混凝土之前进行。

①孔道成型方法:预应力筋的孔道形状有直线、曲线和折线三种,孔道直径与布置主要根据预应力混凝土构件或结构受力性能,并参考预应力筋张拉锚固体系特点与尺寸确定,通常可采用钢管抽芯、胶管抽芯和预埋管等方法成型。孔道成型的质量对孔道摩阻力损失的影响较大,应严格把关。目前一般采用预埋管法,预埋管法可采用薄钢管、镀锌钢管与金属螺旋管(波纹管)等。

金属波纹管具有质量小、刚度好、弯折方便、连接容易、与混凝土黏结良好等优点。镀锌钢管仅用于施工周期长的超高竖向孔道或有特殊要求的部位。

波纹管的连接采用大一号同型波纹管,接头长度为200~300 mm,其两端用密封胶带或塑料热缩管封塞。

波纹管的安装应事先按设计图中预应力筋的曲线坐标在侧模或箍筋上定出曲线位置。固定采用钢筋支托,间距为600 mm,钢筋支托应焊接在箍筋上,箍筋底部应垫实。波纹管固定后必须用铁丝扎牢,以防浇筑混凝土时波纹管上浮而引起严重的质量问题。

②灌浆孔、排气孔与泌水管的设置:在构件两端及跨中处应设置灌浆孔,其孔距不宜大于12 m。灌浆孔与排气孔也可设置在锚具或铸铁喇叭管处。对立式制作的梁,当曲线孔道的高差大于500 mm时,应在孔道的每个峰顶处设置泌水管,泌水管伸出梁面的高度一般不小于500 mm。泌水管也可兼作灌浆管用。

灌浆孔的做法:对现浇预应力结构金属波纹管留孔,其做法是在波纹管上开口,用带嘴的塑料弧形压板与海绵垫覆盖并用铁丝扎牢,再接增强塑料管。

(2)预应力筋制作。

①钢丝下料、编束和镦头。

消除应力钢丝放开后是直的,可直接下料。钢丝下料时如发现钢丝表面有接头或机械损伤,应随时剔除。

采用镦头锚具时,钢丝的等长要求较严。同束钢丝下料长度的相对值不应大于$L/5\,000$,且不得大于5 mm(L为钢丝下料度)。为保证钢丝束两端钢丝的排列顺序一致,穿束与张拉时不致紊乱,每束钢丝都必须进行编束,编束方法按所用锚具确定。

钢丝墩粗的头形,通常有蘑菇形和平台形两种。前者受锚板的硬度影响大,如锚板较软,镦头易陷入锚孔而断于镦头处;后者由于有平台,受力性能较好。

对冷镦头的要求是头形圆整、不偏歪、颈部母材不受损伤。钢丝镦头的强度不得低于母材强度标准值的98%。

②钢绞线下料与编束。

下料时，将钢绞线盘卷装在铁笼内，从盘卷中央逐步抽出，以防钢绞线弹出伤人。钢绞线下料宜用砂轮切割，不得采用电弧切割。

钢绞线的编束用20号铁丝绑扎，绑扎间距1～1.5 m。编束时应先将钢绞线理顺，并尽量使各根钢绞线松紧一致。如单根穿入孔道，则不编束。

③钢绞线固定端锚具组装。

挤压锚具组装：挤压设备采用YJ－45型挤压机，先用千斤顶的活塞杆推动套筒通过喇叭形模具，使套筒变细，硬钢丝螺旋圈脆断并嵌入套筒与钢绞线中，以形成牢固的挤压头。

压花锚具成型：压花设备采用压花机，由液压千斤顶、机架和夹具组成，压花机的最大推力为350 kN，行程为70 mm。

（3）穿束：预应力筋穿入孔道，简称穿束。穿束需要解决两个问题，即穿束时机与穿束方法。

①穿束时机：根据穿束与浇筑混凝土之间的先后关系，可分为先穿束和后穿束两种。

a. 先穿束法：即在浇筑混凝土之前穿束。此法穿束省力，但穿束占用工期，束的自重引起的波纹管摆动会增大摩擦损失，束保护不当易生锈。按穿束与预埋波纹管的配合，又可分为先穿束后装管、先装管后穿束和二者组装后放入三种情况。

b. 后穿束法：即在浇筑混凝土之后穿束。此法可在混凝土养护期内进行，不占工期，便于用通孔器或高压水通孔，穿束后即行张拉，易于防锈，但穿束较为费力。

②穿束方法：根据一次穿入数量，可分为整束穿和单根穿。钢丝束应整束穿；钢绞线优先采用整束穿，也可用单根穿。穿束工作可由人工、卷扬机和穿束机进行。

a. 人工穿束：即利用起重设备将预应力筋吊起，工人站在脚手架上逐步穿入孔内。束的前端应扎紧并裹胶布，以便顺利通过孔道。对多波曲线束宜采用特制的牵引头，工人在前头牵引，后头推送，用对讲机保持前后两端同时出力。对长度≤50 m的二跨曲线束，人工穿束比较方便。

b. 用卷扬机穿束：主要用于超长束、特重束、多波曲线束等整束穿束。卷扬机的速度宜慢些，电动机功率为1.5～2.0 kW。束的前端应装有穿束网套或特制的牵引头。穿插束网套可用细钢丝绳纺织。网套上端通过挤压方式装有吊环，使用时将钢绞线穿入网套中，前端用铁丝扎死、顶紧，不脱落即可。

c. 用穿束机穿束：主要适用于大型桥梁与构筑物单根钢绞线的情况。

穿束机有两种类型：一是由油泵驱动链板夹持钢绞线传送，速度可任意调节，穿束可进可退，使用方便。二是由电动机经减速器减速后通过两对滚轮夹持钢绞线传送。进退由电动机正反控制。穿束时，钢绞线前头应套上一个子弹头形的壳帽。

（4）预应力筋的张拉与锚固。

①张拉依据和要求。

a. 设计单位应向施工单位提出预应力筋的张拉顺序、张拉值及伸长值。张拉时混凝土强度设计无要求时，不应低于设计强度的75%，并应有试块报告单。立缝处混凝土或砂浆强度如设计无要求时，不应低于块体混凝土强度等级的40%，且不得低于15 N/mm^2。

b. 对构件的几何尺寸、混凝土浇筑质量、孔道位置及孔道是否畅通、灌浆孔和排气孔是否符合要求、构件端部预埋铁件位置等进行全面检查。高空张拉预应力筋时，应搭设可靠的操作平台；张拉前必须对各种机具、设备及仪表进行校核及标定。

c. 对安装锚具与张拉设备，根据预应力束张拉锚固体系的不同，要求如下：

ⅰ. 钢丝束镦头锚具体系：由于穿束关系，其中一端锚具要后装并进行镦头。配套的工具式拉杆与连接套筒应事先准备好。此外，还应检查千斤顶的撑脚是否适用。

ⅱ. 钢绞线束夹片锚固体系：安装锚具时应注意工作锚环或锚板对中，夹片均匀打紧并外露一致；千斤顶上的工具锚孔位与构件端部工作锚的孔位排列要一致，以防钢绞线在千斤顶穿心孔内打叉。

ⅲ. 工具锚的夹片应注意保持清洁和润滑状态。后张法的预应力束的张拉顺序应按设计要求进行，如设计无要求时，尚应遵守对称张拉的原则，还应考虑到尽量减少张拉设备的移动次数。

ⅳ. 为减少预应力束松弛损失，可采用超张拉法，但张拉应力不得大于预应力束抗拉强度的 80%。

ⅴ. 预应力筋的张拉操作程序：设计时松弛损失按一次张拉程序取为 $0 \rightarrow F_j$ 锚固，F_j 为预应力筋的张拉控制力；设计时松弛损失按超张拉程序，预应力筋的张拉程序宜为 $0 \rightarrow 1.03F_j$ 锚固。以上各种张拉操作程序，均可分级加载。

ⅵ. 多根钢绞线或钢丝同时张拉时，构件截面中断丝和滑脱钢丝的数量不得大于钢绞线或钢丝总数的 3%，但一束钢丝只允许一根。

ⅶ. 实测伸长值与计算伸长值相差大于 10% 或小于 5%，应暂停张拉，在采取措施予以调整后，方可继续张拉。

ⅷ. 张拉后按设计要求拆除模板及支撑。

②预应力筋的张拉方式。

根据预应力混凝土结构特点、预应力筋形状与长度，以及施工方法的不同，预应力筋张拉方式有以下几种：

a. 一端张拉方式：张拉设备放置在预应力筋一端的张拉方式。适用于长度 ≤30 m 的直线预应力筋与锚固损失影响长度 $L_f \geq L/2$（L 为预应力筋长度）的曲线预应力筋；如设计人员根据计算资料或实际条件认为可以放宽以上限制，也可采用一端张拉，但张拉端宜分别设置于构件两端。

b. 两端张拉方式：张拉设备放置在预应力筋两端的张拉方式。适用于长度 >30 m 的直线预应力筋与锚固损失影响长度 $L_f < L/2$ 的曲线预应力筋。当张拉设备不足或由于张拉顺序安排关系，也可先在一端张拉完成后，再移至另一端张拉，补足张拉力后锚固。

c. 分批张拉方式：对配有多束预应力筋的构件或结构分批进行张拉的方式。由于后批预应力筋张拉所产生的混凝土弹性压缩对先批张拉的预应力筋张拉力应加上该弹性压缩损失值，或将弹性压缩损失平均值统一增加到每根预应力筋的张拉力内。

d. 分段张拉方式：在多跨连续梁板分段施工时，统长的预应力筋需要逐段进行张拉的方式。对大跨度多跨连续梁，在第一段混凝土浇筑与预应力筋张拉锚固后，第二段预应力筋利用锚头连接器接长，以形成统长的预应力筋。

e. 分阶段张拉方式：在后张传力梁等结构中，为了平衡各阶段的荷载，采取分阶段逐步施加预应力的方式。所加荷载不仅是外载，也包括由内部体积变化（如弹性缩短、收缩与徐变）产生的荷载。梁的跨中处下部与上部纤维应力应控制在容许范围内。这种张拉方式具有应力、挠度与反拱容易控制，材料省等优点。

f. 补偿张拉方式:在早期预应力损失基本完成后,再进行张拉的方式。采用这种补偿张拉,可消除弹性压缩损失,减小钢材应力松弛损失、混凝土收缩徐变损失等,以达到预期的预应力效果。此法在岩土锚杆中应用较多。

③预应力筋张拉顺序:应使混凝土不产生超应力、构件不扭转与侧弯、结构不变位等。因此,对称张拉是一项重要的原则。同时,还应尽量减少张拉设备的移动次数。

(5)孔道灌浆:预应力筋张拉后,孔道应尽早灌浆,以免预应力筋锈蚀和减少应力松弛损失。

①灌浆前,首先要进行机具准备和试车。对孔道应进行检查,如有积水应用吹风机排出。

②搅拌好的水泥浆必须通过过滤器置于贮浆桶内,并不断搅拌,以防泌水沉淀。

③灌浆顺序:宜先灌注下层孔道,后灌注上层孔道。灌浆工作应缓慢均匀进行,不得中断,并应排气通顺。

④进行灌浆操作时,灰浆泵压力取 0.4 ~ 1.0 MPa。孔道较长或输浆管较长时压力宜大些,反之可小些。灌浆进行到排气孔冒出浓浆时,即可堵塞此处的排气孔,再继续加压至 0.5 ~ 0.6 MPa,稍后再封闭灌浆孔。

⑤灌浆应缓慢、均匀地进行。比较集中和邻近的孔道,宜尽量连续灌浆完成,以免串到邻孔的水泥浆凝固、堵塞孔道。不能连续灌浆时,后灌浆的孔道应在灌浆前用压力水冲洗通畅。

⑥每根构件张拉完毕后,应检查端部和其他部位是否有裂缝;预应力筋锚固后的外露长度不宜小于 30 mm。对于外露的锚具,需涂刷防锈油漆,并用混凝土封裹,以防腐蚀。

⑦关于低温灌浆要求:孔道灌浆后,水泥浆内的游离水在低温下结冰,将混凝土撑裂,造成沿孔道位置的混凝土出现“冻裂裂缝”。因此,在冷天施工时,灌浆前孔道周边的温度应在 5 ℃以上,水泥浆的温度应在灌浆后至少有 5 d 保持在 5 ℃以上。灌浆时水泥浆的温度宜为 10 ~ 25 ℃。灌浆前如果通入 50 ℃的温水,对洗净孔道与提高孔道附近的温度是有效的。水泥浆中加入适量的加气剂可免除冻害。此外,掺减水剂等有助于减少游离水,避免冻害。

五、质量控制

(一)一般规定

1. 后张法预应力工程的施工应由具有相应资质等级的预应力专业施工单位承担。

2. 对于预应力筋张拉机具设备及仪表,应定期维护和校验。张拉设备应配套标定,并配套使用。张拉设备的标定期限不应超过半年。当在使用过程中出现反常现象时或千斤顶检修后,应重新标定。

3. 在浇筑混凝土之前,应进行预应力隐蔽工程验收,其内容包括以下方面:

(1)预应力筋的品种、规格、数量、位置等。

(2)预应力筋锚具和连接器的品种、规格、数量、位置等。

(3)预留孔道的规格、数量、位置、形状及灌浆孔、排气兼泌水管等。

(4)锚固区局部加强构造等。

(二)原材料

1. 预应力筋进场时,应按现行国家标准《预应力混凝土用钢绞线》(GB/T 5224—2014)等的规定抽取试件做力学性能检验,其质量必须符合有关标准的规定。

检查数量:按进场的批次和产品的抽样检验方案确定。

2. 无黏结预应力筋的涂包质量应符合无黏结预应力钢绞线标准的规定(注:当有工程经验,并经观察认为质量有保证时,可不做油脂用量和护套厚度的进场复验)。

检查数量:每 60 t 为一批,每批抽取一组试件。

3. 预应力筋用锚具、夹具和连接器应按设计要求采用,其性能应符合现行国家标准《预应力筋用锚具、夹具和连接器》(GB/T 14370—2015)等的规定(注:对锚具用量较少的一般工程,如供货方提供有效的试验报告,可不做静载锚固性能试验)。

检查数量:按进场批次和产品的抽样检验方案确定。

4. 孔道灌浆用水泥应采用普通硅酸盐水泥,其质量应符合原材料的规定。孔道灌浆用外加剂的质量应符合原材料的规定(注:对孔道灌浆用水泥和外加剂用量较少的一般工程,当有可靠依据时,可不做材料性能的进场复验)。

检查数量:按进场批次和产品的抽样检验方案确定。

5. 预应力筋使用前应进行外观检查,其质量应符合下列要求:

(1)有黏结预应力筋展开后应平顺,不得有弯折,表面不应有裂纹、小刺、机械损伤、氧化铁皮和油污等。

(2)无黏结预应力筋护套应光滑、无裂缝、无明显褶皱。检查数量:全数检查。

注:无黏结预应力筋护套轻微破损者应外包防水塑料胶带修补,严重破损者不得使用。

6. 预应力筋用锚具、夹具和连接器使用前应进行外观检查,其表面应无污物、锈蚀、机械损伤和裂纹。

检查数量:全数检查。

7. 预应力混凝土用金属螺旋管的尺寸和性能应符合国家现行标准《预应力混凝土用金属波纹管》(JG 225—2007)的规定。

检查数量:按进场批次和产品的抽样检验方案确定。

注:对金属螺旋管用量较少的一般工程,当有可靠依据时,可不做径向刚度、抗渗漏性能的进场复验。

8. 预应力混凝土用金属螺旋管在使用前应进行外观检查,其内外表面应清洁、无锈蚀,不应有油污、孔洞和不规则的褶皱,咬口不应有开裂或脱扣。

检查数量:全数检查。

9. 预应力原材料检验批质量验收应符合表 2-4 的规定。

表 2-4　预应力原材料检验批质量验收标准

项	序	检查项目	允许偏差或允许值	检查方法
主控项目	1	预应力筋力学性能检验	第 1 条	出厂合格证、出厂检验报告和进场复验报告
	2	无黏结预应力筋的涂包质量	第 2 条	出厂合格证、出厂检验报告和进场复验报告
	3	锚具、夹具和连接器的性能	第 3 条	出厂合格证、出厂检验报告和进场复验报告
	4	孔道灌浆用水泥和外加剂	第 4 条	出厂合格证、出厂检验报告和进场复验报告

（续表）

项	序	检查项目	允许偏差或允许值	检查方法
一般项目	1	预应力筋外观质量	第5条	观察
	2	锚具、夹具和连接器的外观质量	第6条	观察
	3	金属螺旋管的尺寸和性能	第7条	出厂合格证、出厂检验报告和进场复验报告
	4	金属螺旋管的外观质量	第8条	观察

(三)制作与安装

1. 预应力筋安装时，其品种、级别、规格、数量必须符合设计要求。

检查数量：全数检查。

2. 先张法预应力施工时应选取非油质类模板隔离剂，并应避免沾污预应力筋。

检查数量：全数检查。

3. 施工过程中应避免电火花损伤预应力筋；受损伤的预应力筋应予以更换。

检查数量：全数检查。

4. 预应力筋下料应符合下列要求：

(1)预应力筋应用砂轮锯或切断机切断，不得采用电弧切割。

(2)当钢丝束两端采用镦头锚具时，同一束中各根钢丝长度的极差不应大于钢丝长度的1/5 000，且不应大于5 mm。当成组张拉长度不大于10 m的钢丝时，同组钢丝长度的极差不得大于2 mm。

检查数量：每工作班抽查预应力筋总数的3%，且不少于3束。

5. 预应力筋端部锚具的制作质量应符合下列要求：

(1)挤压锚具制作时压力表油压应符合操作说明书的规定，挤压后预应力筋外端应露出挤压套筒1～5 mm。

(2)钢绞线压花锚成型时，表面应清洁、无油污，梨形头尺寸和直线段长度应符合设计要求。

(3)钢丝镦头的强度不得低于钢丝强度标准值的98%。

检查数量：对挤压锚，每工作班抽查5%，且不应少于5件；对压花锚，每工作班抽查3件；对钢丝镦头强度，每批钢丝检查6个镦头试件。

6. 后张法有黏结预应力筋预留孔道的规格、数量、位置和形状除应符合设计要求外，还应符合下列规定：

(1)预留孔道的定位应牢固，浇筑混凝土时不应出现移位和变形。

(2)孔道应平顺，端部的预埋锚垫板应垂直于孔道中心线。

(3)成孔用管道应密封好，接头应严密且不得漏浆。

(4)灌浆孔的间距：对预埋金属螺旋管不宜大于30 m；对抽芯成型孔道不宜大于12 m。

(5)在曲线孔道的曲线波峰部位应设置排气管兼泌水管，必要时可在最低点设置排水孔。

(6)灌浆孔及泌水管的孔径应能保证浆液畅通。

检查数量：全数检查。

7. 预应力筋束形控制点的竖向位置偏差应符合表2-5的规定。

表2-5　束形控制点竖向位置允许偏差　　单位:mm

截面高(厚)度	$h \leq 300$	$300 < h \leq 1\ 500$	$h > 1\ 500$
允许偏差	±5	±10	±15

检查数量:在同一检验批内,抽查各类型构件中预应力筋总数的5%,且各类型构件均不少于5束,每束不应少于5处。

注:束形控制点的竖向位置偏差合格点率应达到90%及以上,且不得有超过表中数值1.5倍的尺寸偏差。

8. 无黏结预应力筋的铺设除符合第7条的规定外,还应符合下列要求:

(1)无黏结预应力筋的定位应牢固,浇筑混凝土时不应出现移位和变形。

(2)端部的预埋锚垫板应垂直于预应力筋。

(3)内埋式固定端垫板不应重叠,锚具与垫板应贴紧。

(4)无黏结预应力筋成束布置时应能保证混凝土密实并能裹住预应力筋。

(5)无黏结预应力筋的护套应完整,局部破损处应采用防水胶带缠绕紧密。

检查数量:全数检查。

9. 浇筑混凝土前穿入孔道的后张法有黏结预应力筋,宜采用防止锈蚀的措施。

检查数量:全数检查。

10. 预应力制作与安装检验批质量验收应符合表2-6的规定。

表2-6　预应力制作与安装检验批质量验收标准

项	序	检查项目	允许偏差或允许值	检查方法
主控项目	1	预应力筋品种、级别、规格和数量	第1条	观察、钢尺检查
	2	避免隔离剂沾污	第2条	观察
	3	避免电火花损伤	第3条	观察
一般项目	1	预应力筋切断方法和钢丝下料长度	第4条	观察、钢尺检查
	2	锚具制作质量	第5条	观察、钢尺检查,镦头强度试验报告
	3	预留孔道质量	第6条	观察、钢尺检查
	4	预应力筋束形控制	第7条	钢尺检查
	5	无黏结预应力筋铺设	第8条	观察
	6	预应力筋防锈措施	第9条	观察

(四)张拉、放张、灌浆和封锚

1. 预应力筋张拉或放张时,混凝土强度应符合设计要求;当设计无具体要求时,不应低于设计的混凝土立方体抗压强度标准值的75%。

检查数量:全数检查。

2. 预应力筋的张拉力、张拉或放张顺序及张拉工艺应符合设计及施工技术方案的要求,并应符合下列规定:

(1)当施工需要超张拉时,最大张拉应力不应大于国家现行标准《混凝土结构设计规范》的规定。

(2)张拉工艺应能保证同一束中各根预应力筋的应力均匀一致。

(3)后张法施工中,当预应力筋是逐根或逐束张拉时,应保证各阶段不出现对结构不利的应力状态;同时宜考虑后批张拉预应力筋所产生的结构构件的弹性压缩对先批张拉预应力筋的影响,确定张拉力。

(4)先张法预应力筋放张时,宜缓慢放松锚固装置,使各根预应力筋同时缓慢放松。

(5)当采用应力控制方法张拉时,应校核预应力筋的伸长值。实际伸长值与设计计算理论伸长值的相对允许偏差为 ±6%。

检查数量:全数检查。

3. 预应力筋张拉锚固后实际建立的预应力值与工程设计规定检验值的相对允许偏差为 ±5%。

检查数量:对先张法施工,每工作班抽查预应力筋总数的 1%,且不少于 3 根;对后张法施工,在同一检验批内,抽查预应力筋总数的 3%,且不少于 5 束。

4. 张拉过程中应避免预应力筋断裂与滑脱;当发生断裂或滑脱时,必须符合下列规定:

(1)对后张法预应力结构构件,断裂或滑脱的数量严禁超过同一截面预应力筋总根数的 3%,且每束钢丝不得超过一根;对多跨双向连续板,其同一截面应按每跨计算。

(2)对先张法预应力构件,在浇筑混凝土前发生断裂或滑脱的预应力筋必须予以更换。

检查数量:全数检查。

5. 锚固阶段张拉端预应力筋的内缩量应符合设计要求;当设计无具体要求时,应符合表 2-7 的规定。

检查数量:每工作班抽查预应力筋总数的 3%,且不少于 3 束。

表 2-7　张拉端预应力筋的内缩量限值

锚具类别		内缩量限值/mm
支承式锚具(镦头锚具等)	螺帽缝隙	1
	每块后加垫板的缝隙	1
锥塞式锚具		5
夹片式锚具	有预压	5
	无预压	6 ~ 8

6. 先张法预应力筋张拉后与设计位置的偏差不得大于 5 mm,且不得大于构件截面短边长的 4%。

检查数量:每工作班抽查预应力筋总数的 3%,且不少于 3 束。

7. 后张法有黏结预应力筋张拉后应尽早进行孔道灌浆,孔道内水泥浆应饱满、密实。

检查数量:全数检查。

8. 锚具的封闭保护应符合设计要求;当设计无具体要求时,应符合下列规定:

(1)应采取防止锚具腐蚀和遭受机械损伤的有效措施。

(2)凸出式锚固端具的保护层厚度不应小于 50 mm。

(3)外露预应力筋的保护层厚度:处于正常环境时,不应小于 20 mm;处于易受腐蚀的环境时,不应小于 50 mm。

检查数量:在同一检验批内,抽查预应力筋总数的5%,且不少于5处。

9. 后张法预应力筋锚固后的外露部分宜采用机械方法切割,其外露长度不宜小于预应力筋直径的1.5倍,且不宜小于30 mm。

检查数量:在同一检验批内,抽查预应力筋总数的3%,且不少于5束。

10. 灌浆用水泥浆的水灰比不应大于0.45,搅拌后3 h泌水率不宜大于2%,且不应大于3%。泌水应能在24 h内全部重新被水泥吸收。

检查数量:同一配合比检查一次。

11. 灌浆用水泥的抗压强度不应小于30 N/mm^2。

检查数量:每工作班留置一组边长为70.7 mm的立方体试件。

注:①一组试件由6个试件组成,试件应标准养护28 d。

②抗压强度为一组试件的平均值,当一组试件中抗压强度最大值或最小值与平均值相差超过20%时,应取中间4个试件强度的平均值。

12. 预应力张拉、放张、灌浆及封锚检验批质量验收应符合表2-8的规定。

表2-8　预应力张拉、放张、灌浆及封锚检验批质量验收标准

项	序	检查项目	允许偏差或允许值	检查方法
主控项目	1	张拉或放张时的混凝土强度	第1条	同条件养护试件试验报告
	2	张拉力、张拉或放张顺序及张拉工艺	第2条	张拉记录
	3	实际预应力值控制	第3条	见证张拉记录
	4	预应力筋断裂或滑脱	第4条	观察、检查张拉记录
	5	孔道灌浆的一般要求	第5条	观察、检查灌浆记录
	6	锚具的封闭保护	第6条	观察、钢尺检查
一般项目	1	锚固阶段张拉端预应力筋的内缩量	第7条	钢尺检查
	2	先张法预应力筋张拉后位置	第8条	钢尺检查
	3	外露预应力筋的切断方法和外露长度	第9条	观察、钢尺检查
	4	灌浆用水泥浆的水灰比和泌水率	第10条	水泥性能试验报告
	5	灌浆用水泥浆的抗压强度	第11条	水泥浆试件强度试验报告

注:条目参照《混凝土结构工程施工质量验收规范》。

六、成品保护

(1)预应力筋、锚具、夹具、连接器等在储存、运输、安装过程中应采取防锈、防损坏措施。

(2)构件吊环必须采用未经过冷拉的Q235钢筋加工;构件吊点位置应符合设计规定。

(3)预制构件运输时其支承点位置应符合构件受力情况,不应引起混凝土的超应力和损伤构件;构件装运时应绑扎牢固,防止移动或倾倒,绑扎点处应采用木块或胶皮衬垫予以保护。

(4)平卧制作时折线形及鱼腹式吊车梁,块体浇筑后应加强养护;达到设计要求的强度后应及时张拉,防止块体上表面发生温度、收缩裂缝。

(5)张拉控制应力应符合设计要求,不得随意提高张拉力,防止因起拱过大而造成板面裂缝。

(6)孔道灌浆后,当灰浆强度达到15 N/mm^2 时,方可移动构件。

(7)张拉锚固后,及时认真地进行封锚,确保封闭严密,防止锚固系统锈蚀。

(8)预应力构件施工时,其端部锚固区必须严格按图施工,端部承压板、锚板、螺旋筋及钢筋网片的规格、尺寸、数量都应符合设计要求;浇筑混凝土时,端部锚固区应仔细振捣,保证混凝土密实,以保证在张拉过程中端部混凝土不致发生局部破坏。

七、安全环保措施

(1)张拉前,对操作人员进行安全技术交底。操作人员明确分工,各司其职。操纵油泵及持千斤顶的人员应由熟练的操作工人担任。

(2)张拉时,操作人员应站在千斤顶的两侧,千斤顶后方严禁站人。

(3)在临时平台上作业时,平台应设有合乎安全防护要求的栏杆。

(4)高空作业时,操作人员使用的工具应放在工具袋或工具箱内,禁止乱扔乱放,以免不慎坠落伤人。

(5)两端张拉时千斤顶操作人员应保持联系,同步给压。

(6)高压油管不准出现扭转或死弯,如发现这种情况,应立即卸除油压进行处理。

(7)在施工过程中,应最大限度地减少噪声和环境污染。严格遵守当地有关环保法规。

第四节　后张法无黏结预应力技术

预应力分为先张法预应力和后张法预应力。

先张法是将预应力筋张拉至设计控制力,用夹具临时固定在台座横梁上,在台面上完成非预应力筋的安装及混凝土的浇筑、养护,待混凝土达到预定强度后,放张预应力筋,通过预应力筋与混凝土之间的黏着力而使混凝土构件建立预压力。

后张法是制作构件时按设计位置预留孔道,待混凝土强度达到设计要求后,将预应力筋穿入孔道,进行张拉,利用锚具将预应力筋锚固在构件端部,然后向孔道内进行压力灌浆,预应力筋通过锚具使构件混凝土建立预应力。

一、适用范围

一般工业与民用建筑和一般构筑物,如多层、高层建筑结构中的楼板、梁、墙体、多层大开间民用建筑中的楼板、梁,以及无腐蚀介质的筒仓、其他适用配置无黏结预应力筋的工程。

二、施工准备

(一)技术准备

1. 预应力混凝土结构施工前,施工单位应根据设计图纸编制详细的适合工程的预应力施工方案。

2. 根据设计及施工方案的要求,选定预应力钢丝、钢绞线、锚具、承压板等。

3. 预应力筋、锚具等的验收及复验。

4. 预应力施工设备的检修、标定。

(二)材料要求

1. 无黏结预应力筋。

(1)无黏结预应力筋是带有专用防腐油脂涂料层和外包层的预应力筋,有钢绞线和纲丝束两种,其构造详见图 2-5。

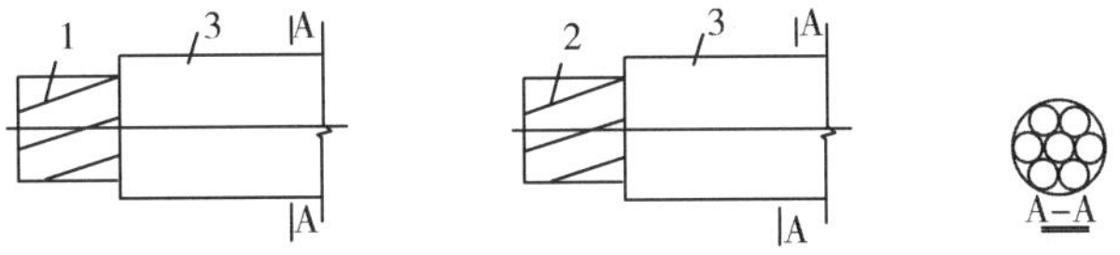

(a)无黏结钢绞线　　(b)无黏结钢丝束

1—钢绞线;2—平行钢丝;3—塑料护套。

图 2-5　无黏结预应力筋的构造

常用无黏结筋的规格及主要技术性能见表 2-9。

表 2-9　常用无黏结筋的规格及主要技术性能

预应力筋		钢绞线				钢丝束
钢材	公称直径/mm	ϕ15.24	ϕ15.0	ϕ12.7	ϕ12.9	7 – ϕ5
	抗拉强度/($N \cdot mm^{-2}$)	1 860	1 570	1 860	1 860	1 570
	截面积/mm^2	140.0	139.98	98.71	100	137.4
	公称质量/($kg \cdot m^{-1}$)	1.102	1.091	0.775	0.785	1.08
	延伸率≥/%	3.5	3.5	3.5	3.5	4.0
	弹性模量/($N \cdot mm^{-2}$)	1.8×10^5	1.8×10^5	1.8×10^5	1.8×10^5	2.0×10^5
	松弛率≤/%	2.5	8.0	2.5	2.5	8.0
护套	塑料厚度/mm	0.8 ~ 1.2	0.8 ~ 1.2	0.8 ~ 1.2	0.8 ~ 1.2	0.8 ~ 1.2
	油脂含量/($g \cdot m^{-1}$)	50	50	43	43	50

(2)制作无黏结预应力筋用的钢丝束、钢绞线必须符合国家标准《预应力混凝土用钢丝》(GB/T 5223—2014)、《预应力混凝土用钢绞线》(GB/T 5224—2015)的规定。

检查数量:每 60 t 为一批,每批抽取一组试件做力学性能检验。

检查方法:出厂合格证、出厂检验报告和进场复验报告。

(3)无黏结预应力筋的涂料层采用专用防腐油脂,其性能应符合《无黏结预应力筋用防腐润滑脂》(JG/T 430—2014)的规定,其塑料外套宜采用高密度聚乙烯,护套厚度应均匀,不得过松或过紧、破损。

检查数量:每 60 t 为一批,每批抽取一组试件。

检验方法:产品合格证、出厂检验报告和进场复验报告。

(4)无黏结预应力筋所用的钢绞线和钢丝不应有死弯,如有死弯时必须切断。

2. 锚具、夹具、连接器。

(1)锚具:无黏结预应力筋锚具的选用,应根据无黏结预应力筋的品种、设计要求确定,对常用直径为15 mm、12 mm的单根钢绞线和7ϕ5钢丝束无黏结预应力筋,宜采用单孔锚具,也可采用不同规格的群锚锚具,固定端采用挤压锚或镦头锚板。常用无黏结预应力筋用锚具见表2-10。

表2-10　常用无黏结预应力筋用锚具

无黏结预应力品种	张拉端	固定端
钢绞线	夹片锚具	挤压锚
7ϕ5 钢丝束	镦头锚具、夹片锚具	镦头锚

(2)无黏结预应力筋所使用的锚具、夹具、连接器按设计规定采用。其性能和应用应符合国家现行标准《预应力筋用锚具、夹具和连接器》和《预应力筋用锚具、夹具和连接器应用技术规程》的规定。

外观检验:每检验批抽取10%,且不少于10套。如表面无裂缝,尺寸符合设计要求。

硬度检查:抽取5%,每个零件测试三点。

静载锚固能力检验:每检验批中抽取3套试件的锚具、夹具、连接器。

检查数量:每检验批锚具不得超过1 000套。

检验方法:产品合格证、出厂检验报告和进场复验报告。对材料、机加工尺寸,按出厂检验报告中所列指标进行核对。

(三)主要机具

主要机具规格、性能如表2-11所示。

表2-11　主要机具规格、性能

序号	名称	型号	性能
1	高压电动油泵	ZB4/500	与千斤顶、镦头器、压花机、挤压机配套使用
2	张拉千斤顶	YCW 系列	用于夹片锚
3	钢绞线挤压机	JY45	用于 ϕ^J12、ϕ^J15 挤压锚
4	钢绞线压花机	YH30	用于 ϕ^J12、ϕ^J15 压花

预应力筋成型制作用的普通机具如下:

1. 380 V电焊机、焊把线等。

2. 380 V/220 V二级配电箱、电线若干。

3. ϕ400砂轮切割机。

4. 常用工具:绑钩、卷尺若干、扳手等。

5. 50 m尺。

(四)作业条件

1. 预应力筋下料、铺设的作业条件如下:

(1)预应力筋及锚具合格并有进场复验报告。

(2)螺旋筋、承压板、锚板等配套件合格。

(3)确认施工技术资料齐备。

(4)施工现场已具备铺设条件。

2. 预应力张拉的作业条件如下:

(1)承受预应力的结构混凝土强度达到设计要求,并附有试验报告单;如设计无要求时,一般不得低于设计强度的75%。

(2)张拉设备已经过配套标定并有标定报告。

(3)具备预应力筋的张拉顺序、初始拉力、超张拉控制拉力及其对应的施工油压值、预应力筋相对张拉伸长值允许范围的通知。

(4)承受预应力的结构混凝土质量检验完好。重点检查锚具承压板下的混凝土质量,如有缺陷,应事先修补好。

(5)操作人员经过培训、持证上岗。

(6)通知监理工程师、质检员现场监督检查。

三、关键要求

(一)材料的关键要求

1. 制作无黏结预应力筋用的钢丝束、钢绞线必须符合国家标准《预应力混凝土用钢丝》(GB/T 5223—2014)的规定。

2. 无黏结预应力筋的涂料层采用专用防腐油脂,其性能应符合《无黏结预应力筋用防腐润滑脂》的规定。

3. 锚具、夹具、连接器性能和应用分别符合国家现行标准《预应力筋用锚具、夹具和连接器》和《预应力筋用锚具、夹具和连接器应用技术规程》的规定。

(二)技术的关键要求

1. 无黏结预应力筋所用的钢绞线和钢丝不应有死弯,如有死弯必须将其切除。

2. 无黏结预应力筋的张拉控制应力不应大于钢绞线抗拉强度的80%。

3. 无黏结预应力筋的张拉顺序按设计、规范及施工方案要求进行。

(三)质量的关键要求

1. 预应力筋、锚具、夹具、连接器等符合有关要求,并经检验合格。

2. 预应力筋张拉机具及仪表应定期维护和校验。张拉设备应配套标定,并配套使用。

3. 张拉时,预应力筋、锚具、千斤顶应符合“三心一线”(变角张拉应符合其特定要求)。

4. 保证无黏结预应力筋在混凝土中的矢高,敷设的各种管线不得抬高或压低其高度。

5. 无黏结预应力筋固定端埋入式锚具,安装后应认真检查。

6. 无黏结预应力筋锚固端必须保证承压板、螺旋筋、网片筋等固定牢固,锚固区混凝土必须振捣密实。

（四）职业健康安全的关键要求

1. 张拉施工员必须持证上岗。

2. 张拉过程中，操作人员应精神集中、细心操作，给油、固油要平稳。

3. 张拉作业时，应站在两侧操作，严禁站在千斤顶作用力方向。

（五）环境的关键要求

1. 作业面必须工完场清。

2. 维护施工现场的环保设施。

四、施工工艺

（一）操作工艺

1. 预应力筋的加工制作。

（1）所加工的预应力筋必须具有产品合格证书，经过复验合格并具有报告或具有施工现场会同监理抽取的力学性能试验报告。

（2）无黏结筋塑料外套目测合格。

（3）具备书面下料单。

（4）预应力筋的吊运应运用软起吊，吊点应衬垫软垫层。

（5）下料过程中应随时检查无黏结筋外套管有无破裂，如有应立即用水密性胶带缠绕修补。胶带搭接宽度不小于带宽的一半，缠绕长度应超过破裂长度。严重破损者，切除不用。

（6）下料宜与工程进度相协调，不宜太多。

（7）挤压锚的制作：剥去套管，套上弹簧圈，端头与钢绞线齐平并不得乱圈、重叠。套上挤压套，钢绞线端头外露 10 mm 左右。利用挤压机挤压成型，每次挤压均须清理挤压模并涂以润滑剂。挤压成型的挤压锚、钢绞线端头露出挤压套的长度不应小于 1 mm，在挤压套全长内均应有弹簧圈均布。每工作班应抽取三套挤压锚做挤压前、挤压后的外径、内径、全长及外观检查记录。

（8）钢丝镦头：采用 LD－10 型镦头器镦制 $\phi 5$ 钢丝，控制油压为 32～36 MPa，先行试镦，外形稳定后，取 6 个镦头做强度试验，试验合格后再批量生产。批量生产中，目测外观，外形不良者应随时切除重镦。

（9）制成的预应力筋应分类码放，设置标牌，标注明显。应有防雨、防潮、防污染措施。

（10）下料宜用砂轮锯切割。

2. 模板支搭。

3. 上层非预应力钢筋绑扎。

4. 布设无黏结预应力筋。

（1）梁结构可采用钢筋井字架固定，板结构可采用铁马凳固定，定位点必须用钢丝绑扎。马凳高度根据设计要求确定，在最高点和最低点处可直接绑扎在非预应力筋上，但必须与设计高度相符。

（2）定位支撑点：支撑平板中单根无黏结预应力筋的支撑钢筋，间距不宜大于 2 m；对于支撑 2～4 根的无黏结预应力束，支撑钢筋直径不宜小于 10 mm，间距不宜大于 1.5 m；对于更多束的预应力筋集束,支撑钢筋直径不宜小于 12 mm,支撑间距不宜大于 1.2 m。

(3)多根无黏结预应力集束的铺设应相互平行,走向平顺,不得互相扭绞。铺设时可单根顺次铺设,最后以间距 1 ~ 1.5 m 铁丝绑扎、并束。

(4)为保证无黏结预应力筋曲线失高的要求,无黏结筋应和同方向非预应力筋配置在同一水平位置(跨中或最高点处)。

(5)双向配置时,还应注意预应力筋的铺放顺序。施工前进行人工或电算编序,以确定预应力筋的铺放顺序。铺放时,按号顺次交错铺设,以免相互穿插造成施工困难。

5. 端部节点安装。

(1)张拉端的安装:安装时将无黏结预应力筋从承压板的预留孔中穿出,其与承压板垂直区段用钢丝绑实。当安装锚具凹进混凝土的张拉端时,应安装穴模。同时在浇筑混凝土前,宜在承压板内表面位置将预应力筋外包塑料管沿周边切断,张拉时再将穴模拿掉。

(2)固定端的安装:按设计要求固定在模板内,并配置螺旋筋。

6. 上层非预应力筋绑扎。

7. 无黏结预应力筋的定位高度绑扎。根据设计要求,对无黏结预应力筋各定位高度进行检查,并用钢丝进行固定,同时对预应力筋进行调直,并修补局部外皮破损。

8. 隐蔽验收。会同监理进行隐蔽验收工作,需提供自检预应力筋及其组装件的原材料合格证及复验报告。检验合格后,方可进行混凝土浇筑。

9. 混凝土浇筑及振捣。

(1)混凝土浇筑时,严禁踏压马凳及防止触动锚具,确保无黏结束型及锚具的位置准确。

(2)张拉端及锚固端混凝土应认真振捣,严禁漏振,保证混凝土的密实性。同时,严禁触碰张拉端穴模,避免由于穴模脱落而影响预应力筋的张拉。

(3)应增加两组同条件养护试块,以供预应力筋张拉时确定混凝土强度。

10. 混凝土养护。

11. 预应力筋张拉。

(1)逐根测量无黏结预应力筋的外露长度,记录下来作为张拉的原始长度,并做好顺序记录。

(2)接通油泵加压控制张拉力,而后进行锚固。当千斤顶行程不能满足张拉所需伸长值时,中途可停止张拉,做临时锚固,再进行二次张拉。

(3)当预应力筋规定为两端张拉,两端同时张拉时,宜先在一端锚固后,再在另一端补足张拉力后锚固。也可一端先张拉并锚固,再在另一端张拉后锚固。

(4)预应力筋的锚固:应在规定油压下锚固。当采用液压顶压时,宜对夹片施加 10% ~20% 的顶压力,预应力筋回缩值不得大于 5 mm。若采用夹片限位器,可不对夹片顶压,但预应力筋回缩值不得大于 8 mm。

(5)张拉后再次测量无黏结预应力筋的外露长度,减去张拉前的长度,所得之差为实际伸长值。实际伸长值与理论伸长值的误差为 ±6%,如不符,须查明原因,做出调整之后重新张拉。

(6)控制油压正确。当油表指针摆动时,必须停止油泵供油,以指针稳定时的读数为准。

(7)张拉过程中如发现以下情况必须重新标定张拉设备:

①张拉过程中千斤顶漏油。

②张拉伸长跳动不均匀。

③油压表无压时,指针不回零。

④多束相对伸长值超过限制或预应力筋出现颈缩破坏时。

(8)变角张拉:当张拉空间受到限制或特殊工程时,可采用变角张拉。由于变角张拉会产生较大的应力损失,故一定要经设计同意。

(9)张拉完成后,应认真填写施加应力表格,由施工人员签名备查。

12. 切除端部多余预应力筋。

(1)核查张拉时预应力筋的实际伸长值,会同甲方、监理确认在规定范围内后,方能进行端部多余预应力筋的切除。

(2)切除预应力筋在锚具外的多余部分。预应力筋切断后,其露出锚具外的长度不宜小于 30 mm。宜采用砂轮锯切割,严禁使用电弧切割。

13. 锚具防护:锚固区的防护必须有充分的防锈和防火措施,严防水汽进入锈蚀锚具或预应力筋。

锚具防护按设计要求,如无要求时,通常有以下两种形式:

(1)将锚固区设置在后浇的混凝土圈梁内。

(2)在锚固区先用穴模留出防护空间,在预应力筋张拉后,切去多余钢丝,在金属部位涂防腐材料,在混凝土表面涂黏结剂,而后进行封闭。

五、成品保护

(1)预应力筋、锚具、夹器、连接器等在储存、运输、安装过程中应采取防锈、防损坏措施。

(2)混凝土浇筑时,严禁踏压马凳,确保无黏结预应力束型及锚具位置。

(3)张拉端及锚固端混凝土应振捣密实。同时,严禁触碰张拉端穴模,避免由于穴模脱落而影响预应力筋的张拉。

(4)整个施工过程中,电气焊不得烧伤预应力筋。

(5)预应力筋张拉锚固后,及时对锚固区进行防护处理。

(6)应注意对无黏结预应力筋的保护,禁止在楼板上拖动非预应力钢筋,严禁踩、踏预应力筋及预应力筋专用马凳。

六、安全环保措施

(一)安全措施

1. 成盘预应力筋开盘时应采取措施防止尾端弹出伤人。

2. 严格防止与电源搭接,电源不准裸露。

3. 高处作业应有安全防护。

4. 预应力筋张拉施工安全。

①在预应力筋张拉轴线的前方和高处作业时,结构边缘与设备之间不得站人。

②油泵使用前应进行常规检查,重点是安全阀在设定油压下不能自动开通。

③输油路做到“三不用”,即输油管破损不用,接口损伤不用,接口螺母不扭紧、不到位不用。不准带压检修油路。

④使用油泵不得超过额定油压,千斤顶不得超过规定张拉的最大行程。油泵和千斤顶的连接必须到位。

⑤电气应做到接地良好、电源不裸露,不带电检修,检修工作由电工操作。

⑥切筋时,应防止断筋飞出伤人。

5. 预应力筋施工除遵守上述规定外,还必须遵守建筑工地施工安全的有关规定。

(二)环保措施

1. 在施工过程中,自觉地形成环保意识,最大限度地减少施工产生的噪声和环境污染。

2. 张拉设备定期保养、维护,避免油管漏油污染作业面。

3. 严格按照当地有关环保规定执行。

第五节　木散装模板技术

竹、木散装模板是以竹、木为主要材料,在结构部位现配现支的非定型化模板。

一、特点及适用范围

其材质轻、板幅大、自重轻、板面平整、承载能力大,特别是经表面处理后耐磨性好,能多次重复使用。保温性能好,能防止温度变化过快,冬期施工有助于混凝土的保温;锯截方便,易于加工成各种形状的模板;便于按工程的需要弯曲成型,用作曲面模板。用于清水混凝土模板最为理想。

其适用范围较广,适用于各类现浇及预制混凝土结构工程。

二、施工准备

(一)技术准备

1. 根据工程的特点、计划、合同工期及现场环境,对各分部混凝土模板进行设计,确定竹、木胶合板制作的几何形状,尺寸要求,龙骨的规格、间距,选用支撑系统。依据施工图绘制模板设计图(包括模板平面布置、剖面图、组装图、节点大样图、零件加工图等),编写操作工艺要求及说明。

2. 模板备料:按照模板设计图或明细及说明进行材料的准备。

3. 根据模板设计要求和工艺标准,向班组进行安全、技术交底。

(二)材料要求

1. 竹、木模板的面板及龙骨:其规格、种类按表 2-12 参考选用。

表 2-12 竹、木模板面板及龙骨规格、种类参考表

部位	名称	规格/mm	备注
面板	防水木胶合板、防水竹胶合板、素胶合板	12、15、18	宜做防水处理
龙骨	木方、木梁	40 × 60、60 × 80 50 × 100、100 × 100	—
背楞	型钢、钢管等	计算确定	—

2. 面板及龙骨材料质量必须符合设计要求。安装前先检查模板的质量，不符合质量标准的不得投入使用。

3. 支架系统：木支架或各种定型桁架、支柱、托具、卡具、螺栓、钢门式架、碗扣架、钢管、扣件等。

4. 脱模剂：水质隔离剂。

（三）主要机具设备

木工电刨、木工电锯、手电钻、铁榔头、活动扳手、水平尺、钢卷尺、托线板、脚手板、撬杠等。

（四）作业条件

1. 在会审图纸后，根据工程的特点、计划合同工期及现场环境等完成各分部、分项混凝土结构模板设计及模板配料工作。

2. 模板涂刷脱模剂，并分规格堆放。

3. 根据图纸要求，放好轴线和模板边线，定好水平控制标高。

4. 墙、柱钢筋绑扎完毕，水电管及预埋件已安装，绑好钢筋保护层垫块，并办完隐蔽验收手续。

三、施工工艺

（一）基础模板制作安装

1. 阶梯形独立基础：根据图纸尺寸制作每一阶梯模板，支模顺序由下至上逐层向上安装，先安装底层阶梯模板，用斜撑和水平撑钉牢撑稳；核对模板墨线及标高，配合绑扎钢筋及垫块，再进行上一阶模板安装，重新核对墨线各部位尺寸，并把斜撑、水平支撑及拉杆钉紧、撑牢，最后检查拉杆是否稳固，校核基础模板几何尺寸及轴线位置。

2. 杯形独立基础：与阶梯形独立基础相似，不同的是增加一个中心杯芯模，杯口上大下小，斜度按工程设计要求制作，芯模安装前应钉成整体，轿杠钉于两侧，中心杯芯模完成后要全面校核中心轴线和标高。

3. 杯形基础应防止中心线不准、杯口模板位移、混凝土浇筑时芯模浮起、拆模时芯模拆不出的现象。

4. 预防措施。

（1）中心线位置及标高要准确，支上段模板时采用抬轿杠，可使位置准确。托木的作用是将轿杠与下段混凝土面隔开少许，便于混凝土面拍平。

（2）杯芯模板要刨光直拼，芯模外表面涂隔离剂，底部再钻几个小孔以便排气，减少浮力。

(3)脚手板不得搁置在模板上。

(4)浇筑混凝土时,在芯模四周下料要对称均匀及振捣密实。

(5)拆除杯芯模板,一般在初凝前后即可用锤轻打,拔棍拨动。

5. 条形基础模板:侧板和端头板制作成后,应先在基槽底弹出中心线、基础边线,再把侧板和端头板对准边线和中心线,用水平仪抄测校正侧板顶面水平,经检测无误后,用斜撑、水平撑及拉撑钉牢。

6. 条形基础要防止沿基础通长方向模板上口不直,宽度不够,下口陷入混凝土内;拆模时上段混凝土缺损,底部钉模不牢的现象。

7. 预防措施。

(1)模板应有足够的强度、刚度和稳定性,支模时垂直度要准确。

(2)模板上口应钉木带,以控制带形基础上口宽度,并通长拉线,保证上口平直。

(3)隔一定间距,将上段模板下口支承在钢筋支架上。

(4)支撑直接在土坑边时,下面应垫以木板,以扩大其承力面,两块模板长向接头处应加拼条,使板面平整,连接牢固。

(二)柱模板

1. 按图纸尺寸制作侧模板后,按放线位置钉好压脚板再安装柱模板,两垂直向加斜拉顶撑,校正垂直度及柱顶对角线。

2. 安装柱箍:柱箍应根据柱模尺寸、侧压力的大小等因素进行设计选择(有木箍、钢箍、钢木箍等)。柱箍间距、柱箍材料及对拉螺栓直径应通过计算确定。

3. 防止胀模、断面尺寸鼓出、漏浆、混凝土不密实,或蜂窝麻面、偏斜、柱身扭曲的现象。

4. 预防措施。

(1)根据规定的柱箍间距要求钉牢固。

(2)成排柱模时,应先立两端柱模,校直与复核位置无误后,顶部拉通长线,再立中间柱模。

(3)四周斜撑要牢固。

(三)梁模板安装

1. 在柱子上弹出轴线、梁位置和水平线,钉柱头模板。

2. 梁底模板:按设计标高调整支柱的标高,然后安装梁底模板,并拉线找平。当梁底板跨度≥4 m时,跨中梁底处应按设计要求起拱,如设计无要求时,起拱高度为梁跨度的1/1 000~3/1 000。主次梁交接时,先主梁起拱,后次梁起拱。

3. 梁下支柱支承在基土面上时,应对基土平整夯实,使其满足承载力要求,并采取加木垫板或混凝土垫板等有效措施,确保混凝土在浇筑过程中不会发生支撑下沉。

4. 支撑楼层高度在4.5 m以下时,应设2道水平拉杆和剪刀撑,若楼层高度在4.5 m以上时要另做施工方案。

5. 梁侧模板:根据墨线安装梁侧模板、压脚板、斜撑等。梁侧模板制作高度应根据梁高及楼板模板来确定。

6. 当梁高超过 750 mm 时，梁侧模板宜加穿梁螺栓加固。

7. 防止梁身不平直、梁底不平及下挠、梁侧模涨模、局部模板嵌入柱梁间、拆除困难的现象。

8. 预防措施。

(1)支模时应遵守边模包底模的原则，梁模与柱模连接处，下料尺寸一般应略为缩短。

(2)梁侧模必须有压脚板、斜撑，拉线通直后将梁侧钉固。梁底模板按规定起拱。

(3)混凝土浇筑前，应将模内清理干净，并浇水湿润。

(四)剪力墙模板安装

1. 按位置线安装门洞模板，下预埋件或木砖。

2. 把一面模板按位置线就位，然后安装拉杆或斜撑，安装塑料套管和穿墙螺栓，在模板设计时应明确规定穿墙螺栓规格和间距。

3. 清理完墙内杂物后，再安另一侧模板，调整斜撑(拉杆)使模板垂直后，拧紧穿墙螺栓。

4. 模板安装完毕后，检查一遍扣件，螺栓是否紧固，模板拼缝及下口是否严密。

5. 墙模板宜将木方作竖肋，双根 $\phi48 \times 3.0$ 钢管或双根槽钢作水平背楞。

6. 墙模板立缝、角缝宜设于木方和胶合板所形成的企口位置，以防漏浆和错台。墙模板的水平缝背面应加木方拼接。

7. 墙模板的吊钩设于模板上部，用吊钩铁件的连接螺栓将面板和竖肋木方连接在一起。

8. 防止墙体混凝土厚薄不一致，墙体上口过大，混凝土墙体表面粘连，角模与大模板缝隙过大跑浆，角模入墙过深，门窗洞口变形。

9. 预防措施。

(1)墙身放线应准确，误差控制在允许的范围内，模板就位调整认真，穿墙螺栓要全部穿齐、拧紧。

(2)立模处楼板混凝土面应找平，以防立模时下口无法密封。

(3)支模时上口卡具按设计要求尺寸卡紧。

(4)模板清理干净，隔离剂涂刷均匀，拆模不能过早。

(5)模板拼装时缝隙过大，连接固定措施不牢固，应加强检查，及时处理。

(6)改进角模支模方法。

(7)门窗洞口模板的组装及固定要牢固，必须认真设计洞口模板，保证尺寸，便于装拆。

(五)楼面模板安装

1. 根据模板的排列图架设支柱和龙骨。支柱与龙骨的间距，应根据楼板混凝土重量与施工荷载的大小，在模板设计中确定。一般支柱为 800 ~ 1 200 mm，大龙骨间距为 600 ~ 1 200 mm，小龙骨间距为 400 ~ 600 mm。支柱排列要考虑设置施工通道。

2. 底层地面夯实，并铺垫脚板。采用多层支架支模时，支柱应垂直，上下层支柱应在同一竖向中心线上。各层支柱间的水平拉杆和剪刀撑要认真加强。

3. 通线调节支柱的高度将大龙骨找平，加设小龙骨。

4. 铺模板时可从四周铺起，在中间收口。楼板模板在梁侧模时，角模板应通线钉牢。

5. 楼面模板铺完后，应认真检查支架是否牢固，模板梁面、板面应清扫干净。

6. 板模板：防止板中部下挠，板底混凝土面不平的现象。

7. 预防措施。

(1)楼板模板厚度要一致，搁栅木料要有足够的强度和刚度，搁栅面要平整。

(2)支顶要符合规定的保证项目要求。

(3)板模按规定起拱。

四、质量控制

(一)一般规定

1. 模板及其支架应根据工程结构形式、荷载大小、地基土类别、施工设备和材料供应等条件进行设计。模板及其支架应具有足够的承载能力、刚度和稳定性，能可靠地承受浇筑混凝土的重力、侧压力及施工荷载。

2. 在浇筑混凝土之前，应对模板工程进行验收。模板安装和浇混凝土时，应对模板及其支架进行观察和维护。发生异常情况时，应按施工技术方案及时进行处理。

3. 模板及其支架拆除的顺序、安全措施应按施工技术方案执行。

(二)模板安装

1. 安装现浇结构的上层模板及其支架时，下层楼板应具有承受上层荷载的承载能力，或加设支架；上、下层支架的立柱应对准，并铺设垫板。

检查数量：全数检查。

2. 在涂模板隔离剂时，不得沾污钢筋和混凝土接槎处。

检查数量：全数检查。

3. 模板安装应满足下列要求：

(1)模板的接缝不应漏浆；在浇筑混凝土前，木模板应浇水湿润，但模板内不应有积水。

(2)模板与混凝土的接触面应清理干净并涂刷隔离剂，但不得采用影响结构性能或妨碍装饰工程施工的隔离剂。

(3)浇筑混凝土前，模板内的杂物应清理干净。

(4)对清水混凝土工程及装饰混凝土工程，应使用能达到设计效果的模板。

检查数量：全数检查。

4. 用作模板的地坪、胎模等应平整光洁，不得产生影响构件质量的下沉、裂缝、起砂或起鼓。

5. 对跨度不小于 4 m 的现浇钢筋混凝土梁、板，其模板应按设计要求起拱；当设计无具体要求时，起拱高度宜为跨度的 1/1 000 ~ 3/1 000。

检查数量：在同一检验批内，对梁应抽查构件数量的 10%，且不少于 3 件；对板应按有代表性的自然间抽查10%，且不少于3间；对大空间结构，板可纵、横轴线划分检查面，抽查10%，且不少于3面。

6. 固定在模板上的预埋件、预留孔、预留洞均不得遗漏，且应安装牢固，其允许偏差应符合表2-13的规定。

表2-13　预埋件和预留孔洞的允许偏差

项目		允许偏差/mm
预埋钢板中心线位置		3
预埋管、预留孔中心线位置		3
插筋	中心线位置	5
	外露长度	+10,0
预埋螺栓	中心线位置	2
	外露长度	+10,0
预留洞	中心线位置	10
	尺寸	+10,0

注：检查中心线位置时，应沿纵、横两个方向量测，并取其中的较大值。

检查数量：在同一检验批内，对梁、柱和独立基础，应抽查构件数量的10%，且不少于3件；对墙和板，应按有代表性的自然间抽查10%，且不少于3间；对大空间结构，墙可按相邻轴线间高度5 m左右划分检查面，板可按纵、横轴线划分检查面，抽查10%，且均不少于3面。

检查方法：钢尺检查。

7. 现浇结构模板安装的允许偏差和检查方法应符合表2-14的规定。

检查数量：在同一检验批内，对梁、柱和独立基础，应抽查构件数量的10%，且不少于3件；对墙和板，应按有代表性的自然间抽查10%，且不少于3间；对大空间结构，墙可按相邻轴线间高度5 m左右划分检查面，板可按纵、横轴线划分检查面，抽查10%，且均不少于3面。

表2-14　现浇结构模板安装的允许偏差和检查方法

项目		允许偏差/mm	检查方法
轴线位置		5	用钢尺检查
底模上表面标高		±5	用水准仪或拉线、钢尺检查
截面内部尺寸	基础	±10	用钢尺检查
	柱、墙、梁	+4，-5	用钢尺检查
层高垂直度	全高不大于5 m	6	用经纬仪或吊线、钢尺检查
	全高大于5 m	8	用经纬仪或吊线、钢尺检查
相邻两板表面高低差		2	用钢尺检查
表面平整度		5	用2 m靠尺和塞尺检查

8. 预制构件模板安装的允许偏差及检验方法应符合表 2-15 的规定。

表 2-15　预制构件模板安装的允许偏差及检验方法

项目		允许偏差/mm	检验方法
长度	板、梁	±5	用钢尺量两角边，取其中的较大值
	薄腹梁、桁架	±10	
	柱	0，-10	
	墙板	0，-5	
宽度	板、墙板	0，-5	用钢尺量一端及中部，取其中的较大值
	梁、薄腹梁、桁架、柱	+2，-5	
高(厚)度	板	+2，-3	用钢尺量一端及中部，取其中的较大值
	墙板	0，-5	
	梁、薄腹梁、桁架、柱	+2，-5	
侧向弯曲	梁、板、柱	$L/1\ 000$ 且≤15	用拉线、钢尺量最大弯曲处
	墙板、薄腹梁、桁架	$L/1\ 500$ 且≤15	
板的表面平整度		3	用 2 m 靠尺和塞尺检查
相邻两板表面高低差		1	用钢尺检查
对角线差	板	7	用钢尺量两个对角线
	墙板	5	
翘曲	板、墙板	$L/1\ 500$	用调平尺在两端量测
设计起拱	薄腹梁、桁架、梁	±3	用拉线、钢尺量跨中

注：L 为构件长度(mm)。

检查数量：首次使用及大修后的模板应全数检查；使用中的模板定期检查，并根据使用情况不定期抽查。

9. 模板安装工程检验批质量验收应符合表 2-16 的规定。

表 2-16　模板安装工程检验批质量验收标准

项	序	检查项目	允许偏差或允许值	检查方法
主控项目	1	模板支撑、立柱位置和垫板	第 1 条	模板设计文件、施工技术方案观察
	2	避免隔离剂沾污	第 2 条	观察
一般项目	1	模板安装的一般要求	第 3 条	观察
	2	用作模板地坪、胎膜质量	第 4 条	观察
	3	模板起拱高度	第 5 条	水准仪或拉线、钢尺
	4	预埋件、预留孔允许偏差	第 6 条	按第 6 条
	5	现浇结构模板安装允许偏差	第 7 条	按第 7 条
	6	预制构件模板安装允许偏差	第 8 条	按第 8 条

（三）模板拆除

1. 底模及其支架拆除时的混凝土强度应符合设计要求；当设计无具体要求时，混凝土强度应符合表2-17 的规定。

检查数量：全数检查。

表 2-17　底模拆除时混凝土强度要求

构件类型	构件跨度/m	达到设计的混凝土立方体抗压强度标准值的百分率/%
板	≤2	≥50
	>2，≤8	≥75
	>8	≥100
梁、拱、壳	≤8	≥75
	>8	≥100
悬臂构件	—	≥100

2. 对后张法预应力混凝土结构构件，侧模宜在预应力张拉前拆除；底模支架的拆除应按施工技术方案执行，当无具体要求时，不应在结构构件建立预应力前拆除。

检查数量：全数检查。

3. 后浇带模板的拆除和支顶应按施工技术方案执行。

检查数量：全数检查。

4. 侧模拆除时的混凝土强度应能保证其表面及棱角不受损伤。

检查数量：全数检查。

5. 模板拆除时，不应对楼层形成冲击荷载。拆除的模板和支架宜分散堆放并及时清运。

检查数量：全数检查。

6. 模板拆除工程检验批质量验收应符合表 2-18 的规定。

表 2-18　模板拆除工程检验批质量验收标准

项	序	检查项目	允许偏差或允许值	检查方法
主控项目	1	底模及其支架拆除时的混凝土强度	第 1 条	同条件养护试件强度试验报告
	2	后张法预应力构件侧模和底模的拆除时间	第 2 条	观察
	3	后浇带拆模和支顶	第 3 条	观察
一般项目	1	避免拆模损伤	第 4 条	观察
	2	模板拆除、堆放和清运	第 5 条	观察

五、成品保护

（1）对于模板，坚持每次使用后清理板面，涂刷脱模剂。

（2）按楼板部位对应层层安装，减少损耗。

（3）材料应按编号分类堆放整齐。

六、安全环保措施

(1)支模过程中应遵守安全操作规程,如遇中途停歇,应将就位的支顶、模板连接稳固,不得空架浮搁。拆模间歇时应将松开的部件和模板运走,防止坠下伤人。

(2)拆模时应搭设脚手板。

(3)拆楼层外边模板时,应有防高空坠落及防止模板向外倒跌的措施。

(4)拆模后模板或木方上的钉子应及时拔除或敲平,防止钉子扎脚。

七、注意事项

(1)拆除模板的顺序和方法,应按照模板设计的规定进行。若设计无规定时,应遵循先支后拆,后支先拆;先拆不承重部分的模板,后拆承重部分的模板;自上而下,先拆侧向支撑,后拆竖向支撑等原则。

(2)模板工程作业组织,应遵循支模与拆模统一由一个作业班组进行作业的原则。其好处是,支模就考虑拆模的方便和安全,拆模时,人员熟知情况,易找拆模关键点位,对拆模进度、安全、模板及配件的保护都有利。

第六节 模板施工技术

组合式模板是现代模板技术中,具有通用性强、装拆方便、周转次数多的一种"以钢代木"的新型模板,用它进行现浇钢筋混凝土结构施工,可事先按设计要求组拼成梁、柱、墙、楼板的大型模板,整体吊装就位,也可采用散装散拆方法的模板。

组合模板包括组合大钢模板、钢框胶合模板、小钢模。

本工艺标准适用于工业与民用建筑现浇钢筋混凝土框架及剪力墙结构、钢筋混凝土结构的构筑物。

一、特点及适用范围

组合式模板具有适用广泛、通用性强、方便灵活、装拆方便、周转次数多及较为经济等特点。组合大钢模板适用于墙、柱结构,可单独拼装使用,也可与大钢模板组合使用。钢框胶合板模板适用于墙、柱、梁结构,可单独使用,也可组合使用。小钢模适用于基础结构或表面质量要求不严格的结构,不适用于高层混凝土结构。

二、施工准备

(一)技术准备

1. 详细阅读工程图纸,根据工程结构形式、荷载大小、地基土类别、施工设备和材料供应等条件编制模板施工方案,确定模板类别、配置数量、流水段划分及特殊部位的处理措施等。

2. 确保模板、支架及其辅助配件具有足够的承载能力、刚度和稳定性，能可靠地承受浇筑混凝土的重力、侧压力及施工荷载。必要时对模板及其支撑体系进行力学计算。

（二）材料要求

1. 组合大钢模板：其主要部件有组合钢模板（面板、边框、横竖肋）、模板背楞、支撑架、浇筑混凝土工作平台、穿墙螺栓和柱箍等。组合大模板面板采用 6 mm 热轧原平板，边框采用 80 mm 宽、6 ~ 8 mm 厚的扁钢或钢板，横竖肋采用 6 ~ 8 mm 的扁钢，模板总厚度为 86 mm。模板背楞采用 8 号或 10 号槽钢，支撑采用钢管或槽钢焊接而成，操作平台可采用钢管焊接并搭设木板而成，穿墙螺栓采用 T16 ×6 ~ T20 ×6 的螺栓，长度根据结构的具体尺寸而定，柱箍采用双 8 号或 10 号槽钢。

模板面板的配板应根据具体情况确定，一般采用横向或竖向排列，也可采用横、竖混合排列。模板与模板之间采用 M16 的螺栓连接。以组合大模板拼装而成的大模板必须安装 2 个吊钩，吊钩必须采用未经冷拉的Ⅰ级热轧钢筋制作。组装后的模板应配置支撑架和操作平台，以确保混凝土浇筑过程中模板体系的稳定性。

2. 钢框胶合板模板：是以热轧异型型钢为边框，以胶合板（竹胶合板或木胶合板）为面板，并用沉头螺丝或拉铆钉连接面板与横竖肋的一种模板体系。

（1）边框厚度为 95 mm，面板采用 15 mm 的胶合板，面板与边框相接处的缝隙涂密封胶。

（2）模板之间用螺栓连接，同时配以专用的模板夹具，以加强模板间连接的紧密性。

（3）采用双 10 号槽钢做水平背楞，以确保板面的平整度。

（4）模板背面配专用支撑和操作平台。

3. 小钢模：由面板和横竖肋组成，面板厚度为 2.3 mm 或 2.5 mm。模板之间采用 U 形卡和 L 形插销进行横纵方向的拼接，采用碟形扣件、对拉螺栓等对模板进行加固，$\phi48 \times 3.0$ 钢管作为支架。

（三）主要机具设备

锤子、活动扳手、撬棍、电钻、水平尺、靠尺、线坠、爬梯、吊车等。

（四）作业条件

1. 确定所建工程的施工流水划分。

2. 根据工程的结构形式、特点和现场施工条件，合理确定模板施工的流水段划分，以减少模板投入，增加周转次数，均衡各工序工程（钢筋、模板、混凝土）的作业量。

3. 确定模板的配板原则并绘制模板平面施工总图，在总图中标志出各种构件的位置、型号、数量等，明确模板的流水方向、位置及特殊部位的处理措施，以减少模板种类和数量。

4. 确定模板配板的平面布置及支撑布置，根据工程的结构形式设计模板支撑的布置，标志出支撑系统的间距、数量，模板排列组合尺寸，组装模板与其他模板的关系等。

5. 在对模板配板的平面布置及支撑布置的设计基础上，对其强度、刚度、稳定性进行验算，合格后绘制全套模板设计图，包括模板平面布置配板图、分块图、组装图、节点大样图及非定型拼接件加固图。

6. 轴线、模板线放线，引测水平标高到预留插筋或其他过渡引测点，并办好预检手续。

7. 模板底部宜铺垫海绵条堵缝。外墙、外柱的外边根部，根据标高设置模板承垫方木和海绵条，以保证标高准确和不漏浆。

8. 设置模板定位基准，即在墙、柱主筋上距地面 50 ~ 80 mm，根据模板线按保护层厚度焊接水平支杆，防止模板水平位移。

9. 钢筋绑扎完毕，预埋水电管线、预埋件等，绑好钢筋保护层垫块，办理预检手续。

三、施工工艺

(一)工艺流程

1. 组合大钢模板施工工艺。

(1)墙体组合大钢模板施工工艺流程如图 2-6 所示。

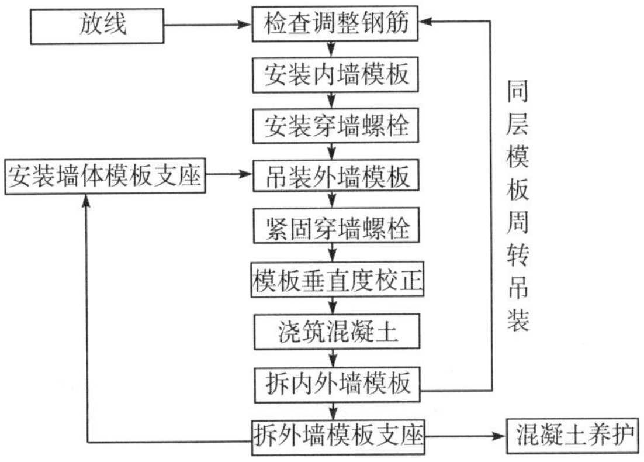

图 2-6　墙体组合大钢模板施工工艺流程

(2)墙模板安装工艺流程：安装前检查→安装门窗洞口模板→一侧模板吊装就位→安装斜撑→安装穿墙螺栓→吊装另一侧模板→安装穿墙螺栓及斜撑→调整模板平直→紧固穿墙螺栓→固定斜撑→与相邻模板连接。

2. 柱模板安装工艺流程。

(1)组拼柱模安装工艺流程：搭设安装架子→吊装组拼柱模→检查对角线、垂直度和位置→安装柱箍→安装有梁口的柱模板→模板安装质量检查→柱模固定。

(2)整体预组拼柱模安装工艺：吊装整体柱模并检查组拼后的质量→吊装就位→安装斜撑→全面质量检查→柱模固定。

(3)梁模板安装工艺：弹出梁轴线及水平线并复核→搭设梁模支架→预组拼模板检查→安装梁底模板→梁底起拱→绑扎钢筋→安装梁侧模板→安装侧向支撑或对拉螺栓→检查梁口符合模板尺寸→与相邻板连接。

(4)楼板模板安装工艺：搭设支架→安装纵横木楞→调整楼板的下皮标高→铺设模板→检查模板的上皮标高、平整度等。

3. 小钢模施工工艺流程。

(1)柱模板施工工艺流程：弹柱位置线→抹找平层→安装小钢模→安装柱箍→安装拉杆斜撑或对拉螺栓→柱模固定。

(2)墙体模板安装工艺流程：弹墙体位置线→安装洞口模板→安装墙体模板→安装对拉螺栓→安装斜撑→墙体模板固定。

（二）组合大钢模板施工工艺要点

1. 墙体组合大钢模板的安装。

(1)在下层墙体混凝土强度不低于 7.5 MPa 时，开始安装上层模板，利用下一层墙螺栓孔眼安装挂架。

(2)在内墙模板的外端头安装活动堵头模板，可用木方或铁板根据墙厚制作，模板要严密，防止浇筑时混凝土漏浆。

(3)先安装外墙内侧模板，按照楼板上的位置线将大模板就位找正，然后安装门窗洞口模板。

(4)合模前将钢筋、水电等预埋件进行隐检。

(5)安装外墙外侧模板，模板安装在挂架上，紧固穿墙螺栓，施工过程中要保证模板上下连接处严密，牢固可靠，防止出现错台和漏浆现象。

2. 墙体组合大钢模板的拆除。

(1)在常温下，模板应在混凝土强度能够保证结构不变形，棱角完整的情况下方可拆除；冬季施工时要按照设计要求和冬季施工方案确定拆模时间。

(2)模板拆除时首先拆下穿墙螺栓，再松开地脚螺栓，使模板向后倾斜与墙体脱开。如果模板与混凝土墙面吸附或黏结不能离开时，可用撬棍撬动模板下口，不得在墙上口撬模板或用大锤砸模板，应保证拆模时不晃动混凝土墙体，尤其是在拆门窗洞口模板时不得用大锤砸模板。

(3)模板拆除后，应清扫模板平台上的杂物，检查模板是否有钩挂兜绊的地方，然后将模板吊出。

(4)大模板吊至存放地点，必须一次放稳，按设计计算确定的自稳角要求存放，及时清理板面，涂刷隔离剂，防止粘连灰浆。

(5)大模板应定时进行检查和维修，保证使用质量。

3. 柱子组合大钢模板的安装。

(1)柱子位置弹线要准确，柱子模板的下口用砂浆找平，保证模板下口平直。

(2)柱箍要有足够的刚度，防止在浇筑过程中模板变形；柱箍的间距要布置合理，一般为 600 mm 或 900 mm。

(3)斜撑安装牢固，防止在浇筑过程中柱身整体发生变形。

(4)柱角安装牢固、严密，防止漏浆。

4. 柱子模板的拆除：先拆除斜撑，然后拆柱箍，用撬棍拆离每面柱模，然后用塔吊吊离，使用后的模板及时清理，按规格进行码放。

（三）钢框胶合板模板施工工艺要点

1. 墙体模板的安装。

(1)检查墙模安装位置的定位基准面墙线及墙模板的编号，符合图纸要求后，安装门窗洞口模板及预埋件等。

(2)将一侧预拼装墙模板位置线吊装就位，安装斜撑或使用其他工具型斜撑调整至模板与地面成 75°，使其稳定坐落于基准面上。

(3)安装穿墙螺栓或对拉螺栓和套管，使螺栓杆端向上，套管套于螺杆上，清扫墙体内的杂物。

(4)用上面同样的方法吊装另一侧模板,使穿墙螺栓穿过模板并在螺栓杆端戴上扣件和螺母,然后调整两块模板的位置和垂直度,与此同时调整斜撑角度,合格后固定斜撑,紧固全部穿墙螺栓的螺母。

模板安装完毕后,全面检查扣件、螺栓、斜撑是否紧固稳定,模板拼缝及下口是否严密。

2. 墙体模板的拆除。

(1)单块就位组拼墙模先拆除墙两边的接缝窄条模板,再拆除背楞和穿墙螺栓,然后逐次向墙中心方向逐块拆除。

(2)整体预组拼模板拆除时,先拆除穿墙螺栓,调节斜撑支腿丝杠,使地脚离开地面,再拆除组拼大模板端部接缝处的窄条模板,然后敲击大模板上部,使之脱离墙体,用撬棍撬组拼大模板底边肋,使之全部脱离墙体,用塔吊吊运拆离后的模板。

3. 柱模板安装工艺要点。

(1)组拼柱模的安装:将柱子的四面模板就位组拼好,每面带一阴角模或连接角模,用 U 形卡正反交替连接。使柱模四面按给定柱截面线就位,并使之垂直,对角线相等。

用定型柱箍固定,锲块到位,销铁插牢。

对模板的轴线位移、垂直偏差、对角线、扭向等全面校正,并安装定型斜撑或将一般拉杆和斜撑固定在预先埋在楼板中的钢筋环上。

检查柱模板的安装质量,最后进行群体柱子水平拉杆的固定。

(2)整体吊装柱模的安装:吊装前,先检查整体预组拼的柱模板上下口的截面尺寸、对角线偏差,连接件、卡件、柱箍的数量及紧固程度。检查柱筋是否妨碍柱模套装,用铅丝将柱筋预先向内绑拢,以利柱模从顶部套入。

当整体柱模安装于基准面上时,用四根斜撑与柱顶四角连接,另一端锚于地面,校正其中心线、柱边线、柱模桶体扭向及垂直度后,固定支撑。

当柱高超过 6 m 时,不宜采用单根支撑,宜采用多根支撑连成构架。

4. 柱模的拆除:分散拆除柱模时应自上而下、分层拆除。拆除第一层时,用木槌或带橡皮垫的锤向外侧轻击模板上口,使之松动,脱离柱混凝土。依次拆下一层模板时,要轻击模板边肋,不可用撬棍从柱角撬离。拆除的模板及配件用绳子绑扎放到地下。

分片拆除柱模时,要从上口向外侧轻击和轻撬连接角模,使之松动,要适当加设临时支撑,以防止整片柱模整片倾倒伤人。

5. 梁板模板安装工艺要点。

(1)在柱子混凝土上弹出梁的轴线及水平线,并复核。

(2)安装梁模支架时,若首层为土壤地面,应平整夯实,并有排水措施。铺设通长脚手板,楼地面上的支架立杆宜加可调支座,楼层间的上下支座应在同一平面位置。梁的支架立杆一般采用双排,间距以 600 ~ 900 mm 为宜;板的支架立杆间距为 900 ~ 1 200 mm。支柱上的纵肋采用 100 mm × 100 mm,横肋采用 50 mm × 100 mm 木方。支柱中间加横杆或斜杆连接成整体。

(3)在支柱上调整预留梁底模板的厚度,符合设计要求后,拉线安装梁底模板并找直。

(4)在底板上绑扎钢筋,经检验合格后,清除杂物,安装梁侧模板。用梁卡具或安装上下锁口楞、外竖楞，附以斜撑，其间距一般宜为 600 mm。当梁高超过 600 mm 时，需加腰肋，并用对拉螺栓加固，侧模上口要拉线找直，用定型夹子固定。

(5)复核检查梁模尺寸，与相邻柱模板连接固定，安装楼板模板时，在梁侧模及墙上连接阴角模，与楼板模板连接固定，逐步向楼板跨中铺设模板。

(6)钢框胶合板模板的相邻两块模板之间用螺栓或钢销连接，对不够整模数的模板和窄知缝采用拼缝模板或木方嵌补，保证拼缝严密。

(7)模板铺设完毕后，用靠尺、塞尺和水平仪检查平整度与楼板标高，同时进行校正。

6. 梁板模板的拆除。

(1)先拆除支架部分水平拉杆和剪力撑，以便施工；然后拆除梁与楼板模板的连接角模及梁侧模，以使相邻模板断连。

(2)下调支柱顶托架螺杆后，先拆钩头螺栓，再拆下 U 形卡，然后用钢钎轻轻撬动模板，拆下第一块，然后逐块拆除。不得用钢棍或铁锤猛击乱撬，严禁将拆下的模板自由坠落于地面。

(3)对跨度较大的梁底模进行拆除时，应从跨中开始下调支柱托架，然后向两端逐根下调。先拆钩头螺栓，再拆下 U 形卡，然后用钢钎轻轻撬动模板，拆下第一块，再逐块拆除。不得用钢棍或铁锤锰击乱撬，严禁将拆下的模板自由坠落于地面。

(4)拆除梁底模支柱时，应从跨中向两端作业。

(四)小钢模板安装工艺要点

1. 柱模板的安装。

(1)按设计标高抹好水泥浆找平层，按位置线做好定位墩台，以保证柱轴线与标高的准确，在柱四边离地 50 ~ 80 mm 处的主筋上焊接支杆，从四面顶住模板防止位移。

(2)安装柱模板：通排柱，先安装两端柱，经校正、固定后拉通线校正中间的各柱。模板按柱子的大小预拼成一面一片或两面一片，就位后用铅丝与主筋绑扎临时固定，用 U 形卡将两侧模板连接卡紧，安装完两面后再安装另外两面模板。

(3)安装柱箍：柱箍可用角钢或钢管等制作，柱箍应根据柱模尺寸、侧压力大小，在模板设计中确定柱箍尺寸间距。

(4)安装柱模的拉杆或斜撑：柱模每边设 2 根立杆，固定于事先预埋在楼板内的钢筋环上，拉杆或斜撑，与地面宜为 45°，预埋的钢筋环与柱的距离宜为 3/4 柱高。

(5)将柱模内清理干净，封闭清扫口，办理柱模预检。

2. 柱子模板的拆除：先拆掉柱斜拉杆或斜撑，卸掉柱箍，再把连接每片柱模的 U 形卡拆掉，然后用撬棍轻轻撬动模板，使模板与混凝土脱离。

3. 墙体模板的安装。

(1)按位置线安装门窗洞口模板，安装预埋件。

(2)将预先拼装好的一面模板按位置线就位，然后安装拉杆或斜撑，安装套管和穿墙螺栓，穿墙螺栓的规格和间距在模板设计时应明确规定。

(3)清扫墙内杂物，安装另一侧模板，调整拉杆或斜撑使模板垂直，然后拧紧穿墙螺栓。

(4)模板安装完毕后,检查扣件、螺栓是否紧固,模板拼缝及下口是否严密,办完预检手续。

4. 墙体模板拆除:先拆除穿墙螺栓等附件,再拆除斜拉杆或斜撑,用撬棍轻轻撬动模板,使模板离开墙体,即可把模板运走。

四、质量控制

(一)一般规定

1. 模板及其支架应根据工程结构形式、荷载大小、地基土类别、施工设备和材料供应等条件进行设计。模板及其支架应具有足够的承载能力、刚度和稳定性,能可靠地承受浇筑混凝土的重量、侧压力及施工荷载。

2. 在浇筑混凝土之前,应对模板工程进行验收。模板安装和浇混凝土时,应对模板及其支架进行观察和维护。发生异常情况时,应按施工技术方案及时进行处理。

3. 模板及其支架拆除的顺序及安全措施应按施工技术方案执行。

(二)模板安装

1. 安装现浇结构的上层模板及其支架时,下层楼板应具有承受上层荷载的承载能力,或加设支架;上、下层支架的立柱应对准,并铺设垫板。

检查数量:全数检查。

2. 在涂模板隔离剂时,不得沾污钢筋和混凝土接槎处。

检查数量:全数检查。

3. 模板安装应满足下列要求:

(1)模板的接缝不应漏浆;在浇筑混凝土前,木模板应浇水湿润,但模板内不应有积水。

(2)模板与混凝土的接触面应清理干净并涂刷隔离剂,但不得采用影响结构性能或妨碍装饰工程施工的隔离剂。

(3)浇筑混凝土前,模板内的杂物应清理干净。

(4)对清水混凝土工程及装饰混凝土工程,应使用能达到设计效果的模板。

检查数量:全数检查。

4. 用作模板的地坪、胎模等应平整光洁,不得产生影响构件质量的下沉、裂缝、起砂或起鼓等现象。

5. 对跨度不小于 4 m 的现浇钢筋混凝土梁、板,其模板应按设计要求起拱;当设计无具体要求时,起拱高度宜为跨度的 1/1 000 ~3/1 000。

检查数量:在同一检验批内,对梁应抽查构件数量的 10%,且不少于 3 件;对板应按有代表性的自然间抽查 10%,且不少于 3 间;对大空间结构,板可纵、横轴线划分检查面,抽查 10%,且不少于 3 面。

6. 固定在模板上的预埋件、预留孔和预留洞均不得遗漏,且应安装牢固,其偏差应符合表 2-19 的规定。

表 2-19　预埋件、预留孔和预留洞的允许偏差

项目	允许偏差/mm
预埋钢板中心线位置	3
预埋管、预留孔中心线位置	3

（续表）

项目		允许偏差/mm
插筋	中心线位置	5
	外露长度	+10,0
预埋螺栓	中心线位置	2
	外露长度	+10,0
预留洞	中心线位置	10
	尺寸	+10,0

注：检查中心线位置时，应沿纵、横两个方向量测，并取其中的较大值。

检查数量：在同一检验批内，对梁、柱和独立基础，应抽查构件数量的 10%，且不少于 3 件；对墙和板，应按有代表性的自然间抽查 10%，且不少于 3 间；对大空间结构，墙可按相邻轴线间高度 5 m 左右划分检查面，板可按纵、横轴线划分检查面，抽查 10%，且均不少于 3 面。

检查方法：钢尺检查。

7. 现浇结构模板安装的允许偏差及检验方法应符合表 2-20 的规定。

检查数量：在同一检验批内，对梁、柱和独立基础，应抽查构件数量的 10%，且不少于 3 件；对墙和板，应按有代表性的自然间抽查 10%，且不少于 3 间；对大空间结构，墙可按相邻轴线间高度 5 m 左右划分检查面，板可按纵、横轴线划分检查面，抽查 10%，且均不少于 3 面。

表 2-20　现浇结构模板安装的允许偏差及检验方法

项目		允许偏差/mm	检验方法
轴线位置		5	用钢尺检查
底模上表面标高		±5	用水准仪或拉线、钢尺检查
截面内部尺寸	基础	+5，-10	用钢尺检查
	柱、墙、梁	+2，-5	用钢尺检查
层高垂直度	不大于 5 m	4	用经纬仪或吊线、钢尺检查
	大于 5 m	6	用经纬仪或吊线、钢尺检查
相邻两板表面高低差		2	用钢尺检查
表面平整度		5	用 2 m 靠尺和塞尺检查

注：检查中心线位置时，应沿纵、横两个方向量测，并取其中的较大值。

8. 模板安装工程检验批质量验收应符合表 2-21 的规定。

表 2-21　模板安装工程检验批质量验收标准

项	序	检查项目	允许偏差或允许值	检查方法
主控	1	模板支撑、立柱位置和垫板	第 1 条	模板设计文件、施工技术方案观察
项目	2	避免隔离剂沾污	第 2 条	观察

（续表）

项	序	检查项目	允许偏差或允许值	检查方法
一般项目	1	模板安装的一般要求	第 3 条	观察
	2	用作模板地坪、胎膜质量	第 4 条	观察
	3	模板起拱高度	第 5 条	水准仪或拉线、钢尺
	4	预埋件、预留孔允许偏差	第 6 条	按第 6 条
	5	现浇结构模板安装允许偏差	第 7 条	按第 7 条

（三）模板拆除

1. 底模及其支架拆除时的混凝土强度应符合设计要求；当设计无具体要求时，混凝土强度应符合表 2-22 规定。

检查数量：全数检查。

表 2-22　底模拆除时混凝土强度要求

构件类型	构件跨度/m	达到设计的混凝土立方体抗压强度标准值的百分率/%
板	≤2	≥50
	>2，≤8	≥75
	>8	≥100
梁、拱、壳	≤8	≥75
	>8	≥100
悬臂构件	—	≥100

2. 对后张法预应力混凝土结构构件，侧模宜在预应力张拉前拆除；底模支架的拆除应按施工技术方案执行，当无具体要求时，不应在结构构件建立预应力前拆除。

检查数量：全数检查。

3. 后浇带模板的拆除和支顶应按施工技术方案执行。

检查数量：全数检查。

4. 侧模拆除时的混凝土强度应能保证其表面及棱角不受损伤。

检查数量：全数检查。

5. 模板拆除时，不应对楼层形成冲击荷载。拆除的模板和支架宜分散堆放并及时清运。

检查数量：全数检查。

6. 模板拆除工程检验批质量验收应符合表 2-23 的规定。

表 2-23　模板拆除工程检验批质量验收标准

项	序	检查项目	允许偏差或允许值	检查方法
主控项目	1	底模及其支架拆除时的混凝土强度	第 1 条	同条件养护试件强度试验报告
	2	后张法预应力构件侧模和底模的拆除时间	第 2 条	观察
	3	后浇带拆模和支顶	第 3 条	观察

（续表）

项	序	检查项目	允许偏差或允许值	检查方法
一般项目	1	避免拆模损伤	第4条	观察
	2	模板拆除、堆放和清运	第5条	观察

五、成品保护

(1)保持大模板本身的整洁及配套设备零件的齐全，吊运时防止碰撞墙体，堆放合理，保持板面不变形。

(2)大模板吊运就位时要平稳、准确，不得碰撞楼板及其他已施工完毕的部位，不得兜挂钢筋。用撬棍调整大模板时，要注意保护模板下面的砂浆找平层。

(3)预组拼的模板要有存放场地，场地要平整夯实。模板平放要用木方垫架；立放时要搭设分类模板架，模板落地处要垫木方，保证模板不扭曲、不变形。不得乱堆乱放或在组拼的模板上堆放分散模板和配件。

(4)工作面已安装完毕的墙、柱模板，不准在吊运模板时碰撞，不准在预组拼模板就位前作为临时倚靠，防止模板变形或产生垂直偏差。工作面已完成的平面模板不得作为临时堆料和作业平台，以保证支架的稳定，防止平面模板标高和平整度产生偏差。

(5)拆除模板时要按程序进行，禁止用大锤敲击，防止混凝土墙面及门窗洞口等出现裂纹。

(6)模板与墙面黏结时，禁止用塔吊吊拉模板，防止将墙面拉裂。

(7)冬期施工时，大模板背面的保温措施应保持完好。

(8)冬期施工防止混凝土受冻，当混凝土达到规范规定的拆模强度后方可拆模，否则会影响混凝土质量。

六、安全环保措施

(1)支模过程中应遵守安全操作规程，如遇途中停歇，应将就位的支顶、模板连接稳固，不得空架浮搁。拆模间歇时应将松开的部件和模板运走，防止坠下伤人。

(2)模板支设、拆除过程中要严格按照设计要求的步骤进行，全面检查支撑系统的稳定性。

(3)拆楼层外边模板时，应有防高空坠落及防止模板向外倒跌的措施。

(4)模板所用的脱模剂在施工现场不得乱扔，以防影响环境质量。

(5)模板放置时应满足自稳角要求，两块大模板应采取板面相对的存放方法。

(6)施工楼层上不得长时间存放模板，当模板临时在施工层存放时，必须有可靠的防倾倒措施，禁止沿外墙周边存放在外挂架上。

(7)模板起吊前，应检查吊装用绳索、卡具及每块模板上的吊钩是否完整有效，并应拆除一切临时支撑，检查无误后方可起吊。

(8)在模板拆装区域周围应设置围栏，并挂明显的标志牌，禁止非作业人员入内。

(9)拆模起吊前，应检查对拉螺栓是否拆净，在确无遗漏并保证模板与墙体完全脱离后方准起吊。

(10)模板安装就位后，在清扫口涂刷隔离剂时，模板要临时固定好，板面相对停放之间应留出50～60 cm宽的人行通道，模板上方要用拉杆固定。

七、施工注意事项

在施工过程中,为保证模板的施工质量,在模板安装前,先检查模板的质量,不符质量标准的不得投入使用。

(一)梁、板模板易产生的问题

梁、板底不平、下挠,梁侧模不平直,梁上下口涨模。

预防措施:梁、板底模板的龙骨、支柱的截面尺寸及间距应通过设计计算决定,使模板的支撑系统有足够的强度和刚度。施工过程中应认真执行设计要求,防止混凝土浇筑时模板变形。模板支柱应立在垫有通长木板的坚实地面上,防止支柱下沉,使梁、板产生下挠。梁、板模板应按设计或规范要求起拱。

(二)柱子模板易产生的问题

1. 涨模、断面尺寸不准确。

预防措施:根据柱高和断面尺寸设计柱箍自身的截面尺寸、间距,以及大断面柱子所使用的穿墙螺栓等,以保证柱模的强度、刚度足以抵抗混凝土的侧压力。施工过程中应按设计要求作业。

2. 柱身扭向。

预防措施:支模前先校正主筋,使其首先不扭向。安装斜撑(或拉筋)吊线找垂直时,相邻两片柱模从上端每面吊两点,使线坠到地面,线坠所示的两点到柱位置线的距离相等,即柱模不扭向。

3. 轴线位移、一排柱不在同一直线上。

预防措施:成排的柱子,支模前要在地面上弹出柱轴线及轴边通线,然后分别弹出每柱的另一方向轴线,再确定柱的另两条边线。支模时,先立两端柱模,校正垂直与位置无误后,柱模顶拉通线,再支中间各柱模。柱距不大时,通排支设水平拉杆及剪刀撑,柱距较大时,每柱四面设立支撑,保证每柱垂直和位置正确。

(三)墙体模板易产生的问题

1. 墙体厚度不一、平整度差。

预防措施:模板设计应有足够的强度和刚度,龙骨的尺寸和间距、穿墙螺栓间距、墙体的支撑方法等在施工过程中要严格按照设计的要求实施。

2. 墙体烂根,模板接缝处跑浆。

预防措施:模板根部用砂浆找平塞严,模板间连接牢固可靠。

3. 门窗洞口混凝土变形。

预防措施:将门窗洞口模板与墙体模板或墙体钢筋连接牢固,加强门窗洞口内的支撑。

第七节　大模板施工技术

大模板是相对于小型模板的大型模板的统称。大模板是进行现浇剪力墙结构施工的一种工具式模板,一般配以相应的起重吊装机械,通过合理的施工组织安排,以机械化施工方式在现场浇筑混凝土竖向(主要是墙、壁)结构构件。

大模板包括全钢大模板、钢木大模板和钢竹大模板。大模板由板面结构、支撑系统、操作平台及附件组成。

一、特点及适用范围

大模板的特点是以建筑物的开间、进深、层高为标准化的基础,以大模板为主要手段,以现浇混凝土墙体为主导工序,组织进行有节奏的均衡施工。为此,它要求建筑和结构设计能做到标准化,以使模板做到周转通用。

其适用于多层、高层及一般构造物竖向结构中的墙、壁结构。大模板工艺已成为剪力墙结构工业化施工的主要方法之一。

二、施工准备

(一)技术准备

根据工程对混凝土表面质量要求和模板的周转使用次数,选择合理的模板类型。

1. 进行配板设计应遵循下列原则:

(1)根据工程结构具体情况,按照经济、均衡、合理的原则划分施工流水段。

(2)模板在各流水段的通用性。

(3)单块模板配置的对称性。

(4)单块大模板的吊装重量必须满足现场起重设备的要求。

2. 配板设计应包括以下内容:

(1)绘制配板平面布置图。

(2)绘制大模板配板设计图、拼装节点图、配件的加工详图。

(3)绘制节点和特殊部位支模图。

(4)编制大模板构、配件明细表。

(5)编写施工说明书。

3. 配板设计方法应符合以下规定:

(1)大模板的尺寸必须符合 300 mm 模数。

(2)经计算确定大模板配板设计长度后,应优先选取同规格定型整体标准大模板或组拼大模板。

(3)配板设计中不符合模数的尺寸,宜优先选用组拼调节模板的设计方法,尽量减少角模的规格,力求角模定型化。

(4)组拼式大模板背楞的布置与排板的方向垂直。

(5)当配板设计高度较大,采用齐缝排板接高设计方法时,应在拼缝处进行刚度补偿。

(6)大模板吊环位置的设计必须安全可靠,吊环位置的确定应保证大模板起吊时的平衡,宜设置在模板长度的 $0.2 \sim 0.25L$ 处。

(7)外墙、电梯井、楼梯段等位置配板设计高度时应考虑同下层搭接尺寸。

(二)材料准备

1. 大模板的组成:面板、钢骨架、角模、斜撑、操作平台挑、对拉螺栓等配件。

2. 主要材料规格如表 2-24 所示。

表 2-24　主要材料规格表

大模板类型	面板	竖肋	背楞	斜撑	挑架	对拉螺栓
全钢大模板	－6 mm 钢板	[8	[10	[8、ϕ40	ϕ48 × 3.0	M30、T20 × 6
钢木大模板	15 ~ 18 胶合板	80 × 40 × 2.5	[10	[8、ϕ40	ϕ48 × 3.0	M30、T20 × 6
钢竹大模板	12 ~ 15 胶合板	80 × 40 × 2.5	[10	[8、ϕ40	ϕ48 × 3.0	M30、T20 × 6

3. 大模板的构造要求。

(1)大模板的外形尺寸、孔眼尺寸应符合 300 mm 建筑模数,做到定型化、通用化。

(2)大模板的结构应简单、重量轻、坚固耐用、便于加工,面板能满足现浇混凝土成型和表面质量要求。

(3)大模板应具有足够的承载力、刚度和稳定性。

(4)在正常维护、加强管理的情况下,能多次重复使用。

(5)大模板的支撑系统应有调整装置以满足施工和安全要求。

(6)操作平台可根据施工需要设置,与大模板的连接安全可靠、装拆方便。钢吊环连接必须可靠,要合理确定吊环位置。

(7)大模板应配有承受混凝土侧压力、控制墙体厚度的对拉螺栓及其连接件。大模板上的对拉螺栓孔眼应左右对称设置,以满足通用性要求。

(8)电梯井筒模必须配套设置专用平台以确保施工安全。

(9)大模板的背面应设置工具箱,满足对拉螺栓、连接件及工具的放置。

4. 大模板的产品质量:应符合《建筑工程大模板技术标准》(JGJ/T 74—2017)制作要求和制作允许偏差,如表 2-25 和表 2-26 所示。

表 2-25　整体式大模板制作允许偏差与检查方法

项次	项目	允许偏差/mm	检验方法
1	模板高度	±3	用卷尺检查
2	模板长度	－2	—
3	模板板面对角线差	≤3	—
4	板面平整度	2	用 2 m 靠尺及塞尺检查
5	相邻面板拼缝高低差	≤0.5	用平尺及塞尺检查
6	相邻面板拼缝间隙	≤0.8	用塞尺检查

表 2-26　大模板制作允许偏差

项次	项目名称	允许偏差/mm	检查方法
1	板面平整	3	用 2 m 靠尺及塞尺检查
2	模板高度	+3、－5	用钢尺检查
3	模板宽度	+0、－1	用钢尺检查

（续表）

项次	项目名称	允许偏差/mm	检查方法
4	对角线长	±5	对角拉线用直尺检查
5	模板边平直	3	拉线用直尺检查
6	模板翘曲	L/1 000	放在平台上，对角拉线用直尺检查
7	孔眼位置	±2	用钢尺检查

（三）机具设备

1. 塔吊：按最远点大模板重量选型。

2. 混凝土输送泵：按混凝土浇灌速度选型。

3. 布料机：按布料半径选型。

（四）作业条件

1. 大模板施工前必须制订科学合理的施工方案。

2. 大模板安装前必须先抄平和定位放线，以保证工程结构各部分形状、尺寸和预留、预埋位置正确。

3. 在满足工期要求的前提下，根据建筑物的工程量、平面尺寸、机械设备条件等组织实施有节奏的均衡流水作业。

4. 合模前应检查验收施工层的钢筋质量，做好隐检记录。

5. 浇筑混凝土时应设专人对大模板的使用情况进行观察，发生意外情况及时处理。

三、关键要求

（一）材料的关键要求

1. 大模板应具有足够的承载力、刚度和稳定性，大模板所配的对拉螺栓及其配件应能承受混凝土的侧压力并控制墙体厚度。

2. 全钢大模板的面板宜选用原平板；钢木或钢竹大模板的面板必须选用双面覆膜的防水胶合板，其割口及孔洞必须做密封处理。

3. 大模板的钢骨架及面板材质均为 Q235。

（二）技术的关键要求

1. 大模板制作、安装前必须绘制配板平面图及周转流水调配图。

2. 大模板的外形尺寸和孔洞尺寸宜符合建筑模数，做到定型化、通用化。在正常维护、加强管理的情况下，能多次重复使用。

3. 大模板的结构应简单、重量轻，坚固耐用、便于加工。大模板之间，大模板与角模、斜模、挑架及其配件的连接、拆装应方便可靠。

（三）质量的关键要求

1. 严格控制大模板的加工质量，使外形尺寸、平整度、平直度和孔洞尺寸符合允许偏差要求。

2. 大模板安装前应做好定位放线工作，安装时对号入座，安装后保证整体的稳定性，确保施工中不变形、不错位、不涨模。

3. 大模板就位前应认真清理模板，涂刷隔离剂。

4. 大模板脱模时不得撬动或锤砸,以保护成品。

(四)职业健康安全的关键要求

1. 大模板上的吊钩在加工时应严格检查,安装使用时也要经常检查。吊运大模板必须采用卡环吊钩。

2. 当风力超过 5 级时,应停止大模板吊运作业。

3. 大模板停放时必须满足自稳角的要求,两块大模板板面相向放置。施工临时停放时必须有可靠的防倾倒保障安全的措施。

(五)环境的关键要求

1. 大模板的堆放场地必须坚实平整,不得堆放在松土、冻土或凹凸不平的场地上。

2. 大模板堆放应注意码放整齐,拆除无固定支架的大模板时,应设置固定可靠的堆放架。

3. 大模板板面清理出的碎渣、污垢及时清运出施工现场,保持环境整洁。

四、施工工艺

(一)大模板施工工艺流程

大模板预拼装→定位放线→安装模板的定位装置→安装门窗洞口模板→安装大模板→调整模板、紧固对拉螺栓→验收→分层对称浇筑混凝土→拆模→清理。

(二)大模板的施工工艺

1. 安装前的准备工作。

(1)大模板安装前应进行技术交底。

(2)模板进场后,应依据模板设计要求清点数量,核对型号,清理表面。

(3)组拼式大模板在生产厂或现场预拼装,用醒目字体对模板进行编号,安装时对号入座。

(4)大模板应进行样板间试安装,经验证模板几何尺寸、接缝处理、零部件准确无误后方可正式安装。

(5)大模板安装前必须放出模板内侧线及外侧控制线作为安装基准。

(6)合模前必须将内部处理干净,必要时可在模板底部留置清扫口。

(7)合模板前必须通过隐蔽工程验收。

(8)模板就位前应涂刷隔离剂,刷好隔离剂的模板遇雨淋后必须补刷;使用的隔离剂不得影响结构工程及装修工程质量。

2. 大模板的安装应符合下列规定:

(1)大模板的安装应符合模板设计要求。

(2)大模板安装时按模板编号遵循先内侧、后外侧的原则安装就位。

(3)大模板安装时根部和顶部要有固定措施。

(4)模板支撑必须牢固、稳定,支撑点应设在坚固可靠处,不得与脚手架拉结。

(5)混凝土浇筑前应在模板上做出浇筑高度标记。

(6)模板安装就位后,对缝隙处应采取有效的堵缝措施。

五、质量控制

(一)主控项目

1. 大模板体系应具有足够的强度、刚度和整体的稳定性,确保施工中模板不变形、不错位、不涨模。

检查数量:全数检查。

检查方法:观察。

2. 大模板的搭拆等操作应按施工技术方案执行。

检查数量:全数检查。

检查方法:观察。

3. 大模板安装必须保证轴线和截面尺寸准确,垂直度和平整度符合规定要求。

检查数量:全数检查。

检查方法:量测。

(二)一般项目

1. 模板的拼缝要平整,堵缝要整齐牢固,不得漏浆。模板与混凝土的接触应清理干净,隔离剂涂刷均匀。

检查数量:全数检查。

检查方法:观察。

2. 大模板安装和预埋件、预留孔洞允许偏差及检验方法应符合表2-27的规定。

表2-27 大模板安装和预埋件、预留孔洞允许偏差及检验方法

项目		允许偏差/mm	检查方法
轴线位置		5	用尺量检查
截面内部尺寸		±2	用尺量检查
层高垂直	全高≤5 m	3	用2 m托线板检查
	全高>5 m	5	
相邻模板板面高低差		2	用直尺和尺量检查
表面平整度		<4	上口通长拉直线用尺量检查,下口以模板就位线为基准检查
平整度		3	用2 m靠尺检查
预埋钢板中心线位置		3	用拉线和尺量检查
预埋螺栓	中心线位置	2	用拉线和尺量检查
	外露位置	+10,0	用尺量检查
预留洞	中心线位置	10	用拉线和尺量检查
	截面内部尺寸	+10,0	用尺量检查
电梯井	井筒长、宽对定位中心线	+25,0	拉线和尺量检查
	井筒全高垂直度	H/1 000且≤30	用吊线和尺量检查

六、成品保护

(1)模板拆除应在混凝土强度能保证基表面及棱角不因拆模而受损时进行。

(2)在任何情况下,操作人员不得站在墙顶采用晃动、撬动模板或用大锤砸模板的方法拆除模板,以保护成品。

(3)拆除模板时应先拆除模板之间的对拉螺栓及连接件,松动斜撑调节丝杠,使模板后倾与墙体脱开,在检查确认无误后方可起吊大模板。

(4)当混凝土已达到拆除强度但不能及时拆模时,为防止混凝土粘模,可在未拆模之前先将对拉螺栓松开。

(5)混凝土结构拆模后应及时采取养护措施。冬期施工阶段除混凝土结构采取防冻措施外,大模板应采取相应的保温措施。

(6)大模板及配件拆除后,应及时清理干净,对变形及损坏的部位及时进行维修,对斜撑丝杠、对拉螺栓丝扣应抹油进行保护。

七、安全环保措施

(1)大模板施工应执行国家和地方政府制定的相关安全和环保措施。

(2)模板起吊要平稳,不得偏斜和大幅度摆动,操作人员必须站在安全可靠处,严禁人员随同大模板一同起吊。

(3)吊运大模板必须采用卡环吊钩,当风力超过5级时应停止吊运作业。

(4)拆除模板时,大模板与墙体脱离后,经检查确认无误后方可起吊大模板;拆除无固定支架的大模板时,应对模板采取临时固定措施。

(5)模板现场堆放区应在起重机的有效工作范围之内,堆放场地必须坚实平整,不得堆放在松土、冻土或不平的场地上。

(6)大模板停放时,必须满足自稳角的要求,对自稳角不足的模板,必须另外拉结固定;没有支撑架的大模板应存放在专用的插放支架上,叠层平放时,叠放高度不应超过2 m,底部及层间应加垫木,且上下对齐。

(7)模板在地面临时周转停放时,两块大模板的板面应相向放置,中间留置操作间距;当长时间停放时,应将模板连接成整体。

(8)大模板不得长时间停放在施工层上,当大模板在施工层上临时周转停放时,必须有可靠的防倾倒保证安全的措施。

(9)大模板运输应根据模板的长度、重量选用车辆;大模板在运输车辆上的支点、伸出的长度及绑扎方法均应保证其不变形,不损伤涂层。

(10)运输模板附件时,应注意码放整齐,避免相互碰撞;保证模板附件的重要连接部位不受破坏,确保产品质量,小型模板附件应装箱、装袋或捆扎运输。

八、滑模施工技术

滑动模板(简称滑模)是现浇混凝土结构工程施工中一种机械化程度较高的工具式模板。这种模板已广泛用于高层建筑、贮仓、水塔、桥墩等竖向结构的施工。

滑模是以液压千斤顶为提升机具,带动模板沿着混凝土表面滑动而成型的现浇混凝土结构施工方法。滑模装置主要由模板系统、操作平台系统、液压系统及施工精度控制系统等部分组成。

(一)特点及适用范围

滑模工艺施工速度快、机械化程度高,可节省支模和搭投脚手架所需的工料,能较方便地将模板进行拆散和灵活组装,并可重复使用。

适用于贮仓、水塔、烟囱、桥墩、竖井壁、框架柱、高层和超高层建筑的竖向结构的施工,包括墙体结构、筒体结构、框架结构。

现阶段随着高层建筑、新型结构及特种工程日益增多,滑模技术有了许多创新和发展,例如大吨位千斤顶的应用、支承杆在结构体内和体外的布置、高强度混凝土的应用、混凝土泵送和布料机的应用、滑框倒模、滑提结合、滑砌结合、滑模托带、立井井壁、复合筒壁、抽孔筒壁、双曲线冷却塔等特种滑模施工,均在工程中得到应用。滑模施工技术已日渐成熟。

(二)施工准备

1. 技术准备。

(1)滑模施工应根据工程结构特点及滑模工艺的要求提出对工程设计的局部修改意见,确定不宜滑模施工部位的处理方法及划分滑模作业的区段等。

(2)滑模施工必须根据工程结构的特点及现场的施工条件编制施工组织设计,并应包括下列主要内容:

①施工总平面布置(含操作平台平面布置)。

②滑模施工技术设计。

③施工程序和施工进度安排。

④施工安全技术质量保证体系及其检查措施。

⑤现场施工管理机构、劳动组织及人员培训。

⑥材料、半成品、预埋件、机具和设备供应计划等。

⑦特殊部位滑模施工措施。

⑧季节性滑模施工措施。

(3)施工总平面布置应符合下列要求:

①施工总平面布置应满足施工工艺要求,减少施工用地和缩短地面水平运输距离。

②在所施工的建筑物的周围应设立危险警戒区,警戒线至建筑物边缘的距离不应小于其高度的1/10,且不应小于10 m,不能满足要求时,应采取安全防护措施。

③临时建筑物及材料堆放场地等均应设在警戒区以外,当需要在警戒区内堆放材料时,必须采取安全防护措施。经过警戒区的人行道或运输通道均应搭设安全护棚。

④材料堆场地应靠近垂直运输机械,堆放数量应满足施工速度的需要。

⑤根据现场施工条件确定混凝土供应方式，当设置自备搅拌站时宜靠近施工工程，混凝土的供应量必须满足连续浇灌的需要。

⑥供水、供电应满足滑模连续施工的要求。施工工期较长且有断电可能时，应有双路供电或配自备电源。操作平台的供水系统，当水压不够时，应设加压水泵。

⑦应设置测量施工工程垂直度和标高的观测站。

(4)滑模装置的组成应包括下列系统：

①模板系统包括模板、围圈、提升架及截面、倾斜度调节装置等。

②操作平台系统包括操作平台、料台、吊脚手架、滑升垂直运输设施的支承结构等。

③液压提升系统包括液压控制台、油路、调平控制器、千斤顶、支承杆。

④施工精度控制系统包括千顶同步、建筑轴线和垂直度等的观测与控制设施等。

⑤水电配套系统包括动力、照明、信号、广播、通信、电视监控及水泵、管路设施等。

(5)滑模装置设计应包括下列内容：

①绘制滑模初滑结构平面图及中间结构变化平面图。

②确定模板、围圈、提升架及操作平台的布置，进行各类部件和节点的设计，提出规格和数量。

③确定液压千斤顶、油路及液压控制台的布置，提出规格和数量。

④确定施工精度控制措施，提出设备仪器的规格和数量。

⑤进行特殊部位处理及特殊设施（包括与滑模装置相关的垂直和水平运输装置等）布置、设计。

⑥绘制滑模装置的组装图，提出材料、设备、构件一览表。

(6)滑模装置设计荷载包括下列各项，并按规定取值：

①模板系统，操作平台系统自重。

②操作平台的施工荷载，包括操作平台上的机械设备及特殊设施等的自重，操作平台上的施工人员、工具和堆放的材料等。

③混凝土卸料时对操作平台的冲击力，以及向模板内侧倾倒混凝土时对模板的冲击力。

④混凝土对模板的侧压力。

⑤模板滑动时混凝土与模板之间的摩阻力。

⑥对于高层建筑应考虑风荷载。

(7)液压提升系统的布置应使千斤顶受力均衡，所需千斤顶和支承杆的数量可按下式确定：

$$D_{\min} = N/P$$

式中　N——总垂直荷载(kN)；

P——单个千斤顶或支承杆的允许承载力(kN)，支承杆的允许承载力应按标准确定，千斤顶的允许承载力为千斤顶额定提升能力的1/2，两者取较小者。

2. 材料要求。

(1)模板：应具有通用性、耐磨性、拼缝紧密、装拆方便和足够的刚度等特点，并符合下列规定：

①平模板宜采用模板和围圈合一的组合大钢模板。模板高度：内墙模板 900 mm，外墙模板 1 200 mm，标准模板宽度 900 ~ 2 400 mm。

②异型模板、弧形模板、调节模板等应根据结构截面形状和施工要求设计制作。

③模板材料规格见表2-28。

表2-28　模板材料规格

部位	材料名称	规格	备注
面板	钢板	4～6 mm厚	—
边框	钢板或扁钢	6×80或8×80	—
水平加强肋	槽钢	[8	同提升架连接
竖肋	扁钢或钢板	4×60或6×60	—

④制作必须板面平整且无卷边、翘曲、孔洞、毛刺等，阴阳角模的单面倾斜度应符合设计要求。其允许偏差应符合表2-29的规定。

表2-29　模板制作的允许偏差

项次	项目名称	允许偏差/mm
1	高度	±1
2	宽度	-0.7～0
3	表面平整度	±1
4	侧面平直度	±1
5	连接孔位置	±0.5

(2)提升架宜设计成适用于多种结构施工的类型。对于结构的特殊部位，可设计专用的提升架。设计提升架时，应按实际的垂直和水平荷载验算，必须有足够的刚度，其构造应符合下列规定：

①提升架可采用单横梁“Ⅱ”形架、双横梁的“开”形架或单立柱的“Γ”形架，横梁与立柱必须刚性连接，两者的轴线应在同一平面内，在使用荷载的作用下，立柱下端的侧向变形应不大于2 mm。

②模板上口到提升架横梁底部的净高度，对于ϕ25支承杆宜为400～500 mm，对于ϕ48.3×3.6支承杆宜为500～900 mm。

③提升架立柱上应设有调整内外模板间距和倾斜度的可调支腿。

④当采用工具式支承杆设在结构体外时，提升架横梁相应加长，支承杆中心线距模板的距离应大于50 mm。

(3)围圈将提升架连成整体，并同操作平台桁架相连。围圈的构造应符合下列规定：

①围圈截面尺寸应根据计算确定，上、下围圈的间距一般为450～750 mm，上围圈距模板上口的距离不宜大于250 mm。

②当提升架间距大于2.5 m或操作平台的承重骨架直接支承在围圈上时，围圈宜设计成桁架式。

③围圈在转角处应设计成刚性节点。

④固定式围圈接头应用等刚度型钢连接，连接螺栓每边不得少于2个。

(4)操作平台应按所施工工程的结构类型和受力确定，其构造应符合下列规定：

①操作平台由桁架、三脚架及辅板等主要构件组成，与提升架或围圈应连成整体。

②外挑平台的外挑宽度不宜大于900 mm，并应在其外侧设安全防护栏杆。

③吊脚手板时，钢吊架宜采用 ϕ48.3×3.6 钢管，吊杆下端的连接螺栓必须采用双螺帽。吊脚手架的双侧必须设安全防护栏杆，并应满挂安全网。

(5)支承杆的直径、规格应与所使用的千斤顶相适应，对支承杆的加工、接长、加固应做专项设计，确保支承体系的稳定。当采用钢管做支承杆时应符合下列规定：

①支承杆宜为 ϕ48.3×3.6 焊接管，管径允许偏差为 -0.2～0.5 mm。

②采用焊接管方法接长钢管支承杆时，钢管上端平头，下端倒角 2×45°，接头处进入千斤顶前，先点焊三点以上并磨平焊点，通过千斤顶后进行围焊，接头处加焊衬管，衬管长度应大于 200 mm。

③采用工具式支承杆时，钢管两端分别焊接螺母和螺栓，螺纹宜为 M35，螺纹长度不宜小于 40 mm，螺栓和螺母应与钢管同心。

④工具式支承杆必须调直，其平直度偏差不应大于 1/1 000。

⑤工具式支承杆长度宜为 3 m，第一次安装时可配合采用 6 m、4.5 m、1.5 m 长的支承杆，使接头错开。当建筑物每层净高小于 3 m 时，支承杆长度应小于净高尺寸。

⑥当支承杆设置在结构体外时，一般采用工具式支承杆，支承杆的制备数量应能满足 5～6 个楼层高度的需要。必须在支承杆穿过楼板的位置用扣件卡紧，使支承杆的荷载通过传力钢板、传力槽钢传递到各层楼板上。

(6)滑模装置中各种构件的制作应符合有关钢结构制作的规定，其允许偏差应符合表 2-30 的规定。

表 2-30　滑模装置构件制作允许偏差

名称	内容	允许偏差/mm
围圈	长度	-5
	弯曲长度≤3 m	±2
	≤3 m	±4
	连接孔位置	±0.5
提升架	高度	±3
	宽度	±3
	围圈支托位置	±2
	连接孔位置	±0.5
支承杆	弯曲	小于(1/1 000)L
	直径 ϕ25	-0.5～+0.5
	ϕ28	-0.5～+0.5
	ϕ48×3.0	-0.2～+0.5
	圆度公差	-0.25～+0.25
	对接焊缝凸出母材	<+0.25

3. 主要机具名称及规格数量见表 2-31。

表 2-31　主要机具名称及规格数量表

机具设备名称	规格数量
塔吊	按臂杆长度、起重高度、垂直运输量选型，1 ~ 2 台
混凝土输送泵	按浇灌速度、滑升速度计算确定，滑升速度宜为 140 ~ 200 mm/h
混凝土罐车	按浇灌速度及往返时间确定台次/时
混凝土布料机	按回转半径选型
外用电梯	按建筑高度、垂直度输送量选型，1 ~ 2 台
千斤顶	按公式计算确定
液压控制台	其流量按千斤顶数量、排油量及一次给油时间确定
激光经纬仪	1 ~ 2 台
激光扫描仪	1 台

4. 作业条件。

(1)按总平面布置的临时设施、道路、场地达到滑模安装施工要求。

(2)进行滑模安装、施工前的技术交底、安全交底、人员培训工作，组织各类人员有序进场。

(3)作业层楼地面抄平，模板、提升架安装底标高进行必要的水泥砂浆抹灰找平。

(4)投放结构轴线、截面边线、模板定位线、提升架中心线、门窗洞口线等。

(5)绑扎 900 mm 模板高度的钢筋。

(6)搭设必要的脚手架。

(7)组织滑模装置构件、安装紧固件、配套材料、机具进场验收。

(8)供水供电应满足滑模连续施工的要求。

(9)混凝土的浇搅、运输、垂直运输和布料设备应满足混凝土连续浇灌和滑升的要求。

(三)关键要求

1. 材料的关键要求。

(1)模板能满足沿着结构混凝土表面滑动而使现浇混凝土成型的要求。

(2)模板和滑模装置依靠千斤顶，能满足不断向上同步整体滑升的要求。

(3)千斤顶的工作荷载必须小于额定起重能力的二分之一。

(4)支承杆具有足够的支承能力，不得失稳。

(5)模板和滑模装置所采用的钢材，其材质为 Q235。

2. 技术的关键要求。

(1)模板在运动状态下，连续浇筑混凝土，使成型的结构体符合设计要求。

(2)脱模的混凝土应具有一定强度，不致塌陷。其强度能正常地继续增长，不仅能承受结构自重，还能稳固支承杆。

(3)滑模装置设计必须满足滑模施工特点的操作要求。

(4)滑模施工必须编制详细的施工组织设计。

3. 质量的关键要求。

(1)滑模装置的制作、安装质量必须符合允许偏差的要求。

(2)滑模施工时,混凝土必须分层浇筑、分层振捣,浇筑入模的混凝土不能与模板黏结,混凝土的脱模强度必须满足0.2～0.4 MPa的要求,以保证模板顺利地提升。

(3)在模板运行中,必须保证钢筋绑扎、预留洞口,水电管等其他工序紧密配合,同步施工,且保证其质量符合标准要求。

(4)滑模施工是“三分技术、七分管理”,必须有条不紊地做好各项管理工作。

(5)坚持“防偏为主、纠偏为辅”的方针,当出现偏差,首先要找出并消除偏差因素,进行合理纠偏。

4. 职业健康安全的关键要求。

经常检查滑模装置的各项安全设施,特别是安全网、栏杆、挑架、吊架、脚手板及安全关键部位的紧固螺栓等。

检查施工的各种洞口防护,检查电器、机械设备、照明等安全用电的措施。

5. 环境的关键要求。

混凝土施工时,采用低噪声环保型振捣器,降低城市噪声污染。

(四)施工工艺

1. 滑模装置安装。

(1)安装模板,宜由内向外扩展,逐间组装,逐间定位。

(2)安装提升架,所有提升架的标高应满足操作平台水平度的要求。

(3)安装提升架活动支腿并同模板连接,调节模板截面尺寸和单面倾斜度,模板应上口小、下口大,单面倾斜度宜为模板高度的0.1%～0.3%。

(4)安装内外围圈及围圈节点连接件。

(5)安装操作平台的桁架、支承和平台铺板。

(6)安装外操作平台的挑架、铺板和平台铺板。

(7)安装液压提升系统、水、电、通信、信号、精度控制和观测装置,并分别进行编号、检查和试验。

(8)在液压系统排油、排气试验合格后,插入支承杆。

(9)安装内外吊脚手架及安全网:当在地面或楼面上组装滑模装置时,应待模板滑至适当高度后,再安装内外吊脚手架,挂安全网。

2. 钢筋绑扎。

(1)横向钢筋的长度一般不宜大于7 m,当要求加长时,应适当增加操作平台宽度。

(2)竖向钢筋的直径小于或等于12 mm时,其长度不宜大于8 m。

(3)钢筋绑扎时,应保证钢筋位置准确,并应符合下列要求:

①每一浇筑层混凝土浇筑完后,在混凝土表面以上至少应有一道绑扎好的横向钢筋。

②竖向钢筋绑扎后,其上端应用限位支架等临时固定。

③双层钢筋的墙,其立筋应成对并列排列,钢筋网片间应有拉结筋或用焊接钢筋骨架定位。

④门窗等洞口上下两侧横向钢筋端头应绑扎平直、整齐,有足够的钢筋保护层,下口钢筋宜与竖向钢筋焊接。

⑤钢筋弯钩均应背向模板面。

⑥必须有保证钢筋保护层厚度的措施。

⑦当滑模施工结构有预应力钢筋时,对预应力筋的留孔位置应有相应的成型固定措施。

⑧墙体顶部的钢筋如挂有砂浆,在滑升前应及时清除掉。

3. 混凝土浇筑。

(1)用于滑模施工的混凝土,应事先做好混凝土配合比的试配工作,其性能除满足设计规定的强度、抗渗性、耐久性及施工季节等要求外,还应满足下列规定:

①混凝土早期强度的增长速度,必须满足模板滑升速度的要求。

②混凝土坍落度宜符合表 2-32 的规定。

表 2-32　混凝土坍落度表

结构类型	坍落度/mm	
	非泵送混凝土	泵送混凝土
墙板、梁、柱	50 ~ 70	100 ~ 160
配筋密集的结构	60 ~ 90	120 ~ 180
配筋特密结构	90 ~ 120	140 ~ 200

③在混凝土中掺入的外加剂或掺合料,其品种和掺量应通过试验确定。

④高强度等级混凝土(可用至 C60)还应满足流动性、包裹性、可泵送性和可滑性等要求,并应使入模后的混凝土凝结速度与模板滑升速度相适应。

(2)混凝土的浇筑应满足下列规定:

①必须分层均匀对称交圈浇筑,每一浇筑层的混凝土表面应在一个水平面上,并应有计划均匀地更换浇筑方向。

②模板高度范围内的混凝土浇筑厚度不应大于 300 mm,正常滑升时混凝土超过规定,接茬处应按施工缝的要求处理。

③各层混凝土浇筑的间隔时间不得大于混凝土的凝结时间,当间隔时间超过规定,接茬处应按施工缝的要求处理。

④在气温高的季节,宜先浇筑内墙,后浇筑阳光直射的外墙;先浇筑墙角、墙垛及门窗洞口两侧,后浇筑直墙;先浇筑较厚的墙,后浇筑较薄的墙。

⑤预留孔洞、门窗口、烟道口、变形缝及通风管道等两侧的混凝土应对称均匀浇筑。

(3)混凝土的振捣应符合下列要求:

①振捣混凝土时振捣器不得直接触及支承杆、钢筋或模板。

②振捣器插入前一层混凝土内深度不应超过 50 mm。

(4)混凝土的养护应符合下列规定:

①混凝土出模后应及时进行修整,且必须及时进行养护。

②养护期间,应保持混凝土表面湿润,除冬施外,养护时间不少于 7 d。

③养护方法宜选用连续喷雾养护或喷涂养护液。

4. 液压滑升。

(1)初滑时模板内浇筑的混凝土至 500 ~ 700 mm 高度后,第一层混凝土强度达到 0.2 MPa,应进行

1 ~2 个千斤顶行程的提升,并对滑模装置和混凝土凝结状态进行检查,确定正常后,方可转为正常滑升。

(2)正常滑升过程中,两次提升的时间间隔不宜超过 0.5 h。

(3)提升过程中,应使所有的千斤顶充分地进油、排油。提升过程中,如出现油压增至正常滑升工作压力值的 1.2 倍,还不能使全部千斤顶升起时,应停止提升操作,立即检查原因,及时进行处理。

(4)在正常滑升过程中,操作平台应保持基本水平。每滑升 200 ~400 mm,应对各千斤顶进行一次调平(如采用限调平卡等),特殊结构或特殊部位应按施工组织设计的相应要求实施。各千斤顶的相对高差不得大于 40 mm。相邻两个提升架上的千斤顶升差不得超过 20 mm。

(5)在滑升过程中,应检查和记录结构垂直度、水平度、扭转及结构截面尺寸等偏差数据,及时进行纠偏、纠扭工作。在纠正结构垂直偏差时,应徐缓进行,避免出现硬弯。

(6)在滑升过程中,应随时检查操作平台结构、支承杆的工作状态及混凝土的凝结状态,如发现异常,应及时分析原因并采取有效的处理措施。

(7)因施工需要或其他原因不能连续滑升时,应采取下列停滑措施:

①混凝土应浇筑至同一标高。

②模板每隔一定时间提升 1 ~2 个千斤顶行程,直至模板与混凝土不再黏结为止。对滑空部位的支承杆,应采取适当的加固措施。

③继续施工时,应对模板与液压系统进行检查。

5. 水平结构施工。

(1)滑模工程水平结构的施工,宜在竖向结构完成到一定高度后,采取逐层空滑支模施工现场楼板。

(2)按整体结构设计的横向结构,当采用后期施工时,应保证施工过程中的结构稳定和满足设计要求。

(3)墙板结构采用逐层空滑现浇楼板工艺施工时应满足下列规定:

①当墙模板空滑时,其外周模板与墙体接触部分的高度不得小于 200 mm。

②当楼板混凝土强度达到 1.2 MPa 方能进行下道工序,支设楼板的模板时,不应损害下层楼板混凝土。

③楼板模板支柱的拆除时间除应满足《混凝土结构工程施工质量验收规范》的要求外,还应保证楼板的结构强度满足承受上部施工荷载的要求。

(五)质量控制

1. 主控项目。

(1)模板及滑模装置必须有足够的强度、刚度和稳定性,液压滑升系统有足够的承载能力和起重能力。

检查数量:全数检查。

检查方法:查看设计文件。

(2)模板安装必须形成上口小、下口大的锥形,其单面倾斜度符合允许偏差要求。模板截面调节、倾斜度调节有灵活可靠的装置。

检查数量:全数检查。

检查方法:观察。

2. 一般项目。

(1)滑模装置安装的允许偏差如表 2-33 所示。

表 2-33　滑模装置安装的允许偏差

内容		允许偏差/mm
模板结构轴线与相应结构轴线位置		3
围圈位置偏差	水平方向	3
	垂直方向	3
提升架的垂直偏差	平面内	3
	平面外	2
安放千斤顶的提升架横梁相对标高偏差		5
考虑倾斜度后模板尺寸偏差	上口	-1
	下口	+2
千斤顶位置安装的偏差	提升架平面内	5
	提升架平面外	5
圈模直径、方模边长的偏差		-2 ~ +3
相邻两块模板平面平整偏差		1.5
支承杆垂直偏差		2/1 000

(2)滑模施工工程混凝土结构的允许偏差如表 2-34 所示。

表 2-34　滑模施工工程混凝土结构的允许偏差

项目			允许偏差/mm
轴线间的相对位移			5
标高	每层	高层	±5
		多层	±10
	全高		±30
垂直度	每层	层高≤5 m	5
		层高 >5 m	层高的 0.1%
	全高	高度 <10 m	10
		高度≥10 m	高度的 0.1%。不得 >30
墙、柱、梁截面尺寸偏差			+8、-5
表面平整(用 2 m 靠尺检查)	抹灰		8
	不抹灰		4
门窗洞口及预留洞口位置偏差			15
预埋件位置偏差			20

（六）成品保护

1. 模板提升后，应对脱出模板下口的混凝土表面进行检查。

2. 情况正常时，混凝土表面有 25 ~ 30 mm 宽的水平方向水印。

3. 若有表面拉裂、坍塌等缺陷时，应及时研究处理并做表面修整。

4. 若表面有流淌、穿裙子等现象时，应及时采取调整模板锥度等措施。

5. 混凝土出模后，必须及时进行养护。养护方法宜选用喷雾养护或喷涂养护液。冬期养护宜选用塑料薄膜保湿和阻燃棉毡保温。

（七）安全措施

1. 严格执行国家、地方政府、上级主管部门及公司有关安全生产的规定和文件。

2. 进入现场的所有人员必须戴好安全帽，高空作业人员必须系好安全带。

3. 建筑物外墙边线外 6 m 范围内划为危险区，危险区内不得站人或通行。必要通道和必要作业点要搭设保护棚。

4. 滑模装置的安全关键部位：安全网、栏杆和滑模装置中的挑架、吊脚手架、跳板、螺栓等必须逐件检查，做好检查记录。

5. 防护栏杆的安全网必须采用符合安全要求标准的密目安全网，安全网的架设和绑扎必须符合安全要求，建筑物四周设水平安全网，网宽 6 m，分设在道层及其上每隔四层建筑物的四周。吊脚手架的安全网应包围在吊脚手跳板下，外挑平台栏杆上设立网，高度 2 m 以上。

6. 洞口防护。

（1）楼板洞口：利用楼板钢筋进行保护。

（2）电梯洞口：在电梯口搭设钢管护栏。

（3）楼梯口：随着建筑物的上升，用钢管搭临时栏杆。

（4）操作平台洞口：可搭设临时栏杆或挂设安全网。

7. 为了确保千斤顶正常工作，应有计划地更换千斤顶，确保正常工作。要更换千斤顶时，不得同时更换相邻的 2 个，以防止千斤顶超载。千斤顶更换应在滑模停歇期间进行。

8. 滑模装置的电路、设备均应接零接地，手持电动工具设漏电保护器，平台下照明采用 36 V 低压照明，动力电源的配电箱按规定配置。主干线采用钢管穿线，跨越线路采用流体管穿线，平台上不允许乱拉电线。

9. 滑模平台上设置一定数量的灭火器，施工用水管可代用作消防用水管。操作平台上严禁吸烟。

10. 现场上有明显的防火标志和安全标语牌。

11. 各类机械操作人员应按机械操作技术规程操作、检查和维修，确保机械安全，吊装索具应按规定经常进行检查，防止吊物伤人，任何机械均不允许非操作人员操作。

12. 拆除滑模装置要严格按拆除方法和拆除顺序进行。在割除支承杆前，提升架必须加临时支护，防止倾倒伤人，支承杆割除后应及时在台上拔除，防止吊运过程中掉下伤人。

13. 滑模平台上的物料不得集中堆放，一次吊运钢筋的数量不得超过平台上的允许承载力，并应分布均匀。

14. 拆除的木料、钢管等要捆牢固，防止落体伤人，严禁任何物体从上往下扔。

15. 要保护好电线，防止轧断，确保台上临时照明和动力线的安全。拆除电气系统时，必须切断电源。

16. 为防止扰民，振动器宜采用低噪声型振动棒。

（八）装置设计荷载标准值

1. 操作平台上的施工荷载标准值。

施工人员、工具和备用材料的施工荷载标准值如下：

设计平台铺板和檩条时——2.5 kN/m^2。

设计平台桁架时——2.0 kN/m^2。

设计围圈及提升架时——1.5 kN/m^2。

设计支承杆数量时——1.5 kN/m^2。

平台上临时集中存放材料，放置手推车、吊罐、液压操作台、电气焊设备、随升井架等特殊设备时，应按实际重量计算设计荷载。

脚手架的设计荷载（包括自重和有效荷载）按实际重量计算，且不得低于 1.8 kN/m^2。

2. 振捣混凝土的侧压力标准值：对于浇筑高度为 80 cm 左右的侧压力分布如图 2-7 所示，其侧压力合力取 5.0 ~ 6.0 kN/m，合力的作用点约在 $2/5H_c$ 处（H_c 为混凝土与模板接触的高度）。

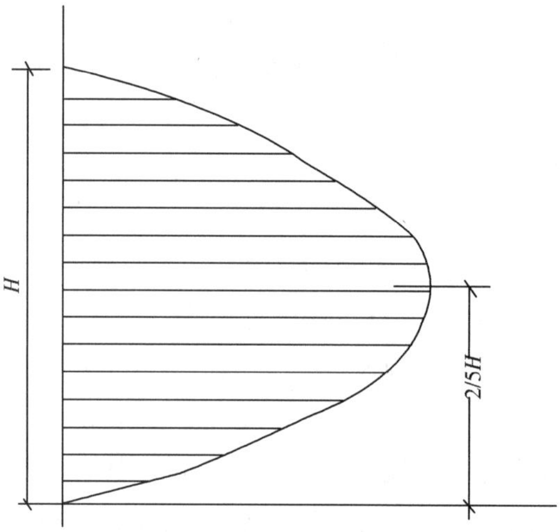

图 2-7　混凝土侧压力分布

3. 模板与混凝土的摩阻力标准值：钢模板 1.5 ~ 3.0 kN/m^2。

4. 倾倒混凝土时模板承受的冲击力：用溜槽、串筒或 0.2 m^3 的运输工具向模板内倾倒混凝土时，作用于模板侧面的水平集中荷载标准值为 2.0 kN。

5. 当采用料斗向平台直接卸混凝土时，混凝土对平台卸料点产生的集中荷载按实际情况确定，且不应低于下式计算的标准值 W（kN）：

$$W = \gamma[(H_o + h)A + B]$$

式中　γ——混凝土的重力密度（kN/m^3）；

H_o——料斗内混凝土上表面至料斗口的最大高度（m）；

h——卸料时料斗口至平台卸料点的最大高度（m）；

A——卸料口的面积(m^2);

B——卸料口下方可能堆存的最大混凝土量(m^3)。

6. 随升起重设备刹车制动力标准值可按下式计算:

$$W=[(V_a/g)+1]Q=K_dQ$$

式中 W——刹车时产生的荷载标准值(N);

V_a——刹车时的制动减速度(m/s^2);

g——重力加速度(9.8 m/s^2);

Q——料罐总重(N);

K_d——动荷载系数。

式中 V_a 值与安全卡的制动灵敏度有关,其数值应根据经验确定。为防止因刹车过急而对平台产生过大的荷载,V_a 值一般可取 g 值的 1~2 倍,值在 2~3 取用。如果 K_d 值过大,则对平台不利;取值过小,则在离地面较近时,容易发生事故。

7. 风荷载按《建筑结构荷载规范》(GB 50009—2012)的规定采用,模板及其支架的抗倾倒系数不应小于 1.15。

8. 可变荷载的分项系数取 1.4。

(九)支承杆允许承载能力的确定方法

1. 当采用 ϕ25 圆钢支承杆,模板处于正常滑升状态时,即从模板上口以下,最多只有一个浇筑高度尚未浇筑混凝土的条件下,支承杆的允许承载力按下式计算:

$$P_o=40aEJ/[K(L_o+95)^2]$$

式中 P_o——ϕ25 支承杆的允许承载力(kN);

a——工作条件系数,取 0.7~1.0,视施工操作水平、滑模平台结构情况确定,一般整体式刚性平台取 0.7,分割工平台取 0.8,采用工具式支承杆取 1.0;

E——支承杆弹性模量(kN/cm^2);

J——支承杆截面惯性矩(cm^4);

K——安全系数,取值应不小于 2.0;

L_o——支承杆脱空长度,从混凝土上表面至千斤顶卡头的距离(cm)。

2. 当采用 $\phi48\times3.0$ 钢管作支承杆时,支承杆的允许承载力按下式计算:

$$P_o=a\cdot f\cdot\psi\cdot A$$

式中 P_o——$\phi48\times3.0$ 钢管支承杆的允许承载力;

f——支承杆钢材强度设计值,取 20 kN/cm^2;

A——支承杆的截面面积,取 4.89 cm^2;

a——工作条件系数,取 0.7;

ψ——轴心受压杆件的稳定系数,计算出杆的长细比 λ 值,查现行《钢结构设计规范》(GB 50017—2017)附表得到 ψ。

$$\lambda=(\mu L_1)/r$$

式中 μ——长度系数,对 $\phi48\times3.0$ 钢管支承杆,$\mu=0.75$;

r——回转半径，对 $\phi48\times3.0$ 钢管支承杆，$r=1.58$ cm；

L_1——支承杆计算长度(cm)。

当支承杆在结构体内时，L_1 取千斤顶下卡头到浇筑混凝土表面的距离。

当支承杆在结构体外时，L_1 取千斤顶下卡头到模板下口第一个横向支承扣件节点的距离。

第八节　高大支模架体施工技术

一、适用范围

适用于一般工业与民用建筑水平混凝土结构工程施工中用扣件钢管式、碗口架式、承插型盘扣式、门架式等支撑材料组成的超限模板支架的施工，可参考常规支模架施工。执行中华人民共和国住房和城乡建设部的《危险性较大的分部分项工程安全管理办法》规定内容，混凝土模板支撑工程：搭设高度8 m及以上；搭设跨度18 m及以上，施工总荷载15 kN/m^2 及以上；集中线荷载20 kN/m^2 及以上。执行中华人民共和国住房和城乡建设部下发的《建设工程高大模板支撑系统施工安全监督管理导则》，网架、钢结构的施工支撑架，斜向混凝土结构的模板支架在考虑水平荷载影响后适用。

二、施工准备

1. 高大支模架体施工需编制专项施工方案，且需经专家论证后方可组织施工。

2. 项目技术负责人应按照高大支模架专项施工方案中有关高大支模架的施工要求，向架体的搭设和使用人员进行技术交底。

3. 搭设场地无杂物，已经平整，排水通畅。

4. 地基与基础，符合方案要求。

5. 立杆垫板或底座底面标高宜高于自然地坪50～100 mm。架体基础经验收合格后，应按专项方案的要求放线定位。

三、主要构配件材料要求

(一) 扣件钢管式

1. 钢管。

(1) 支模架钢管应采用现行国家标准《直缝电焊钢管》(GB/T 13793—2016)或《低压流体输送用焊接钢管》(GB/T 3091—2015)中规定的Q235普通钢管；钢管的钢材质量应符合现行国家标准《碳素结构钢》(GB/T 700—2006)中Q235级钢的规定。

(2) 支模架钢管宜采用 $\phi48.3\times3.2$ 钢管(对河南省内工程，其模板支架的钢管应采用标准规格 $\phi48\times3.0$ mm 钢管，壁厚不得小于2.8 mm)；钢管上严禁打孔；每根钢管的最大质量不应大于22.8 kg。

2. 扣件。

(1)扣件应采用可锻铸铁或铸钢制作，其质量和性能应符合现行国家标准《钢管脚手架扣件》(GB 15831—2006)的规定。采用其他材料制作的扣件，应经试验证明其质量符合该标准的规定后方可使用。

(2)扣件在螺栓拧紧扭力矩达到65 N·m时，不得发生破坏。

3. 可调托撑。

(1)可调托撑螺杆外径不得小于36 mm，直径与螺距应符合现行国家标准的规定。

(2)可调托撑的螺杆与支托板焊接应牢固，焊缝高度不得小于6 mm；可调托撑螺杆与螺母旋合长度不得少于5扣，螺母厚度不得小于30 mm。

(3)可调托撑受压承载力设计值不应小于40 kN，支托板厚度不应小于5 mm。

(二)碗扣架式

1. 碗口式钢管支模架用钢管要求同扣件式钢管架钢管要求。

2. 上碗扣、可调底座及可调托撑螺母应采用可锻铸铁或铸钢制造，其材料的机械性能应符合国家标准《可锻铸铁件》(GB/T 9440—2010)及《一般工程用铸造碳钢件》(GB 11352—2009)的规定。

3. 下碗扣、横杆接头、斜杆街头应采用碳素铸钢制造，其材料的机械性能应符合国家标准《一般工程用铸造碳钢件》中ZG230－450的规定。

4. 采用钢板热冲压整体成型的下碗扣，钢板应符合现行国家标准《碳素结构钢》中Q235A级钢的要求，板厚不得小于6 mm，并经600～650 ℃的时效处理。严禁利用废旧锈蚀钢板改制。

5. 碗扣式钢管支模架的主要构配件种类、规格和质量应符合表2-35的规定。

表2-35　碗扣式钢管支模架的主要构配件种类、规格和质量

名称	常用型号	规格/mm	理论质量/kg
立杆	LG 120	ϕ48×1 200	7.05
	LG 180	ϕ48×1 800	10.19
	LG 240	ϕ48×2 400	13.34
	LG 300	ϕ48×3 000	16.48
横杆	HG－30	ϕ48×300	1.32
	HG－60	ϕ48×600	2.47
	HG－90	ϕ48×900	3.63
	HG－120	ϕ48×1 200	4.78
	HG－150	ϕ48×1 500	5.93
	HG－180	ϕ48×1 800	7.08
间横杆	JHG－90	ϕ48×900	4.37
	JHG－120	ϕ48×1 200	5.52
	JHG－120＋30	ϕ48×(1 200＋300)用于窄挑梁	6.85
	JHG－120＋60	ϕ48×(1 200＋300)用于宽挑梁	8.16

（续表）

名称	常用型号	规格/mm	理论质量/kg
专用外斜杆	XG－0912	ϕ48×1 500	6.33
	XG－1212	ϕ48×1 700	7.03
	XG－1218	ϕ48×2 160	8.66
	XG－1518	ϕ48×2 340	9.30
	XG－1818	ϕ48×2 550	10.04
专用斜杆	ZXG－0912	ϕ48×1 270	5.89
	ZXG－0918	ϕ48×1 750	7.73
	ZXG－1212	ϕ48×1 500	6.76
	ZXG－1218	ϕ48×1 920	8.37
窄挑梁	TL－30	宽度 300	1.53
宽挑梁	TL－60	宽度 600	8.60
立杆连接销	LLX	ϕ10	0.18
可调底座	KTZ－45	T38×6 可调范围≤300	5.82
	KTZ－60	T38×6 可调范围≤450	7.12
	KTZ－75	T38×6 可调范围≤600	8.50
可调托撑	KTC－45	T38×6 可调范围≤300	7.01
	KTC－60	T38×6 可调范围≤450	8.31
	KTC－75	T38×6 可调范围≤600	9.69
脚手板	JB－120	1 200×270	12.80
	JB－150	1 500×270	15.00
	JB－180	1 800×270	17.90

6. 制作质量要求。

(1)碗扣式钢管支模架钢管规格应为 ϕ48 mm×3.0 mm，钢管壁厚应为 $3.0^{+0.25}$ mm。

(2)立杆连接处外套管与立杆间隙应小于或等于 2 mm，外套管长度不得小于 160 mm，外伸长度不得小于 110 mm。

(3)钢管焊接前应进行调直除锈，钢管直线度应小于 1.5L/1 000(L 为使用钢管的长度)。

(4)构配件外观质量应符合下列要求：

①钢管应平直光滑、无裂纹、无锈蚀、无分层、无结疤、无毛刺等，不得采用横断面接长的钢管。

②铸造件表面应光滑平整，不得有砂眼、缩孔、裂纹、浇冒口残余等缺陷，表面砂应清除干净。

③冲压件不得有毛刺、裂纹、氧化皮等缺陷。

④各焊缝应饱满，焊药应清除干净，不得有未焊透、夹砂、咬肉、裂纹等缺陷。

⑤构配件防锈漆涂层应均匀，附着应牢固。

⑥主要构配件上的生产标识应清晰。

(5)架体组装质量应符合下列要求：

①立杆的上碗扣应能上下串动、转动灵活，不得有卡滞现象。

②立杆与立杆的连接孔处应能插入 ϕ10 连接销。

③碗扣节点上应在安装 1 ~4 个横杆时,上碗扣均能锁紧。

④当搭设不少于二步三跨 1.8 m×1.8 m×1.2 m(步距×纵距×横距)的整体脚手架时,每一框架内横杆与立杆的垂直度偏差应小于 5 mm。

(6)可调底座底板的钢板厚度不得小于 6 mm,可调托撑的钢板厚度不得小于 5 mm。

(7)可调底座及可调托撑丝杆与调节螺母啮合长度不得小于 6 扣,插入立杆内的长度不得小于 150 mm。

(8)主要构配件的性能指标应符合下列要求:

①上碗扣抗拉强度不应小于 30 kN。

②下碗扣组焊后剪切强度不应小于 60 kN。

③横杆接头剪切强度不应小于 50 kN。

④横杆接头焊接剪切强度不应小于 25 kN。

⑤底座抗压强度不应小于 100 kN。

(三)承插型盘扣式

1. 承插型盘扣式钢管支架的构配件除有特殊要求外,其材质应符合现行国家标准《低合金高强度结构钢》(GB/T 1591—2018)、《碳素结构钢》及《一般工程用铸造碳钢件》的规定,各类支架主要构配件材质应符合表 2-36 的规定。

表 2-36　承插型盘扣式钢管支架主要构配件材质

立杆	水平杆	竖向斜杆	水平斜杆	扣接头	立杆连接套管	可调底座、可调托撑	可调螺母	连接盘、插销
Q345A	Q235A	Q195	Q235B	ZG230－450	ZG230－450 或 20 号无缝钢管	Q235B	ZG270－500	ZG230－450 或 Q235B

2. 钢管外径允许偏差应符合表 2-37 的规定,钢管壁厚允许偏差应为 ±0.1 mm。

表 2-37　钢管外径允许偏差　　单位:mm

外径(D)	外径允许偏差
33、38、42、48	+0.2、-0.1
60	+0.3、-0.1

3. 连接盘、扣接头、插销及可调螺母的调节手柄采用碳素钢制造时,其材料机械性能不得低于现行国家标准《一般工程用铸造碳钢件》中牌号为 ZG230－450 的屈服强度、抗拉强度、延伸率的要求。

4. 主要构配件种类、规格宜符合规范《建筑施工承插型盘扣式钢管支架安全技术规程》(JGJ 231—2010)附录 A 中的规定。

5. 制作质量要求。

(1)杆件各焊接部位应牢固可靠。焊丝宜采用符合现行国家标准《气体保护电弧焊用碳钢、低合金钢焊丝》(GB/T 8110—2008)中气体保护电弧焊用碳钢、低合金钢焊丝的要求,有效焊缝高度不应小于 3.5 mm。

(2)铸钢或钢板热锻制作的连接盘的厚度不应小于 8 mm,允许尺寸偏差应为 ±0.5 mm;钢板冲压制作的连接盘厚度不应小于 10 mm,允许尺寸偏差应为 ±0.5 mm。

(3)铸钢制作的杆端扣接头应与立杆钢管外表面形成良好的弧面接触,并应有不小于 500 mm^2 的接触面积。

(4)楔形插销的斜度应确保楔形插销楔入连接盘后能自锁。插销外表面应与水平杆、斜杆杆端和接头内表面吻合,插销连接应保证锤击自锁后不拔脱,抗拔力不得小于 3 kN。铸钢、钢板热锻或钢板冲压制作的插销厚度不应小于 8 mm,允许尺寸偏差应为 ±0.1 mm。

(5)立杆连接套管可采用铸钢套管或无缝钢管套管。采用铸钢套管形式的立杆连接套长度不应小于 90 mm,可插入长度不应小于 75 mm;采用无缝钢管套管形式的立杆连接套长度不应小于 160 mm,可插入长度不应小于 110 mm。套管内径与立杆钢管外径间隙不应大于 2 mm。

(6)立杆与立杆连接套管应设置固定立杆连接件的防拔出销孔,销孔孔径不应大于 14 mm,允许尺寸偏差应为 ±0.1 mm;立杆连接件直径宜为 12 mm,允许尺寸偏差应为 ±0.1 mm。

(7)连接盘与立杆焊接固定时,连接盘盘心与立杆轴心的不同轴度不应大于 0.3 mm;以单侧边连接盘外边缘处为测点,盘面与立杆纵轴线正交的垂直度偏差不应大于 0.3 mm。

(8)可调底座和可调托座的丝杆宜采用梯形牙,A 型立杆宜配置 ϕ48 丝杆和调节手柄,丝杆外径不应小于 46 mm;B 型立杆宜配置 ϕ38 丝杆和调节手柄,丝杆外径不应小于 36 mm。

(9)可调底座的底板和可调托座的托板宜采用 Q235 钢板制作,厚度不应小于 5 mm,允许尺寸偏差应为 ±0.2 mm,承力面钢板长度和宽度均不应小于 150 mm;承力面钢板与丝杆应采用环焊,并应设置加劲片或加劲拱度;可调托座托板应设置开口挡板,挡板高度不应低于 40 mm。

(10)可调底座和可调托座的丝杆与螺母旋合长度不得小于 5 扣,螺母厚度不得小于 30 mm,可调底座和可调托座插入立杆内的长度应符合:模板支架可调托座伸出顶层水平杆或双槽钢托梁的悬臂长度严禁超过 650 mm,且丝杆外露长度严禁超过 400 mm,可调托座插入立杆或双槽钢托梁的长度不得小于 150 mm。

(11)主要构配件的制作质量及形位公差要求,应符合规程《建筑施工承插型盘扣式钢管支架安全技术规程》的规定。

(12)可调托座、可调底座承载力,应符合规程《建筑施工承插型盘扣式钢管支架安全技术规程》的规定。

(13)挂扣式钢脚手板承载力,应符合规程《建筑施工承插型盘扣式钢管支架安全技术规程》的规定。

(四)门式钢管架

1. 门架与配件的钢管应采用现行国家标准《直缝电焊钢管》或《低压流体输送用焊接钢管》(GB/T 3091—2008)中规定的普通钢管;其材质应符合现行国家标准《碳素结构钢》中 Q235 级钢的规定。门架与配件的性能、质量及型号的表述方法应符合现行行业产品标准《建筑施工门式钢管脚手架安全技术标准》(JGJ/T 128—2019)的规定。

2. 周转使用的门架与配件应按《建筑施工门式钢管脚手架安全技术标准》附录 A 的规定进行质量类别判定与处置。

3. 门架立杆加强杆的长度不应小于门架高度的 70%;门架宽度不得小于 800 mm,且不应大于1 200 mm。

4. 加固杆钢管应采用现行国家标准《直缝电焊钢管》或《低压流体输送用焊接钢管》中规定的普通

钢管;其材质应符合现行国家标准《碳素结构钢》中 Q235 级钢的规定。宜采用直径 $\phi 42\times 2.5$ 的钢管,也可采用直径 $\phi 48\times 3.0$ 的钢管;相应的扣件规格也应分别为 $\phi 42$、$\phi 48$ 或 $\phi 42/\phi 48$。

5. 门架钢管平直度允许偏差不应大于管长的 $L/500$,钢管不得接长使用,不应使用带有硬伤或严重锈蚀的钢管。门架立杆、横杆钢管壁厚的负偏差不应超过 0.2 mm。钢管壁厚存在负偏差时,宜选用热镀锌钢管。

6. 交叉支撑、锁臂、连接棒等配件与门架相连时,应有防止退出的止退机构。当连接棒与锁臂一起应用时,连接棒可不受此限制。脚手板、钢梯与门架相连的挂扣,应有防止脱落的扣紧机构。

7. 底座、托座及其可调螺母应采用可锻铸铁或铸钢制作,其材质应符合现行国家标准《可锻铸铁件》或《一般工程用铸造碳钢件》的规定。

8. 扣件应采用可锻铸铁或铸钢制作,其质量和性能应符合现行国家标准《钢管脚手架扣件》的要求。连接外径为 $\phi 42/\phi 48$ 钢管的扣件应有明显标记。

9. 连墙件宜采用钢管或型钢制作,其材质应符合现行国家标准《碳素结构钢》中 Q235 级钢《低合金高强度结构钢》(GB/T 1591—2018)中 Q345 级钢的规定。

四、施工机具

钢管扣件式高支模架体工程施工的主要工具有扳手、力矩扳手、起重锁具等。

五、搭设操作工艺

扣件式钢管支架施工顺序如图 2-8 所示。

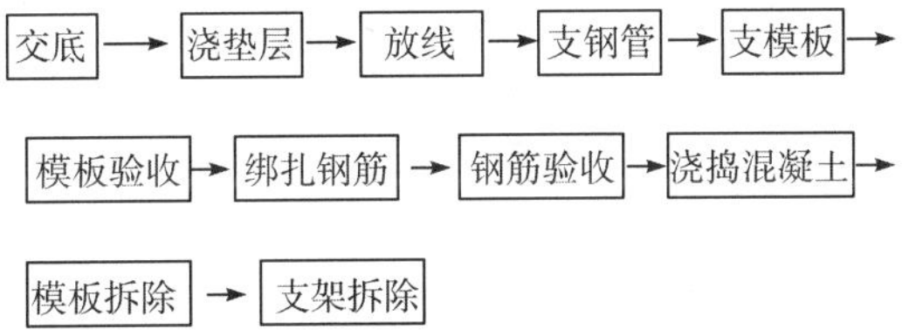

图 2-8　扣件式钢管支架施工顺序

基础准备→立杆布置放线→安放垫板→安放底座竖立杆,并同时安纵横扫地杆→搭设纵横水平杆→设置斜撑→设置剪刀撑→连墙加固→铺混凝土梁(板)底模。

碗扣式钢管支架、承插型盘扣式钢管支架、门式钢管支架搭设顺序基本一致,无非是按不同配件要求竖立杆、搭设纵横杆。

六、技术要求

(一)扣件式钢管支架

1. 支架受荷计算根据现行国家规范或地方标准要求。

2. 构造要求。

(1)立杆。

①立杆支承在土体上时,地基承载力应满足受力要求,防止不均匀沉降。不能满足要求时,应对土

体采取压实、铺设块石或浇筑混凝土垫层等措施。立杆底部应设置底座或垫板。

②模板支架必须设置纵、横向扫地杆。纵向扫地杆应采用直角扣件固定在距底座上皮不大于200 mm处的立杆上，横向扫地杆亦应采用直角扣件固定在紧靠纵向扫地杆下方的立杆上。当立杆基础不在同一高度上时，必须将高处的纵向扫地杆向低处延长两跨与立杆固定，高低差不应大于1 m。靠边坡上方的立杆轴线到边坡的距离不应小于500 mm。

③当采用在梁底设置立杆的支撑方式时，宜采用可调托座直接传力，可调托座与钢管交接处应设置横向水平杆，托座顶距离水平杆的高度不应大于300 mm。梁底立杆应按梁宽均匀设置，其偏差不应大于25 mm。

④当在立杆底部或顶端设置可调托座时，其调节螺杆的伸缩长度不应大于200 mm。

⑤立杆的纵横距离不应大于1 200 mm；对高度超过8 m，或跨度超过18 m，或施工总荷载大于10 kN/m^2，或集中线荷载大于15 kN/m的模板支架，立杆的纵横距离除满足设计要求外，不应大于900 mm。

⑥模板支架步距应满足设计要求，且不应大于1.8 m。

⑦立杆接长除顶步可采用搭接外，其余各步接头必须采用对接扣件连接。对接、搭接应符合下列规定：

a. 立杆上的对接扣件应交错布置，两根相邻立杆的接头不应设置在同步内。

b. 搭接长度不应小于1 m，至少采用2个旋转扣件固定，端部扣件盖板的边缘至杆端的距离不应小于100 mm。

⑧立杆接长时，同步内隔一根立杆的两个相隔接头在高度方向错开的距离不宜小于500 mm，各接头中心至主节点的距离不宜大于步距的1/3。

(2)水平杆。

①水平杆接长宜采用对接扣件连接，也可采用搭接。对接、搭接应符合下列规定：

a. 对接扣件应交错布置：两根相邻的纵向水平杆的接头不宜设置在同步或同跨内；不同步或不同跨的两个相邻接头在水平方向错开的距离不应小于500 mm；各接头至最近主节点的距离不宜大于纵距的1/3。

b. 搭接长度不应小于1 m，应等距离设置3个旋转扣件固定，端部扣件盖板边缘至搭接水平杆杆端的距离不应小于100 mm。

②主节点处必须设置一根横向水平杆，用直角扣件扣接且严禁拆除。主节点两个直角扣件的中心距离不应大于150 mm。

③每步的纵、横向水平杆应双向拉通。

(3)剪刀撑。

①模板支架高度超过4 m应按下列规定设置剪刀撑：

a. 模板支架四边满布竖向剪刀撑，中间每隔5～8 m立杆设置一道纵、横向竖向剪刀撑，由底至顶连续设置。

b. 在竖向剪刀撑顶部交点平面应设置连续水平剪刀撑；当支模架为超限支模架时，扫地杆的设置层应设置水平剪刀撑；水平剪刀撑至架体底平面距离与水平剪刀撑的间距不宜超过8 m。

②剪刀撑的构造应符合下列规定：

a. 每道剪刀撑的宽度不应小于 4 跨，且不应小于 6 m，剪刀撑的斜杆与地面倾角宜在 45° ~60°。倾角为 45°时，剪刀撑跨越立杆的根数不应超过 7 根；倾角为 60°时，则不应超过 5 根。

b. 剪刀撑斜杆的接长应采用搭接。

c. 剪刀撑应用旋转扣件固定在与之相交的横向水平杆的伸出端或立杆上，旋转扣件中心线至主节点的距离不宜大于 150 mm。

d. 设置水平剪刀撑时，有剪刀撑斜杆的框格数量应大于框格总数的 1/3。

(4)其他。

①模板支架高度超过 4 m 时，柱、墙板与梁板混凝土宜分两次浇筑。宜先浇筑竖向结构构件，后浇筑水平结构构件。水平结构构件混凝土应尽可能均匀对称浇注，如需分层，每层浇筑的厚度不得大于 400 mm，或分层浇筑的厚度不大于振捣棒作用半径的 1.25 倍。

②模板支架应与施工区域内及周边已具备一定强度的构件（墙、柱等）通过连墙件进行可靠连接，连墙件间距可按水平间距 6 ~9 m，竖向间距 2 ~3 m 设置。

③斜梁、板结构的模板支架搭设时，应设置抛撑，或设置连墙件与周边构件连接，以抵抗水平荷载的影响。

④模板支架的整体高宽比不应大于 5。

⑤对高度超过 8 m，或跨度超过 18 m，或施工总荷载大于 10 kN/m^2，或集中线荷载大于 15 kN/m 的模板支架，宜采用钢格构柱、钢托架或钢管门形架等组合支撑体系。

⑥对跨度不小于 4 m 的梁板，其模板施工起拱高度宜为梁板跨度的 1/1 000 ~3/1 000，起拱不得减小构件的截面高度。

(二)碗扣式钢管支架

1. 支架受荷计算根据现行国家规范或地方标准要求。

2. 模板支撑架构造要求。

(1)模板支撑架应根据所承受的荷载选择立杆的间距和步距，底层纵、横向水平杆作为扫地杆，距地面高度应小于或等于 350 mm，立杆底部应设置可调底座；立杆上端包括可调螺杆伸出顶层水平杆的长度不得大于 0.7m。

(2)模板支撑架斜杆设置应符合下列要求：

①当立杆间距大于 1.5 m 时，应在拐角处设置通高专用斜杆，中间每排每列应设置通高八字形斜杆或剪刀撑。

②当立杆间距小于或等于 1.5 m 时，模板支撑架四周从底到顶连续设置竖向剪刀撑；中间纵、横向由底至顶连续设置竖向剪刀撑，其间距应小于或等于 4.5 m。

③剪刀撑的斜杆与地面夹角应在 45° ~60°，斜杆应每步与立杆扣接。

(3)当模板支撑架高度大于 4.8 m 时，顶部和底部必须设置水平剪刀撑，中间水平剪刀撑的设置间距应小于或等于 4.8 m。

(4)当模板支撑架周围有主体结构时，应设置连墙件。

(5)模板支撑架高宽比应小于或等于 2；当高宽比大于 2 时可扩大下部架体尺寸或采取其他构造措施。

(三)承插型盘扣式支架

1. 支架受荷计算根据现行国家规范或地方标准要求。

2. 构造要(现市场可租赁的承插型盘扣架为四扣,与规范要求的八扣不一样,缺少竖向、横向斜杆,因此所搭支架稳定性欠缺,故只限于一般荷载不大、层高不高的结构支模使用)。

(1)模板支架。

①模板支架搭设高度不宜超过 24 m;当超过 24 m 时,应另行专门设计。

②模板支架应根据施工方案计算得出的立杆排架尺寸选用定长的水平杆,并应根据支撑高度组合套插的立杆段、可调托座和可调底座。

③模板支架的斜杆或剪刀撑设置应符合下列要求:

a. 当搭设高度不超过 8 m 的满堂模板支架时,步距不宜超过 1.5 m,支架架体四周外立面向内的第一跨每层均应设置竖向斜杆,架体整体底层及顶层均应设置竖向斜杆,并应在架体内部区域每隔 5 跨由底至顶纵、横向均设置竖向斜杆(图 2-9)或采用扣件钢管搭设的剪刀撑(图 2-10)。当满堂模板支架的架体高度不超过 4 个步距时,可不设置顶层水平斜杆;当架体高度超过 4 个步距时,应设置顶层水平斜杆或扣件钢管水平剪刀撑。

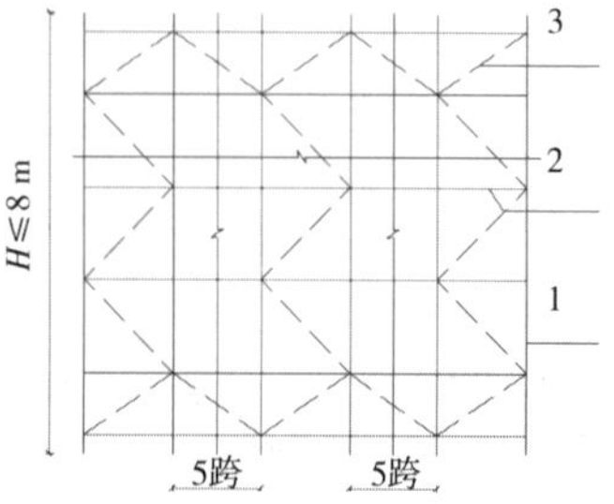

1—立杆;2—水平杆;3—斜杆。

图 2-9　满堂架高度不大于 8 m 的斜杆设置立面图

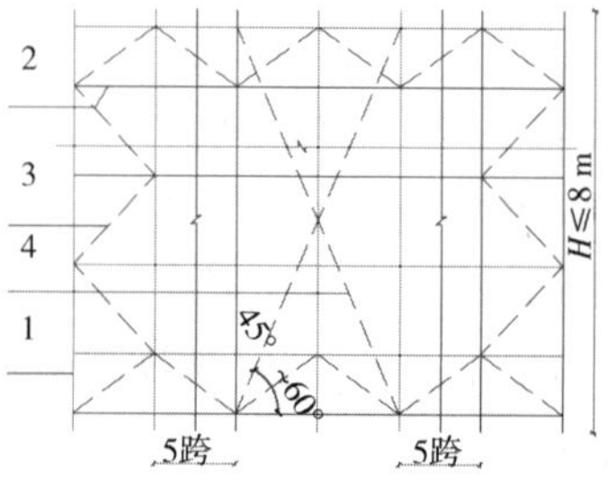

1—立杆;2—水平杆;3—斜杆;4—扣件钢管剪刀撑。

图 2-10　满堂架高度不大于 8 m 的剪刀撑设置立面图

b. 当搭设高度超过 8 m 的模板支架时,竖向斜杆应满布设置,水平杆的步距不得大于 1.5 m,沿高度每隔 3 ~4 个标准步距应设置水平层斜杆或扣件钢管剪刀撑(图 2-11)。周边有结构物时,宜与周边结构形成可靠拉结。

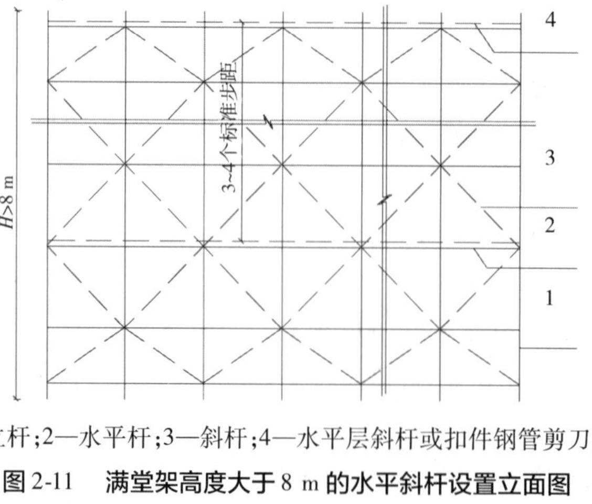

1—立杆;2—水平杆;3—斜杆;4—水平层斜杆或扣件钢管剪刀撑。

图 2-11　满堂架高度大于 8 m 的水平斜杆设置立面图

c. 当模板支架搭设成无侧向拉结的独立塔状支架时,架体的每个侧面每步距均应设竖向斜杆。当有防扭转要求时，在顶层及每隔 3 ~4 步距应增设水平层斜杆或钢管水平剪刀撑(图 2-12)。

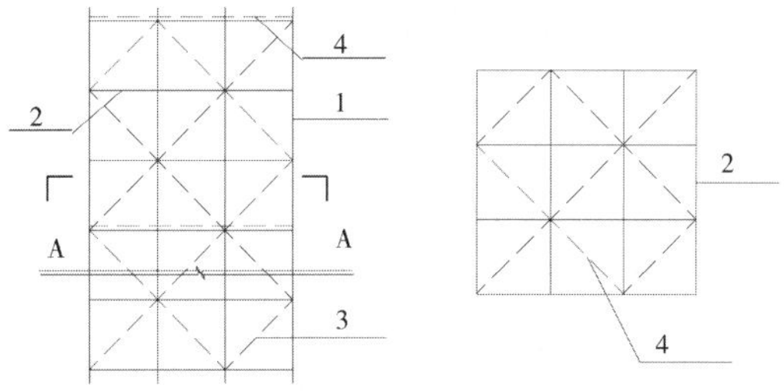

1—立杆；2—水平杆；3—斜杆；4—水平层斜杆。

图 2-12　无侧向拉结塔状支模架

④对长条状的独立高支模架，架体总高度与架体的宽度之比 H/B 不宜大于 3。

⑤模板支架可调托座伸出顶层水平杆或双槽钢托梁的悬臂长度(图 2-13)严禁超过 650 mm，且丝杆外露长度严禁超过 400 mm，可调托座插入立杆或双槽钢托梁的长度不得小于 150 mm。

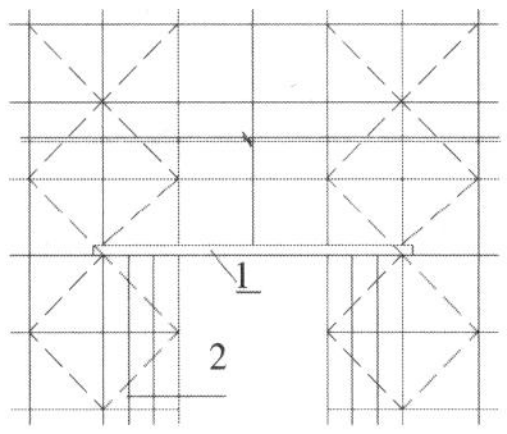

1—支撑横梁；2—立杆加密。

图 2-13　带可调托座伸出顶层水平杆的悬臂长度

⑥高大模板支架最顶层的水平杆步距应比标准步距缩小一个盘扣间距。

⑦模板支架可调底座调节丝杆外露长度不应大于 300 mm，作为扫地杆的最底层水平杆离地高度不应大于 550 mm。当单肢立杆荷载设计值不大于 40 kN 时，底层的水平杆步距可按标准步距设置，且应设置竖向斜杆；当单肢立杆荷载设计值大于 40 kN 时，底层的水平杆步距应比标准布局缩小一个盘扣间距，且应设置竖向斜杆。

⑧模板支架宜与周围已建成的结构进行可靠连接。

⑨当模板支架体内设置与单肢水平杆同宽的人行通道时，可间隔抽除第一层水平杆和斜杆形成施工人员进出通道，与通道正交的两侧立杆间应设置竖向斜杆；当模板支架体内设置与单肢水平杆不同宽的人行通道时，应在通道上部架设支撑横梁(图 2-14)，横梁应按跨度和荷载确定。通道两侧支撑梁的立杆间距应根据计算设置，通道周围的模板支架应连成整体。洞口顶部应铺设封闭的防护板，两侧应设置安全网。通行机动车的洞口，必须设置安全警示和防撞设施。

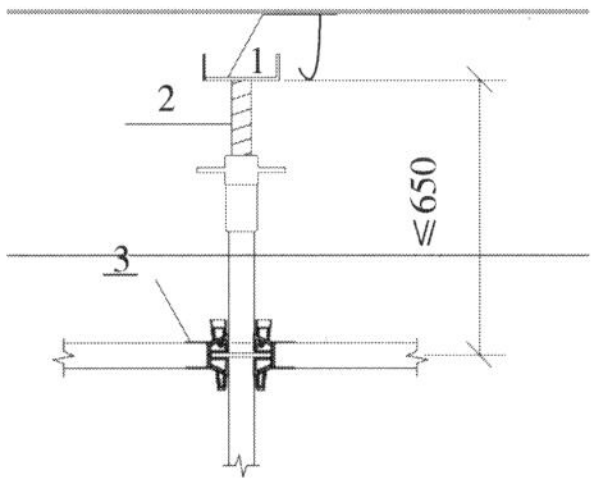

1—可调托座；2—立杆悬臂端；3—顶层水平杆。

图 2-14　模板支架人行通道设置图

(四)门式钢管支架

1. 支架受荷计算根据现行国家规范或地方标准要求。

2. 构造要求。

(1)门架。

①门架应能配套使用,在不同组合情况下,均应能保证连接方便、可靠,且应具有良好的互换性。

②不同型号的门架与配件严禁混合使用。

③上下榀门架立杆应在同一轴线位置上,门架立杆轴线的对接偏差不应大于 2 mm。

(2)配件。

①配件应与门架配套,并应与门架连接可靠。

②门架的两侧应设置交叉支撑,并应与门架立杆上的锁销锁牢。

③上下榀门架的组装必须设置连接棒,连接棒与门架立杆配合间隙不应大于 2 mm。

④上下榀门架间应设置锁臂,当采用插销式或弹销式连接棒时,可不设锁臂。

⑤底部门架的立杆下端宜设置固定底座或可调底座。

⑥可调底座和可调托座的调节螺杆直径不应小于 35 mm,可调底座的调节螺杆伸出长度不应大于 200 mm。

(3)地基。

①门式模板支架的地基承载力应经计算确定。在搭设时,根据不同地基土质和搭设高度条件,应符合表 2-38 规定。

表 2-38　地基要求

搭设高度/m	地基土质		
	中低压缩性且压缩性均匀	回填土	高压缩性或压缩性不均匀
≤24	夯实原土,干重力密度要求为 15.5 kN/m^3。立杆底座置于面积不小于 0.075 m^2 的垫木上	土夹石或素土回填夯实,立杆底座置于面积不小于 0.10 m^2 的垫木上	夯实原土,铺设通长垫木
>24 且≤40	垫木面积不小于 0.10 m^2,其余同上	砂夹石回填夯实,其余同上	夯实原土,在搭设地面满铺 C15 混凝土,厚度不小于 150 mm
>40 且≤55	垫木面积不小于 0.15 m^2 或铺通长垫木,其余同上	砂夹石回填夯实,垫木面积不小于 0.15 m^2 或铺通长垫木	夯实原土,在搭设地面满铺 C15 混凝土,厚度不小于 200 mm

注:垫木厚度不小于 50 mm,宽度不小于 200 mm;通长垫木的长度不小于 1 500 mm。

②门式支架的搭设场地必须平整坚实,并应符合下列规定:

a. 回填土应分层回填,逐层夯实。

b. 场地排水应顺畅,不应有积水。

③当门式支架搭设在楼面等建筑结构上时,门架立杆下宜铺设垫板。

(4)门架的跨距与间距应根据支架的高度、荷载由计算和构造要求确定,门架的跨距不宜超过1.5 m,门架的净间距不宜超过1.2 m。

(5)模板支架的高宽比不应大于4,搭设高度不宜超过24 m。

(6)模板支架托座和托梁,宜采用调节架、可调托座调整高度,可调托座调节螺杆的高度不宜超过300 mm。底座和托座与门架立杆轴线的偏差不应大于2.0 mm。

(7)用于支撑梁模板的门架,可采用平行或垂直于梁轴线的布置方式(图2-15)。

当梁的模板支架高度较高或荷载较大时,门架可采用复式(重叠)的布置方式(图2-16)。

(8)梁板类结构的模板支架应分别设计。板支架跨距(或间距)宜是梁支架跨距(或间距)的倍数,梁下横向水平加固杆应伸入板支架内不少于2根门架立杆,并应与板下门架立杆扣紧。

(9)当模板支架的高宽比大于2时,宜设置缆风绳或连墙件等有效措施防止架体倾覆,缆风绳或连墙件设置宜符合下列规定:

①在架体端部及外侧周边水平间距不宜超过10 m设置;宜与竖向剪刀撑位置对应设置。

②竖向间距不宜超过4步设置。

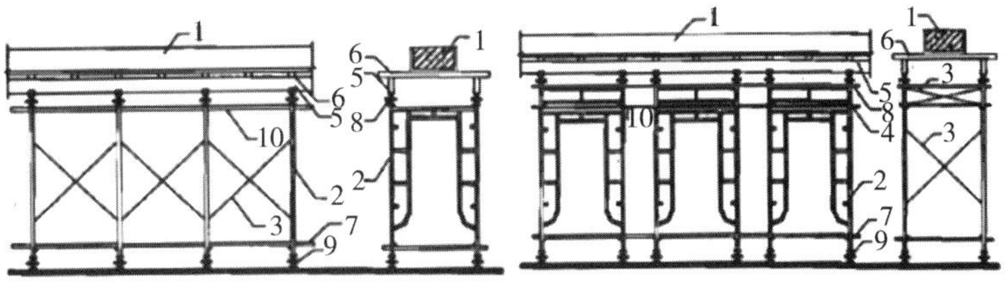

(a)门架垂直于梁轴线布置　　(b)门架平行于梁轴线布置

1—混凝土梁;2—门架;3—交叉支撑;4—调节架;5—托梁;6—小楞;

7—扫地杆;8—可调托座;9—可调底座;10—水平加固杆。

图2-15　梁模板支架的布置方式(一)

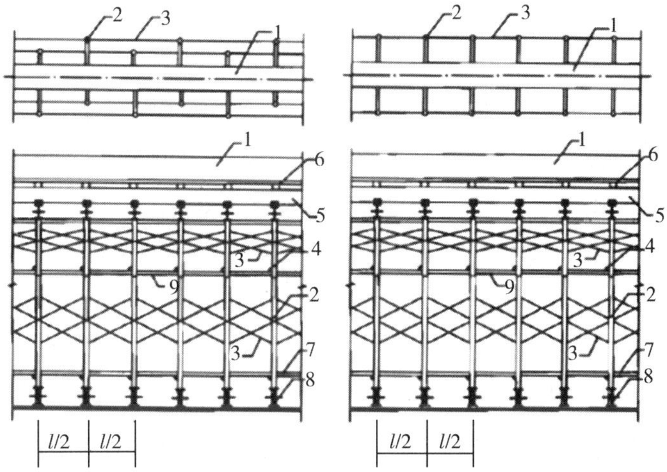

1—混凝土梁;2—门架;3—交叉支撑;4—调节架;5—托梁;6—小楞;7—扫地杆;8—可调底座;9—水平加固杆。

图2-16　梁模板支架的布置方式(二)

(10)模板支架在支架的四周和内部纵横向应与建筑结构柱、墙刚性连接,连接点应设在水平剪刀撑或水平加固杆设置层,并应与水平杆连接。

(11)模板支架应设置纵横向扫地杆,在每步门架两侧立杆上应设置纵、横向水平加固杆,并应采用扣件与门架立杆扣紧。

(12)模板支架应设置剪刀撑对架体进行加固,剪刀撑的设置除一般构造外,还需符合下列规定:

①在支架的外侧周边及内部纵横向每隔 6 ~ 8 m,应由底至顶设置连续竖向剪刀撑。

②搭设高度在 8 m 及以下时,在顶层应设置连续的水平剪刀撑;搭设高度超过 8 m 时,在顶层和竖向每隔 4 步及以下应设置连续的水平剪刀撑。

③水平剪刀撑宜在竖向剪刀撑斜杆交叉层设置。

七、施工

(一)施工准备

1. 模板支架施工前必须编制专项施工方案,高大支模架施工方案需经专家论证后方可组织施工。如当地有要求,遵照当地要求执行。

2. 模板支架专项施工方案应结合工程结构的不同高度、跨度、荷载和工艺制定,并应包括如下内容:

(1)工程概况:尤其是需支模构件结构概况,包括梁板跨度、截面尺寸、板厚;柱截面尺寸、高度等,列表说明。

(2)支撑系统强度、刚度和稳定性计算(包括扣件抗滑移、地基或楼板承载力验算)。

(3)支撑材料的选用、规格尺寸及接头方法、剪刀撑等构造措施,主要参数按构件列表说明。

(4)模板支架搭设平面、立面布置图、细部构造大样图。

(5)混凝土浇捣程序、方法,模板支撑的安拆顺序,以及其他安全措施。

(6)模板支架验收程序及要求。

3. 模板支架专项施工方案编制时,宜采用相关专业软件进行计算复核。

4. 模板支架专项施工方案应由施工企业技术负责人批准,并报总监理工程师批准,方可组织专家论证,必要时应编制应急预案。

5. 模板支架搭设前,应由项目技术负责人向全体操作人员进行安全技术交底。安全技术交底内容应与模板支架专项施工方案统一,交底的重点为搭设参数、构造措施和安全注意事项。安全技术交底应形成书面记录,交底方和全体被交底人员应在交底文件上签字确认。

6. 采用工具式支撑体系的模板支架搭设操作人员宜为经过专业技术培训的人员。

(二)地基与基础

1. 模板支架基础应按专项施工方案进行施工,按基础承载力要求进行验收。

2. 应清除搭设场地杂物,使搭设场地平整并使排水通畅,不积水。

3. 当地基高低差较大时,可利用工具式支承立杆的节点位差或调节底座进行调整。

4. 模板支架地基与基础经验收合格后,应按专项施工方案要求放线定位。

(三)搭设

1. 模板支架立杆、底座、垫板搭设位置应准确地放在定位线上。垫板厚度不小于 5 cm 的木垫板,也可采用槽钢。

2. 在多层楼板上连续设置模板支架时,应保证上下层支撑立杆在同一轴线上。

3. 扣件安装应符合下列规定:

(1)扣件规格必须与钢管外径相匹配。

(2)螺栓拧紧扭力矩不应小于 40 N · m,且不应大于 65 N · m。

(3)在主节点处固定横向、纵向水平杆、剪刀撑等用的直角扣旋转扣件的中心点的相互距离不应大于 150 mm。

(4)对接扣件开口应朝上或朝内。

(5)各杆件端头伸出扣件盖板边缘的长度不应小于 100 mm。

4. 承插型盘扣架搭设。

(1)应根据立杆放置可调底座,按先立杆后水平杆再斜杆的顺序搭设,形成基本的架体单元,应一次扩展搭设成整体支架体系。

(2)立杆应通过立杆连接套管连接,在同一水平高度内相邻立杆连接套管接头的位置宜错开,且错开高度不宜小于 75 mm。模板支架高度大于 8 m 时,错开高度不宜小于 500 mm。

(3)水平杆扣接头与连接盘的插销应用铁锤击紧至规定插入深度的刻度线。

(4)每搭完一步支模架后,应及时校正水平杆步距,立杆的纵、横距,立杆的垂直偏差,水平杆的水平偏差。立杆的垂直偏差不应大于模板支架总高度的 1/500,且不得大于 50 mm。

5. 门式模板支架搭设。

(1)模板支架应采用逐列、逐排和逐层的方法搭设。

(2)门架的组装应自一端向另一端延伸,应自下而上按步架设,并应逐层改变搭设方向;不应自两端相向搭设或自中间向两端搭设。

(3)每搭设完两步门架后,应校验门架的水平度及立杆的垂直度。

(4)水平加固杆应设于门架立杆内侧,剪刀撑应设于门架立杆外侧。

(四)验收

1. 进入现场的支架构配件应具有产品标识、产品质量合格证、产品性能检验报告;外观检查应符合相应规范材料要求。

2. 应有工具式支架产品主要技术参数及产品使用说明书。

3. 模板支架应根据下列情况按进度分阶段进行检查验收:

(1)基础完工后及模板支架搭设前。

(2)超过 8 m 的高大支模架搭设至一半高度后。

(3)搭设高度达到设计高度后和混凝土浇筑前。

4. 高大模板支架投入使用前,应由项目部组织验收,必要时通知企业相关部门参与验收。

5. 项目经理、项目技术负责人、相关人员及监理工程师应参加模板支架的验收。

6. 模板支架验收应根据经批准、论证的专项施工方案,检查现场实际搭设情况与方案的符合性。

7. 对下层楼板或地下室顶板采取加固措施的模板支架,应检查加固措施与方案的符合性及加固的可靠性。

（五）拆除

1. 模板支架拆除应符合现行国家规范《混凝土结构工程施工质量验收规范》（GB 50204—2015）中混凝土强度的有关规定。

2. 模板支架拆除前应对拆除人员进行技术交底，并做好交底书面手续。

3. 模板支架拆除时，应按施工方案确定的方法和顺序进行——应按先搭后拆，后搭先拆的原则，从顶往下逐层拆除，严禁上下层同时拆除，严禁抛掷。

八、安全管理

1. 模板支架搭设和拆除人员应由经过住房和城乡建设部特种作业人员考核管理规定考核合格的专业架子工担任，需持证上岗。

2. 搭设模板支架人员必须戴安全帽、系安全带、穿防滑鞋。

3. 模板支架作业层上严禁超载。

4. 模板支架在使用期间，严禁任意拆除架体结构杆件。

5. 当模板支架基础下或相邻处有设备、管沟时，在支架使用期间严禁开挖。

6. 当有六级及六级以上大风和雾、雨、雪天气时应停止模板支架搭设与拆除作业。雨、雪后上架作业应有防滑措施，并应扫除积雪。

7. 在混凝土浇筑过程中，应派专人在安全区域内观测模板支撑系统的工作状态，监测架体立杆垂直度、沉降情况。如有异常，应及时报告施工负责人，情况紧急时施工人员应迅速撤离，并应进行加固处理。

8. 混凝土浇筑过程中应均匀浇捣，并采取有效措施防止混凝土超高堆置。

9. 工地临时用电线路的架设，应按现行行业标准《施工现场临时用电安全技术规范》（JGJ 46—2005）的有关规定执行。

10. 在模板支架上进行电、气焊作业时，必须有防火措施和专人看守。

11. 在高大模板支模区域内，应设置安全警戒线，不得上下交叉作业。搭拆作业时，应派专人看守，严禁非操作人员入内。

第三章　结构钢筋施工技术

第一节　钢筋施工技术

现浇框架结构一般由基础、柱、剪力墙、主梁、次梁、楼板、屋盖等基本构件组成。其钢筋绑扎特点是高度大，占地面积相对较小，钢筋绑扎数量大，类型多，操作面小，安装复杂等。

本工艺标准适用于多层工业及民用建筑现浇框架、框架－剪力墙结构钢筋绑扎工程。

一、施工准备

（一）技术准备

1. 准备工程所需的图纸、规范、标准等技术资料，并确定其有效。

2. 按图纸和操作工艺标准向班组进行安全、技术交底，对钢筋绑扎安装顺序予以明确规定：

（1）钢筋的翻样、加工。

（2）钢筋的验收。

（3）钢筋绑扎的工具。

（4）钢筋绑扎的操作要点。

（5）钢筋绑扎的质量通病防治。

（二）材料准备

1. 成型钢筋：必须符合配单的规格、尺寸、形状、数量，并应有加工出厂合格证。

2. 钢丝：可采用 20～22 号钢丝（火烧丝）或镀锌钢丝。钢丝切断长度要满足使用要求。

3. 垫块：宜用与结构等强度的细石混凝土制成，50 mm 见方，厚度同保护层，垫块内预留 20～22 号火烧丝，或用塑料卡、拉筋、支撑等。

(三)主要机具准备

钢筋钩子、撬棍、扳子、绑扎架、钢丝刷、手推车、粉笔、尺子等。

(四)作业条件

1. 钢筋进场应检查是否有出厂证明、复试报告,并按施工平面布置图指定的位置,按规格、使用部位、编号分别加垫木堆放。

2. 做好抄平放线工作,弹好水平标线,以及墙、柱、梁部位外皮尺寸线。

3. 根据弹好的外皮尺寸线,检查下层预留搭接钢筋的位置、数量、长度,如不符合要求时,应进行处理。绑扎前先整理调直下层伸出的搭接筋,并将锈蚀、水泥砂浆等污垢清理干净。

4. 根据标高检查下层伸出搭接筋处的混凝土表面标高(柱、顶、墙顶)是否符合图纸要求,如有松散不实之处,要剔除并清理干净。

二、关键要求

(一)材料的关键要求

钢筋应有出厂合格证、出厂检验报告,并按规定做力学性能复试。当加工过程中发生脆断等特殊情况,还需做化学成分检验。钢筋应无老锈及油污。对有抗震设防要求的钢筋工程,其纵向受力钢筋的强度要满足设计要求。当设计无具体要求时,受力钢筋强度实测值应符合《混凝土结构工程施工质量验收规范》的有关规定。

(二)技术的关键要求

1. 认真熟悉施工图,了解设计意图和要求,编制技术交底。

2. 根据设计图纸及工艺标准要求,向班组进行技术交底。

(三)质量的关键要求

1. 钢筋绑扎前,应检查有无锈蚀,除锈之后再运至绑扎部位。

2. 熟悉图纸,按设计要求检查已加工好的钢筋规格、形状、数量是否正确。

3. 做好抄平放线工作,根据弹好的外皮尺寸线,检查下层预留搭接钢筋的位置、数量、长度。绑扎前先整理调直下层伸出的搭接筋,并将锈蚀、水泥砂浆等污垢清理干净。

(四)职业健康安全的关键要求

1. 进行钢筋绑扎施工时,要求正确佩戴和使用个人防护用品,尤其高空作业要系好安全带,戴好安全帽。

2. 高空作业时钢筋钩子、撬棍、扳手等手执工具应防止失落伤人。

3. 认真检查高凳、脚手架、脚手板的安全可靠性和适用性。

(五)环境的关键要求

废旧钢筋头应及时收集清理,保持工完场清。

三、施工工艺

(一)绑柱子钢筋

1. 工艺流程:弹柱子线→剔凿柱混凝土表面浮浆→修理柱子筋→套柱箍筋→搭接绑扎竖向受力

筋→画箍筋间距线→绑箍筋。

2. 套柱箍筋:按图纸要求间距计算好每根柱的箍筋数量,先将箍筋套在下层伸出的搭接筋上,然后立柱子钢筋,在搭接长度内,绑扣不少于 3 个,绑扣要向柱中心。如果柱子主筋采用光圆钢筋搭接时,角部弯钩应与模板成 45°,中间钢筋的弯钩应与模板成 90°角。

3. 搭接绑扎竖向受力筋:柱子主筋立起后,绑扎接头的搭接长度、接头面积百分率应符合设计要求。

4. 箍筋绑扎:画箍筋间距线,即在立好的柱子竖向钢筋上,按图纸要求用粉笔画箍筋间距线。

5. 柱箍筋绑扎。

(1)按已画好的箍筋位置线将已套好的箍筋往上移动,由上往下绑扎,宜采用缠扣绑扎,如图 3-1 所示。

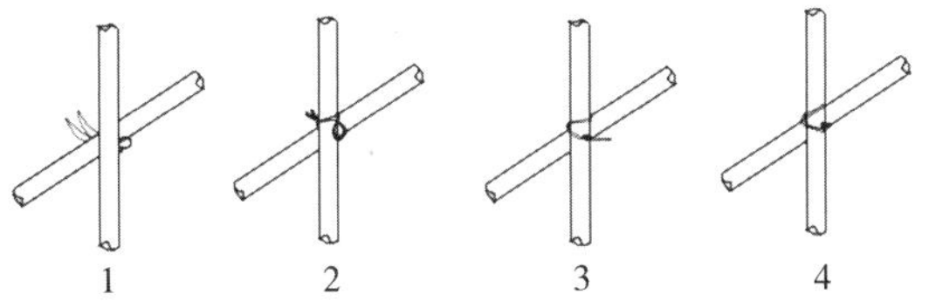

1、2、3、4—绑扎顺序。

图 3-1　钢筋绑扎顺序

(2)箍筋与主筋要垂直,箍筋转角与主筋交点均要绑扎,主筋与箍筋非转角部分的相交点成梅花交错绑扎。

(3)箍筋的弯钩叠合处应沿柱竖筋交错布置,并绑扎牢固如图 3-2 所示。

(4)有抗震要求的地区,柱箍筋端头应弯成 135°,平直部分长度不小于 $10d$(d 为箍筋直径),如图 3-3所示。如箍筋采用 90°搭接,搭接处应焊接,焊缝长度单面焊缝不小于 $10d$。

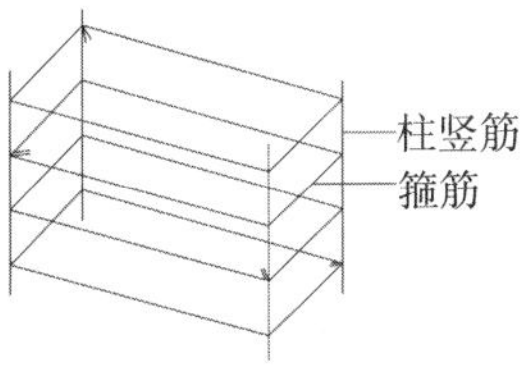

图 3-2　柱箍筋交错布置示意图

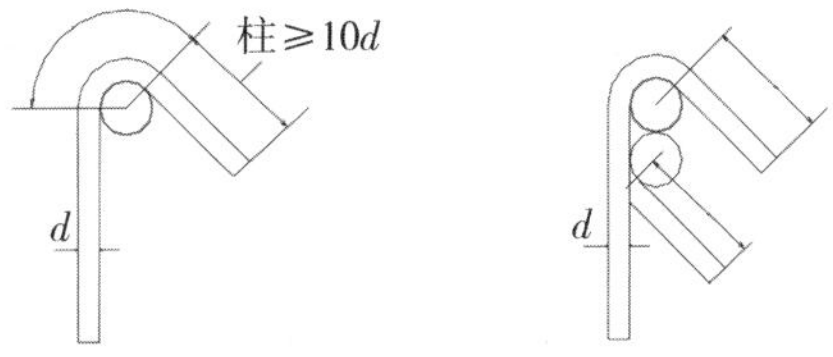

图 3-3　箍筋抗震要求示意图

①柱基、柱顶、梁柱交接处箍筋间距应按设计要求加密。柱上下端箍筋应加密,加密区长度及加密区内箍筋间距应符合设计图纸要求。如设计要求箍筋设拉筋时,拉筋应钩住箍筋。

②柱筋保护层厚度应符合规范要求,主筋外皮为 30 mm,垫块应绑在柱竖筋外皮上,间距一般为 1 000 mm,或用塑料卡卡在外竖筋上以保证主筋保护层厚度准确。当柱截面尺寸有变化时,柱应在板内弯折,弯后的尺寸要符合设计要求。

(二)绑剪力墙钢筋

1. 工艺流程:立 2 ~4 根主筋→画水平筋间距→绑定位横筋→绑其余横主筋。

2. 立 2 ~4 根主筋:将主筋与下层伸出的搭接筋绑扎,在主筋上画好水平筋分档标志,在下部及齐胸处绑 2 根横筋定位,并在横筋上画好主筋分档标志,接着绑其余主筋,最后再绑其余横筋。横筋在主筋里面或外面应符合设计要求。

3. 主筋与伸出搭接筋的搭接处需绑 3 根水平筋,其搭接长度及位置均应符合设计要求,设计无要求时应符合规范的规定。

4. 剪力墙应逐点绑扎,双排钢筋之间应绑拉筋或支撑筋,其纵横向间距不大于 600 mm,钢筋外皮绑扎垫块或用塑料卡(也可采用梯子筋来保证钢筋保护层厚度)。

5. 剪力墙与框架柱连接处,剪力墙的水平横筋应锚固到框架柱内,其锚固长度要符合设计要求。如先浇筑柱混凝土后绑扎剪力墙筋时,柱内要预留连接筋或柱内预埋铁件,待柱拆模绑墙筋时作为连接用。其预留长度应符合设计或规范的规定。

6. 剪力墙水平筋在两端头、转角、十字节点、连梁等部位的锚固长度及洞口周围加固筋等,均应符合设计抗震要求。

7. 合模后对伸出的主向钢筋应进行修整,宜在搭接处绑一道横筋定位,浇筑混凝土时应有专人看管,浇筑后再次调整以保证钢筋位置的准确。

(三)梁钢筋绑扎

1. 工艺流程。

模内绑扎:画主次梁箍筋间距→放主梁、次梁箍筋→穿主梁底层纵筋及弯起筋→穿次梁底层纵筋并与箍筋固定→穿主梁上层纵向加立筋→按箍筋间距绑扎→穿次梁上层纵向钢筋→按箍筋间距绑扎。

模外绑扎(先在梁模板上口绑扎成型后再入模内):画箍筋间距→在主次梁模板上口铺横杆数根→在横杆上面放箍穿主梁下层纵筋→穿次梁下层钢筋→穿主梁上层钢筋→按箍筋间绑扎→穿次梁上层纵筋→按箍筋间距绑扎→抽出横杆落骨架于模板内。

2. 在梁侧模板上画出箍筋间距,摆放箍筋。

3. 先穿主梁的下部纵向受力钢筋及弯起钢筋,将箍筋按已画好的间距逐个分开;穿次梁的下部纵向受力钢筋及弯起钢筋,并套好箍筋;放主次梁的架立筋;隔一定间距将架立筋与箍筋绑扎牢固;调整箍筋间距,使其符合设计要求,绑架立筋,再绑主筋,主次梁同时配合进行。

4. 框架梁上部纵向钢筋应贯穿中间节点,梁下部纵向钢筋伸入中间节点的锚固长度及伸过中心线的长度要符合设计要求。框架梁纵向钢筋在端节点内的锚固长度也要符合设计要求。

5. 绑梁上部纵向筋的箍筋宜用套扣法绑扎。

6. 箍筋在叠合处的弯钩在梁中应交错绑扎,箍筋弯钩为 135°,平直部分长度为 $10d$,如做成封闭箍时,单面焊缝长度为 $5d$。

7. 梁端第一个箍筋应设置在距离柱节点边缘 50 mm 处。梁端与柱交接处的箍筋应加密,其间距与加密长度均要符合设计要求。

8. 在主、次梁受力筋下均应垫垫块(或塑料卡),保证保护层的厚度。受力钢筋为双排时,可用短钢筋垫在两层钢筋之间,钢筋排距应符合设计要求。

9. 梁筋的搭接:梁的受力钢筋直径等于或大于 22 mm 时,宜采用焊接接头;小于 22 mm 时,可采用绑扎接头,搭接长度要符合规范的规定。搭接长度末端与钢筋弯折处的距离,不得小于钢筋直径的 10 倍。接头不宜位于构件最大弯矩处,受拉区域内 HPB335 级钢筋绑扎接头的末端应做弯钩,搭接处应在中心和两端扎牢。接头位置应相互错开,当采用绑扎搭接接头时,在规定搭接长度的任一区域内有接头的受力钢筋截面面积占受力钢筋总截面面积百分率，受拉区不大于50%。

（四）板钢筋绑扎

1. 工艺流程：清理模板→模板上画线→绑板下受力筋→绑负弯矩钢筋。

2. 清理模板上面的杂物，用粉笔在模板上画好主筋、分布筋间距。

3. 按画好的间距先摆放受力筋，后放分布筋。预埋件、电线管、预留孔等及时配合安装。

4. 在现浇板中有板带梁时，应先绑板带梁钢筋，再摆放板钢筋。

5. 绑扎板筋时一般用顺扣或八字扣，除外围两根钢筋的相交点应全部绑扎外，其余各点可交错绑扎（双向板相交点需全部绑扎）。如板为双层钢筋，两层钢筋之间须加钢筋马凳，以确保上部钢筋的位置。负弯筋上的每个相交点均要绑扎。

6. 在钢筋的下面垫好砂浆垫块，间距1.5 m。垫块的厚度等于保护层厚度，应满足设计要求，如设计无要求时，板的保护层厚度应为15 mm。钢筋搭接长度与搭接位置的要求与前所述梁相同。

（五）楼梯钢筋绑扎

1. 工艺流程：画位置线→绑主筋→绑分布筋→绑踏步筋。

2. 在楼梯底板上画主筋和分布筋的位置线。

3. 根据设计图纸中主筋、分布筋的方向，先绑扎主筋后绑扎分布筋，每个交点均应绑扎。如有楼梯梁时，先绑梁后绑板筋。板筋要锚固到梁内。

4. 底板筋绑完，待踏步模板吊绑支好后再绑扎踏步钢筋。主筋接头数量和位置均要符合设计和施工质量验收规范的规定。

四、成品保护

1. 柱子钢筋绑扎后，不准踩踏。

2. 楼板的弯起钢筋、负弯筋绑好后，不准在上面踩踏行走。在浇筑混凝土前进行检查、整修，保持不变形，在浇筑混凝土时设专人负责整修。

3. 加工成型的钢筋或骨架运至现场，应分别按工号、结构部位、钢筋编号和规格等整齐堆放，保持钢筋表面清洁，防止被油渍、泥土污染或压弯变形；贮存期不宜过久，以免钢筋遭锈蚀。

4. 在运输和安装钢筋时，应轻装轻卸，不得随意抛掷和碰撞，防止钢筋变形。

5. 绑扎钢筋时，防止碰动预埋件及洞口模板。安装电线管、暖卫管线或其他设施时，不得任意切断和移动钢筋。

6. 模板内表面涂刷隔离剂时，应避免污染钢筋。

五、安全环保措施

1. 加强对作业人员的环保意识教育，钢筋运输、装卸、加工应防止不必要的噪声产生，最大限度减少施工噪声污染。

2. 钢筋吊运应选好吊点，捆绑结实，防止坠落。

3. 废旧钢筋头应及时收集清理，保持工完场清。

第二节　钢筋的锚固

1. 当计算中充分利用钢筋的抗拉强度时，受拉钢筋的锚固长度应按下列公式计算：

普通钢筋　　$l_a = a \cdot d \cdot f_y / f_t$

预应力钢筋　　$l_a = a \cdot d \cdot f_{py} / f_t$

式中　l_a——受拉钢筋的锚固长度；

f_y、f_{py}——普通钢筋、预应力钢筋的抗拉强度设计值，按《混凝土结构设计规范》采用；

f_t——混凝土轴心抗拉强度设计值，按《混凝土结构设计规范》采用，当混凝土强度等级高于C40时，按C40取值；

d——钢筋的公称直径；

a——钢筋的外形系数，按表3-1取用。

表3-1　钢筋的外形系数

钢筋类型	光面钢筋	带肋钢筋	刻痕钢丝	螺旋肋钢丝	三股钢绞线	七股钢绞线
a	0.16	0.14	0.19	0.13	0.16	0.17

注：光面钢筋系指HPB级钢筋，其末端应做180°弯钩，弯后平直段长度不应小于3 d，但作受压钢筋时可不做弯钩；带肋钢筋系指HRB335级、HRB400级及RRB400级余热处理钢筋。

当符合下列条件时，计算的锚固长度应进行修正：

(1)当HRB335、HRB400和RRB400级钢筋的直径大于25 mm时，其锚固长度应乘以修正系数1.1。

(2)HRB335、HRB400和RRB400级的环氧树脂涂层钢筋，其锚固长度应乘以修正系数1.25。

(3)当钢筋在混凝土施工过程中易受扰动(如滑模施工)时，其锚固长度应乘以修正系数1.1。

(4)当HRB335、HRB400和RRB400级钢筋在锚固区的混凝土保护层厚度大于钢筋直径的3倍且配有箍筋时，其锚固长度可乘以修正系数0.8。

(5)除构造需要的锚固长度外，当纵向受力钢筋的实际配筋面积大于其设计计算面积时，如有充分依据和可靠措施，其锚固长度可乘以设计计算面积与实际配筋面积的比值。但对有抗震设防要求及直接承受动力荷载的结构构件，不得采用此项修正。

(6)当采用骤然放松预应力钢筋的施工工艺时，先张法预应力钢筋的锚固长度应从距构件末端$0.25l_{tr}$处开始计算，此处l_{tr}为预应力传递长度。

2. 当HRB335级、HRB400级和RRB400级纵向受拉钢筋末端采用机械锚固措施时，包括附加锚固端头在内的锚固长度可取锚固长度的70%。

采用机械锚固措施时，锚固长度范围内的箍筋不应少于3个，其直径不应小于纵向钢筋直径的25%，其间距不应大于纵向钢筋直径的5倍。当纵向钢筋的混凝土保护层厚度不小于钢筋公称直径的

5 倍时,可不配置上述箍筋。

3. 当计算中充分利用纵向钢筋的抗压强度时,其锚固长度不应小于上述第 1 条规定的受拉锚固长度的 70%。

4. 对承受重复荷载的预制构件,应将纵向非预应力受拉钢筋末端焊接在钢板或角钢上,钢板或角钢应可靠地锚固在混凝土中。钢板或角钢的尺寸应按计算确定,其厚度不宜小于 10 mm。

第三节　钢筋的最小搭接长度

1. 纵向受拉钢筋的锚固长度应符合表 3-2 的规定。如需修正,应根据钢筋锚固中相关条文调整。

表 3-2　纵向受拉钢筋的锚固长度附

钢筋类型		混凝土强度等级					
		C15	C20	C25	C30	C35	≥C40
光圆钢筋	HPB335 级	37 d	31 d	27 d	24 d	22 d	20 d
带肋钢筋	HRB335 级	46 d	39 d	34 d	30 d	27 d	25 d
	HRB400 级、RRB400 级	—	46 d	40 d	36 d	33 d	30 d

2. 当纵向受拉钢筋搭接接头面积百分率不大于 25% 时,其最小搭接长度应按表 3-2 中的数值乘以系数 1.2 取用;当接头面积百分率大于 25%,但不大于 50% 时,应按表 3-2 中的数值乘以系数 1.4 取用;当接头面积百分率大于 50% 时,应按表 3-2 中的数值乘以系数 1.6 取用。两根直径不同钢筋的搭接长度,以较细钢筋的直径计算。

3. 在任何情况下,受拉钢筋的搭接长度不应小于 300 mm。纵向受压钢筋搭接时,其最小搭接长度应根据上述条款确定相应数值后,乘以 0.7 取用。在任何情况下,受压钢筋的搭接长度不应小于 200 mm。

第四节　钢筋绑扎技术

钢筋绑扎技术适用于外板内模、外砖内模、全现浇等结构形式的剪力墙钢筋绑扎。

一、施工准备

(一)技术准备

1. 熟悉图纸,钢筋下料、成型完毕并经检验合格。

2. 标出钢筋位置线。

3. 做好技术交底。

(二)材料要求

根据设计要求,工程所用钢筋种类、规格必须符合要求,并经检验合格。钢筋及半成品符合设计及规范要求。

钢筋绑扎用的铁丝可采用20~22号铁丝(火烧丝)或镀锌铁丝(铅丝),其中22号铁丝只用于绑扎直径12 mm以下的钢筋。

(三)主要机具

钢筋钩子、撬棍、钢筋扳子、绑扎架、钢丝刷子、钢筋运输车、石笔、墨斗、尺子等。

(四)作业条件

1. 检查钢筋的出厂合格证,按规定进行复试,并经检验合格后方能使用;网片应有加工合格证并经现场检验合格;加工成型的钢筋应符合设计及规范要求,钢筋无老锈及油污。

2. 钢筋或点焊网片应按现场施工平面布置图中的指定位置堆放,网片立放时应有支架,平放时应垫平,垫木应上下对正,吊装时应使用网片架。

3. 钢筋外表面如有铁锈时,应在绑扎前清除干净,锈蚀严重的钢筋不得使用。

4. 外砖内模工程必须先砌完外墙。

5. 绑扎钢筋的地点已清理干净。

6. 墙身、洞口位置线已弹好,预留钢筋处的松散混凝土已剔凿干净。

二、关键要求

(一)材料的关键要求

1. 施工现场所用材料的材质、规格应和设计图纸一致,材料代用应征得设计、监理、建设单位的同意。

2. 关键焊接网宜采用LL550级冷轧带肋钢筋制作,也可采用LG510级冷拔光面钢筋制作。

(二)技术的关键要求

1. 剪力墙钢筋绑扎时应注意先后顺序,特别是剪力墙里有暗梁、暗柱时。

2. 剪力墙钢筋的搭接应符合设计要求。

(三)质量的关键要求

施工应注意下列质量问题,妥善解决,达到质量要求:

1. 水平筋的位置、间距不符合要求:墙体绑扎钢筋时应搭设高凳或简易脚手架,确保水平筋位置准确。

2. 下层伸出的墙体钢筋和竖向钢筋绑扎不符合要求:绑扎时应先将下层伸出的钢筋调直理顺,然后再绑扎或焊接。若下层伸出的钢筋位移较大时,应征得设计同意后进行处理。

3. 门窗洞口加强筋的位置、尺寸不符合要求:应在绑扎前根据洞口边线调整加强筋位置,绑扎加强筋时应吊线找正。

4. 剪力墙水平筋锚固长度不符合要求：认真学习图纸。在拐角、十字结节、墙端、连梁等部位钢筋的锚固应符合设计要求。

(四) 职业健康安全的关键要求

1. 各类操作人员应进行职业健康安全教育培训，并培训合格后方可上岗操作。

2. 配备必要的安全防护装备（安全帽、安全带、防滑鞋、手套、工具袋等）并正确使用。

3. 项目主要工种应有相应的安全技术操作规程，特种作业人员应先培训后持证上岗。

(五) 环境的关键要求

1. 应根据工程特点、施工工艺、作业条件、队伍素质等编制有针对性的安全防护措施，列出工程威胁点，分析危险源，明确安全作业注意事项。

2. 严格执行安全技术交底工作，按“施工组织设计”及“施工方案”的要求进行细化和补充，将操作者的安全注意事项讲明、讲清。

3. 施工作业应有可靠的安全操作环境。

三、施工工艺

(一) 剪力墙钢筋现场绑扎

1. 工艺流程：弹墙体线→剔凿墙体混凝土浮浆→修理预留搭接筋→绑扎竖向筋→绑扎横筋→绑拉筋或支撑筋。

2. 操作工艺。

(1) 将预留钢筋调直理顺，并将表面砂浆等杂物清理干净。先立 2 ~ 4 根纵向筋，并画好横筋分档标志，然后于下部及齐胸处绑 2 根定位水平筋，并在横筋上画好分档标志，然后绑其余纵向筋，最后绑其余横筋。如剪力墙中有暗梁、暗柱时，应先绑暗梁、暗柱再绑周围横筋。

(2) 剪力墙钢筋绑扎完后，把垫块或垫圈固定好确保钢筋保护层的厚度。纵向钢筋的最小保护层厚度如表 3-3 所示。

表 3-3　剪力墙纵向受力钢筋的混凝土保护层最小厚度

环境类别		混凝土强度		
		≤C20	C25 ~ C45	≥C50
一		15	15	15
二	A	—	20	20
	B	—	25	20
三		—	30	25

注：1. 剪力墙中分布筋的保护层厚度不应小于本表相应数值减 10 mm，且不应小于 10 mm。预应力钢筋保护层厚度不应小于 15 mm。

2. 混凝土结构的环境类别，见表 3-4。

表 3-4　混凝土结构的环境类别

环境类别		条件
一		室内正常环境
二	A	室内潮湿环境；非严寒和非寒冷地区的露天环境；与无侵蚀性的水或土壤直接接触的环境
	B	严寒和寒冷地区的露天环境；与无侵蚀性的水或土壤直接接触的环境
三		使用除冰盐的环境；严寒和寒冷地区冬季水位变动的环境；滨海室外环境
四		海水环境
五		受人为或自然的侵蚀性物质影响的环境

(3)剪力墙的纵向钢筋每段钢筋长度不宜超过 4 m(钢筋的直径≤12 mm)或 6 m(直径 >12 mm)，水平段每段长度不宜超过 8 m，以利绑扎。

(4)剪力墙的钢筋网绑扎。全部钢筋的相交点都要扎牢，绑扎时相邻绑扎点的铁丝扣成八字形，以免网片歪斜变形。

(5)为控制墙体钢筋保护层厚度，宜采用比墙体竖向钢筋大一型号的钢筋梯子凳，在原位代替墙体钢筋，间距 1 500 mm 左右剪力墙水平分布钢筋的搭接长度不应小于 $1.2l_a$(l_a 为钢筋锚固长度)。同排水平分布钢筋的搭接接头之间及上、下相邻水平分布钢筋的搭接接头之间沿水平方向的净间距不宜小于 500 mm。若搭接采用焊接时，应符合《钢筋焊接及验收规程》(JGJ 18—2012)的规定。

(6)剪力墙竖向分布钢筋可在同一高度搭接，搭接长度不应小于 $1.2l_a$。

(7)剪力墙分布钢筋的锚固：剪力墙水平分布钢筋应伸至墙端，并向内水平弯折 $10d$ 后截断，其中 d 为水平分布钢筋直径。

当剪力墙部有翼墙或转角墙时，内墙两侧的水平分布筋和外墙内侧的水平分布钢筋应伸至翼墙或转角墙外边，并分别向两侧水平弯折后截断，其水平弯折长度不宜小于 $15d$。在转角墙处，外墙外侧的水平分布筋应在墙端外角处弯入翼墙，并与翼墙外侧水平分布钢筋搭接。搭接长度为 $1.2l_a$。

带边框的剪力墙，其水平和竖向分布筋宜分别贯穿柱、梁或锚固在柱、梁内。

(8)剪力墙洞口连梁应沿全长配置箍筋，箍筋直径不宜小于 6 mm，间距不宜大于 150 mm。在顶层洞口连梁纵向钢筋伸入墙内的锚固长度范围内，应设置间距不大于 150 mm 的箍筋，箍筋直径与该连梁跨内的箍筋直径相同。同时，门窗洞边的竖向钢筋应按受拉钢筋锚固在顶层连梁高度范围内。

(9)混凝土浇筑前，对伸出的墙体钢筋进行修整，并绑一道临时横筋固定伸出筋的间距(甩筋的间距)。墙体混凝土浇筑时派专人看管钢筋，浇筑完后，立即对伸出的钢筋(甩筋)进行修整。

(10)外砖内模剪力墙结构，剪力墙钢筋与外砖墙连接：绑内墙钢筋时，先将外墙预留的拉结筋理顺，然后再与内墙钢筋连接绑牢。

(二)剪力墙采用预制焊接网片的绑扎

1. 工艺流程：弹墙体线→剔凿墙体混凝土浮浆→修整预留搭接筋→临时固定网片→绑扎根部钢筋→绑拉筋或支撑筋。

2. 操作工艺。

(1)将墙身处预留钢筋调直理顺，并将表面杂物清理干净。按图纸要求将网片就位，网片立起后用木方临时固定支牢。然后逐根绑扎搭接钢筋，在搭接部分和两端共绑3个扣，同时将门窗洞口处的加固筋也绑扎，要求位置准确。洞口处的偏移预留筋应作折弯（1∶6），弯折到正确位置并理顺，使门窗洞口处的加筋位置符合设计图纸的要求。若预留偏移过大或影响门窗洞口时，应在根部切除并在正确位置采用化学注浆法植筋。

（2）剪力墙中用焊接网作分布钢筋时可按一楼层为一个竖向单元。其竖向搭接可设在楼层面之上，搭接长度不应小于1.2倍，且不应小于400 mm。在搭接的范围内，下层的焊接网不设水平分布钢筋，搭接时应将下层网的竖向钢筋与上层网的钢筋绑扎固定。

（3）剪力墙结构的分布钢筋采用的焊接网，对一级抗震等级应采用冷轧带肋钢筋焊接网，对二级抗震等级宜采用冷轧带肋钢筋焊接网。

（4）当采用冷拔光面钢筋焊接网作剪力墙的分布筋时，其竖向分布筋未焊水平筋的上端应有垂直于墙面的90°弯钩，直钩长度为5～10d（d为竖向分布钢筋直径），且不应小于50 mm。

（5）墙体中钢筋焊接网在水平方向的搭接可采用平接法或附加钢筋扣接法，搭接长度应符合设计规定。若设计无规定，则应符合《钢筋焊接网混凝土结构技术规程》（JGJ 114—2014）中相关规定。

（6）钢筋焊接网在墙体端部的构造应符合下列规定：

①当墙体端部无暗柱或端柱时，可用现场绑扎的附加钢筋连接。附加钢筋（宜优先选用冷轧带肋钢筋）的间距宜与钢筋焊接网的水平钢筋的间距相同，其直径可按等强度设计原则确定，附加钢筋的锚固长度不应小于最小锚固长度。

②当墙体端部设有暗柱或端柱时，焊接网的水平钢筋可插入柱内锚固，该插入部分可不焊接竖向钢筋，其锚固长度对冷轧带肋钢筋应符合设计及规范规定；对冷拔光面钢筋宜在端头设置弯钩或焊接短筋，其锚固长度不应小于40d（对C20混凝土）或30d（对C30混凝土），且不应小于250 mm，并应采用铁丝与柱的纵向钢筋扎牢固。当钢筋焊接网设置在暗柱或端柱钢筋外侧时，应与暗柱或端柱钢筋有可靠的连接措施。

四、质量控制

（一）一般规定

1. 当钢筋的品种、级别或规格需做变更时，应办理设计变更文件。

2. 在浇筑混凝土之前，应进行钢筋隐蔽工程验收，其内容包括以下方面：

（1）纵向受力钢筋的品种、规格、数量、位置等。

（2）钢筋的连接方式、接头位置、接头数量、接头面积百分率等。

（3）箍筋、横向钢筋的品种、规格、数量、间距等。

（4）预埋件的规格、数量、位置等。

（二）原材料

1. 主控项目。

（1）钢筋进场时，应按现行国家标准《钢筋混凝土用钢　第2部分：热轧带肋钢筋》（GB 1499.2—2018）等的规定抽取试件做力学性能检验，其质量必须符合有关标准的规定。

检查数量:按进场的批次和产品的抽样检验方案确定。

检查方法:检查产品合格证、出厂检验报告和进场复验报告。

(2)对有抗震设防要求的结构,其纵向受力钢筋的性能应满足设计要求;当设计无具体要求时,对按一、二、三级抗震等级设计的框架和斜撑构件(含梯段)中的纵向受力钢筋应采用 HRB335E、HRB400E、HRB500E、HRBF335E、HRBF400E 或 HRBF500E 钢筋,其强度和最大力下总伸长率的实测值应符合下列规定:

①钢筋的抗拉强度实测值与屈服强度实测值不应小于 1.25。

②钢筋的屈服强度实测值与屈服强度标准值的比值不应大于 1.3。

③钢筋的最大力下总伸长率不应小于 9%。

检查数量:按进场的批次和产品的抽样检验方案确定。

检验方法:检查进场复验报告。

(3)当发现钢筋脆断、焊接性能不良或力学性能显著不正常等现象时,应对该批钢筋进行化学成分检验或其他专项检验。

检验方法:检查化学成分等专项检验报告。

2. 一般项目:钢筋应平直、无损伤,表面不得有裂纹、油污、颗粒状或片状老锈。检查数量:进场时和使用前全数检查。

检验方法:观察。

(三)钢筋加工

1. 主控项目。

(1)受力钢筋的弯钩和弯折应符合下列规定:

①HPB335 级钢筋末端应作 180°弯钩,其弯弧内直径不应小于钢筋直径的 2.5 倍,弯钩的弯钩平直部分长度不应小于钢筋直径的 3 倍。

②当设计要求钢筋末端需作 135°弯钩时,HRB335 级、HRB400 级钢筋的弯弧内直径不应小于钢筋直径的 4 倍,弯钩的弯后平直部分长度应符合设计要求。

③钢筋作不大于 90°的弯拆时,弯折处的弯弧内直径不应小于钢筋直径的 5 倍。

检查数量:按每工作班同一类型钢筋、同一加工设备抽查不应少于 3 件。

检验方法:钢尺检查。

(2)除焊接封闭环式箍筋外,箍筋的末端应作弯钩,弯钩形式应符合设计要求;当设计无具体要求时,应符合下列规定:

①箍筋弯钩弧内直径除应满足第 1 条规定外,还应不小于受力钢筋直径。

②箍筋弯钩的弯折角度:对一般结构,不应小于 90°;对有抗震等要求的结构,应为 135°。

③箍筋弯后平直部分长度:对一般结构,不宜小于箍筋直径的 5 倍;对有抗震等要求的结构,不应小于箍筋直径的 10 倍。

检查数量:按每工作班同一类型钢筋、同一加工设备抽查不应少于 3 件。

检验方法:钢尺检查。

2. 一般项目。

(1)钢筋调直宜采用机械方法,也可采用冷拉方法。当采用冷拉方法调直钢筋时,HPB 级钢筋的冷拉率不宜大于 4% ,HRB335 级、HRB400 级和 RRB400 级钢筋的冷拉率不宜大于 1% 。

检查数量:按每工作班同一类型钢筋、同一加工设备抽查不应少于 3 件。

检验方法:观察,钢尺检查。

(2)钢筋加工的形状、尺寸应符合设计要求,其偏差应符合表 3-5 的规定。

检查数量:按每工作班同一类型钢筋、同一加工设备抽查不应少于 3 件。

检验方法:钢尺检查。

表 3-5　钢筋加工的允许偏差

项目	允许偏差/mm
受力钢筋顺长度方向全长的净尺寸	±10
弯起钢筋的弯折位置	±20
箍筋内净尺寸	±5

(四)钢筋连接

1. 主控项目。

(1)纵向受力钢筋的连接方式应符合设计要求。

检查数量:全数检查。

检验方法:观察。

(2)在施工现场,应按国家现行标准《钢筋机械连接通用技术规程》(JGJ 107—2010)、《钢筋焊接及验收规程》的规定抽取钢筋机械连接接头、焊接接头试件做力学性能检验,其质量应符合有关规程的规定。

检查数量:按有关规程确定。

检验方法:检查产品合格证、接头力学性能试验报告。

2. 一般项目。

(1)钢筋的接头宜设置在受力较小处。同一纵向受力钢筋不宜设置两个或两个以上接头。接头末端到钢筋弯起点的距离不应小于钢筋直径的 10 倍。

检查数量:全数检查。

检验方法:观察,钢尺检查。

(2)在施工现场,应按国家现行标准《钢筋机械连接通用技术规程》《钢筋焊接及验收规程》的规定对钢筋机械连接接头、焊接接头的外观进行检查,其质量应符合有关规程的规定。

检查数量:全数检查。

检验方法:观察。

(3)当受力钢筋采用机械连接接头或焊接接头时,设置在同一构件内的接头宜相互错开。

纵向受力钢筋机械连接接头及焊接接头连接区段的长度为 $35d$(d 为纵向受力钢筋的较大直径)且不小于 500 mm,凡接头中点位于该连接区段长度内的接头均属于同一连接区段。同一连接区段内,纵向受力钢筋机械连接及焊接的接头面积百分率为该区段内有接头的纵向受力钢筋截面面积与全部纵向受力钢筋截面面积的比值。

同一连接区段内，纵向受力钢筋的接头面积百分率应符合设计要求；当设计无具体要求时，应符合下列规定：

①在受拉区不宜大于 50%。

②接头不宜设置在有抗震设防要求的框架梁端、柱端的箍筋加密区；当无法避开时，对等强度高质量机械连接接头，不应大于 50%。

③直接承受动力荷载的结构构件中，不宜采用焊接接头；当采用机械连接接头时，不应大于 50%。

检查数量：在同一检验批内，对梁、柱和独立基础，应抽查构件数量的 10%，且不少于 3 件；对墙和板，应按有代表性的自然间抽查 10%，且不少于 3 间；对大空间结构，墙可按相邻轴线间高度 5 m 左右划分检查面，板可按纵、横轴线划分检查面，抽查 10%，且均不少于 3 面。

检验方法：观察，钢尺检查。

(4)同一构件中相邻纵向受力钢筋的绑扎搭接接头宜相互错开。绑扎搭接接头中钢筋的横向净距不应小于钢筋直径，且不应小于 25 mm。

钢筋绑扎搭接接头连接区段的长度为 $1.3l_1$（l_1 为搭接长度），凡搭接接头中点位于连接区段长度的搭接接头均属于同一连接区段。同一连接区段内，纵向钢筋搭接接头面积百分率为该区段内有搭接接头的纵向受力钢筋截面面积与全部纵向受力钢筋截面面积的比值（图 3-4）。

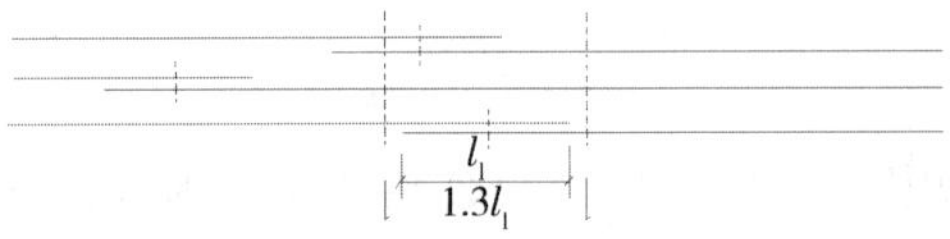

图 3-4　钢筋绑扎搭接接头连接区段及接头面积百分率

注：图中所示搭接接头同一连接区段内的搭接钢筋为两根，当各钢筋直径相同时，接头面积百分率为 33%。

同一连接区段内，纵向受拉钢筋搭接接头面积百分率应符合设计要求；当设计无具体要求时，应符合下列规定：

①对梁类、板类及墙类构件，不宜大于 25%。

②对柱类构件，不宜大于 50%。

③当工程中确有必要增大接头面积百分率时，对梁类构件不应大于 50%；对其他构件，可根据实际情况放宽。

纵向受力钢筋绑扎搭接接头的最小搭接长度应符合规范规定。

检查数量：在同一检验批内，对梁、柱和独立基础，应抽查构件数量的 10%，且不少于 3 件；对墙和板，应按有代表性的自然间抽查 10%，且不少于 3 间；对大空间结构，墙可按相邻轴线间高度 5 m 左右划分检查面，板可按纵、横轴线划分检查面，抽查 10%，且均不少于 3 面。

检验方法：观察，钢尺检查。

(5)在梁、柱类构件的纵向受力钢筋搭接长度范围内，应按设计要求配置箍筋。当设计无具体要求时，应符合下列规定：

①箍筋直径不应小于搭接钢筋较大直径的 0.25 倍。

②受拉搭接区段的箍筋间距不应大于搭接钢筋较小直径的5倍,且不应大于100 mm。

③受压搭接区段的箍筋间距不应大于搭接钢筋较小直径的10倍,且不应大于200 mm。

④当柱中纵向受力钢筋直径大于25 mm时,应在搭接接头两个端面外100 mm范围内各设置箍筋,其间距宜为50 mm。

检查数量:在同一检验批内,对梁、柱和独立基础,应抽查构件数量的10%,且不少于3件;对墙和板,应按有代表性的自然间抽查10%,且不少于3间;对大空间结构,墙可按相邻轴线间高度5 m左右划分检查面,板可按纵、横轴线划分检查面,抽查10%,且均不少于3面。

检验方法:观察,钢尺检查。

(五)钢筋安装

1. 主控项目。

(1)安装钢筋时,受力钢筋的品种、级别、规格和数量必须符合设计要求。

检查数量:全数检查。

检验方法:观察,钢尺检查。

2. 一般项目。

(1)钢筋安装位置的允许偏差和检验方法应符合表3-6的规定。

表3-6　钢筋安装位置的允许偏差和检验方法

项目			允许偏差/mm	检验方法
绑扎钢筋网	长、宽		±10	钢尺检查
	网眼尺寸		±15	钢尺量连续三档,取最大值
绑扎钢筋骨架	长		±10	钢尺检查
	宽、高		±5	钢尺检查
受力钢筋	间距		±10	钢尺量两端、中间各一点,取最大值
	排距		±5	
	保护层厚度	基础	±8	钢尺检查
		柱、梁	±5	钢尺检查
		板、墙、壳	±3	钢尺检查
绑扎钢筋、横向钢筋间距			±15	钢尺量连续三档,取最大值
钢筋弯起点位置			20	钢尺检查
预埋件	中心线位置		5	钢尺检查
	水平高差		+3,0	钢尺和塞尺检查

注:1. 检查预埋件中心线位置时,应沿纵、横两个方向量测,并取其中的较大值。

2. 表中梁类、板类构件上部纵向受力钢筋保护层厚度的合格点率应达到90%及以上,且不得超过表中数值1.5倍的尺寸偏差。

检查数量:在同一检验批内,对梁、柱和独立基础,应抽查构件数量的10%,且不少于3件;对墙和板,应按有代表性的自然间抽查10%,且不少于3间;对大空间结构,墙可按相邻轴线间高度5 m左右划分检查面，板可按纵、横轴线划分检查面，抽查10%，且均不少于3面。

五、成品保护

1. 绑扎箍筋时严禁碰撞预埋件，如碰动应按设计位置重新固定牢靠。

2. 应保证预埋电线管等位置准确，如发生冲突时，可将竖向钢筋沿平面左右弯曲，横向钢筋上下弯曲，绕开预埋管。但一定要保证保护层厚度，严禁任意切割钢筋。

3. 模板板面刷隔离剂时，严禁污染钢筋。

4. 各工种操作人员不准任意踩踏钢筋，掰动及切割钢筋。

六、安全环保措施

1. 钢筋加工机械的操作人员，应经过一定的机械操作技术培训，掌握机械性能和操作规程后，才能上岗。

2. 钢筋加工机械的电气设备，应有良好的绝缘性能并接地，每台机械必须一机一闸，并设漏电保护开关。机械转动的外露部分必须设有安全防护罩，在停止工作时应断开电源。

3. 钢筋加工机械使用前，应先空运转试车正常后，方能开始使用。

4. 钢筋冷拉时，冷拉场地两端不准站人，不得在正在冷拉的钢筋上行走，操作人员进入安全位置后，方可进行冷拉。

5. 使用钢筋弯曲机时，操作人员应站在钢筋活动端的反方向，弯曲400 mm的短钢筋时，要防止钢筋弹出。

6. 粗钢筋切断时，冲切力大，应在切断机口两侧机座上安装两个角钢挡杆，防止钢筋摆动。

7. 在焊机操作棚周围，不得放易燃物品，在室内进行焊接时，应保持良好的环境。

8. 搬运钢筋时，要注意前后方向有无碰撞危险或被钩挂料物，特别要避免碰刷周围和上下方向的电线。

9. 安装悬空结构钢筋时，必须站在脚手架上操作，不得站在模板上或支撑上安装。

10. 现场施工的照明电线及混凝土振动器线路不准直接挂在钢筋上，如确实需要，应在钢筋上加设横担木，把电线挂在横担木上，如采用行灯时，电压不得超过36 V。

11. 起吊或安装钢筋时，要和附近的高压线路或电源保持一定的安全距离，在钢筋林立的场所，雷雨时不准操作和站人。

12. 废旧钢筋头应及时清理，保持工完场清；钢筋焊接时应有遮光措施，避免造成光污染。

第四章　钢筋连接技术

第一节　电弧焊接技术

钢筋电弧焊是以焊条作为一级，钢筋作为另一级，利用焊接电流通过产生的电弧高温，集中热量熔化钢筋端面和焊条末端，使焊条金属过渡到熔化的焊缝内，金属冷却凝固后，便形成焊接接头。

一、特点及适用范围

本工艺无须特殊设备，操作工艺简单，技术易于掌握，可用于各种形状钢筋和工作场所的焊接，质量可靠，施工费用较低。

本焊接工艺适用于工业与民用建筑钢筋混凝土中直径不大于 40 mm 的 HPB335、HRB335、HRB400 级钢筋的电弧焊接。

二、施工准备

(一)技术准备

1. 操作工人必须持证上岗。

2. 准备工程所需的图纸、规范、标准等技术资料，并确定其是否有效。

3. 做好施工技术、安全交底。

(二)材料要求

1. 钢筋：各种级别、规格的钢筋，应有出厂合格证和试验报告；品种和性能应符合有关标准和规范的规定。对于进口钢筋，如没有化学性能试验报告，经检验合格后，方能使用。

2. 焊条:牌号应符合设计要求,并应按焊条说明书的要求进行烘焙后使用(焊接前一般在150～350 ℃烘箱内烘干)。

(三)主要机具设备

主要机械设备:弧焊机,分为直流和交流两类。交流弧焊机常用型号有BX－120－1、BX－300、BX－500－2和BX－1000等。直流弧焊机常用型号有:AX－165、AX－300－1、AX－320、AX－300、AX－500等,根据焊接要求选用。

主要工具:焊把、胶皮电焊线等。

(四)作业条件

1. 焊工经培训、考核后可持证上岗。

2. 电源、电压、电流、容量符合施焊要求。

3. 弧焊机等机具设备完好,经维修试用,或满足施焊要求。

三、施工工艺

1. 焊接前须清除钢筋表面的铁锈、熔渣、毛刺残渣及其他杂质等。

2. 焊接接头型式分为帮条焊、搭接焊、坡口焊、熔槽焊、窄间焊五种接头形式。焊接时应符合下列要求:

(1)应根据钢筋级别、直径、接头形式和焊接位置,选择焊条、焊接工艺和焊接参数。

(2)焊接时,引弧应在垫板、帮条或形成焊缝的部位进行,不得烧伤主筋。

(3)焊接地线与钢筋应接触紧密。

(4)焊接过程中应及时清渣,焊缝表面应光滑,焊缝余高应平缓过渡,弧坑应填满。

3. 焊条的选用应符合设计要求,若设计未做规定,可参考表4-1选用。重要结构中钢筋的焊接应采用低氢型碱性焊条并应按说明书的要求进行烘焙后使用。

表4-1　钢筋电弧焊焊条牌号

钢筋级别	电弧焊接头形式			
	帮条焊搭接焊	坡口焊熔槽帮条焊、预埋件穿孔塞焊	窄间隙焊	钢筋与钢板搭接焊预埋件T型角焊
Ⅰ	E4303	E4303	E4316、E4315	E4303
Ⅱ	E4303	E5003	E5016、E5015	E4303
Ⅲ	E5003	E5503	E6016、E6016	—

4. 施工时应选择合适的工艺参数，可参考表4-2选择焊条直径和焊接电流。

表4-2　焊条直径和焊接电流选择

搭接焊、帮条焊				坡口焊			
焊接位置	钢筋直径/mm	焊条直径/mm	焊接电流/A	焊接位置	钢筋直径/mm	焊条直径/mm	焊接电流/A
平焊	10～12	3.2	90～130	平焊	16～20	3.2	140～170
	14～22	4	130～180		22～25	4	170～190
	25～32	5	180～230		28～32	5	190～220
	36～40	5	190～240		36～40	5	200～230
立焊	10～12	3.2	80～110	立焊	16～20	3.2	120～150
	14～22	4	110～150		22～25	4	150～180
	25～32	4	120～170		28～32	4	180～200
	36～40	5	170～220		36～40	5	190～210

5. 帮条焊和搭接焊：帮条焊和搭接焊的规格与尺寸，见钢筋焊接一般规定中的钢筋焊接方法分类及适用范围。当不能进行双面焊时，可采用单面焊。当帮条级别与主筋相同时，帮条直径可与主筋相同或低一个级别。

(1)施焊时，钢筋的装配与定位应符合下列要求：

①采用帮条焊时，两主筋端面之间的间隙应为2～5 mm。

②采用搭接焊时，焊接端钢筋应预弯，并应使两钢筋的轴线在同一直线上。

③帮条和主筋之间应采用四点定位焊固定[图4-1(a)]；搭接焊时，应采用两点固定[图4-1(b)]；定位焊缝与帮条端部或搭接端部的距离应大于或等于20 mm。

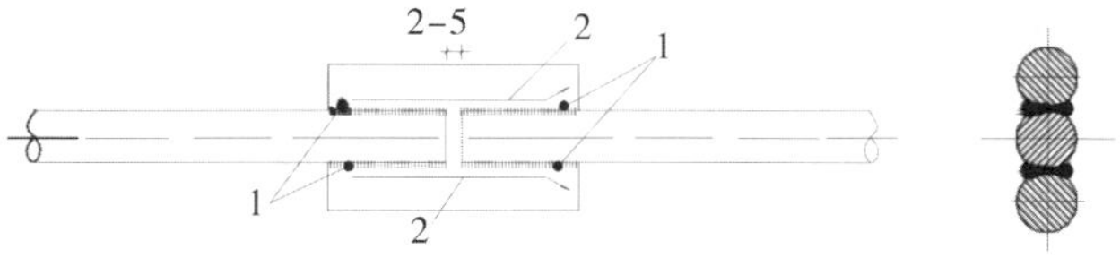

(a)帮条焊

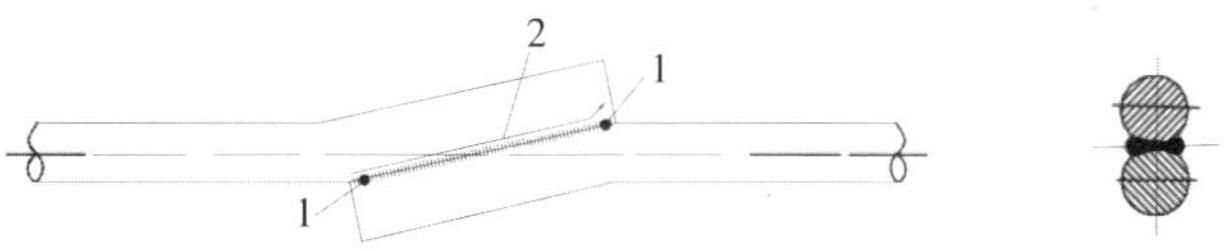

(b)搭接焊

1—定位焊缝；2—弧坑拉出方位。

图4-1　帮条焊与搭接焊的定位

(2)施焊时，应在帮条焊或搭接焊形成焊缝中引弧；在端头收弧前应填满弧坑，并应使主焊缝与定位焊缝的始端和终端熔合。

(3)帮条焊或搭接焊的焊缝厚度(h)不应小于主筋直径的30%，焊缝宽度(b)不应小于主筋直径的70%(图4-2)。

(4)钢筋与钢板搭接焊时，搭接长度见钢筋焊接一般规定中的钢筋焊接方法分类及适用范围。焊缝宽度不得小于钢筋直径的 50%，焊缝厚度不得小于钢筋直径的 35%。

6. 预埋件电弧焊：预埋件 T 字接头电弧焊分为贴角焊和穿孔塞焊两种(图 4-3)。

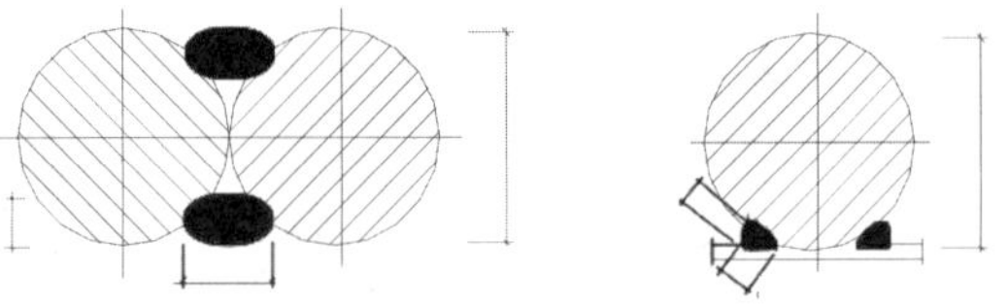

(a)钢筋接头　　(b)钢筋与钢板接头

图 4-2　焊接尺寸图

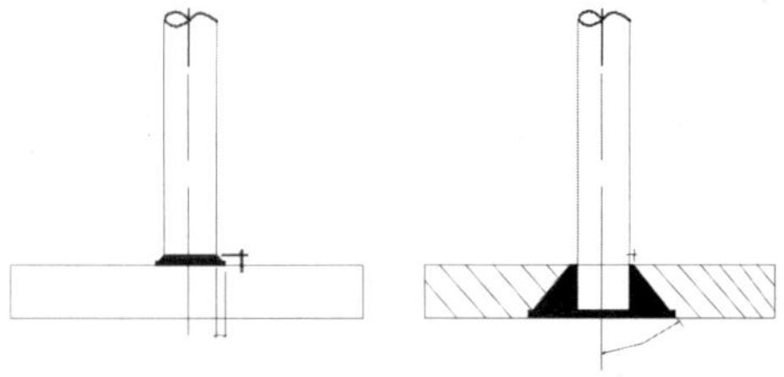

(a)贴角焊焊　　(b)穿孔塞焊

4-3　预埋件电弧焊 T 字接头

采用贴角焊时，焊缝的焊脚 K：对 HPB335 级钢筋不得小于 0.5d，对 HRB335 级钢筋不得小于0.6d(d 为钢筋直径)。

采用穿孔塞焊时，钢板的孔洞应做成喇叭口，其内口直径应比钢筋直径大 4 mm，倾斜角度为 45°，钢筋缩进 2 mm。

施焊中，电流不宜过大，不得使钢筋咬边和烧伤。

7. 剖口焊。

(1)施焊前的准备工作应符合下列要求：

①钢筋坡口面应平顺，切口边缘不得有裂纹、钝边和缺棱。

②钢筋坡口平焊时，V 形坡口角度宜为 55° ~ 65°；坡口立焊时，坡口角度为 40° ~ 55°，其中下钢筋为 0° ~ 10°，上钢筋为 35° ~ 45°。

③钢垫板的长度宜为 40 ~ 60 mm，厚度宜为 4 ~ 6 mm；坡口平焊时，垫板宽度应为钢筋直径加 10 mm；立焊时，垫板宽度宜等于钢筋直径。

④钢筋根部间隙，坡口平焊时宜为 4 ~ 6 mm；立焊时，宜为 3 ~ 5 mm；其最大间隙均不宜超过 10 mm。

(2)剖口焊工艺应符合下列要求：

①焊缝根部、坡口端面及钢筋与钢板之间均应熔合。焊接过程中应经常清渣。钢筋与钢垫板之间应加焊 2 ~ 3 层侧面焊缝。

②宜采用几个接头轮流进行施焊。

③焊缝的宽度应大于 V 形坡口的边缘 2 ~ 3 mm，焊缝余高不得大于 3 mm，并宜平缓过渡至钢筋表面。

④当发现接头中有弧坑、气孔及咬边等缺陷时，应立即补焊。HRB400 级钢筋接头冷却后补焊时，应采用氧乙炔焰预热。

8. 熔槽帮条焊：熔槽帮条焊的规格与尺寸见钢筋焊接一般规定中的钢筋焊接方法分类及适用范围。焊接时应加角钢作垫板模。角钢的边长宜为 40 ~ 60 mm，长度宜为 80 ~ 100 mm。其焊接工艺应符合下列要求：

(1)钢筋端头应加工平整，两根钢筋端面的间隙应为 10 ~ 16 mm。

(2)从接缝处垫板引弧后应连续施焊,并应使钢筋端头熔合,防止未焊接、气孔或夹渣。

(3)焊接过程中应停焊渣一次,焊平后再进行焊缝余高的焊接,其高度不得大于 3 mm。

(4)钢筋与角钢垫板之间应加焊侧面焊缝 1 ~3 层,焊缝应饱满,表面应平整。

9. 装配式框架结构的安装中,钢筋焊接应符合下列要求:

(1)柱间节点采用坡口焊时,当主筋根数为 14 根及以下,钢筋从混凝土表面伸出的长度不应小于 250 mm;当主筋为 14 根以上时,钢筋的伸出长度不应小于 350 mm。采用搭接焊时其伸出长度宜增架。

(2)两钢筋轴线偏移时,宜采用冷弯矫正,但不得用锤敲打。当冷弯矫正有困难时,可采用氧乙炔焰加热后矫正,钢筋加热部位的温度不应大于 850 ℃。

(3)焊接中应选择焊接顺序,对于柱间节点,可由 2 名焊工对称焊接。

四、质量控制

(一)主控项目

1. 钢筋的牌号和质量必须符合设计要求和有关标准的规定。

检验数量:全数检查。

检验方法:检查出厂证明书和试验报告单。

2. 钢筋的规格,焊接接头的位置,同一区段内有接头钢筋面积的百分比,必须符合设计要求和施工规范的规定。

检验数量:全数检查。

检验方法:观察或尺量检查。

3. 钢筋电弧焊接头的质量检验应按《钢筋焊接及验收规程》的规定抽取钢筋焊接接头做力学性能检验,其质量应符合有关规程的规定。

检验数量:采用抽样试验的方法。在一般构筑物中,应从成品中每批随机切取 3 个接头进行拉伸试验;在装配式结构中,可按生产条件制作模拟试件;在工厂焊接条件下,以 300 个同接头型式、同钢筋级别的接头作为一批;在现场安装条件下,每一至二楼层中以 300 个同接头型式、同钢筋级别的接头作为一批;不足 300 个时,仍作为一批。接头拉伸试验结果应符合下列要求:

(1)3 个热轧钢筋接头试件的抗拉强度均不得小于该级别钢筋规定的抗拉强度;余热处理Ⅲ级钢筋接头试件的抗拉强度均不得小于热轧Ⅲ级钢筋抗拉强度 570 MPa。

(2)3 个接头试件均应断于焊缝之外,并至少有 2 个试件呈延性断裂。

当试验结果中,有 1 个试件的抗拉强度小于规定值,或有 1 个试件断于焊缝,或有 2 个试件发生脆性断裂时,应再取 6 个试件进行复验。复验结果中当有 1 个试件抗拉强度小于规定值,或有 1 个试件断于焊缝,或有 3 个试件呈脆性断裂时,应确认该批接头为不合格品。

检验方法:检查合格证、接头力学性能试验报告。

(二)一般项目

1. 钢筋电弧焊接头应进行外观检查,并应符合下列规定:

(1)焊缝表面应平整,不得有凹陷或焊瘤。

(2)焊接接头区域不得有裂纹。

(3)咬边深度、气孔、夹渣等缺陷允许值及接头尺寸的允许偏差,应符合表4-3的规定。

表4-3　钢筋电弧焊接头尺寸偏差及缺陷允许值

<table>
<tr><th rowspan="2">项</th><th rowspan="2" colspan="2">名称</th><th rowspan="2">单位</th><th colspan="3">接头型式</th></tr>
<tr><th>帮条焊</th><th>搭接焊</th><th>坡口焊、窄间隙焊、熔槽帮条焊</th></tr>
<tr><td>1</td><td colspan="2">帮条沿接头中心线的纵向偏移</td><td>mm</td><td>$0.5d$</td><td>—</td><td>—</td></tr>
<tr><td>2</td><td colspan="2">接头处弯折角</td><td>(°)</td><td>4</td><td>4</td><td>4</td></tr>
<tr><td rowspan="2">3</td><td colspan="2" rowspan="2">接头处钢筋轴线的偏移</td><td rowspan="2">mm</td><td>$0.1d$</td><td>$0.1d$</td><td>$0.1d$</td></tr>
<tr><td>3</td><td>3</td><td>3</td></tr>
<tr><td>4</td><td colspan="2">焊缝厚度</td><td>mm</td><td>$^{+0.05d}_{0}$</td><td>$^{+0.05d}_{0}$</td><td>—</td></tr>
<tr><td>5</td><td colspan="2">焊缝宽度</td><td>mm</td><td>$^{+0.1d}_{0}$</td><td>$^{+0.1d}_{0}$</td><td>—</td></tr>
<tr><td>6</td><td colspan="2">焊缝隙长度</td><td>mm</td><td>$-0.5d$</td><td>$-0.5d$</td><td>—</td></tr>
<tr><td>7</td><td colspan="2">横向咬边深度</td><td>mm</td><td>0.5</td><td>0.5</td><td>0.5</td></tr>
<tr><td rowspan="2">8</td><td rowspan="2">在长 $2d$ 焊缝表面上的气孔及夹渣</td><td>数量</td><td>个</td><td>2</td><td>2</td><td>—</td></tr>
<tr><td>面积</td><td>mm^2</td><td>6</td><td>6</td><td>—</td></tr>
<tr><td rowspan="2">9</td><td rowspan="2">在全部焊缝表面上的气孔及夹渣</td><td>数量</td><td>个</td><td>—</td><td>—</td><td>2</td></tr>
<tr><td>面积</td><td>mm^2</td><td>—</td><td>—</td><td>6</td></tr>
</table>

(4)拔口焊、熔槽帮条焊和窄间隙焊接头的焊缝余高不得大于3 mm。外观检查不合格的接头,经修整或补强后可提交二次验收。

检查数量:全数检查。

检查方法:观察,量测。

五、成品保护

1. 焊接接地线应与钢筋接触良好,防止因起弧而烧伤钢筋。

2. 焊接后不得往焊完的接头浇水冷却,不得敲钢筋接头。

3. 运输装卸焊接钢筋,不能随意抛掷。

六、安全环保措施

1. 焊工操作时应穿电焊工作服、绝缘鞋和戴电焊手套、防护面罩等安全防护用品，高空作业必须系安全带。

2. 电焊作业现场周围 10 m 范围内不得堆放易燃易爆物品，焊接施工场所不能使用易燃材料搭设。

3. 露天放置的焊机应有遮盖措施，弧焊机必须接地良好，确认安全合格方可作业。

4. 焊接用电线应保持绝缘良好，焊条应保持干燥。

5. 大雨天应禁止作业，在冬期 -20 ℃以下低温应停止施工。

七、施工注意事项

1. 根据钢筋级别、直径、接头形式和焊接位置，选择适宜的焊条直径和焊接电流，保证焊缝与钢筋熔合良好。

2. 焊接要注意保持焊条干燥，如受潮应先在 150 ~ 350 ℃下烘 1 ~ 3 h。

3. 钢筋电弧焊接应注意防止钢筋的焊后变形，应采取对称、等速施焊，分层轮流施焊，选择合理的焊接顺序，缓慢冷却等措施，减少变形。

4. 冬期负温条件下进行 HRB335、HRB400 级钢筋焊接时，应加大焊接电流（较夏季增大 10% ~ 15%），减缓焊接速度，使焊件减小温度梯度并延缓冷却。同时从焊件中部起弧，逐渐向端部运弧，或在中间先焊一段短焊缝，以使焊件预热，减小温度梯度。

5. 焊接过程中若发现接头有弧坑、未填满、气孔及咬边、焊瘤等质量缺陷时，应立即修整补焊。HRB400 级钢筋接头冷却后补焊，需先用氧乙炔焰预热。

第三节　钢筋焊接一般规定

钢筋焊接方法分类及适用范围见表 4-4。钢筋焊接质量检验应符合行业标准《钢筋焊接及验收规程》和《钢筋焊接接头试验方法标准》（JGJ/T 27—2014）的规定。

表 4-4　钢筋焊接方法分类及适用范围

焊接方法	接头型式	适用范围	
		钢筋级别	钢筋直径/mm
电阻点焊	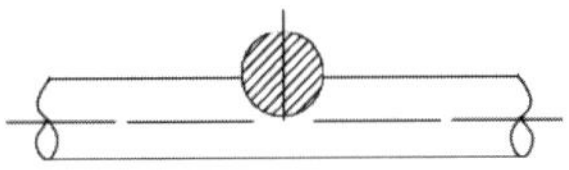	HPB335 级、HRB335 级 冷轧带肋钢筋 冷拔光圆钢筋	6 ~ 14 5 ~ 12 4 ~ 5

（续表）

焊接方法		接头型式	适用范围 钢筋级别	 钢筋直径/mm
闪光对焊		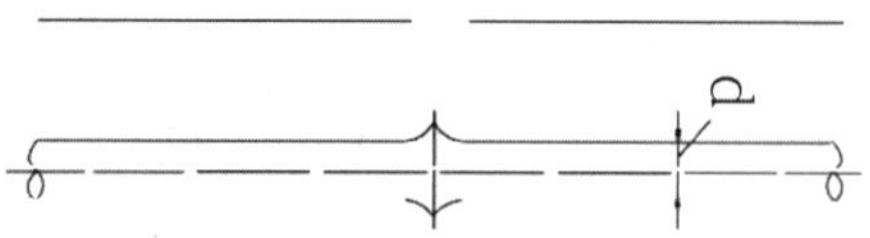	HPB335 级、HRB335 级及 HRB400 级 RRB400 级	10～40 10～25
电弧焊	帮条双面焊	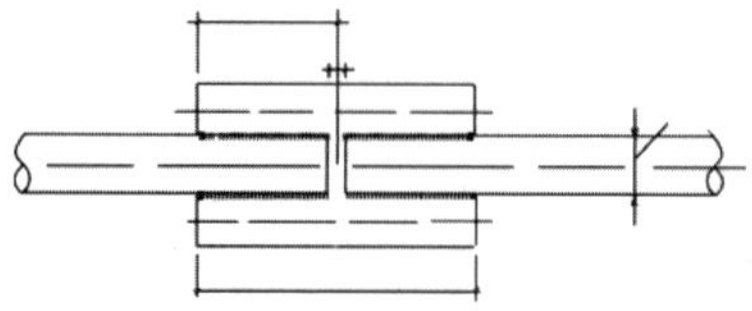	HPB335 级、HRB335 级及 HRB400 级 RRB400 级	10～40 10～25
	帮条单面焊	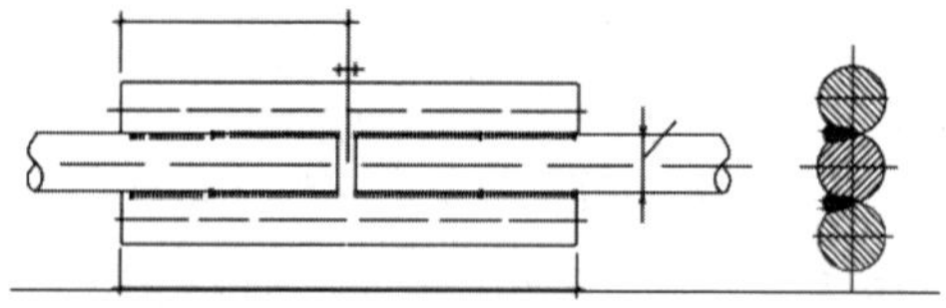	HPB335 级、HRB335 级及 HRB400 级 RRB400 级	10～40 10～25
	搭接双面焊	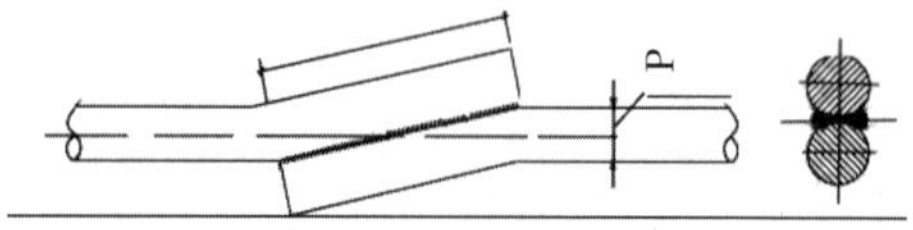	HPB335 级、HRB335 级及 HRB400 级 RRB400 级	10～40 10～25
	搭接单面焊	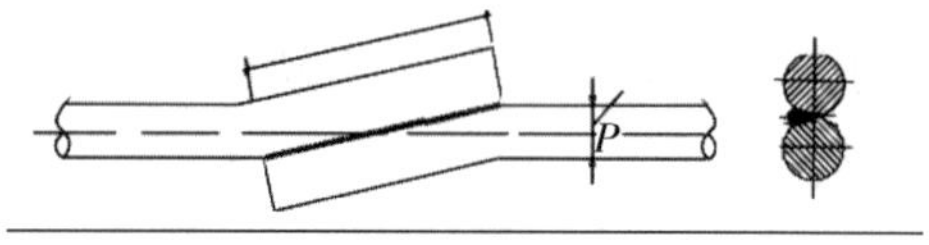	HPB335 级、HRB335 级及 HRB400 级 RRB400 级	10～40 10～25
	熔槽帮条焊	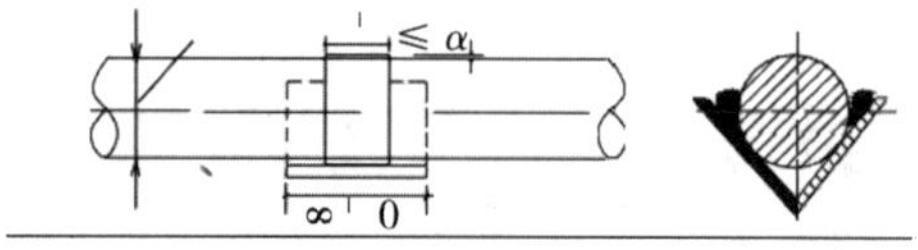	HPB335 级、HRB335 级及 HRB400 级 RRB400 级	20～40 20～25
	剖口平焊	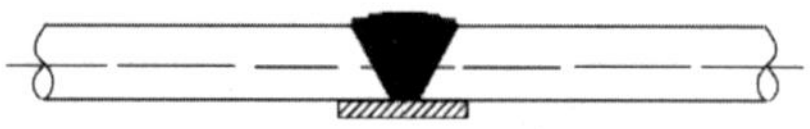	HPB335 级、HRB335 级及 HRB400 级 RRB400 级	18～40 18～25
	剖口立焊	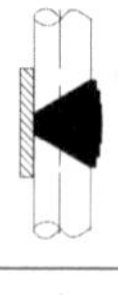	HPB335 级、HRB335 级及 HRB400 级 RRB400 级	18～40 18～25
	预埋件角焊	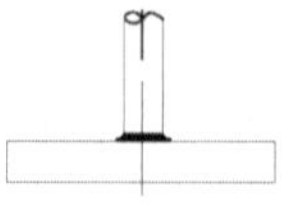	HPB335 级、HRB335 级	6～25
电渣压力焊			HPB335 级、HRB335 级	14～40

（续表）

焊接方法	接头型式	适用范围	
		钢筋级别	钢筋直径/mm
气压焊	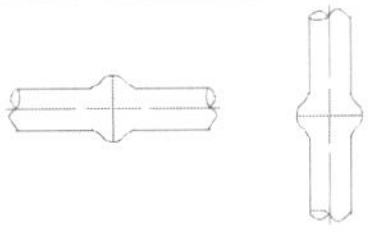	HPB335 级、HRB335 级 HRB400 级	14～40
预埋件埋弧压力焊	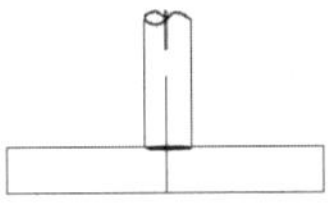	HPB335 级、HRB335 级	6～25

注：1. 表中的帮条或搭接长度值，不带括弧的数值用于 HPB335 级钢筋，括号中的数值用于 HRB335 级、HRB400 级及 RRB400 级钢筋。

2. 电阻电焊时，适用范围内的钢筋直径系指较小钢筋的直径。

钢筋焊接的一般规定如下：

1. 电渣压力焊应用于柱、墙、烟囱等现浇混凝土结构中竖向受力钢筋的连接；不得用于梁、板等构件中水平钢筋的连接。

2. 在工程开工或每批钢筋正式焊接前，应进行现场条件下的焊接性能试验。合格后方可正式生产。

3. 钢筋焊接施工之前，应清除钢筋或钢板焊接部位和与电极接触的钢筋表面上的锈斑、油污、杂物等；钢筋端部若有弯折、扭曲时，应予以矫直或切除。

4. 进行电阻点焊、闪光对焊、电渣压力焊或埋弧压力焊时，应随时观察电源电压的波动情况。对于电阻点焊或闪光对焊，当电源电压下降大于5%、小于8%时，应采取提高焊接变压器级数的措施；当大于或等于8%时，不得进行焊接。对于电渣压力焊或埋弧压力焊，当电源电压下降大于5%时，不宜进行焊接。

5. 对从事钢筋焊接施工的班组及有关人员应经常进行安全生产教育，并应制订和实施安全技术措施，加强焊工的劳动保护，防止发生烧伤、触电、火灾、爆炸及烧坏焊接设备等事故。

6. 焊机应经常维护保养和定期检修，确保正常使用。

第三节　钢筋电渣压力焊技术

钢筋电渣压力焊是利用专用机具，通电使两根被焊接钢筋之间形成电弧和熔渣池，将钢筋端部熔化，然后施加压力使钢筋连接形成焊接接头。

一、特点及适用范围

电渣压力焊具有工艺简单、容易掌握、工作条件好、工效高、焊接速度快、质量可靠、节省钢材、费用较低等优点，但瞬时电流较大，需较大容量的变压器设备。

电渣压力焊适用于工业与民用建筑现浇钢筋混凝土结构中竖向或斜向(斜度在4:1范围内)、直径14～40 mm的HPB335、HRB335级(原Ⅰ、Ⅱ级)钢筋。

二、施工准备

(一)技术准备

编写焊接工艺,通过焊接试验选定焊接参数,对焊工进行技术、安全交底。

(二)材料要求

1. 钢筋:钢筋的级别、直径必须符合设计要求,有出厂证明书及复试报告单。进口钢筋还应有化学成分报告,且应满足焊接要求,并应有可焊性试验。

2. 焊剂。

(1)焊剂的性能应符合《埋弧焊用非合金及细晶粒钢实心焊丝、药芯焊丝和焊丝—焊剂组合分类要求》(GB 5293—2018)碳素钢埋弧焊用焊剂的规定。焊剂型号为HJ401,常用的为熔炼型高锰高硅低氟焊剂或中锰高硅低氟焊剂。

(2)焊剂应存放在干燥的库房内,防止受潮。如受潮,使用前须经250～300 ℃烘焙2 h。

(3)使用中回收的焊剂应除去熔渣和杂物,并应与新焊剂混合均匀后使用。

(4)焊剂应有出厂合格证。

(三)主要机具

1. 手工电渣压力焊设备包括焊接电源、控制箱、焊接夹具、焊剂罐等。

2. 自动电渣压力焊设备(应优先采用)包括焊接电源、控制箱、操作箱、焊接机头等。

3. 焊接电源:钢筋电渣压力焊宜采用次级空载电压较高(TSV以上)的交流或直流焊接电源。(一般32 mm直径及以下的钢筋焊接时,可采用容量为600A的焊接电源;32 mm直径及以上的钢筋焊接时,应采用容量为1 000A的焊接电源)当焊机容量较小时,也可以采用较小容量的同型号,同性能的两台焊机并联使用。

(四)作业条件

1. 焊工必须持有有效的焊工考试合格证。

2. 设备应符合要求。焊接夹具应有足够的刚度,在最大允许荷载下应移动灵活,操作方便。焊剂罐的直径与所焊钢筋的直径相适应,不致在焊接过程中烧坏。电压表、时间显示器应配备齐全,以便操作者准确掌握各项焊接参数。

3. 电源应符合要求。当电源电压下降大于5%,则不宜进行焊接。

4. 作业场地应有安全防护措施,制订和执行安全技术措施,加强焊工的劳动保护,防止发生烧伤、触电、火灾、爆炸及烧坏机器等事故。

5. 注意接头位置,注意同一连接区段内,纵向受力钢筋的接头面积百分率应符合设计要求。当设计无具体要求时,应符合在受拉区不宜大于50%的规定,要调整接头位置后才能施焊。

三、关键要求

（一）材料的关键要求

施焊的各种钢筋应有材质证明书或试验报告单。焊剂应有合格证。

（二）技术的关键要求

电渣压力焊焊接前应针对不同直径的钢筋确定焊接参数（焊接参数包括焊接电流、电压和通电时间），不同直径的钢筋焊接时，应按较小直径的钢筋选取参数，焊接时间可延长。对焊工要进行焊接参数的详细交底。

（三）质量的关键要求

电渣压力焊焊接接头不得出现偏心、弯折、烧伤等焊接缺陷，四周焊包应均匀，凸出钢筋表面的高度应大于或等于4 mm，钢筋与电极接触处应无烧伤缺陷，接头的弯折角不得大于4°，接头处的轴线偏移不得大于钢筋直径的10%，且不得大于2 mm，外观检查不合格的接头应切除重焊，或采取补强焊接措施。

（四）职业健康安全的关键要求

1. 焊工操作时应穿电焊工作服、绝缘鞋和戴电焊手套、防护面罩等安全防护用品，高处作业时系安全带。

2. 电焊作业现场周围10 m范围内不得堆放易燃易爆物品。

3. 操作前应首先检查焊机和工具，如焊钳和焊接电缆的绝缘、焊机外壳保护接地和焊机的各接线点等确认安全合格后方可作业。

（五）环境的关键要求

严禁在易燃易爆气体或液体扩散区域内进行焊接作业。

四、施工工艺

（一）工艺流程

1. 工艺流程：检查设备、电源→制备钢筋端头→试焊、做试件→选择焊接参数→安装焊接夹具和钢筋→安放铁丝球（也可省去）→安放焊剂罐、填装焊剂→确定焊接参数→施焊→回收焊剂→卸下夹具→检查质量。

2. 电渣压力焊的施焊过程：闭合电路→引弧→电弧过程→电渣过程→挤压断电。

（二）操作工艺

1. 检查设备、电源：确保随时处于正常状态，严禁超负荷工作。

2. 制备钢筋端头：钢筋安装之前，焊接部位和电极钳口接触的（150 mm区段内）钢筋表面上的锈斑、油污、杂物等应清除干净，钢筋端部若有弯折、扭曲，应予以矫直或切除，但不得用锤击矫直。

3. 选择焊接参数：钢筋电渣压力焊的焊接参数主要包括焊接电流、焊接电压和焊接通电时间，参见表4-5。采用HJ431焊剂时，宜符合表4-5的规定。采用专用焊剂或自动电渣压力焊机时，应根据焊剂或焊机使用说明书中推荐的数据通过试验确定。

表 4-5　钢筋电渣压力焊焊接参数

钢筋直径/mm	焊接电流/A	焊接电压/V		焊接通电时间/s	
		电弧过程 $U_{2.1}$	电渣过程 $U_{2.2}$	电弧过程 t_1	电渣过程 t_2
14	200 ~ 220	35 ~ 45	18 ~ 22	12	3
16	200 ~ 250			14	4
18	250 ~ 300			15	5
20	300 ~ 350			17	5
22	350 ~ 400			18	6
25	400 ~ 450			21	6
28	500 ~ 550			24	6
32	600 ~ 650			27	7

不同直径的钢筋焊接时，上、下两钢筋轴线在同一线上。

4. 安装焊接夹具和钢筋：夹具的下钳口应夹紧于下钢筋端部的适当位置，一般为 1/2 焊剂罐高度偏下 5 ~ 10 mm，以确保焊接处的焊剂有足够的掩埋深度。

上钢筋放入夹具钳口后，调动夹头的起始点，使上、下钢筋的焊接部位位于同轴状态后，方可夹紧钢筋。

钢筋一经夹紧，严防晃动，以免上、下钢筋错位和夹具变形。

5. 安放引弧用的钢丝球（可省去）：安放焊剂罐、填装焊剂。

6. 试焊、做试件、确定焊接参数：在正式进行钢筋电渣压力焊之前，必须按照选择的焊接参数进行试焊并做试件送试，以便确定合理的焊接参数。合格后，方可正式生产。当采用半自动、自动控制焊接设备时，应按照确定的参数设定好设备的各项控制数据，以确保焊接接头质量可靠。

7. 施焊操作要点。

（1）闭合回路：通过操纵杆或操纵盒上的开关，先后接通焊机的焊接电流回路和电源的输入回路，在钢筋端面之间引燃电弧，开始施焊。

（2）引弧过程：宜采用铁丝圈引弧法，也可采用直接引弧法。铁丝圈引弧法是将铁丝圈放在上、下钢筋端头之间，高约 10 mm，电流通过铁丝圈与上、下钢筋端面的接触点形成短路引弧。

直接引弧法是在通电后迅速将上钢筋提起，使两端头之间的距离为 2 ~ 4 mm 引弧。当钢筋端头夹杂不导电物质或过于平滑造成引弧困难时，或多次把上钢筋与下钢筋短接后再提起，达到引弧的目的。

（3）电弧过程：引燃电弧后应控制电压值。借助操纵杆使上、下钢筋端面之间保持一定的间距，进行电弧过程的延时，使焊剂不断熔化而形成必要深度的渣池。

（4）挤压断电：电渣过程结束，迅速下送上钢筋，使其端面与下钢筋端面相互接触，趁热排出熔渣和熔化金属，同时切断焊接电源。

（5）接头焊毕应停歇 20 ~ 30 s 后（寒冷地区施焊时，停歇时间应适当延长），才可回收焊剂和卸下焊接夹具。

8. 质量检查:在钢筋电渣压力焊接生产中,焊工应认真进行自检,若发现偏心、弯折、烧伤、焊包不饱满等焊接缺陷,应切除接头重焊,并查找原因,及时消除。切除接头时,应切除热影响区的钢筋,即离焊缝中心约为 1.1 倍钢筋直径的长度范围内的部分应切除。

五、质量控制

(一)主控项目

1. 钢筋的牌号和质量必须符合设计要求和有关标准的规定。进口钢筋需先经过化学成分检验和焊接试验,符合有关规定后方可焊接。

检验方法:检查出厂质量证明书和试验报告单。

2. 钢筋的规格,焊接接头的位置,同一区段内有接头钢筋面积的百分比,必须符合设计要求和施工规范的规定。

检验方法:观察和尺量检查。

3. 电渣压力焊接头的质量检验,应分批进行外观检查和力学性能检验,并应按下列规定作为一个检验批。

在现浇钢筋混凝土结构中,应以 300 个同牌号钢筋接头作为一批;在房屋结构中,应在不超过二楼层中以 300 个同牌号钢筋接头作为一批;当不足 300 个接头时,仍应作为一批,每批随机切取 3 个接头做拉伸试验,其结果应符合下列要求:

(1)3 个热轧钢筋接头试件的抗拉强度均不得小于牌号钢筋规定的抗拉强度。

(2)至少应有 2 个试件断于焊缝之外,并应呈延性断裂。

(3)当达到上述 2 项要求时,应评定该批接头为抗拉强度合格。

当试验结果中有 2 个试件的抗拉强度小于钢筋规定的抗拉强度,或 3 个试件均在焊缝或热影响区发生脆断裂时,则一次判定该批接头为不合格品。

当试验结果中有 1 个试件的抗拉强度小于规定值,或 2 个试件在焊缝或热影响区发生脆性断裂,其抗拉强度均小于钢筋规定抗拉强度的 1.10 倍时,应进行复验。

复验时应切取 6 个试件。复验结果中当仍有 1 个试件的抗拉强度小于规定值,或有 2 个试件断于焊缝或热影响区,呈脆性断裂,其抗拉强度小于钢筋规定抗拉强度的 1.10 倍时,应判该批接头为不合格品。

检验方法:检查焊接试件试验报告单。

(二)一般项目

钢筋电渣压力焊接头应逐个进行外观检查,结果应符合下列要求:

1. 四周焊包,凸出钢筋表面的高度不得小于 4 mm。

2. 钢筋与电极接触处应无浇伤缺陷。

3. 接头处的弯折角不大于 4°。

4. 接头处的轴线偏移不得大于钢筋直径的 10%,且不得大于 2 mm。

检验方法:目测或量测。

六、成品保护

接头焊毕,应停歇 20 ~ 30 s 后才能卸下夹具,以免接头弯折。

七、安全环保措施

1. 焊工操作时应穿电焊工作服、绝缘鞋和戴电焊手套、防护面罩等安全防护用品,高处作业时系安全带。

2. 电焊作业现场周围 10 m 范围内不得堆放易燃易爆物品。

3. 操作前应首先检查焊机和工具,如焊钳和焊接电缆的绝缘、焊机外壳保护接地和焊机的各接线点等,在确认安全合格后方可作业。

4. 焊接时二次线必须双线到位,严禁借用金属管道、金属脚手架、轨道及结构钢筋作回路地线。

5. 雨、雪、风力六级以上(含六级)天气不得露天作业。雨雪后应清除积水、积雪后方可作业。

6. 严禁在易燃易爆气体或液体扩散区域内进行焊接作业。

八、施工注意事项

在钢筋电渣压力焊生产中,应重视焊接全过程中的每一环节。接头部位应清理干净,钢筋安装应上下同心;夹具紧固,严防晃动;引弧过程,力求可靠;电弧过程,延时充分;电渣过程,短而稳定;挤压过程,压力适当。若出现异常现象,应参照表 4-6 查找原因,及时清除。

电渣压力焊可在负温条件下进行,但当环境温度低于 -20 ℃时,则不宜进行施焊。雨天、雪天不宜进行施焊,必须施焊时,应采取有效的遮蔽措施。焊后未冷却的接头,应避免碰到冰雪。

表 4-6　钢筋电渣压力焊接头焊接缺陷与防止措施

焊接缺陷	措施
轴线偏移	1. 矫直钢筋端部; 2. 正确安装夹具和钢筋; 3. 避免过大的顶压力; 4. 及时修理或更换夹具
弯折	1. 矫直钢筋端部; 2. 注意安装和扶持上钢筋; 3. 避免焊后过快卸夹具; 4. 修理或更换夹具
咬边	1. 减小焊接电流; 2. 缩短焊接时间; 3. 注意上钳口的起点和止点,确保上钢筋顶压到位
未焊合	1. 增大焊接电流; 2. 避免焊接时间过短; 3. 检修夹具,确保上钢筋下送自如

（续表）

焊接缺陷	措施
焊包不匀	1. 钢筋端面力求平整； 2. 填装焊剂尽量均匀； 3. 延长电渣过程时间，适当增加熔化量
烧伤	1. 钢筋导电部位除净铁锈； 2. 尽量夹紧钢筋
焊包下淌	1. 彻底封堵焊剂筒的漏孔； 2. 避免焊后过快回收焊剂

第四节　套筒挤压连接技术

钢筋套筒挤压连接技术是将两根需连接的钢筋插入钢套筒，利用压钳沿径向压缩钢套筒，使之产生塑性变形，靠变形后的钢套筒与被连接的钢筋紧密结合为一个整体的连接方法。

一、特点及适用范围

钢筋套筒挤压连接接头质量稳定性好，可与母材等强，但操作工人工作强度大，有时液压油污染钢筋，综合成本较高。

适用于工业与民用建筑、构筑物的钢筋混凝土结构中直径 16 ~ 40 mm 带肋的 HRB335、HRB400、RRB400 级钢筋。钢筋接头按单向拉伸性能及高应力、大变形条件下反复拉、压性能的差异，分为 A、B、C 三个性能等级。

二、施工准备

（一）技术准备

1. 操作工必须持证上岗。

2. 准备工程所需的图纸、规范、标准等技术资料，并确定其有效。

3. 做好施工技术交底。

（二）材料准备

1. 钢筋挤压接头所用的套筒材料，其实测力学性能应符合要求。

2. 挤压接头所用套筒必须由定点工厂严格按设计要求进行生产，规格、尺寸符合要求。

3. 套筒应有型式检验报告和出厂合格证，运输和储存时应防止锈蚀和污染，分批验收，按不同规格分别堆放。

4. 用于挤压连接的钢筋必须具有质量证明书,其表面形状尺寸和性能等应符合《钢筋混凝土用热轧带肋钢筋》(GB 1499.2—2018)或《钢筋混凝土用余热处理钢筋》(GB 13014—2013)标准的要求。

(三)主要机具

高压油泵、油管、压钳、钢筋挤压压模、吊挂小车、平衡器、角向砂轮、画标志工具及检查压痕卡板卡尺等工具。

1. 压钳的性能试验、可靠性和耐久性试验应符合《超高机具用液压缸试验方法》(JB/JQ 2030—90)的有关规定。

2. 超高压泵站与超高压油管应符合现行有关标准的规定。

3. 下列情况之一时,应对挤压机的挤压力进行标定:

(1)新挤压设备使用前。

(2)旧挤压设备大修后。

(3)油压表受损或强烈振动后。

(4)套筒压痕异常且查不出其他原因时。

(5)挤压设备使用超过一年。

(6)挤压的接头数超过 5 000 个。

4. 超高压泵站检修后,应重新标定压力,确保压接精度。

5. 超高压油管严禁硬性弯拆和重物砸压。

6. 检测卡尺的测量精度达到 ±0.1 mm。

(四)作业条件

1. 挤压作业前,检查挤压设备是否正常并试压,符合要求后方准作业。

2. 按连接钢筋规格和钢套筒型号选配压模,对不同直径钢筋的套筒不得相互串用。连接相同钢筋的压模型号应符合表 4-7 的规定,连接不同直径钢筋的压模型号应按表 4-8 的规定采用。

表 4-7　相同规格钢筋连接时的钢套筒型号、压模型号、压痕最小直径和压痕总宽度

连接钢筋规格	钢套筒型号	压模型号	压痕最小直径允许范围/mm	压痕总宽度/mm
ϕ40 ~ ϕ40	G40	M40	60 ~ 63	≥80
ϕ36 ~ ϕ36	G36	M36	54 ~ 57	≥70
ϕ32 ~ ϕ32	G32	M32	48 ~ 51	≥60
ϕ28 ~ ϕ28	G28	M28	41 ~ 44	≥55
ϕ25 ~ ϕ25	G25	M25	37 ~ 39	≥50
ϕ22 ~ ϕ22	G22	M22	32 ~ 34	≥45
ϕ20 ~ ϕ20	G20	M20	29 ~ 31	≥45
ϕ18 ~ ϕ18	G18	M18	27 ~ 29	≥40

表 4-8　不同规格钢筋连接时的钢套筒型号、压模型号、压痕最小直径和压痕总宽度

连接钢筋规格	钢套筒型号	压模型号	压痕最小直径允许范围/mm	压痕总宽度/mm
$\phi40\sim\phi36$	G40	$\phi40$ 端 M40	60 ~ 63	≥80
		$\phi36$ 端 M36	57 ~ 60	≥80
$\phi36\sim\phi32$	G36	$\phi36$ 端 M36	54 ~ 57	≥70
		$\phi32$ 端 M32	51 ~ 54	≥70
$\phi32\sim\phi28$	G32	$\phi32$ 端 M32	48 ~ 51	≥60
		$\phi28$ 端 M28	45 ~ 48	≥60
$\phi28\sim\phi25$	G28	$\phi28$ 端 M28	41 ~ 44	≥55
		$\phi25$ 端 M25	38 ~ 41	≥55
$\phi25\sim\phi22$	G25	$\phi25$ 端 M25	37 ~ 39	≥50
		$\phi22$ 端 M22	35 ~ 37	≥50
$\phi25\sim\phi20$	G25	$\phi25$ 端 M25	37 ~ 39	≥50
		$\phi20$ 端 M20	33 ~ 35	≥50
$\phi22\sim\phi20$	G22	$\phi22$ 端 M22	32 ~ 34	≥45
		$\phi20$ 端 M20	31 ~ 33	≥45
$\phi22\sim\phi18$	G22	$\phi22$ 端 M22	32 ~ 34	≥45
		$\phi18$ 端 M18	29 ~ 31	≥45
$\phi20\sim\phi18$	G20	$\phi20$ 端 M20	29 ~ 31	≥45
		$\phi18$ 端 M18	28 ~ 30	≥45

3. 钢套筒表面沿长度方向标有压接标志，其要求应符合表 4-7 的规定。

4. 连接相同直径钢筋的钢套筒的型号应符合表 4-7 的规定；连接不同直径钢筋的钢套筒的型号应符合表 4-8 的规定。所连钢筋直径之差不应超过 9 mm，不宜超过 4 mm。

5. 液压油中严禁混入杂质。施工中油箱应遮盖好，防止雨水、灰尘混入油箱。在连接拆卸超高压软管时，其端部要保管好，不能粘有灰尘、沙土。

三、关键要求

（一）材料的关键要求

1. 钢筋的级别、直径（16 ~ 40 mm）必须符合设计要求及现行国家标准，应有出厂质量证明及复试报告。进口钢筋需对挤压连接进行型式检验，符合性能要求后使用。

2. 钢套筒的材质为低碳素镇静钢，其机械性能应满足要求。

（二）技术的关键要求

1. 参加接头作业的人员必须经过培训，并经考核合格后方可持证上岗。

2. 钢筋端头的锈皮、泥砂、油污等杂物应清理干净。

3. 应对套筒做外观、尺寸检查，对不同直径钢筋的套筒不得相互串用。

4. 钢筋与钢套筒试套，如钢筋有马蹄、飞边、弯折或纵肋尺寸超大者，应先矫正或用手砂轮修磨，超大部分禁止用电气焊切割。

5. 钢筋端头应有定位标志和检查标志，以确保钢筋伸入套筒的长度。定位标志和钢筋端部的距离为钢套筒长度的1/2。

6. 按标记检查钢筋入套筒内的深度，钢筋端头离套筒长度中心不宜超过10 mm。

（三）质量的关键要求

1. 要认真检查钢套的质量，材质不符合要求，无出厂质量证明书，以及外观质量不合格的钢套筒，不得使用。

2. 注意检查钢筋插入钢套筒标定的长度、钢筋的标记线、挤压接头的压痕道次、接头弯拆度、套筒裂缝是否符合规定要求，并填写施工现场挤压接头外观检查记录表。

（四）职业健康安全的关键要求

1. 进行钢筋接头施工时，要求正确佩戴和使用个人防护用品。

2. 在高空进行挤压操作时，必须遵守国家现行标准《建筑施工高处作业安全技术规范》（JGJ 80—2016）的规定。

3. 施工现场用电必须符合国家现行标准《施工现场临时用电安全技术规范》（JGJ 46—2005）的规定。

4. 高压胶管应防止负重拖拉、弯折和尖利物体的刻划。操作人员应尽可能避开高压胶管反弹方向，以防伤人。

（五）环境的关键要求

1. 废旧钢筋头应及时收集清理，保持工完场清。

2. 高压油泵使用或更换液压油时，防止污染钢筋。

四、施工工艺

（一）工艺流程

钢套筒、钢筋挤压部位检查、清理、矫正→检查钢筋端头压接标志→钢筋插入钢套筒挤压（每侧挤压从接头中间压痕标志开始依次向端部进行）→检查验收。

（二）施工操作工艺

1. 钢筋应按标记要求插入钢套筒内，钢筋端头离套筒长度中点不宜超过10 mm。当钢筋纵肋过高影响插入时，允许进行打磨，但钢筋横肋严禁打磨。被连接钢筋的轴心与钢套筒轴心应保持同一轴线，防止偏心和弯拆。

2. 在压接接头处持好平衡器与压钳，接好进、回油管，启动超高压泵，调节好压接力所需的油压力，然后将下压模卡板打开，取出下模，把挤压机机架的开口插入被挤压的带肋钢筋的连接套中，插回下模，锁紧卡板，压钳在平衡器的平衡力作用下，对准钢套筒所需压接的标记处，控制挤压机换向阀进行挤压。压接结束后将紧锁的卡板打开，取出下模，退出挤压机，则完成挤压施工。

3. 挤压时，压钳的压接应对准套筒压痕标志，并垂直于被压钢筋的横肋。挤压应从套筒中央逐道向端部压接，不应由端部向中部挤压或隔标记来回挤压。最小直径及压痕总宽度须符合规定要求。

4. 为了减少高处作业并加快施工进度，可先在地面压接半个压接接头，在施工作业区把钢套筒另一端插入预留钢筋内，按工艺要求挤压另一端。

五、质量控制

（一）主控项目

1. 钢筋的品种和质量必须符合设计要求和有关标准的规定。

2. 钢套筒的材质、机械性能必须符合钢套筒标准的规定，表面不得有裂缝、折叠等缺陷。

3. 在正式施工前应进行现场条件下的挤压连接工艺检验。检验接头的数量应不少于 3 个。检验接头质量验收规定检验合格后，方可进行施工。

4. 挤压接头的现场检验按验收批进行。同一施工条件下采用同一批材料的同等级、同型式、同规格接头，以 500 个为一个验收批，进行检验与验收，不足 500 个也作为一个验收批。

5. 对每一验收批，均应按设计要求的接头性能等级，在工程中随机抽取 3 个接头试件做抗拉强度试验，并做出评定。其抗拉强度均不得低于被压接钢筋抗拉强度标准值的 1.05 倍，若其中一个试件不符合要求时，应再抽取 6 个试件进行复检，复检中仍有 1 个试件的强度不符合要求，则该验收批评为不合格。

（二）一般项目

1. 钢筋接头压痕深度不够时应补压。超压者应切除重新挤压。钢套筒压痕的最小直径和总宽度应符合钢套筒供应厂家提供的技术要求。

2. 挤压接头的外观质量检验应符合下列要求：

（1）外形尺寸：挤压后套筒长度应为原套筒长度的 1.10 ~ 1.15 倍；或压痕筒的外径波动范围为原套筒外径的 0.80 ~ 0.90 倍。

（2）挤压接头的压痕道数应符合型式检验确定的道数。

（3）接头处弯折不得大于 4°。

（4）挤压后的套筒不得有肉眼可见的裂缝。

3. 每一验收批中应随机抽取 10% 的挤压接头做外观质量检验，如外观质量不合格数超过抽检数的 10% 时，应对该批挤压接头逐个进行复检，对外观不合格的接头采取补救措施；不能补救的挤压接头应做标记，在外观不合格的接头中抽取 6 个试件做抗拉强度试验，若有一个试件的抗拉强度低于规定值，则该批外观不合格的挤压接头应会同设计单位商定处理，并记录存档。

4. 在现场连续检验 10 个验收批，抽样试件抗拉强度试验 1 次的合格率为 100% 时，验收批接头数量可扩大一倍。

六、成品保护

1. 在地面预制好的接头要用垫木垫好，分规格码放整齐。

2. 套筒内不得有砂浆等杂物。套筒在运输和储存中,应按不同规格分别堆放整齐,不得露天堆放,防止锈蚀和沾污。

3. 在高处挤压接头时,要搭好临时架子,不得蹬踩接头。

七、安全环保措施

1. 对从事钢筋挤压连接施工的有关人员应经常进行安全教育,防止发生人身和设备安全事故。

2. 在高处进行挤压操作,必须遵守国家现行标准《建筑施工高处作业安全技术规范》的规定。

3. 高压泵应采用液压油,油液应过滤,保持清洁,油箱应密封,防止渗漏,防止雨水、灰尘混入油箱。

4. 高压胶管应防止负重拖拉、弯折和尖利物体的刻划。操作人员应尽可能避开高压胶管反弹方向,以防伤人。

5. 油泵与挤压机的应用应严格按操作规程进行。

6. 施工现场用电必须符合国家现行标准《施工现场临时用电安全技术规范》的规定。

7. 高压胶管是挤压设备中的易损部件,由于油压高,油管损坏还易引起喷油伤人,故应妥善使用。

八、施工注意事项

1. 接头钢筋宜用砂轮切割机断料。

2. 接头的压痕道数应符合钢筋规格要求的挤压道数,认真检查压痕深度,深度不够的要补压,超深的要切除接头重新连接。

3. 在挤压连接操作过程中,遇有异常现象时应停止操作,检查原因,排除故障后,方可继续进行。

4. 挤压连接施工必须严格遵守操作规程,工作油压不得超过额定压力。

5. 钢筋连接件的混凝土保护层厚度宜满足国家现行标准《混凝土结构设计规范》中受力钢筋混凝土保护层最小厚度的要求。连接件之间的横向净距不宜小于 5 mm。

第五节 钢套筒技术要求

一、钢套筒性能要求

钢套筒性能应符合表 4-9 的要求。

表 4-9 套筒材料的力学性能

性能项目	力学性能指标
屈服强度/($N \cdot mm^{-2}$)	225 ~ 350
抗拉强度/($N \cdot mm^{-2}$)	375 ~ 500

（续表）

性能项目	力学性能指标
延伸率 δ_5/%	≥20
硬度(HRB)	60～80
硬度(HB)	102～133

二、规格和尺寸

钢套筒的规格和尺寸应符合表4-10的要求。

表4-10　钢套筒的规格和尺寸

钢套筒型号	钢套筒尺寸/mm			理论重量/kg
	外径	壁厚	长度	
G40	70	12	250	4.37
G36	63.5	11	220	3.14
G32	57	10	200	2.31
G28	50	8	190	1.58
G25	45	7.5	170	1.18
G22	40	6.45	140	0.75
G20	36	6	130	0.58
G18	34	5.5	125	0.47

三、尺寸允许偏差

钢套筒尺寸允许偏差应符合表4-11的要求。

表4-11　钢套筒尺寸允许偏差

套筒外径(D)	外径允许偏差	壁厚允许偏差	长度允许偏差
≤50	±0.5	$+0.12t$ $-0.10t$	±2
>50	$\pm0.01d$	$+0.12t$ $-0.10t$	±2

四、表面标志

钢套筒表面应标有清晰均匀的挤压标志，中部两条标志的距离应不小于20 mm。

五、检查和验收

1. 钢套筒原材料应有质保书，检查和验收应分批进行。由同一牌号、同一炉号原材料制作的同一型号的钢套筒为一批，每批取5%做外观检查，如有一个不合格，加倍检验，仍有一个不合格，逐个进行检验，合格后方可使用。必要时取试件做拉伸试验。

2. 外观检查应符合下列要求：

(1)钢套筒表面不得有裂纹、折叠或影响性能的其他缺陷。

(2)钢套筒的尺寸及允许偏差应分别符合表4-10、表4-11的规定。

(3)钢套筒表面挤压标志应符合规定。

3. 拉伸试验的结果应符合表4-9的规定。

4. 每批钢套筒经检查验收合格后，应填写质量合格证明书，作为用户使用的依据。

第六节　滚压直螺纹套筒连接技术

钢筋滚压直螺纹套筒连接接头是将钢筋连接端头采用专用滚轧设备和工艺，通过滚丝轮直接将钢筋端头滚轧成直螺纹，并用相应的连接套筒将两根待接钢筋连接成一体的钢筋妆头。滚压直螺纹套筒连接技术是利用金属材料塑性变形后冷作硬化增强金属材料强度的特性，使接头与母材等强的连接方法。

钢筋滚压直螺纹套筒连接技术是钢筋直螺纹连接技术的一种，钢筋接头直螺纹连接包括钢筋冷镦直螺纹连接、钢筋滚压直螺纹连接及钢筋剥肋滚压直螺纹连接三种。其中滚压直螺纹成型方式，可分为直接滚压螺纹、挤压肋滚压螺纹、剥肋滚压螺纹三种类型。

直接滚压螺纹是采用钢筋滚丝机(型号:GZL－32、GYZL－40、GSJ－40、HGS40等)直接滚压螺纹。此法螺纹加工简单，设备投入少；但螺纹精度差，由于钢筋粗细不均导致螺纹直径有差异，施工受影响。

挤肋滚压螺纹加工是采用专用挤压设备滚轮先将钢筋的横肋和纵肋进行预压平处理，然后再滚压螺纹。其目的是减轻钢筋肋对成型螺纹的影响，此法对螺纹精度有一定提高，但仍不能从根本上解决钢筋直径差异对螺纹精度的影响，螺纹加工需要两套设备。

剥肋滚压螺纹加工是采用钢筋剥肋滚丝机，先将钢筋的横肋和纵肋进行剥切处理后，使钢筋滚丝前的主体直径达到同一尺寸，然后再进行螺纹滚压成型。此法螺纹精度高，接头质量稳定，施工速度快，价格适中，具有较大的发展前景。

一、特点及适用范围

该连接工艺设备投资少，螺纹加工简单(一次装卡即可直接完成滚轧直螺纹的加工)，接头强度高，连接速度快，生产效率高，现场施工方便，适应性强等。

适用于钢筋混凝土结构中直径16～40 mm的HRB335、HRB400级钢筋连接。其接头可达到现行国家行业标准《钢筋机械连接通用技术规程》的A级标准。

二、施工准备

(一)技术准备

1. 凡参与接头施工的操作工人必须参加技术培训,经考核合格后持证上岗。

2. 核对有编号的布筋图纸加工单与成品数量。

3. 做好技术交底。

(二)材料准备

1. 材料的品种、规格:套筒的规格、型号及钢筋的品种、规格必须符合设计要求。

2. 质量要求。

(1)钢筋的质量要求。

①钢筋应符合国家标准《钢筋混凝土用热轧带肋钢筋》和《钢筋混凝土用余热处理钢筋》的要求,有原材质、复试报告和出厂合格证。

②钢筋应先调直再下料,并宜用切断机和砂轮片切断,切口端面应与钢筋轴线垂直,不得有马蹄形或挠曲,不得用气割下料。

(2)套筒与锁母材料的质量要求。

①套筒与锁母材料应采用优质碳素结构钢或合金结构钢,其材质应符合《优质碳素结构钢》规定。

②成品螺纹连接套应有产品合格证;两端螺纹孔应有保护盖;套筒表面应有规格标记。

(三)主要机具

切割机、钢筋滚压直螺纹成型机、普通扳手及量规(牙形规、环规、塞规)。

(四)作业条件

1. 钢筋端头螺纹已加工完毕,检查合格,且已具备现场钢筋连接条件。

2. 钢筋连接用的套筒已检查合格,进入现场挂牌整齐码放。

3. 布筋图及施工穿钢筋顺序等已进行技术交底。

三、关键要求

(一)材料的关键要求

1. 钢筋应符合国家标准的要求,复验合格。

2. 套筒与锁母材料的材质应符合规定要求。

(二)技术的关键要求

1. 钢筋直螺纹接头套丝及连接操作人员必须经过培训、考核,持证上岗。

2. 钢筋端头螺纹加工按照标准规定,且牙形要逐个进行量规检查。

(三)质量的关键要求

1. 钢筋套丝后螺牙应符合质量标准。

2. 钢筋切口端面及丝头锥度、牙形、螺距等应符合质量标准,并与连接套筒螺纹规格相匹配。

(四)职业健康安全的关键要求

除应严格执行建筑工程有关安全施工的规程及规定外,还应注意下列安全事项:

1. 参加施工的作业人员必须经过考核合格,并经“三级”安全教育后方能上岗。

2. 用电设备均应设三级保护，严格按用电安全规程操作。

3. 设备检验及试运转合格后方准作业。

4. 设备运行中严禁拖拽压圆机油管或砸压油管，油管反弹方向应予以遮挡。

5. 严格按各种机械使用说明与相关标准操作。

6. 高处作业或带电作业应遵守国家颁布的《建筑安装工程安全技术规程》。

（五）环境的关键要求

1. 按规程操作，避免发生噪声。

2. 夜间施工严禁敲打钢筋以防扰民。

3. 施工应用低角度照明防光污染。

4. 机械润滑油流入专设油池集中处理，不准直接排入下水道，铁屑杂物回收处理。

四、施工工艺

（一）钢筋滚压直螺纹连接（钢筋剥肋滚压直螺纹连接）工艺流程

钢筋切割→（剥肋）滚压螺纹→丝头检验→保护帽→现场丝接。

（二）操作工艺

1. 钢筋滚压直螺纹连接：是采用专门的滚压机床对钢筋端部进行滚压，螺纹一次成型。钢筋通过滚压螺纹，螺纹底部的材料没有被切削掉，而是被挤出来，加大了原有的直径。

螺纹经滚压后材质发生硬化，强度提高6% ~8%，使螺纹对母材的削弱大为减少，其抗拉强度是母材实际抗拉强度的97% ~100%，强度性能十分稳定。

（1）加工要求：钢筋同径连接的加工要求见表4-12。

表4-12 钢筋同径连接的加工要求

代号	A20R－J	A22R－J	A25R－J	A28R－J	A32R－J	A36R－J	A40R－J
ϕ/mm	20	22	25	28	32	36	40
M * t	19.6 * 3	21.6 * 3	24.6 * 3	27.6 * 3	31.6 * 3	35.6 * 3	39.6 * 3
L/mm	30	32	35	38	42	46	50

钢筋同径连接左右旋加工要求见表4-13。

表4-13 钢筋同径连接左右旋加工要求

代号	ϕ/mm	M * t（左）	M * t（右）	L/mm
A20RLR－G	20	19.6 * 3	19.6 * 3	34
A22RLR－G	22	21.6 * 3	21.6 * 3	36
A25RLR－G	25	24.6 * 3	24.6 * 3	39
A28RLR－G	28	27.6 * 3	27.6 * 3	42
A32RLR－G	32	21.6 * 3	21.6 * 3	46
A36RLR－G	36	35.6 * 3	35.6 * 3	50
A40RLR－G	40	39.6 * 3	39.6 * 3	54

钢筋滚压螺纹加工的基本尺寸见表4-14。

表4-14　钢筋滚压螺纹加工的基本尺寸

代号	ϕ20	ϕ22	ϕ25	ϕ28	ϕ32	ϕ36	ϕ40
大径	19.6	21.6	24.6	27.6	31.6	35.6	39.6
中径	18.623	20.623	23.623	26.623	30.623	34.623	38.23
小径	17.2	19.2	22.2	25.2	29.2	33.2	37.2

(2)套筒质量要求。

①连接套表面无裂纹,螺牙饱满,无其他缺陷。

②牙型规检查合格,用直螺纹塞规检查其尺寸精度。

③各种型号、规格的连接套外表面必须有明显的钢筋级别及规格标记。若连接套为异径,则大小两端分别标出相应的钢筋级别和直径。

④连接套两端头的孔必须用塑料盖封上,以保持内部洁净,干燥防锈。

(3)直螺纹量规技术要求:牙型规、螺纹卡和直螺纹塞规采用工具钢T9制成,其化学成分和硬度见表4-15。

表4-15　化学成分和硬度

化学成分					淬火后硬度HRC
C	Mn	Si	S	P	62
0.85~0.94	≤0.40	≤0.35	≤0.30	≤0.035	

2.工艺操作要点。

(1)钢筋螺纹加工。

①加工钢筋螺纹的丝头、牙形、螺距等必须与连接套牙形、螺距一致,且经配套的量规检验合格。

②加工钢筋螺纹时,应采用水溶性切削润滑液;当气温低于0 ℃时,应掺入15%~20%亚硝酸钠,不得用机油作润滑液或不加润滑液套丝。

③操作工人应逐个检查钢筋丝头的外观质量并做出操作者标记。

④经自检合格的钢筋丝头,应对每种质量加工批量随机抽检10%,且不少于10个,如有一个丝头不合格,即应对该加工批全数检查,不合格丝头应重加工,经再次检验合格方可使用。

⑤已检查合格的丝头应加以保护,如戴上保护帽,并按规格分类,堆放整齐待用。

(2)钢筋连接。

①连接钢筋时,钢筋规格和连接套的规格应一致,钢筋螺纹的型式、螺距、螺纹外径应与连接套匹配,并确保钢筋和连接套的丝扣干净,完好无损。

②连接钢筋时应对准轴线将钢筋拧入连接套。

③接头拼装完成后,应使两个丝头在套筒的中央位置互相顶紧,套筒每端不得有一扣以上的完整丝扣外露,加长型接头的外露丝扣数不受限制,但应有明显标记,以检查进入套筒的丝头长度是否满足要求。

④接头按使用条件可分为标准型接头、异径型接头、加锁母型接头、正反丝扣型接头等。

3. 钢筋剥肋滚压直螺纹连接：钢筋剥肋滚压直螺纹连接与钢筋滚压直螺纹连接操作工艺基本相同，唯一区别是钢筋剥肋滚压直螺纹连接增加了钢筋剥肋工序。

五、质量控制

（一）主控项目

1. 钢筋的品种、规格必须符合设计要求，质量符合国家现行《钢筋混凝土用热轧带肋钢筋》和《钢筋混凝土用余热处理钢筋》标准的要求。

2. 套筒与锁母材质应符合《优质碳素结构钢》规定，且应有质量检验单和合格证，几何尺寸要符合要求。

3. 连接钢筋时，应检查螺纹加工检验记录。

4. 钢筋螺纹接头型式检验：钢筋螺纹接头的型式检验应符合现行行业标准《钢筋机械连接通用技术规程》中的各项规定。

5. 钢筋连接工程开始前及施工过程中，应对每批进场钢筋和接头进行工艺检验。

（1）每种规格的钢筋接头试件不应少于 3 根。

（2）钢筋母材抗拉强度试件不应少于 3 根，且应取自接头试件的同一根筋。

（3）接头试件应达到现行行业标准《钢筋机械连接通用技术规程》中相应等级的强度要求，计算钢筋实际抗拉强度时，应采用钢筋的实际横截面积计算。

6. 钢筋接头强度必须达到同类钢材强度值，接头的现场检验按验收批进行，同一施工条件下采用同一批材料的同等级、同型式、同规格接头，以 500 个为一个验收批进行检验与验收，不足 500 个也作为一个验收批。

（二）一般项目

1. 加工质量检验。

（1）螺纹丝头牙形检验：牙形饱满，无断牙、秃牙缺陷，且与牙形规的牙形吻合，牙形表面光洁的为合格品。

（2）套筒用专用塞规检验。

2. 随机抽取同规格接头数的 10% 进行外观检查，应与钢筋连接套筒的规格匹配，接头丝扣无完整丝扣外露。

3. 现场外观质检抽验数量：梁、柱构件按接头的 15% 且每个构件的接头数抽验数不得少于 1 个接头；基础墙板构件按各自接头数，每 100 个接头作为一个验收批，不足 100 个也作为一个验收批。每批检验 3 个接头，抽检的接头应全部合格，如有 1 个接头不合格，则应再检验 3 个接头，如全部合格，则该批接头为合格；若还有 1 个不合格，则该验收批接头应逐个检查，对查出的不合格接头应进行补强，如无法补强应弃置不用。

4. 对接头的抗拉强度试验，每一验收批应在工程结构中随机截取 3 个接头试件做抗拉强度试验。

按设计要求的接头等级进行评定，如有1个试件的强度不符合要求，应再取6个试件进行复检，复检中如仍有一个试件的强度不符合要求，则该验收批评为不合格。

5. 在现场连续10个验收批抽样试件抗拉强度试验1次的合格率为100%时，验收批接头数量可扩大一倍。

六、成品保护

1. 各种规格、型号的套筒外表，必须有明显的钢筋级别及规格标记。
2. 钢筋螺纹保护帽要堆整，不准随意乱扔。
3. 连接钢筋的钢套筒必须用塑料盖封上，以保持内部洁净、干燥、防锈。
4. 钢筋直螺纹加工经检验合格后，应戴好保护帽或拧上套筒，以防碰伤和生锈。
5. 已连接好套筒的钢筋接头不得随意抛砸。

七、安全环保措施

1. 不准硬拉电线或高压油管。
2. 高压油管不得打死弯。
3. 参加钢筋直螺纹连接施工的人员必须培训、考核、持上岗证。
4. 作业人员必须遵守施工现场安全作业有关规定。

第五章　混凝土的拌制

混凝土的拌制（搅拌）就是将水、水泥和粗细骨料进行均匀拌合及混合的过程，同时通过搅拌，还要使材料达到强化、塑化的作用。

第一节　常用混凝土搅拌机

一、搅拌机分类

常用的混凝土搅拌机按其搅拌原理主要分为自落式搅拌机和强制式搅拌机两类。

（一）自落式搅拌机

这种搅拌机的搅拌鼓筒是垂直放置的。随着鼓筒的转动，混凝土拌合料在鼓筒内做自由落体式翻转搅拌，从而达到搅拌的目的。自落式搅拌机多用以搅拌塑性混凝土和低流动性混凝土。筒体和叶片磨损较小，易于清理，但动力消耗大，效率低。搅拌时间一般为 90 ~ 120 秒/盘，其构造见图 5-1 ~ 图 5-3。

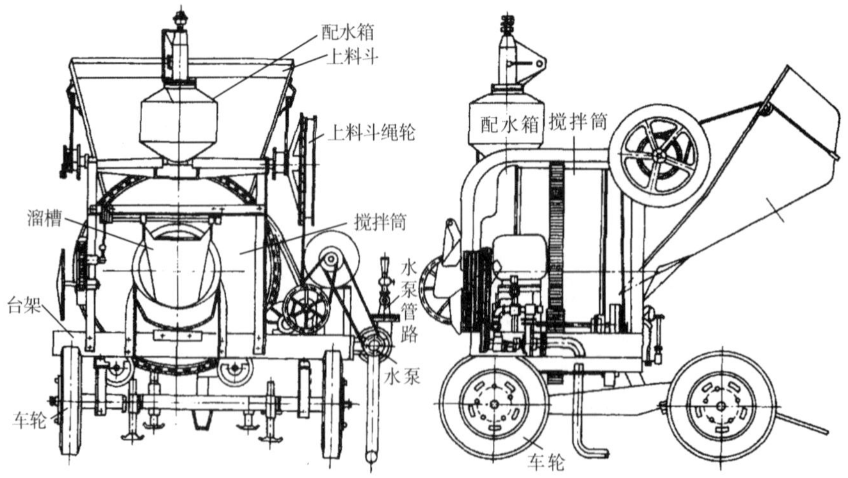

图 5-1　自落式搅拌机

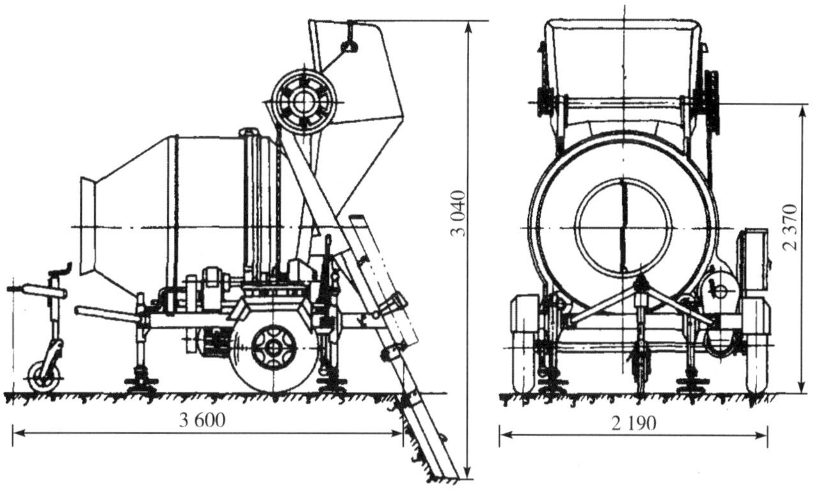

图 5-2　自落式锥形反转出料搅拌机

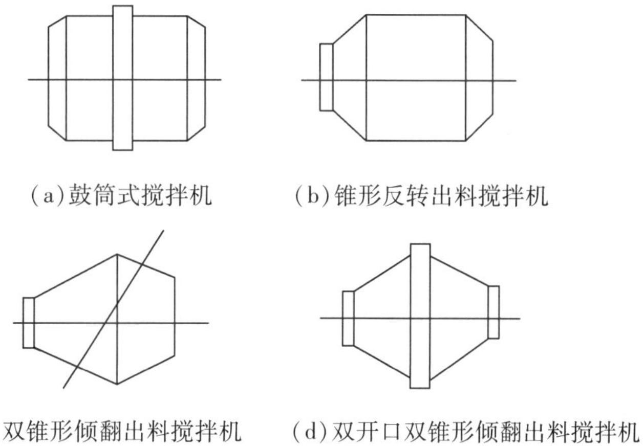

图 5-3　自落式混凝土搅拌机搅拌筒的几种形式

鉴于此类搅拌机对混凝土骨料有较大的磨损,从而影响混凝土质量,现已逐步被强制式搅拌机所取代。

(二)强制式搅拌机

强制式搅拌机的鼓筒筒内有若干组叶片,搅拌时叶片绕竖轴或卧轴旋转,将材料强行搅拌,直至搅拌均匀。这种搅拌机的搅拌作用强烈,适宜于搅拌干硬性混凝土和轻骨料混凝土,也可搅拌流动性混凝土,具有搅拌质量好、搅拌速度快、生产效率高、操作简便及安全等优点。但机件磨损严重,一般需用高强合金钢或其他耐磨材料做内衬,多用于集中搅拌站。外形参见图 5-4,构造见图 5-5 和图 5-6。

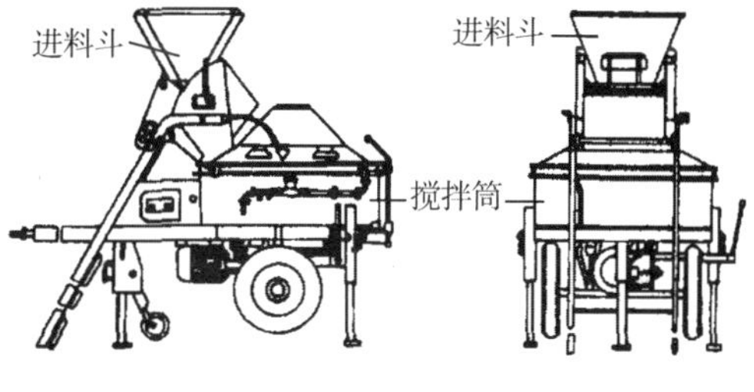

图 5-4　涡桨式强制搅拌机

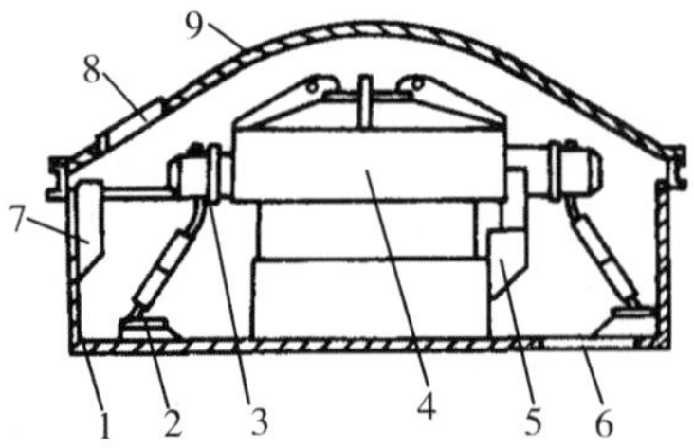

1—搅拌盘;2—搅拌叶片;3—搅拌臂;4—转子;5—内壁铲刮叶片;

6—出料口;7—外壁铲刮叶片;8—进料口;9—盖板。

图 5-5　涡桨式强制搅拌机构造图

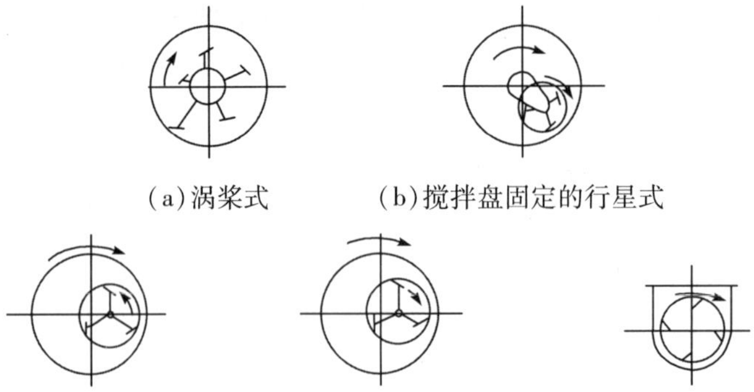

(a)涡桨式　(b)搅拌盘固定的行星式

(c)搅拌盘反向旋转的行星式　(d)搅拌盘同向旋转的行星式　(e)单卧轴式

图 5-6　强制式混凝土搅拌机的几种形式

二、搅拌机主要技术性能

常用混凝土搅拌机的主要技术性能见表 5-1。

表 5-1　常用混凝土搅拌机的主要技术性能

项目 \ 型号		J1－250 自落式	JGZR350 自落式	JZC350 双锥 自落式	J1－400 自落式	J4－375 强制式	JD250 单卧轴 强制式	JS350 双卧轴 强制式	JD500 单卧轴 强制式	TQ500 强制式	JW500 涡浆 强制式	JW1000 涡浆 强制式	S4S1000 双卧轴 强制式
进料容量/L		250	560	560	400	375	400	560	800	800	800	1 600	1 600
出料容量/L		160	350	350	260	250	250	350	500	500	500	1 000	1 000
拌合时间/min		2	2	2	2	1.2	1.5	2	2	1.5	1.5～2.0	1.5～3.0	3.0
平均搅拌能力/(m^3/h)		3～5	—	12～14	6～12	12.5	12.5	17.5～21	25.30	20	20	—	60
拌筒尺寸(直径×长×宽)/mm		1 218×960	1 447×1 096	1 560×1 890	1 447×1 178	1 700×500	—	—	—	2 040×650	2 042×646	3 000×830	—
拌筒转速/(r/min)		18	17.4	14.5	18	—	30	35	26	28.5	28	20	36
电动机	kW	5.5	—	5.5	7.5	10	11	15	5.5	30	30	55	—
	r/min	1 440	—	1 440	1 450	1 450	1 460	—	—	—	980	—	—
配水箱容量/L		40	—	—	65	—	—	—	—	2 020	—	—	—
外形尺寸/mm	长	2 280	3 500	3 100	3 700	4 000	4 340	4 340	4 580	2 375	6 150	3 900	3 852
	宽	2 200	2 600	2 190	2 800	1 865	2 850	2 570	2 700	2 138	2 950	3 120	2 385
	高	2 400	3 000	3 040	3 000	3 120	4 000	4 070	4 570	1 650	4 300	1 800	2 465
整机重量/kg		1 500	3 200	2 000	3 500	2 200	3 300	3 540	4 200	3 700	5 185	7 000	6 500

注：估算搅拌机的产量，一般以出料系数表示，其数值为 0.55～0.72，通常取 0.66。

三、搅拌机使用注意事项

1. 安装：搅拌机应设置在平坦的位置，用方木垫起前后轮轴，使轮胎搁高架空，以免在开动时发生走动。固定式搅拌机要装在固定的机座或底架上。

2. 检查：电源接通后，必须仔细检查，经 2 ~ 3 min 空车试转认为合格后，方可使用。试运转时应校验拌筒转速是否合适，一般情况下，空车速度比重车（装料后）稍快 2 ~ 3 转，如相差较多，应调整动轮与传动轮的比例。

拌筒的旋转方向应符合箭头指示方向，如不符时，应更正电机接线。

检查传动离合器和制动器是否灵活可靠，钢丝绳有无损坏，轨道滑轮是否良好，周围有无障碍及各部位的润滑情况等。

3. 保护：电动机应装设外壳或采用其他保护措施，防止水分和潮气浸入而损坏。电动机必须安装启动开关，速度由缓变快。

开机后，经常注意搅拌机各部件的运转是否正常。停机时，经常检查搅拌机叶片是否打弯，螺丝是否打落或松动。

当混凝土搅拌完毕或预计停歇 1 h 以上时，除将余料出净外，应用石子和清水倒入拌筒内，开机转动 5 ~ 10 min，把粘在料筒上的砂浆冲洗干净后全部卸出。料筒内不得有积水，以免料筒和叶片生锈。同时，还应清理搅拌筒外的积灰，使机械保持清洁完好。下班后及停机不用时，将电动机保险丝取下，以保证安全。

第二节　现场混凝土搅拌站

现场混凝土搅拌站必须考虑工程任务大小、施工现场条件、机具设备等情况，因地制宜设置。一般宜采用流动性组合方式，使所有机械设备采取装配连接结构，基本能做到拆装、搬运方便，有利于建筑工地转移。搅拌站的设计尽量做到自动上料、自动称量、机动出料和集中操纵控制，有相应的环境保护措施，使搅拌站后台上料作业走向机械化、自动化生产。

一、生产工艺流程

现场混凝土搅拌站生产工艺流程见图 5-7。

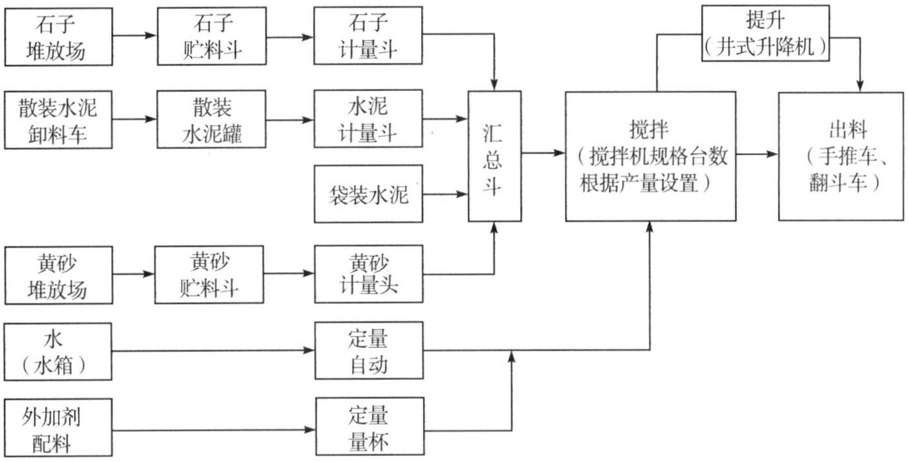

图 5-7　现场混凝土搅拌站生产工艺流程示意图

二、主要设备组成

（一）装运提升部分

1. 砂石。砂石提运机具的选用见表 5-2。

表 5-2　砂石提运机具选用参考表

项目	适应范围与说明
粒铲	场地宽敞时，砂石堆放部位两旁用挡板构成扇形平面，底部做成斜坡，砂石的铲运采用索式拉铲，通过卷扬系统带动拉铲，把砂石材料输送到贮料斗。拉铲容量为 0.3 ~ 0.4 m^3
抓斗	场地狭小时，上料采用桥吊或龙门吊抓斗将砂石材料送至贮料斗或料仓。抓斗容量为 0.7 m^3
皮带运输机	场地宽敞时，砂石也可以用多节皮带运输机连续输送到贮料斗
铲车、转载机	当搅拌站平面布置受限制时，宜选用铲车或转载机将砂、石装上轻便翻斗车做短距离运输，运至提升斗并提升倒入贮料斗，如有效高度足够时，则由铲车或装载机直接将料送进贮料斗

2. 水泥。使用散装水泥时，由散装水泥专用车运至工地，用自动气泵或空压机将水泥吹入水泥罐（仓）内。小型工地亦可将散装水泥倒入设置在地面下的金属贮料柜或储放在简易砖砌水泥箱内，用链斗式或螺旋式提升器提升到计量斗内。袋装水泥仍用人工装运堆放。

（二）贮存部分

1. 砂石贮料斗：宜分别架立，贮料斗容积一般在 3.6 m^3 左右，贮料斗应做成三面带斜坡的漏斗式，其斜度木制的不小于 55°，金属制的不小于 50°，料斗转角处应适当做成圆弧形，以利砂、石尽快自由落入计量斗（图 5-8）。斗门采用合页开闭装置。砂贮料斗宜考虑加装小型振动设备，以解决由于砂含水量大而经常发生的下料困难。

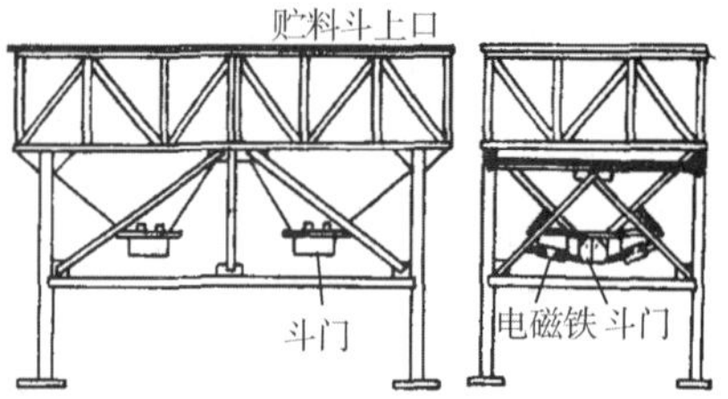

图 5-8　砂石贮料斗

2. 水泥贮罐:宜架设在搅拌机的上部,有利于垂直下料至水泥计量斗,否则应在水泥贮罐出口设置水平螺旋输送管(图 5-9),并通过行程开关控制。水泥贮罐采用倒圆锥形大罐,容量一般宜为 20 ~ 30 t,锥形斗部分应做成 60°夹角。为使水泥能不断松动并通畅落入螺旋管孔道内,宜在锥斗侧部安装搅动设备。

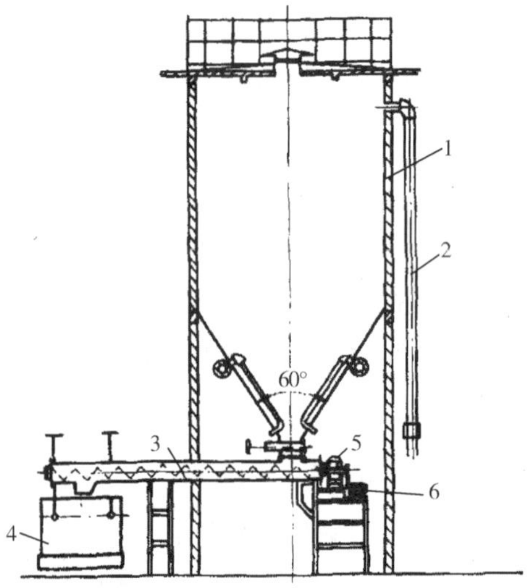

1—散装水泥工艺罐(水泥贮罐);2—进灰管;
3—螺旋输送管;4—配室料斗;5—减速器;6—电机。

图 5-9　水泥贮罐

(三)计量装置

利用杠杆原理进行计量。杠杆一端为称量斗,另一端为平衡箱,平衡箱内的配重随称量值要求而定。当进料达到设计数量时,秤杆上升碰到行程开关即切断电源,同时关闭贮料斗门。砂、石、水泥分别计量,达到计量准确。

(四)搅拌部分

搅拌机的规格和数量可根据混凝土计划产量和进度要求,并结合设备条件的可能来确定,按搅拌站平面布置设置 1 台或数台,排成一列式和放射式。为了充分发挥搅拌机效能,可采用双阶式工艺流程,即在出料口下设混凝土贮料斗。搅拌机上料斗沿轨道下滑,可用碰撞方法使计量斗门或汇总斗门自动打开,砂、石、水泥同时进入上料斗内。

三、搅拌站实例

(一)移动式搅拌站

移动式搅拌站的主要特点是搬迁方便,占用场地较小,制作简便,不需专用设备,基本上适合于一般中小型施工现场。搅拌站后台的场地要求不高，适应性强，砂石分散或集中堆放均不影响后台装置的使用，全部后台上料使用一般通用机械即可，如装载机、轻便翻斗车等，还有一机多用的优点。提升架、砂石贮料斗、水泥罐等设备按一般卡车尺寸设计，转移搬运时可整体装车和折叠拆装或分段拆装运输。

图 5-10 为移动式搅拌站工艺流程图。装载机将砂、石装入翻斗车内，经短途运输倒入提升斗，用轻便卷扬机提升倒进贮料斗进而漏到计量斗内，待达到一定重量后，计量斗的秤杆抬起接触到行程开关，电磁铁断电，贮料斗门利用弹簧回缩力（或气动开关阀）自行关闭，砂、石、水泥分别都装有这种控制设备。当三种材料全达到规定重量后，搅拌机料斗下落碰撞三个计量斗门上的斜杆，砂、石、水泥同时流入上料斗内。料斗提升时，计量斗门立即全部自行关闭。当计量斗门关闭接触行程开关，电磁开关重新打开贮料斗门，砂、石、水泥又进入计量斗内。如此反复循环作业。整个工艺流程的全套机械装置只需3～4 人，即搅拌机司机、翻斗车司机、装载机司机、操纵提料斗者各 1 人，用 1 台 400 L 搅拌机台班产量可达到 40～50 m^3。与人工上料相比，提高工效 3～4 倍，并大大减轻了体力劳动。

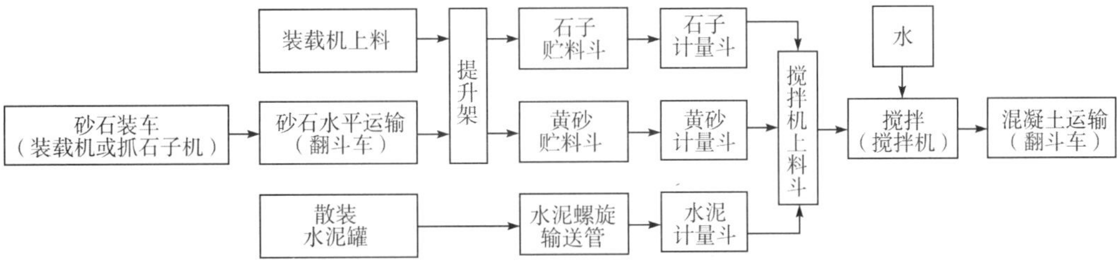

图 5-10　移动式搅拌站工艺流程图

（二）装配式搅拌站

装配式搅拌站（图 5-11）上料采用拉铲。其特点是采用型钢和钢板制成的装配结构，装拆比较方便，便于转运，既适用于施工现场，也适合于固定的集中搅拌站，供应一定范围内的零星分散工地所需要的混凝土。砂、石、水泥都能自动控制称量，自动下料，组成一条联动线，操作简便，称量准确。本装置设有水泥贮存箱和螺旋输送器，散装和包装水泥均可使用。其不足之处是砂、石堆放还需要辅以推土机送料。砂石材料由拉铲拉至贮料斗内，散装水泥从贮料仓通过螺旋输送器和简易斗式提升机运送到上贮料斗内。由贮料斗到计量斗到搅拌机的过程和设施同移动式搅拌站。这套联动线可同时供 2 台 400 L 混凝土搅拌机使用，全部操作人员只需 5～6 人，每台班搅拌 80～100 m^3混凝土，可满足一般现场需要。

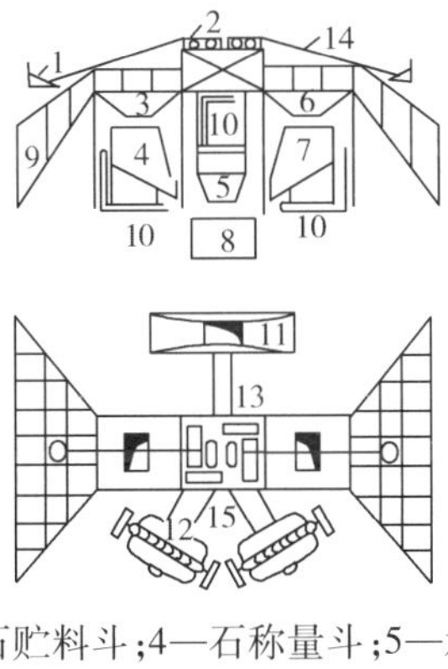

1—拉铲；2—卷扬机；3—石贮料斗；4—石称量斗；5—水泥称量斗；6—砂贮料斗；
7—砂称量斗；8—搅拌机料斗；9—支架及挡板；10—磅秤；11—水泥贮料斗；
12—搅拌机；13—螺旋输送器和斗式提升机；14—钢丝绳；15—集料槽。

图 5-11　装配式搅拌站示意图

（三）简易移动式搅拌站

简易移动式搅拌站（图5-12）由400 L自落式搅拌机1台、2.5 m^3砂石贮料斗1台、光电控制磅秤2台、电器操纵箱1只、0.5 m^3液压铲车1台等组成。其具有占地面积小、投资少、上马快、转移灵活等优点，适用于工程分散、工期短、混凝土量不大的施工现场。

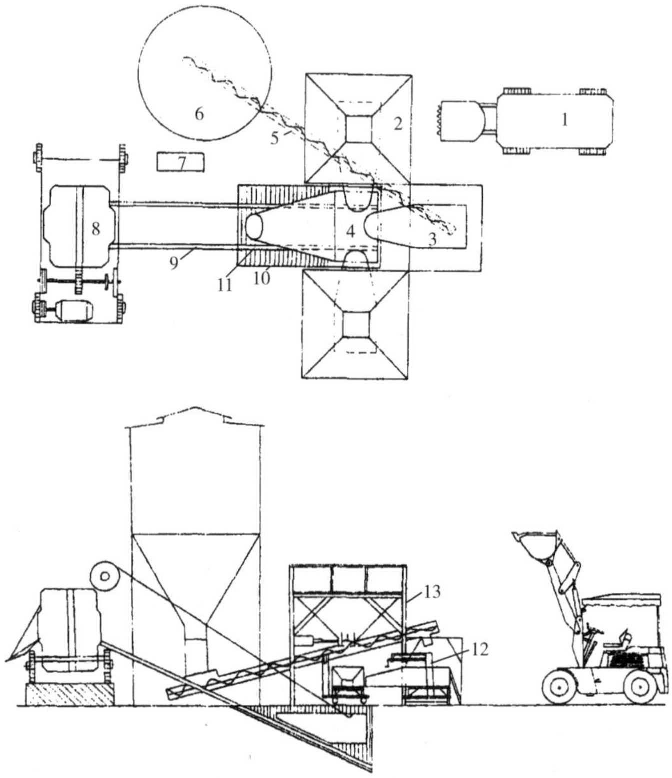

1—铲车；2—骨料料斗；3—水泥称料斗；4—集料斗；5—螺旋输送机；6—水泥筒仓；
7—操纵台；8—搅拌机；9—导轨；10—地坑；11—地下导轨；12—磅秤；13—料斗架。

图5-12　简易移动式搅拌站示意图

液压斗式铲车轮流向砂、石贮料斗供料，贮料斗门下设有计量斗，安装在光电控制的磅秤上，当计量斗进入规定数量的砂、石材料时，由光电控制自动切断贮料斗门磁铁开关，使斗门关闭。当搅拌机料斗下滑时带动砂石计量斗的钢丝绳，砂石就自动倾入料斗。料斗提升，砂石计量斗即恢复原状，重新开始进料、过磅、下料，由此往复实现自动化作业。全套联动线只需3人操作，即搅拌机操作者、铲车操作者及供应包装水泥者各1人，台班产量为40 m^3。如在砂、石贮料斗之间增设散装水泥罐，还可减去后台供应包装水泥的运拆人员。

第三节　混凝土搅拌施工要点

一、搅拌要求

搅拌混凝土前，加水空转数分钟，将积水倒净，使拌筒充分润湿。搅拌第一盘时，考虑到筒壁上的砂浆损失，石子用量应按配合比规定减半。

搅拌好的混凝土要做到基本卸尽。在全部的混凝土卸出之前不得再投入拌合料，更不得采取边出料边进料的方法。严格控制水灰比和坍落度，未经试验人员同意不得随意加减用水量。

二、材料配合比

严格掌握混凝土材料配合比。在搅拌机旁挂牌公布，便于检查。混凝土原材料按重量计的允许偏差不得超过下列规定：

1. 水泥、外加掺合料 ±2%。

2. 粗细骨料 ±3%。

3. 水、外加剂溶液 ±2%。

各种衡器应定时校验，并经常保持准确。骨料含水率应经常测定。雨天施工时，应增加测定次数。

三、搅拌

搅拌装料的顺序为石子→水泥→砂。每盘装料数量不得超过搅拌筒标准容量的 10%。在每次用搅拌机拌合第一罐混凝土前，应先开动搅拌机空车运转，运转正常后，再加料搅拌。拌第一罐混凝土时，宜按配合比多加入 10% 的水泥、水、细骨料的用量；或减少 10% 的粗骨料用量，使富裕的砂浆布满鼓筒内壁及搅拌叶片，防止第一罐混凝土拌合物中的砂浆偏少。

在每次用搅拌机开拌之始，应注意监视与检测开拌初始的前二、三罐混凝土拌合物的和易性。如不符合要求时，应立即分析情况并处理，直至拌合物的和易性符合要求，方可持续生产。

当开始按新的配合比进行拌制或原材料有变化时，亦应注意开拌鉴定与检测工作。

搅拌时间：从原料全部投入搅拌机筒时起，至混凝土拌合料开始卸出时止，所经历的时间称作搅拌时间。通过充分搅拌，应使混凝土的各种组成材料混合均匀，颜色一致；高强度等级混凝土、干硬性混凝土更应严格执行。搅拌时间随搅拌机的类型及混凝土拌合料和易性的不同而异。在生产中，应根据混凝土拌合料要求的均匀性、混凝土强度增长的效果及生产效率三种因素规定合适的搅拌时间。但混凝土搅拌的最短时间应符合表 5-3 的规定。

表 5-3 混凝土搅拌的最短时间 单位：s

混凝土坍落度/mm	搅拌机类型	搅拌机容积/L		
		<250	250～500	大于 500
≤30	自落式	90	120	150
	强制式	60	90	120
>30	自落式	90	90	120
	强制式	60	60	90

注：掺有外加剂时，搅拌时间应适当延长。

在拌合掺有掺合料（如粉煤灰等）的混凝土时，宜先以部分水、水泥及掺合料在机内拌合后，再加入砂、石及剩余水，并适当延长拌合时间。

使用外加剂时，应注意检查核对外加剂品名、生产厂名、牌号等。使用时一般宜先将外加剂制成外加剂溶液，并预加入拌用水中，当采用粉状外加剂时，也可采用定量小包装外加剂另加载体的掺用方式。

当用外加剂溶液时，应经常检查外加剂溶液的浓度，并应经常搅拌外加剂溶液，使溶液浓度均匀一致，防止沉淀。溶液中的水量应包括在拌合用水量内。

混凝土用量不大，而又缺乏机械设备时，可用人工拌制。拌制一般应在铁板或包有白铁皮的木拌板上进行操作，如用木制拌板时，宜将表面刨光，镶拼严密，使其不漏浆。拌合要先干拌均匀，再按规定用水量随加水、随湿拌至颜色一致，达到石子与水泥浆无分离现象为准。当水灰比不变时，人工拌制要比机械搅拌多耗10% ~15%的水泥。

雨期施工期间要勤测粗、细骨料的含水量，随时调整用水量和粗、细骨料的用量。夏期施工时砂石材料尽可能加以遮盖，至少在使用前不受烈日暴晒，必要时可用冷水淋洒，使其蒸发散热。冬期施工要防止砂石材料表面冻结，并应清除冰块。

四、泵送混凝土的拌制

泵送混凝土宜采用混凝土搅拌站供应的预拌混凝土，也可在现场设置搅拌站，供应泵送混凝土；但不得采用手工搅拌的混凝土进行泵送。

泵送混凝土的交货检验，应在交货地点按国家现行《预拌混凝土》(GB/T 14902—2012)的有关规定进行交货检验；现场拌制的泵送混凝土供料检验，宜按国家现行标准《预拌混凝土》的有关规定执行。

在寒冷地区冬期拌制泵送混凝土时，除应满足《混凝土泵送施工技术规程》(JGJ/T 10—2011)的规定外，还应制订冬期施工措施。

五、质量要求

在搅拌工序中，拌制的混凝土拌合物的均匀性应按要求进行检查。在检查混凝土均匀性时，应在搅拌机卸料过程中，从卸料流出的1/4 ~3/4的部位采取试样。检测结果应符合下列规定：

(1)混凝土中砂浆密度，两次测值的相对误差不应大于0.8%。

(2)单位体积混凝土中粗骨料含量，两次测值的相对误差不应大于5%。

混凝土搅拌的最短时间应符合表5-3的规定，混凝土的搅拌时间每一工作班至少应抽查2次。

混凝土搅拌完毕后，应按下列要求检测混凝土拌合物的各项性能：

(1)混凝土拌合物的稠度，应在搅拌地点和浇筑地点分别取样检测。每工作班不应少于1次。评定时应以浇筑地点的为准。

在检测坍落度时，还应观察混凝土拌合物的黏聚性和保水性，全面评定拌合物的和易性。

(2)根据需要，如果应检查混凝土拌合物的其他质量指标时，检测结果也应符合各自的要求，如含气量、水灰比和水泥含量等。

第六章 混凝土养护与拆模

为保证已浇筑好的混凝土在规定龄期内达到设计要求的强度和耐久性，并防止产生收缩和温度裂缝，必须认真做好养护工作。

第一节 自然养护

一、养护工艺

（一）覆盖浇水养护

利用平均气温高于 5 ℃的自然条件，用适当的材料对混凝土表面加以覆盖并浇水，使混凝土在一定的时间内保持水泥水化作用所需要的适当温度和湿度条件。

覆盖浇水养护应符合下列规定：

(1)覆盖浇水养护应在混凝土浇筑完毕后的 12 h 内进行。

(2)混凝土的浇水养护时间，对采用硅酸盐水泥、普通硅酸盐水泥或矿渣硅酸盐水泥拌制的混凝土，不得少于 7 d；对掺用缓凝型外加剂、矿物掺合料或有抗渗性要求的混凝土，不得少于 14 d。

当采用其他品种的水泥时，混凝土的养护应根据所采用水泥的技术性能确定。

(3)浇水次数应根据能保持混凝土处于湿润的状态来决定。

(4)混凝土的养护用水宜与拌制水相同。

(5)当日平均气温低于 5 ℃时，不得浇水。

大面积结构如地坪、楼板、屋面等可采用蓄水养护。贮水池一类工程可于拆除内模混凝土达到一定强度后注水养护。

（二）薄膜布养护

在有条件的情况下，可采用不透水、气的薄膜布（如塑料薄膜布）养护。用薄膜布把混凝土表面敞露的部分全部严密地覆盖起来,保证混凝土在不失水的情况下得到充足的养护。这种养护方法的优点是不必浇水,操作方便,能重复使用,能提高混凝土的早期强度,加速模具的周转,但应该保持薄膜布内有凝结水。

(三)薄膜养生液养护

混凝土的表面不便浇水或使用塑料薄膜布养护时,可采用涂刷薄膜养生液,防止混凝土内部水分蒸发的方法进行养护。

薄膜养生液养护是将可成膜的溶液喷洒在混凝土表面上,溶液挥发后在混凝土表面凝结成一层薄膜,使混凝土表面与空气隔绝,封闭混凝土中的水分不再被蒸发,从而完成水化作用。这种养护方法一般适用于表面积大的混凝土施工和缺水地区,但应注意薄膜的保护。

二、养护条件

在自然气温条件下(高于5 ℃),对于一般塑性混凝土应在浇筑后10~12 h内(炎夏时可缩短至2~3 h),对高强混凝土应在浇筑后1~2 h,即用麻袋、草帘、锯末或砂进行覆盖,并及时浇水养护,以保持混凝土足够的润湿状态。混凝土浇水养护时间可参照表6-1。

表6-1　混凝土浇水养护时间参考表

分类		浇水养护时间/d
拌制混凝土的水泥品种	硅酸盐水泥、普通硅酸盐水泥、矿渣硅酸盐水泥	≥7
	火山灰质硅酸盐水泥、粉煤灰硅酸盐水泥	≥14
	矾土水泥	≥3
抗渗混凝土、混凝土中掺缓凝型外加剂		≥14

注:1. 如平均气温低于55 ℃时,不得浇水。

2. 采用其他品种水泥时,混凝土的养护应根据水泥技术性能确定。

混凝土在养护过程中,如发现遮盖不好,浇水不足,以致表面泛白或出现干缩细小裂缝时,要立即仔细加以遮盖,加强养护工作,充分浇水,并延长浇水日期,加以补救。

在已浇筑的混凝土强度达到1.2 N/mm^2以后,始准在其上来往行人和安装模板、支架等,荷重超过时应通过计算,并采取相应的措施。

第二节　加热养护

一、蒸汽养护

蒸汽养护是缩短养护时间的方法之一,一般宜用65 ℃左右的温度蒸养。混凝土在较高的湿度和温度条件下,可迅速达到要求的强度。施工现场由于条件的限制,现浇预制构件一般可采用临时性地面或地下的养护坑,上盖养护罩或用简易的帆布、油布覆盖。

蒸汽养护分为以下四个阶段：

静停阶段：就是指混凝土浇筑完毕至升温前在室温下先放置一段时间。这主要是为了增强混凝土对升温阶段结构破坏作用的抵抗能力。一般需 2 ~6 h。

升温阶段：就是混凝土原始温度上升到恒温阶段。温度急速上升，会使混凝土表面因体积膨胀太快而产生裂缝，因而必须控制升温速度，一般为 10 ~25 ℃/h。

恒温阶段：是混凝土强度增长最快的阶段。恒温的温度应随水泥品种的不同而异，普通水泥的养护温度不得超过 80 ℃，矿渣水泥、火山灰水泥可提高到 85 ~90 ℃。恒温加热阶段应保持 90% ~100% 的相对湿度。

降温阶段：在降温阶段内，混凝土已经硬化，如降温过快，混凝土表面会产生裂缝，因此降温速度应加以控制。一般情况下，构件厚度在 10 cm 左右时，降温速度每小时不大于 20 ~30 ℃。

为了避免由于蒸汽温度骤然升降而导致混凝土构件产生裂缝、变形，必须严格控制升温和降温的速度。出槽的构件温度与室外温度相差不得大于 40 ℃，当室外为负温度时，不得大于 20 ℃。

二、其他热养护

(一)热模养护

热模养护是指将蒸汽通在模板内进行养护。此法用汽少，加热均匀，既可用于预制构件，又可用于现浇墙体，用于现浇框架结构柱的养护方法如图 6-1 所示。

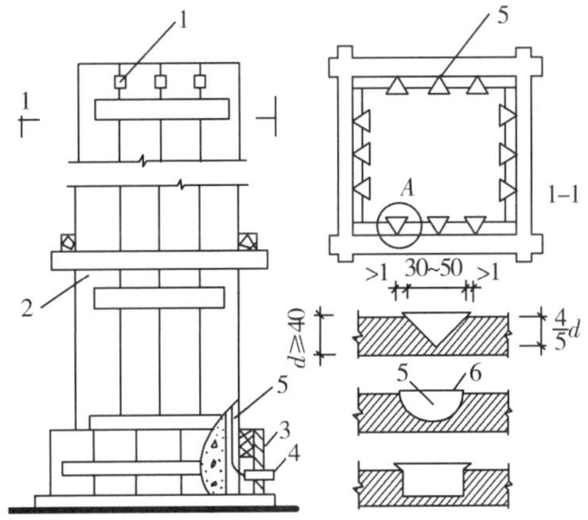

1—出汽孔；2—模板；3—分汽箱；4—进气管；5—蒸汽管；6—薄铁皮。

图 6-1　柱子用热模法养护

(二)棚罩式养护

棚罩式养护是在混凝土构件上加盖养护棚罩。棚罩的材料有玻璃、透明玻璃钢、聚酯薄膜、聚乙烯薄膜等，其中以透明玻璃钢和透明塑料薄膜为佳。棚式的形式有单坡、双坡、拱形等，一般多用单坡或双坡。棚罩内的空腔不宜过大，一般略大于混凝土构件即可。棚罩内的温度，夏季为 60 ~75 ℃，春秋季为 35 ~45 ℃，冬季在 20 ℃左右。

(三)覆盖式养护

覆盖式养护是在混凝土成型、表面略平后，其上覆盖塑料薄膜进行封闭养护，有以下两种做法：

（1）在构件上覆盖一层黑色塑料薄膜（厚0.12～0.14 mm），在冬季再盖一层气被薄膜。

（2）在混凝土构件上覆盖一层透明的或黑色塑料薄膜，再盖一层气垫薄膜（气泡朝下）。

塑料薄膜应采用耐老化的薄膜，接缝应采用热黏合。覆盖时应紧贴四周，用砂袋或其他重物压紧盖严，防止被风吹开，影响养护效果。塑料薄膜采用搭接时，其搭接长度应大于30 cm。据试验可知，气温在20 ℃以上只盖一层塑料薄膜，养护最高温度达65 ℃，混凝土构件在1.5～3 d达到设计强度的70%，缩短养护周期40%以上。

第三节　混凝土拆模

混凝土结构浇筑后达到一定强度方可拆模。模板拆卸日期应按结构特点和混凝土所达到的强度来确定。

现浇混凝土结构的拆模期限如下：

1. 不承重的侧面模板应在混凝土强度能保证其表面及棱角不因拆模板而受损坏时方可拆除。

2. 承重的模板应在混凝土达到下列强度以后方能拆除（按设计强度等级的百分率计）：

板及拱：跨度≤2 m时为50%；跨度为2～8 m时为75%；梁（跨度=8 m）为75%；承重结构（跨度>8 m）为100%；悬臂梁和悬臂板为100%。

3. 钢筋混凝土结构如在混凝土未达到上述所规定的强度时进行拆模及承受部分荷载，应经过计算，复核结构在实际荷载作用下的强度。

4. 已拆除模板及其支架的结构，应在混凝土达到设计强度后才允许承受全部计算荷载。施工中不得超载使用，严禁堆放过量的建筑材料。当承受施工荷载大于计算荷载时，必须经过核算加设临时支撑。

第七章　混凝土质量检验

第一节　混凝土分项工程质量检验

一、一般规定

1. 结构构件的混凝土强度应按现行国家标准《混凝土强度检验评定标准》的规定分批检验评定。

对采用蒸汽法养护的混凝土结构构件，其混凝土试件应先随同结构构件同条件蒸汽养护，再转入标准条件养护，共28 d。

当混凝土中掺入矿物掺合料时，确定混凝土强度时的龄期可按现行国家标准《粉煤灰混凝土应用技术规范》（GB/T 50146—2014）等的规定取值。

2. 检验评定混凝土强度用的混凝土试件的尺寸及强度的尺寸换算系数应按表7-1取用；其标准成型方法、标准养护条件及强度试验方法应符合现行国家标准《普通混凝土力学性能试验方法》（GB/T 50081—2002）的规定。

表7-1　混凝土试件的尺寸及强度的尺寸换算系数

骨料最大粒径/mm	试件尺寸/mm	强度的尺寸换算系数
≤31.5	100×100×100	0.95
≤40	150×150×150	1.00
≤63	200×200×200	1.05

注：对强度等级为C60及以上的混凝土试件，其强度换算系数可通过试验确定。

3. 结构构件拆模、出池、出厂、吊装、张拉、放张及施工期间临时负荷时的混凝土强度，应根据同条件养护的标准尺寸试件的混凝土强度确定。

4. 当混凝土试件强度评定不合格时，可采用非破损或局部破损的检测方法，按国家现行有关标准的规定对结构构件中的混凝土强度进行推定，并作为处理的依据。

5. 混凝土的冬期施工应符合国家现行标准《建筑工程冬期施工规程》的规定。

二、原材料

(一)主控项目

(1)水泥进场时应对其品种、级别、包装或散装仓号、出厂日期等进行检查,并应对其强度、安定性及其他必要的性能指标进行复验,其质量必须符合现行国家标准《硅酸盐水泥、普通硅酸盐水泥》(GB 175—1999)等的规定。

当在使用中对水泥质量有怀疑或水泥出厂超过三个月(快硬硅酸盐水泥超过一个月)时,应进行复验,并按复验结果使用。

钢筋混凝土结构、预应力混凝土结构中严禁使用含氯化物的水泥。

(2)混凝土中掺用外加剂的质量及应用技术应符合现行国家标准《混凝土外加剂》《混凝土外加剂应用技术规范》等和有关环境保护的规定。

预应力混凝土结构中,严禁使用含氯化物的外加剂。钢筋混凝土结构中,当使用含氯化物的外加剂时,混凝土中氯化物的总含量应符合现行国家标准《混凝土质量控制标准》的规定。

(3)混凝土中氯化物和碱的总含量应符合控制碱骨料反应配合比设计要点和设计的要求。

(二)一般项目

(1)混凝土中掺用矿物掺合料的质量应符合现行国家标准《用于水泥和混凝土中的粉煤灰》等的规定。矿物掺合料的掺量应通过试验确定。

(2)普通混凝土所用的粗、细骨料的质量应符合国家现行标准《普通混凝土用碎石或卵石质量标准及检验方法》(JGJ 53—92)、《普通混凝土用砂质量标准及检验方法》的规定。

①混凝土中的粗骨料,其最大颗粒粒径不得超过构件截面最小尺寸的1/4,且不得超过钢筋最小净距的3/4。

②对混凝土实心板,骨料的最大粒径不宜超过板厚的1/3,且不得超过40 mm。

(3)拌制混凝土宜采用饮用水;当采用其他水源时,水质应符合国家现行标准《混凝土拌合用水标准》的规定。

三、配合比设计

(一)主控项目

混凝土应按国家现行标准《普通混凝土配合比设计规程》的有关规定,根据混凝土强度等级、耐久性和工作性等要求进行配合比设计。对有特殊要求的混凝土,还应符合有特殊要求的混凝土配合比设计国家现行有关标准的专门规定。

(二)一般项目

(1)首次使用的混凝土配合比应进行开盘鉴定,其工作性应满足设计配合比的要求。开始生产时应至少留置一组标准养护试件,作为验证配合比的依据。

(2)混凝土拌制前,应测定砂、石含水率并根据测试结果调整材料用量,提出施工配合比。

四、混凝土施工

(一)主控项目

(1)结构混凝土的强度等级必须符合设计要求,用于检查结构构件混凝土强度的试件应在混凝土的浇筑地点随机抽取。取样与试件留置应符合下列规定：

①每拌制 100 盘且不超过 100 m^3的同配合比的混凝土，取样不得少于 1 次。

②每工作班拌制的同一配合比的混凝土不足 100 盘时，取样不得少于 1 次。

③当一次连续浇筑超过 1 000 m^3时，同一配合比的混凝土每 200 m^3取样不得少于 1 次。

④每一楼层、同一配合比的混凝土，取样不得少于 1 次。

⑤每次取样应至少留置一组标准养护试件，同条件养护试件的留置组数应根据实际需要确定。

(2)对有抗渗要求的混凝土结构，其混凝土试件应在浇筑地点随机取样。同一工程、同一配合比的混凝土，取样不应少于 1 次，留置组数可根据实际需要确定。

(3)混凝土原材料每盘称量的偏差应符合材料配合比中的规定。

(4)混凝土运输、浇筑及间歇的全部时间不应超过混凝土的初凝时间。同一施工段的混凝土应连续浇筑，并应在底层混凝土初凝之前将上一层混凝土浇筑完毕。

当底层混凝土初凝后浇筑上一层混凝土时，应按施工技术方案中对施工缝的要求进行处理。

(二)一般项目

(1)施工缝的位置应在混凝土浇筑前按设计要求和施工技术方案确定。施工缝的处理应按施工技术方案执行。

(2)后浇带的留置位置应按设计要求和施工技术方案确定。后浇带混凝土浇筑应按施工技术方案进行。

(3)混凝土浇筑完毕后，应按施工技术方案及时采取有效的养护措施，并应符合养护工艺中的规定。同时，还应符合下列要求：采用塑料布覆盖养护的混凝土，其敞露的全部表面应覆盖严密，并应保持塑料布内有凝结水；混凝土强度达到 1.2 N/mm^2前，不得在其上踩踏或安装模板及支架；当采用其他品种水泥时，混凝土的养护时间应根据所采用水泥的技术性能确定；混凝土表面不便浇水或使用塑料布时，宜涂刷养护剂；对大体积混凝土的养护，应根据气候条件按施工技术方案采取控温措施。

第二节　现浇混凝土结构分项工程质量检验

一、一般规定

1. 现浇结构的外观质量缺陷，应由监理（建设）单位、施工单位等各方根据其对结构性能和使用功能影响的严重程度按表 7-2 确定。

表 7-2　现浇结构的外观质量缺陷

名称	现象	严重缺陷	一般缺陷
露筋	构件内钢筋未被混凝土包裹而外露	纵向受力钢筋有露筋	其他钢筋有少量露筋
蜂窝	混凝土表面缺少水泥、砂浆而形成石子外露	构件主要受力部位有蜂窝	其他部位有少量蜂窝

（续表）

名称	现象	严重缺陷	一般缺陷
孔洞	混凝土中孔穴深度和长度均超过保护层厚度	构件主要受力部位有孔洞	其他部位有少量孔洞
夹渣	混凝土中夹有杂物且深度超过保护层厚度	构件主要受力部位有夹渣	其他部位有少量夹渣
疏松	混凝土中局部不密实	构件主要受力部位有疏松	其他部位有少量疏松
裂缝	缝隙从混凝土表面延伸至混凝土内部	构件主要受力部位有影响结构性能或使用功能的裂缝	其他部位有少量不影响结构性能或使用功能的裂缝
连接部位缺陷	构件连接处混凝土缺陷及连接钢筋、连接件松动	连接部位有影响结构传力性能的缺陷	连接部位有基本不影响结构传力性能的缺陷
外形缺陷	缺棱掉角、棱角不直、翘曲不平、飞边凸肋等	清水混凝土构件有影响使用功能或装饰效果的外形缺陷	其他混凝土构件有不影响使用功能的外形缺陷
外表缺陷	构件表面麻面、掉皮、起砂、沾污等	具有重要装饰效果的清水混凝土表面有外表缺陷	其他混凝土构件有不影响使用功能的外表缺陷

2. 现浇结构拆模后，应由监理（建设）单位、施工单位对外观质量和尺寸偏差进行检查，做出记录，并应及时按施工技术方案对缺陷进行处理。

二、外观质量

（一）主控项目

现浇结构的外观质量不应有严重缺陷。

对已经出现的严重缺陷，应由施工单位提出技术处理方案，并经监理（建设）单位认可后进行处理。对经处理的部位，应重新检查验收。

（二）一般项目

现浇结构的外观质量不宜有一般缺陷。

对已经出现的一般缺陷，应由施工单位按技术处理方案进行处理，并重新检查验收。

三、尺寸偏差

（一）主控项目

现浇结构不应有影响结构性能和使用功能的尺寸偏差。混凝土设备基础不应有影响结构性能和设备安装的尺寸偏差。

对超过尺寸允许偏差且影响结构性能和安装、使用功能的部位，应由施工单位提出技术处理方案，并经监理（建设）单位认可后进行处理。对经处理的部位，应重新检查验收。

（二）一般项目

现浇结构和混凝土设备基础拆模后的尺寸偏差应符合表 7-3、表 7-4 的规定。

表 7-3　现浇结构尺寸允许偏差和检验方法

项目			允许偏差/mm	检验方法
轴线位置	基础		15	钢尺检查
	独立基础		10	
	墙、柱、梁		8	
	剪力墙		5	
垂直度	层高	≤5 m	8	经纬仪或吊线、钢尺检查
		>5 m	10	经纬仪或吊线、钢尺检查
	全高(*H*)		*H*/1 000 且≤30	经纬仪、钢尺检查
标高	层高		±10	水准仪或拉线、钢尺检查
	全高		±30	
截面尺寸			+8，-5	钢尺检查
电梯井	井筒长、宽对定位中心线		+25,0	钢尺检查
	井筒全高(*H*)垂直度		*H*/1 000 且≤30	经纬仪、钢尺检查
表面平整度			8	2 m 靠尺和塞尺检查
预埋设施中心线位置	预埋件		10	钢尺检查
	预埋螺栓		5	
	预埋管		5	
预留洞中心线位置			15	钢尺检查

注：检查轴线、中心线位置时，应沿纵、横两个方向量测，并取其中的较大值。

表 7-4　混凝土设备基础尺寸允许偏差和检验方法

项目		允许偏差/mm	检验方法
坐标位置		20	钢尺检查
不同平面的标高		0,20	水准仪或拉线、钢尺检查
平面外形尺寸		±20	钢尺检查
凸台上平面外形尺寸		0，-20	钢尺检查
凹穴尺寸		+20,0	钢尺检查
平面水平度	每米	5	水平尺、塞尺检查
	全长	10	水准仪或拉线、钢尺检查
垂直度	每米	5	经纬仪或吊线、钢尺检查
	全高	10	—
预埋地脚螺栓	标高(顶部)	+20,0	水准仪或拉线、钢尺检查
	中心距	±2	钢尺检查

（续表）

项目		允许偏差/mm	检验方法
预埋地脚螺栓孔	中心线位置	10	钢尺检查
	深度	+20,0	钢尺检查
	孔垂直度	10	吊线、钢尺检查
预埋活动地脚螺栓锚板	标高	+20,0	水准仪或拉线、钢尺检查
	中心线位置	5	钢尺检查
	带槽锚板平整度	5	钢尺、塞尺检查
	带螺纹孔锚板平整度	2	钢尺、塞尺检查

注：检查坐标、中心线位置时，应沿纵、横两个方向量测，并取其中的较大值。

第三节　混凝土强度检测

一、试件制作和强度检验

试件制作：检查混凝土质量应做抗压强度试验。当有特殊要求时，还需做混凝土的抗冻性、抗渗性等试验。试件应用钢模制作。

1. 试件强度试验的方法应符合现行国家标准《普通混凝土力学性能试验方法》的规定。

2. 每组 3 个试件应在同盘混凝土中取样制作，并按下列规定确定该组试件的混凝土强度的代表值。

（1）取 3 个试件强度的算术平均值。

（2）当 3 个试件强度中的最大值或最小值与中间值之差超过中间值的 15% 时，取中间值。

（3）当 3 个试件强度中的最大值和最小值与中间值之差均超过 15% 时，该组试件不应作为强度评定的依据。

认真做好工地试件的管理工作，从试模选择、试件取样、成型、编号以至养护等，要指定专人负责，以提高试件的代表性，正确地反映混凝土结构和构件的强度。

二、混凝土结构同条件养护试件强度检验

1. 同条件养护试件的留置方式和取样数量应符合下列要求：

（1）同条件养护试件所对应的结构构件或结构部位，应由监理（建设）、施工等各方根据其重要性共同选定。

（2）对混凝土结构工程中的各混凝土强度等级，均应留置同条件养护试件。

（3）同一强度等级的同条件养护试件，其留置的数量应根据混凝土工程量和重要性确定，不宜少于 10 组，且不应少于 3 组。

（4）同条件养护试件拆模后，应放置在靠近相应结构构件或结构部位的适当位置，并应采取相同的养护方法。

2. 同条件养护试件应在达到等效养护龄期时进行强度试验。

等效养护龄期应根据同条件养护试件强度与在标准养护条件下 28 d 龄期试件强度相等的原则确定。

3. 同条件自然养护试件的等效养护龄期及相应的试件强度代表值,宜根据当地的气温和养护条件按下列规定确定:

(1)等效养护龄期可取按日平均温度逐日累计达到 600 ℃ · d 时所对应的龄期,0 ℃及以下的龄期不计入;等效养护龄期不应小于 14 d,也不宜大于 60 d。

(2)同条件养护试件的强度代表值应根据强度试验结果,按现行国家标准《混凝土强度检验评定标准》的规定确定后,乘折算系数取用;折算系数宜取为 1.10,也可根据当地的试验统计结果做适当调整。

4. 冬期施工、人工加热养护的结构构件,其同条件养护试件的等效养护龄期可按结构构件的实际养护条件,由监理(建设)、施工等各方根据本节规定共同确定。

三、混凝土强度评定

混凝土强度应分批进行验收。同一验收批的混凝土应由强度等级相同、龄期相同及生产工艺、配合比基本相同且不超过 3 个月的混凝土组成,并按单位工程的验收项目划分验收批,每个验收项目应按《混凝土强度检验评定标准》确定。同一验收批的混凝土强度,应以同批内全部标准试件的强度代表值来评定。

(一)统计方法评定

(1)当混凝土的生产条件在较长时间内能保持一致,且同一品种混凝土的强度变异性能保持稳定时,应由连续的 3 组试件组成一个验收批,其强度应同时满足下列要求:

$$m_{f_{cu}} \geqslant f_{cu,k} + 0.7\sigma_0$$

$$f_{cu,min} \geqslant f_{cu,k} - 0.7\sigma_0$$

当混凝土强度等级不高于 C20 时,其强度的最小值还应满足下式要求:

$$f_{cu,min} \geqslant 0.85 f_{cu,k}$$

当混凝土强度等级高于 C20 时,其强度的最小值还应满足下式要求:

$$f_{cu,min} \geqslant 0.90 f_{cu,k}$$

式中　$m_{f_{cu}}$——同一验收批混凝土立方体抗压强度的平均值(N/mm^2);

$f_{cu,k}$——混凝土立方体抗压强度标准值(N/mm^2);

σ_0——验收批混凝土立方体抗压强度的标准差(N/mm^2);

$f_{cu,min}$——同一验收批混凝土立方体抗压强度的最小值(N/mm^2)。

(2)验收批混凝土立方体抗压强度的标准差,应根据前一个检验期间同一品种混凝土试件的强度数据按下式确定:

$$\sigma_0 = \frac{0.59}{m}\sum_{i=1}^{m}\Delta_{f_{cu,i}}$$

式中　$\Delta_{f_{cu,i}}$——第 i 批试件立方体抗压强度中最大值和最小值之差;

m——用以确定该验收批混凝土立方体抗压强度标准差的数据总批数。

注:上述检验期不应超过 3 个月,且在该期间内强度数据的总批数不得少于 15。

(3)当混凝土的生产条件不能满足(1)的规定,或在前一个检验期内的同一品种混凝土没有足够的数据用以确定验收批混凝土立方体抗压强度标准差时,应由不少于 10 组的试件代表一个验收批,其强度应同时满足下列要求:

$$m_{f_{cu}} - \lambda_1 s_{f_{cu}} \geqslant 0.9 f_{cu,k}$$

$$f_{cu,min} \geqslant \lambda_2 f_{cu,k}$$

式中 $s_{f_{cu}}$——同一验收批混凝土立方体抗压强度的标准差(N/mm^2)。当 $s_{f_{cu}}$ 的计算值小于 $0.06f_{cu,k}$ 时,取 $s_{f_{cu}} = 0.06f_{cu,k}$;

λ_1、λ_2——合格判定系数,按表 7-5 取用。

表 7-5　混凝土强度的合格判定系数

试件组数	10～14	15～24	≥25
λ_1	1.70	1.65	1.60
λ_2	0.90	0.85	

混凝土立方体抗压强度的标准差 $s_{f_{cu}}$ 可按下式计算:

$$s_{f_{cu}} = \sqrt{\frac{\sum_{i=1}^{m} f_{cu,i}^2 - nm^2 f_{cu}}{n-1}}$$

式中 $f_{cu,i}$——第 i 组混凝土试件的立方体抗压强度值(N/mm^2);

n——一个验收批混凝土试件的组数。

(二)非统计方法评定

对零星生产的构件的混凝土或现场搅拌的批量不大的混凝土,可采用非统计方法评定。此时,验收批混凝土的强度必须同时满足下列要求:

$$m_{f_{cu}} \geqslant 1.15 f_{cu,k}$$

$$f_{cu,min} \geqslant 0.95 f_{cu,k}$$

(三)混凝土生产质量水平

预拌混凝土厂、预制混凝土构件厂和采用现场集中搅拌混凝土的施工单位,应定期对混凝土强度进行统计分析,控制混凝土质量,确定混凝土生产质量水平。

(1)混凝土生产质量水平,可依据统计周期内混凝土强度标准差和试件强度不低于要求强度等级的百分率按表 7-6 划分。

表 7-6　混凝土生产质量水平

评定指标		优良		一般		差	
		低于 C20	不低于 C20	低于 C20	不低于 C20	低于 C20	不低于 C20
混凝土强度标准差 $\sigma/(N \cdot mm^{-2})$	预拌混凝土厂和预制混凝土构件厂	≤3.0	≤3.5	≤4.0	≤5.0	>4.0	>5.0
	集中搅拌混凝土的施工现场	≤3.5	≤4.0	≤4.5	≤5.5	>4.5	>5.5

（续表）

评定指标		优良		一般		差	
		低于 C20	不低于 C20	低于 C20	不低于 C20	低于 C20	不低于 C20
强度不低于要求强度等级的百分率 p/%	预拌混凝土厂、预制混凝土构件厂及集中搅拌混凝土的施工现场	≥95		>85		≤85	

（2）在统计周期内混凝土强度标准差及不低于规定强度等级的百分率，可按下列两式计算：

$$\sigma=\sqrt{\frac{\sum_{i=1}^{N}f_{cu,i}^{2}-N\mu_{f_{cu}}^{2}}{N-1}}$$

$$p=\frac{N_0}{N}\times 100\%$$

式中 $f_{cu,i}$——统计周期内第 i 组混凝土试件的立方体抗压强度值（N/mm²）；

N——统计周期内相同强度等级的混凝土试件组数，$N\geqslant 25$；

$\mu_{f_{cu}}$——统计周期内 N 组混凝土试件立方体抗压强度的平均值；

N_0——统计周期内试件强度不低于要求强度等级的组数。

（3）盘内混凝土强度的变异系数 δ_b 不宜大于 5%，其值可按下式确定：

$$\delta_b=\frac{\sigma_b}{\mu_{f_{cu}}}\times 100\%$$

式中 δ_b——盘内混凝土强度的变异系数；

σ_b——盘内混凝土强度的标准差（N/mm²）。

（4）盘内混凝土强度的标准差可按下列规定确定：

在混凝土搅拌地点连续从 15 盘混凝土中分别取样，每盘混凝土试样各成型一组试件，根据试件强度按下式计算：

$$\sigma_b=0.04\sum_{i=1}^{15}\Delta_{f_{cu,i}}$$

式中 $\Delta_{f_{cu}}$——第 i 组三个试件强度中最大值与最小值之差（N/mm²）。

当不能连续从 15 盘混凝土中取样时，盘内混凝土强度标准差可利用正常生产连续积累的强度资料进行统计，但试件组数不应少于 30 组，其值可按下式计算：

$$\sigma_b=\frac{0.59}{n}\sum_{i=1}^{n}\Delta_{f_{cu,i}}$$

式中 n——试件组数。

第八章　混凝土裂缝的形成和控制

混凝土结构物的裂缝可分为微观裂缝和宏观裂缝。微观裂缝是指那些肉眼看不见的裂缝，主要有三种：一是骨料与水泥石黏合面上的裂缝，称为黏着裂缝；二是水泥石中自身的裂缝，称为水泥石裂缝；三是骨料本身的裂缝，称为骨料裂缝。微观裂缝在混凝土结构中的分布是不规则、不贯通的。反之，肉眼看得见的裂缝称为宏观裂缝，这类裂缝的范围一般不小于 0.05 mm。宏观裂缝是由微观裂缝扩展而来的。因此，在混凝土结构中裂缝是绝对存在的，只是应将其控制在符合规范要求的范围内，以不致发展到有害裂缝。

第一节　混凝土裂缝产生的主要原因

混凝土结构的宏观裂缝产生的原因主要有三种：一是由外荷载引起的裂缝，这是发生最为普遍的一种情况，即按常规计算的主要应力引起的；二是由结构次应力引起的裂缝，这是由于结构的实际工作状态与计算假设模型的差异引起的；三是由变形应力引起的裂缝，这是由温度、收缩、膨胀、不均匀沉降等因素引起结构变形，当变形受到约束时便产生应力，当此应力超过混凝土抗拉强度时就产生裂缝。

当混凝土结构物产生变形时，在结构的内部、结构与结构之间都会受到相互影响、相互制约，这种现象称为约束。当混凝土结构截面较厚时，其内部温度和湿度分布不均匀，引起内部不同部位的变形相互约束，这样的约束称之为内约束；当一个结构物的变形受到其他结构的阻碍所受到的约束称为外约束。外约束又可分为自由体、全约束和弹性约束。建筑工程中的大体积混凝土结构所承受的变形，主要是因温差和收缩而产生的。

建筑工程中的大体积混凝土结构中，由于结构截面大，水泥用量多，水泥水化所释放的水化热会产生较大的温度变化和收缩作用，由此形成温度收缩应力，这是导致钢筋混凝土产生裂缝的主要原因。这种裂缝有表面裂缝和贯通裂缝两种。表面裂缝是由于混凝土表面和内部的散热条件不同，温度外低内高，形成了温度梯度，使混凝土内部产生压应力，表面产生拉应力，表面的拉应力超过混凝土抗拉强度而引起的裂缝。贯通裂缝是由于大体积混凝土在强度发展到一定程度，混凝土逐渐降温，这个降温差引起的变形加上混凝土失水引起的体积收缩变形，受到地基和其他结构边界条件的约束时引起的拉应力，超过混凝土抗拉强度时所可能产生的贯通整个截面的裂缝。这两种裂缝在不同程度上都属于有害裂缝。

高强度的混凝土早期收缩较大，这是由于高强混凝土中以30%～60%矿物细掺合料替代水泥，高效减水剂掺量为胶凝材料总量的1%～2%，水胶比为0.25～0.40，改善了混凝土的微观结构，给高强混凝土带来许多优良特性，但其负面效应最突出的是混凝土收缩裂缝的概率增多。高强混凝土的收缩，主要是干燥收缩、塑性收缩、自收缩、温度收缩和化学收缩。混凝土初现裂纹的时间可以作为判断裂纹原因的参考：塑性收缩裂纹大约在浇筑后几小时到十几小时出现；温度收缩裂纹大约在浇筑后2到10 d出现；自收缩裂纹主要发生在混凝土凝结硬化后的几天到几十天；干燥收缩裂纹出现在接近1年龄期时。

干燥收缩：当混凝土在不饱和空气中失去内部毛细孔和凝胶孔的吸附水时，就会产生干缩，高性能混凝土的孔隙率比普通混凝土低，故干缩率也低。

塑性收缩：塑性收缩发生在混凝土硬化前的塑性阶段。高强混凝土的水胶比低，自由水分少，矿物细掺合料对水有更高的敏感性，高强混凝土基本不泌水，表面失水更快，所以高强混凝土塑性收缩比普通混凝土更容易产生。

自收缩：密闭的混凝土内部相对湿度随水泥水化的进展而降低，称为自干燥。自干燥造成毛细孔中的水分不饱和而产生负压，因而引起混凝土的自收缩。高强混凝土由于水胶比低、早期强度较快的发展会使自由水消耗快，致使孔体系中相对湿度低于80%，而高强混凝土结构较密实，外界水很难渗入补充，导致混凝土产生自收缩。高强混凝土的总收缩中，干缩和自收缩几乎相等，水胶比越低，自收缩所占比例越大。与普通混凝土完全不同，普通混凝土以干缩为主，而高强混凝土以自收缩为主。

温度收缩：对于强度要求较高的混凝土，水泥用量相对较多，水化热大，温升速率也较大，一般可达35～40 ℃，加上初始温度可使最高温度超过80 ℃。一般混凝土的热膨胀系数为10×10^{-6}/℃，当温度下降20～25 ℃时，造成的冷缩量为$(2\sim2.5)\times10^{-4}$，而混凝土的极限拉伸值只有$(1\sim1.5)\times10^{-4}$，因而冷缩常引起混凝土开裂。

化学收缩：水泥水化后，固相体积增加，但水泥－水体系的绝对体积则减小，形成许多毛细孔缝，高强混凝土水胶比小，外掺矿物细掺合料，水化程度受到制约，故高强混凝土的化学收缩量小于普通混凝土。

当混凝土发生收缩并受到外部或内部约束时，就会产生拉应力，并有可能引起开裂。高强混凝土虽然有较高的抗拉强度，可是弹性模量也高，在相同的收缩变形下，会引起较高的拉应力，而由于高强混凝土的徐变能力低，应力松弛量较小，所以抗裂性能差。

第二节　大体积混凝土裂缝控制的计算

一、大体积混凝土温度计算公式

（一）最大绝热温升（二式取其一）

$$T_h=(m_c+K\cdot F)Q/c\cdot\rho$$

$$T_h=m_c\cdot Q/c\cdot\rho(1-e^{-mt})$$

式中　T_h——混凝土最大绝热温升(℃);

m_c——混凝土中水泥(包括膨胀剂)用量(kg/m^3);

F——混凝土活性掺合料用量(kg/m^3);

K——掺合料折减系数,粉煤灰取0.25~0.30;

Q——水泥28 d水化热(kJ/kg),查表8-1;

表8-1　不同品种、强度等级水泥的水化热

水泥品种	水泥强度等级	水化热 $Q/(kJ\cdot kg^{-1})$		
		3 d	7 d	28 d
硅酸盐水泥	42.5	314	354	375
	32.5	250	271	334
矿渣水泥	32.5	180	256	334

c——混凝土比热,取0.97[kJ/(kg·K)];

ρ——混凝土密度,取2 400(kg/m^3);

e——为常数,取2.718;

t——混凝土的龄期(d);

m——系数,随浇筑温度的变化而改变,查表8-2。

表8-2　系数(m)

浇筑温度/℃	5	10	15	20	25	30
$m/(d^{-1})$	0.295	0.318	0.340	0.362	0.384	0.406

(二)混凝土中心计算温度

$$T_{1(t)} = T_j + T_h \cdot \xi_{(t)}$$

式中　$T_{1(t)}$——t龄期混凝土中心计算温度(℃);

T_j——混凝土浇筑温度(℃);

$\xi_{(t)}$——t龄期降温系数,查表8-3。

表8-3　降温系数(ξ)

浇筑层厚度/m	龄期 t/d									
	3	6	9	12	15	18	21	24	27	30
1.0	0.36	0.29	0.17	0.09	0.05	0.03	0.01	—	—	—
1.25	0.42	0.31	0.19	0.11	0.07	0.04	0.03	—	—	—
1.50	0.49	0.46	0.38	0.29	0.21	0.15	0.12	0.08	0.05	0.04
2.50	0.65	0.62	0.57	0.48	0.38	0.29	0.23	0.19	0.16	0.15
3.00	0.68	0.67	0.63	0.57	0.45	0.36	0.30	0.25	0.21	0.19
4.00	0.74	0.73	0.72	0.65	0.55	0.46	0.37	0.30	0.25	0.24

（三）混凝土表层（表面下 50 ~ 100 mm 处）温度

1. 保温材料厚度（或蓄水养护深度）见下式：

$$\delta = 0.5\ h \cdot \lambda_x (T_2 - T_q) K_b / \lambda (T_{max} - T_2)$$

式中　δ——保温材料厚度（m）；

λ_x——所选保温材料导热系数[W/(m·K)]，查表 8-4；

表 8-4　几种保温材料导热系数

材料名称	密度/(kg·m⁻³)	导热系数 λ/[W·(m·K)⁻¹]	材料名称	密度/(kg·m⁻³)	导热系数 λ/[W·(m·K)⁻¹]
建筑钢材	7 800	58	矿棉、岩棉	110 ~ 200	0.031 ~ 0.06
钢筋混凝土	2 400	2.33	沥青矿棉毡	100 ~ 160	0.033 ~ 0.052
水	—	0.58	泡沫塑料	20 ~ 50	0.035 ~ 0.047
木模板	500 ~ 700	0.23	膨胀珍珠岩	40 ~ 300	0.019 ~ 0.065
木屑	—	0.17	油毡	—	0.05
草袋	150	0.14	膨胀聚苯板	15 ~ 25	0.042
沥青蛭石板	350 ~ 400	0.081 ~ 0.105	空气	—	0.03
膨胀蛭石	80 ~ 200	0.047 ~ 0.07	泡沫混凝土	—	0.10

T_2——混凝土表面温度（℃）；

T_q——施工期大气平均温度（℃）；

λ——混凝土导热系数，取 2.33W/(m·K)；

T_{max}——计算得混凝土最高温度（℃）；

计算时可取 $T_2 - T_q = 15 \sim 20$ ℃

$T_{max} = T_2 = 20 \sim 25$ ℃

K_b——传热系数修正值，取 1.3 ~ 2.0，查表 8-5。

表 8-5　传热系数修正值

	保温层种类	K_1	K_2
1	纯粹由容易透风的材料组成（如草袋、稻草板、锯末、砂子）	2.6	3.0
2	由易透风材料组成，但在混凝土面层上再铺一层不透风材料	2.0	2.3
3	在易透风保温材料上铺一层不易透风材料	1.6	1.9
4	在易透风保温材料上下各铺一层不易透风材料	1.3	1.5
5	纯粹由不易透风材料组成（如油布、帆布、棉麻毡、胶合板）	1.3	1.5

注：1. K_1 值为一般刮风情况（风速 <4 m/s，结构位置 >25 m）。

2. K_2 值为刮大风情况。

2. 如采用蓄水养护，蓄水养护深度见下式：

$$h_w = x \cdot M(T_{max} - T_2) K_b \cdot \lambda_w / (700\ T_j + 0.28\ m_c \cdot Q)$$

式中　h_w——养护水深度（m）；

x——混凝土维持到指定温度的延续时间，即蓄水养护时间(h)；

M——混凝土结构表面系数(1/m)，$M=F/V$；

F——与大气接触的表面积(m^2)；

V——混凝土体积(m^3)；

$T_{max}-T_2$——一般取20~25(℃)；

K_b——传热系数修正值；

700——折算系数[kJ/(m^3·K)]；

λ_w——水的导热系数，取0.58[W/(m·K)]。

3. 混凝土表面模板及保温层的传热系数见下式：

$$\beta=1/[\Sigma\delta_i/\delta_i+1/\beta_q]$$

式中 β——混凝土表面模板及保温层等的传热系数[W/(m^2·K)]；

δ_i——各保温材料厚度(m)；

λ_i——各保温材料导热系数[W/(m·K)]；

β_q——空气层的传热系数，取23[W/(m^2·K)]。

4. 混凝土虚厚度见下式：

$$h'=k\cdot\lambda/\beta$$

式中 h'——混凝土虚厚度(m)；

k——折减系数，取2/3；

λ——混凝土导热系数，取2.33[W/(m·K)]。

5. 混凝土计算厚度见下式：

$$H=h+2h'$$

式中 H——混凝土计算厚度(m)；

h——混凝土实际厚度(m)。

6. 混凝土表层温度见下式：

$$T_{2(t)}=T_q+4\cdot h'(H-h')[T_{1(t)}-T_q]/H^2$$

式中 $T_{2(t)}$——混凝土表面温度(℃)；

T_q——施工期大气平均温度(℃)；

h'——混凝土虚厚度(m)；

H——混凝土计算厚度(m)；

$T_{1(t)}$——混凝土中心温度(℃)。

(四)混凝土内平均温度

$$Tm(t)=[T_{1(t)}+T_{2(t)}]/2$$

二、应力计算公式

(一)地基约束系数

1. 单纯地基阻力系数 C_{x1}(N/mm^3)查表 8-6。

表 8-6　单纯地基阻力系数 C_{x1}

土质名称	承载力/($kN \cdot m^{-2}$)	C_{x1} 推荐值/($N \cdot mm^{-3}$)
软黏土	80 ~ 150	0.01 ~ 0.03
砂质黏土	250 ~ 400	0.03 ~ 0.06
坚硬黏土	500 ~ 800	0.06 ~ 0.10
风化岩石和低强度素混凝土	5 000 ~ 10 000	0.60 ~ 1.00
C10 以上配筋混凝土	5 000 ~ 10 000	1.00 ~ 1.50

2. 桩的阻力系数见下式:

$$C_{x2} = Q/F$$

式中　C_{x2}——桩的阻力系数(N/mm^3);

F——每根桩分担的地基面积(mm^2);

Q——桩产生单位位移所需水平力(N/mm)。

当桩与结构铰接时,$Q = 2E \cdot I[K_n D/(4E \cdot I)]^{3/4}$;

当桩与结构固接时,$Q = 4E \cdot I[K_n D/(4E \cdot I)]^{3/4}$。

E——桩混凝土的弹性模量(N/mm^2);

I——桩的惯性矩(mm^4);

K_n——地基水平侧移刚度,取 1×10^{-2} N/mm^3;

D——桩的直径或边长(mm)。

3. 大体积混凝土瞬时弹性模量见下式:

$$E_{(t)} = E_0(1 - e^{-0.09t})$$

式中　$E_{(t)}$——龄期混凝土弹性模量(N/mm^2);

E_0——28 d 混凝土弹性模量(N/mm^2),查表 8-7;

表 8-7　混凝土常用数据

强度等级	弹性模量 E/($\times 10^4$ $N \cdot mm^{-2}$)	强度标准值/($N \cdot mm^{-2}$)		强度设计值/($N \cdot mm^{-2}$)	
		轴心抗压 f_{ck}	抗拉 f_{tk}	轴心抗压 f_c	抗拉 f_t
C7.5	1.45	5	0.75	3.7	0.55
C10	1.75	6.7	0.90	5	0.65
C15	2.20	10	1.20	7.5	0.90
C20	2.55	13.5	1.50	10	1.10
C25	2.80	17	1.75	12.5	1.30

（续表）

强度等级	弹性模量 $E/(\times 10^4\ \mathrm{N \cdot mm^{-2}})$	强度标准值/($\mathrm{N \cdot mm^{-2}}$)		强度设计值/($\mathrm{N \cdot mm^{-2}}$)	
		轴心抗压 f_{ck}	抗拉 f_{tk}	轴心抗压 f_c	抗拉 f_t
C30	3.00	20	2.00	15	1.50
C35	3.15	23.5	2.25	17.5	1.65
C40	3.25	27	2.45	19.5	1.80
C45	3.35	29.5	2.60	21.5	1.90
C50	3.45	32	2.75	23.5	2.00
C55	3.55	34	2.85	25	2.10
C60	3.60	36	2.95	26.5	2.20

e——常数，取 2.718；

t——龄期(d)。

4. 地基约束系数见下式：

$$\beta_{(t)} = (C_{x1} + C_{x2})/h \cdot E_{(t)}$$

式中　$\beta_{(t)}$——t 龄期地基约束系数(1/mm)；

h——混凝土实际厚度(mm)；

C_{x1}——单纯地基阻力系数($\mathrm{N/mm^3}$)，查表 8-6；

C_{x2}——桩的阻力系数($\mathrm{N/mm^3}$)；

$E_{(t)}$——t 龄期混凝土弹性模量($\mathrm{N/mm^2}$)。

(二)混凝土干缩率和收缩当量温差

1. 混凝土干缩率见下式：

$$\varepsilon_{Y(t)} = \varepsilon_Y^0 (l - \mathrm{e}^{-0.01t}) M_1 \cdot M_2 \cdot \cdots \cdot M_{10}$$

式中　$\varepsilon_{Y(t)}$——t 龄期混凝土干缩率；

ε_Y^0——标准状态下混凝土极限收缩值，取 3.24×10^{-4}；

$M_1 \cdot M_2 \cdot \cdots \cdot M_{10}$——各修正系数，查表 8-8。

表 8-8　修正系数 $M_1 \sim M_{10}$

水泥品种	M_1	水泥细度/($cm^2 \cdot g^{-1}$)	M_2	骨料品种	M_3	W/C	M_4	水泥浆量/%	M_5	初期养护时值/d	M_6	相对湿度 W/%	M_7	L/F	M_8	操作方法	M_9	配筋率(E_aF_a/E_bF_b)	M_{10}
普通水泥	1.00	1 500	0.92	花岗岩	1.00	0.2	0.65	15	0.90	1~2	1.11	25	1.25	0	0.54	机械振捣	1.00	0.00	1.00
矿渣水泥	1.25	2 000	0.93	玄武岩	1.00	0.3	0.85	20	1.00	3	1.09	30	1.18	0.1	0.76	人工振捣	1.10	0.05	0.86
快硬水泥	1.12	3 000	1.00	石灰岩	1.00	0.4	1.00	25	1.20	4	1.07	40	1.10	0.2	1.00	蒸汽养护	0.85	0.10	0.76
低热水泥	1.10	4 000	1.13	砾岩	1.00	0.5	1.21	30	1.45	5	1.04	50	1.00	0.3	1.03	高压釜处理	0.54	0.15	0.68
石灰矿渣水泥	1.00	5 000	1.35	无粗骨料	1.00	0.6	1.42	35	1.75	7	1.00	60	0.88	0.4	1.20	—	—	0.20	0.61
火山灰水泥	1.00	6 000	1.68	石英岩	0.80	0.7	1.62	40	2.10	10	0.96	70	0.77	0.5	1.31	—	—	0.25	0.55
抗硫酸盐水泥	0.78	7 000	2.05	白云岩	0.95	0.8	1.80	45	2.55	14~18	0.93	80	0.70	0.6	1.40	—	—	—	—
矾土水泥	0.52	8 000	2.42	砂岩	0.90	—	—	50	3.03	40~90	0.93	90	0.54	0.7	1.43	—	—	—	—
—	—	—	—	—	—	—	—	—	—	≥90	0.93	—	—	0.8	1.44	—	—	—	—

注：L——底板混凝土截面周长；F——底板混凝土截面面积；E_a、F_a——钢筋的弹性模量、截面积；E_b、F_b——混凝土弹性模量、截面积。

2. 收缩当量温差见下式：

$$T_{Y(t)}=\varepsilon_{Y(t)}/\alpha$$

式中 $T_{Y(t)}$——t 龄期混凝土收缩当量温差(℃)；

α——混凝土线膨胀系数,取 1×10^{-5}(1/℃)。

(三)结构计算温差(一般 3 d 划分一区段)

$$\Delta T_i=T_{m(i)}-T_{m(i+3)}+T_{Y(i+3)}-T_{Y(i)}$$

式中 ΔT_i——i 区段结构计算温差(℃)；

$T_{m(i)}$——i 区段平均温度起始值(℃)；

$T_{m(i+3)}$——i 区段平均温度终止值(℃)；

$T_{Y(i+3)}$——i 区段收缩当量温差终止值(℃)；

$T_{Y(t)}$——i 区段收缩当量温差始始值(℃)。

(四)各区段拉应力

$$\sigma=\overline{E_i}\cdot a\cdot\Delta T_i\cdot\overline{S_i}\{1-1/\mathrm{ch}(\overline{\beta_i}\cdot L/2)\}$$

式中 σ_i——i 区段混凝土内拉应力(N/mm²)；

$\overline{E_i}$——i 区段平均弹性模量(N/mm²)；

$\overline{S_i}$——i 区段平均应力松弛系数,查表 8-9；

表 8-9 松弛系数(S)

龄期 t/d	3	6	9	12	15	18	21	24	27	30
S	0.57	0.52	0.48	0.44	0.41	0.386	0.368	0.352	0.339	0.327

$\overline{\beta_i}$——i 区段平均地基约束系数；

L——混凝土最大尺寸(mm)；

ch——双曲余弦函数。

(五)到指定期混凝土内最大应力

$$\sigma_{\max}=[1/(1-\nu)]\sum_{i=1}^{n}\sigma_i$$

式中 $\sigma_{\max}$——到指定期混凝土内最大应力(N/mm²)；

ν——泊桑比,取 0.15。

(六)安全系数

$$K=f_t/\sigma_{\max}$$

式中 K——大体积混凝土抗裂安全系数,应≥1.15；

f_t——到指定期混凝土抗拉强度设计值(N/mm²),查表 8-7。

三、平均整浇长度(伸缩缝间距)

(一)混凝土极限拉伸值

$$\varepsilon_p=7.5f_t(0.1+\mu/d)10^{-4}(\ln t/\ln 28)$$

式中 ε_p——混凝土极限拉伸值；

f_t——混凝土抗拉强度设计值(N/mm²)；

μ——配筋率(%),$\mu=F_a/F_c$;

d——钢筋直径(mm);

ln——以 e 为底的对数;

t——指定期龄期(d);

F_a——钢筋截面积(rn^2);

F_c——混凝土截面积(m^2)。

(二)平均整浇长度(伸缩缝间距)

$$[L_{cp}]=1.5\sqrt{h\cdot E_{(t)}/C_x}\cdot \text{arch}[\,|a\cdot\Delta T|/(|a\cdot\Delta T|-|\varepsilon_p|)\,]$$

式中 $[L_{cp}]$——平均整浇长度(伸缩缝间距)(mm);

h——混凝土厚度(mm);

$E_{(t)}$——指定时刻混凝土弹性模量(N/mm^2);

C_x——地基阻力系数(N/mm^3),$C_x=C_{x1}+C_{x2}$;

arch——反双曲余弦函数;

ΔT——指定时刻的累计结构计算温差(℃)。

第三节 大体积混凝土控制温度和收缩裂缝的技术措施

为了有效地控制有害裂缝的出现和发展,必须从控制混凝土的水化升温、延缓降温速率、减小混凝土收缩、提高混凝土的极限拉伸强度、改善约束条件和设计构造等方面全面考虑,结合实际采取措施。

一、降低水泥水化热和变形

1. 选用低水化热或中水化热的水泥品种配制混凝土,如矿渣硅酸盐水泥、火山灰质硅酸盐水泥、粉煤灰水泥、复合水泥等。

2. 充分利用混凝土的后期强度,减少每立方米混凝土中的水泥用量。根据试验每增减 10 kg 水泥,其水化热将使混凝土的温度相应升降 1 ℃。

3. 使用粗骨料,尽量选用粒径较大、级配良好的粗骨料;控制砂石含泥量;掺加粉煤灰等掺合料或掺加相应的减水剂、缓凝剂,改善和易性、降低水灰比,以达到减少水泥用量、降低水化热的目的。

4. 在基础内部预埋冷却水管,通入循环冷却水,强制降低混凝土水化热温度。

5. 在厚大无筋或少筋的大体积混凝土中,掺加总量不超过 20% 的大石块,减少混凝土的用量,以达到节省水泥和降低水化热的目的。

6. 在拌和混凝土时,还可掺入适量的微膨胀剂或膨胀水泥,使混凝土得到补偿收缩,减少混凝土的温度应力。

7. 改善配筋。为了保证每个浇筑层上下均有温度筋,可建议设计人员将分布筋做适当调整。温度筋宜分布细密,一般用 $\phi8$ 钢筋,双向配筋,间距 15cm,这样可以增强抵抗温度应力的能力。上层钢筋的绑扎应在浇筑完下层混凝土之后进行。

8. 设置后浇缝。当大体积混凝土平面尺寸过大时，可以适当设置后浇缝，以减小外应力和温度应力；同时也有利于散热，降低混凝土的内部温度。

二、降低混凝土温度差

1. 选择较适宜的气温浇筑大体积混凝土，尽量避开炎热天气。夏季可采用低温水或冰水搅拌混凝土，可对骨料喷冷水雾或冷气进行预冷，或对骨料进行覆盖或设置遮阳装置以避免日光直晒，运输工具如具备条件也应搭设避阳设施，以降低混凝土拌合物的入模温度。

2. 掺加相应的缓凝型减水剂，如木质素磺酸钙等。

3. 在混凝土入模时，采取措施改善和加强模内的通风，加速模内热量的散发。

三、加强施工中的温度控制

1. 在混凝土浇筑之后，做好混凝土的保温、保湿养护，缓缓降温，充分发挥徐变特性，降低温度应力，夏季应注意避免暴晒，注意保湿，冬期应采取措施保温覆盖，以免发生急剧的温度梯度。

2. 采取长时间的养护，规定合理的拆模时间，延缓降温时间和速度，充分发挥混凝土的“应力松弛效应”。

3. 加强测温、温度监测与管理，实行信息化控制，随时控制混凝土内的温度变化，内外温差控制在25 ℃以内，基面温差和基底面温差均控制在20 ℃以内，及时调整保温及养护措施，使混凝土的温度梯度和湿度不致过大，以有效控制有害裂缝的出现。

4. 合理安排施工程序，控制混凝土在浇筑过程中均匀上升，避免混凝土拌合物堆积过大高差。在结构完成后及时回填土，避免其侧面长期暴露。

四、改善约束条件，削减温度应力

1. 采取分层或分块浇筑大体积混凝土，合理设置水平或垂直施工缝，或在适当的位置设置施工后浇带，以放松约束程度，减少每次浇筑长度的蓄热量，防止水化热的积聚，减少温度应力。

2. 在大体积混凝土基础与岩石地基，或基础与厚大的混凝土垫层之间设置滑动层，如采用平面浇沥青胶铺砂，或刷热沥青，或铺卷材。在垂直面、键槽部位设置缓冲层，如铺设30～50 mm厚的沥青木丝板或聚苯乙烯泡沫塑料，以消除嵌固作用，释放约束应力。

五、提高混凝土的极限拉伸强度

1. 选择良好级配的粗骨料，严格控制其含泥量，加强混凝土的振捣，提高混凝土密实度和抗拉强度，减小收缩变形，保证施工质量。

2. 采取二次投料法、二次振捣法，浇筑后及时排出表面积水，加强早期养护，提高混凝土早期或相应龄期的抗拉强度和弹性模量。

3. 在大体积混凝土基础内设置必要的温度配筋，在截面突变和转折处，底、顶板与墙转折处，孔洞转角及周边，增加斜向构造配筋，以改善应力集中，防止裂缝的出现。

第九章　常用特种混凝土

第一节　纤维混凝土

目前发展起来的纤维增强混凝土，应用最广的是钢纤维增强混凝土、玻璃纤维增强混凝土和聚丙烯类纤维增强混凝土。钢纤维增强混凝土在国内已经制成高强纤维混凝土，抗压强度 100 ~ 110 MPa，抗弯强度也接近 15 MPa，抗冲击强度为普通混凝土的 3.6 ~ 6.3 倍。

纤维混凝土与普通混凝土相比，虽有许多优点，但毕竟代替不了钢筋混凝土。人们开始在配有钢筋的混凝土中掺加纤维，使其成为钢筋 - 纤维复合混凝土，这又为纤维混凝土的应用开发了一条新途径。

在混凝土拌合物中，掺入适量的钢纤维可配成一种既可浇筑又可喷射的特种混凝土，这就是钢纤维混凝土。与普通混凝土相比，钢纤维混凝土抗拉、抗弯强度及耐磨、耐冲击、耐疲劳、韧性和抗裂、抗爆等性能都可得到提高。因为大量很细的钢纤维均匀地分散在混凝土中，与混凝土接触的面积很大，因而在所有的方向都使混凝土的强度得到提高，大大改善了混凝土的各项性能。

（一）钢纤维的基本要求

1. 钢纤维的强度：钢纤维混凝土破坏时，往往是钢纤维被拉断，这不是因为钢纤维抗拉强度不足，而是因为其韧性不足。因此，要提高其韧性。如果材料通过淬火或其他急冷硬化方法获得，尽管其抗拉强度较高，但质地较脆，在搅拌过程中易被折断，反而会降低强化效果。因此，只要不是易脆断的钢材，通常强度较高的纤维可满足要求。一般钢纤维的抗拉强度不得低于 380 MPa。当工程有特殊要求时，钢纤维抗拉强度可由需方根据技术与经济条件提出。

2. 钢纤维的尺寸和形状：钢纤维的尺寸主要由强化特性和施工难易性决定。钢纤维如太粗或太短，其强化特性差，如过细或过长，则在搅拌时容易结团。为了增强钢纤维同混凝土之间的黏结强度，常增大表面积或将纤维表面加工成凹凸形状。钢纤维按外形可分为平直形、波浪形、压痕形、扭曲形、端钩形、大头形等，如图 9-1 所示；按横截面可分为圆形、矩形、月牙形及不规则形等。

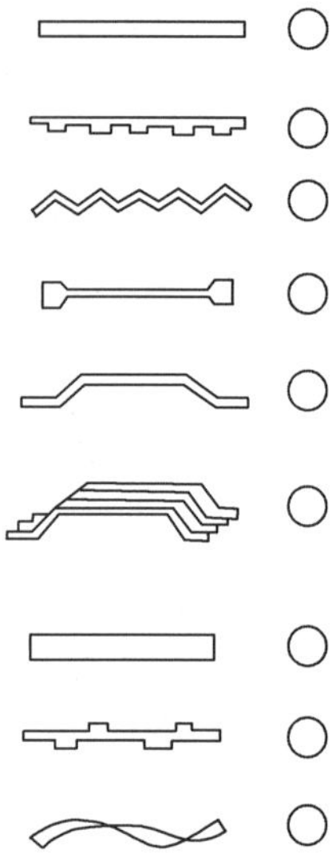

图 9-1　钢纤维的外形

钢纤维的标称长度指钢纤维两端点之间的直线长度，其尺寸可为 15 ~ 60 mm。钢纤维截面的直径或等效直径宜在 0.3 ~ 1.2 mm。钢纤维长径比或标称长径比宜在 30 ~ 100。

钢纤维混凝土结构对钢纤维几何尺寸参数的要求宜符合表 9-1 的规定。

表 9-1　钢纤维几何参数的采用范围

钢纤维混凝土结构类别	长度/mm	直径(等效直径)/mm	长径比
一般浇筑成型的结构	25 ~ 50	0.3 ~ 0.8	40 ~ 100
抗震框架节点	40 ~ 50	0.4 ~ 0.8	50 ~ 100
铁路轨枕	20 ~ 30	0.3 ~ 0.6	50 ~ 70
喷射混凝土	20 ~ 25	0.3 ~ 0.5	40 ~ 60

注：钢纤维的等效直径是指非圆形截面换算成圆形截面的直径。

(二)钢纤维的种类和特征

钢纤维的种类、制造方法及特征见表 9-2。钢纤维的抗拉强度见表 9-3。从各类钢纤维对混凝土的增强效果来看，以切断纤维、冷轧钢板剪切纤维和加工硬度较大的铣削纤维较好。

表 9-2　各类钢纤维的种类、制造方法及特征

钢纤维种类	制造方法	特征				存在的问题
		断面形状	表面	防拔方法	其他	
切断钢纤维	将钢丝切断	圆形	冷拔表面	压痕折弯	强度高，表面处理容易	原材料成本高
剪切钢纤维	将薄钢板用旋转刀具切断	正方形、长方形	压延面、切断面	压痕、折弯、扭曲	可使用不锈钢、脱脂	刀具寿命短

（续表）

钢纤维种类	制造方法	特征				存在的问题
		断面形状	表面	防拔方法	其他	
铣削钢纤维	用平刀铣刀将钢块或钢板进行切削的金属屑	三角形	切断面皱纹状粗面回火色	扭曲	硬度大，可制细纤维，用不锈钢	刀具寿命短
熔融抽丝钢纤维	熔钢黏在冷却的圆盘上被甩	月牙形	氧化皮膜回火色	两端较粗	淬火或回火可用不锈钢	熔炉材料的耐久性问题

表9-3　各类钢纤维的抗拉强度

钢纤维种类		平均断面积/mm^2	拉伸荷载/N	抗拉强度/MPa
切断钢纤维		0.10	230	2 350
剪切钢纤维	1号	0.11	90	790
	2号	0.25	140	540
	3号	0.25	120	460
铣削钢纤维		0.25	180	710
熔融抽丝钢纤维	1号	0.26	160	620
	2号	0.23	150	670
	3号	0.18	130	760

(三)钢纤维混凝土的物理力学性能

把直径为0.3～1.2 mm、长为15～60 mm的钢纤维均匀地掺入混凝土中，构成一种新的复合混凝土时，其性能改善尤为明显，见表9-4。近年来，用喷射法进行钢纤维混凝土的施工逐渐增多，钢纤维喷射混凝土与喷射混凝土的性能比较见表9-5。

表9-4　钢纤维混凝土的性能（钢纤维掺入率为2%）

序号	钢纤维混凝土的物理力学性能	与普通混凝土比较
1	抗压强度	1.0～1.3倍
2	抗拉强度和抗弯强度	1.5～1.8倍
3	早期抗裂强度	1.5～20倍
4	抗剪强度	1.5～2.0倍
5	疲劳强度	有所改善
6	耐冲击性能	5～10倍
7	耐破损性能	有所改善
8	延伸率	约2.0倍
9	韧性	40～200倍
10	耐热性能	显著改善

（续表）

序号	钢纤维混凝土的物理力学性能	与普通混凝土比较
11	对冻融作用的抵抗能力	显著改善
12	耐久性	密实度高，表面裂缝宽度不大于 0.08 mm，有所改善，暴露于大气中的面层钢纤维产生锈斑

表 9-5　钢纤维喷射混凝土的性能

序号	钢纤维喷射混凝土的物理力学性能	与喷射混凝土的比较
1	抗压强度	1.3 ~ 1.5 倍
2	抗拉强度	1.5 ~ 1.8 倍
3	抗弯强度	1.8 ~ 2.0 倍
4	韧性	30 ~ 300 倍
5	耐冲击性	8 ~ 60 倍
6	收缩	0.5 ~ 0.8 倍

影响混凝土的力学性能的因素除钢纤维的掺量外，还有钢纤维形状尺寸、配制方向及分散程度等因素。

（四）钢纤维混凝土的配制

1. 配制要求：为了获得高强度的钢纤维混凝土，必须满足以下条件：

（1）具有足够数量和匀质的高强钢纤维。

（2）在整个工艺过程中，钢纤维仍保持自身的大部分强度。

（3）纤维同混凝土的黏结力较好，纤维同砂浆接触部分的密实度较高。

（4）纤维应均匀分布在基体材料的整个体积中。

（5）基体材料对纤维应是化学惰性的。

（6）基体材料应具有足够的抗剪强度。

2. 组成材料。

（1）水泥：一般使用 32.5 级、42.5 级普通硅酸盐水泥；配制高强钢纤维混凝土，可使用 52.5 级以上的硅酸盐水泥。采用硅酸盐水泥配制的钢纤维混凝土，可掺用矿物掺合料。

（2）骨料：砂的粒径为 0.15 ~ 5 mm；卵石或碎石的最大粒径一般不宜大于 20 mm，对钢纤维喷射混凝土，则不宜大于 10 mm。

（3）外加剂：掺外加剂是为了降低水灰比，从而改善拌合物的和易性，可使用减水剂或高效减水剂。配制钢纤维喷射混凝土，则需掺入适量速凝剂。对抗冻性有要求的钢纤维混凝土，宜用引气型减水剂。

（4）砂率：保证钢纤维混凝土拌合物的和易性，混凝土的砂率一般不应低于 45%。水泥用量一般较未掺纤维的混凝土高 10% 左右。

3. 配合比设计：钢纤维混凝土的配合比除满足普通混凝土的一般要求外，还应满足抗拉强度或抗折强度、韧性及施工时拌合物和易性、钢纤维不结团的要求。在某些条件下还应满足对抗冻性、抗渗性的要求。对有耐腐蚀和耐高温要求的结构物，应选用不锈钢纤维。

钢纤维混凝土配合比设计可按下述步骤进行：

(1)根据强度标准值或设计值及施工配制强度提高系数，确定试配抗压强度与抗拉强度或试配抗压强度与抗折强度，按《普通混凝土配合比设计规程》的规定采用。

(2)根据试配抗压强度计算水灰比。

(3)根据试配抗拉强度或抗折强度或韧性与耐久性要求，按表 9-6 选用或根据已有资料确定钢纤维体积率。

表 9-6　钢纤维体积率采用范围

钢纤维混凝土结构类型	钢纤维体积率/%
一般浇筑成型的结构	0.5～2.0
局部受压构件、桥面、预制柱顶	1.0～1.5
铁路轨枕、刚性防水屋面	0.8～1.2
喷射钢纤维混凝土	1.0～1.5

(4)根据施工要求的稠度，通过试验或按已有资料确定单位体积用水量，如掺用外加剂时应考虑外加剂的影响。

(5)根据稠度和钢纤维体积率或参照已有工程经验确定砂率。

(6)按绝对体积法或假定质量密度法计算材料用量，确定初步配合比。

(7)按初步配合比进行拌合物性能试验，调整单位体积用水量和砂率，确定强度试验用的基准配合比。

(8)根据强度试验结果调整水灰比和钢纤维体积率，确定施工配合比。

钢纤维混凝土水灰比宜选用 0.45～0.50，每立方米的水泥用量宜为 360～400 kg；当钢纤维体积率较大时，水泥用量可适当增加，但不应大于 500 kg。钢纤维混凝土单位体积用水量可通过试验或根据已有经验确定。钢纤维混凝土坍落度可比相应普通混凝土要求值小 20 mm。

钢纤维混凝土初步配合比确定后，应进行拌合物性能试验，检查其稠度、黏聚性、保水性是否满足施工要求，若不满足，则应在保持水灰比和钢纤维体积率不变的条件下，调整单位体积用水量或砂率，直到满足要求。参考配合比见表 9-7。

表 9-7　钢纤维混凝土配合比

序号	纤维参量/%	抗压强度/MPa	抗弯强度/MPa			基准配合比（水泥∶砂∶石∶水）	备注
			28 d	56 d	90 d		
1	0	24	3.23	—	—	1∶1.98∶2.26∶0.5	纤维形状(mm)：0.25×0.56×25
	1.19	30.2	7.66				
2	0	41.9	5.97	68.2	—	1∶2.56∶2.78∶0.5	混凝土板厚 2.54 cm
	1.26	39.8	10.19	12.44		1∶2.46∶2.79∶0.5	
3	0	—	3.86	—	—	1∶1.98∶2.26∶0.5	混凝土板厚 3.81 cm
	1.19	—	7.56	—	—		

（续表）

序号	纤维参量/%	抗压强度/MPa	抗弯强度/MPa			基准配合比（水泥∶砂∶石∶水）	备注
			28 d	56 d	90 d		
4	0	—	4.99	—	59.7	1∶2.56∶2.78∶0.5	混凝土板厚3.81 cm
	1.26	—	55.8	—	86.8	1∶2.46∶2.79∶0.5	
5	1.22	—	90.7	—	—	1∶2.35∶2.75	混凝土板厚3.81 cm
6	0	22	—	—	—	1∶2∶1.9∶0.45	平直纤维(mm)：$\phi0.5\times25$
	0.645	24	30	—	—		
	1.07	27.2	41	—	—		
	1.50	28	45	53	—		
7	0	48.0	—	—	—	1∶2.72∶1.71∶0.51	平直纤维，掺粉煤灰30%
	0.9	51.9	7.7	—			
8	1.5	56.1	9.2			1∶2.5∶0.85∶0.49	弯钩纤维
9	0	37.0	—	—	—	1∶2∶2.5∶0.52	弯钩纤维(mm) $\phi0.5\times50$
	1.0	41.0					
10	0	—	3.5	—	—	1∶1.8∶2.2∶0.47	掺粉煤灰33%，$\phi0.5\text{mm}\times25\text{mm}$
	0.6	46.0	6.0	—	—		
	0.9	51.0	7.4	—	—		
	1.2	—	7.2				
11	0.9	50.4	6.8	—	—	1∶2.04∶0.87∶0.51	掺粉煤灰31%，平直纤维
	1.5	49.6	7.9	—	—		
12	1.5	51.6	9.95	—	—	1∶1.95∶0.65∶0.5	掺粉煤灰31%，弯钩纤维
	1.5	51.6	11.25				
13	0	40	4.44	—	—	1∶1.6∶1.6∶0.45	弯钩纤维(mm)：$\phi0.5\times30$
	0.8	46	4.4	—	67.0		
	1.5	40.0	4.8	—	52.0		
	2.0	55.0	6.4	—	102.0		
14	1.07	511.5	—	—	—	1∶2∶1.76∶0.4	平直纤维

（五）施工要点

1.搅拌工艺。

（1）搅拌设备：可使用强制式混凝土搅拌机。在纤维掺量增多时，应适当减少一次拌合量，一次搅拌量不宜大于其额定搅拌量的80%。

（2）纤维加入方法：为使纤维能均匀分散于混凝土中，应通过摇筛或分散机加料。使用集束状钢纤维时，则不需使用上述设备。

（3）投料顺序：采用预拌法制作纤维混凝土，关键要使纤维在水泥硬化体中均匀分散。特别是当纤维掺量较多时，如不能使其充分地分散，就容易同水泥浆或砂子一起结成球状的团块，显著降低增强效果。目前，常用的混合投料顺序如下：

①纤维以外的材料预先混合均匀，在拌合过程中加入纤维。

②(砂＋水泥)$\xrightarrow{\text{混合搅拌0.5 min}}$＋(石子＋纤维)$\xrightarrow{\text{混合搅拌2 min}}$＋(水＋外加剂)→搅拌→排料。

钢纤维混凝土的搅拌时间应通过试验确定，应较普通混凝土规定的搅拌时间延长1～2 min。采用先干拌后加水的搅拌方法，干拌时间不宜少于1.5 min。

2. 浇筑与成型工艺。

(1)混凝土浇筑：搅拌后的纤维混凝土的流动性随着纤维掺量的增加而显著下降，拌合料从搅拌机卸出到浇筑完毕所需时间不宜超过30 min。浇筑过程中严禁加水。

(2)混凝土振捣成型：钢纤维混凝土的成型可使用普通的振动台或表面振动器，内部振动器则不适用。选用前者可避免振捣时将纤维折断，也防止钢纤维起团。与普通混凝土相比，钢纤维混凝土的振动时间要适当延长。

(3)纤维定向处理：根据结构件的受力特点，在捣实时可以人为地使纤维定向。如采用磁力定向、振动定向及挤压定向等。喷射法施工，钢纤维在喷射时不易受到损伤，且喷射物分布均匀，不会产生结团现象，这样就能提高长径比，提高界面黏结性能，同时也能增大纤维含量，使钢纤维混凝土的物理力学性能有较大的改善。

第二节　聚丙烯纤维混凝土

1. 常用聚丙烯纤维的物理力学性能指标(表9-8)。

表9-8　常用聚丙烯纤维的物理力学性能

纤维名称	密度/(kg·m^{-3})	纤维直径/μm	纤维长度/mm	抗拉强度/MPa	弹性模量/GPa	断裂延伸率/%
杜拉纤维	910	—	5～19	276	3.79	15
丙纶纤维	910	26	5～19	525	3.5	15
改性丙纶纤维	910	30～40	4～12	500～700	9～10	7～9
纤化丙纶	900	—	12～50	500～700	3.5～4.8	20

聚丙烯纤维增强水泥基材有两种不同的方式：连续网片和短切纤维。聚丙烯纤维的主要优点是具有良好的抗碱性和化学稳定性(它与大多数化学物质无反应)，有较高的熔点，且原材料价格低廉。其不足之处是：①耐火性差，当温度超过120 ℃时，纤维就软化，使聚丙烯纤维增强水泥基复合材料的强度显著下降，因此，用聚丙烯纤维作为水泥基的主要增强材料，要特别注意耐火性能；②在空气或氧气中光照易老化；③弹性模量低，一般只有1～8 GPa；④具有憎水性而不易被水泥浆浸湿。但是这些缺点并未阻碍聚丙烯纤维增强水泥基复合材料的发展，因包裹纤维的基体提供了一个保护层，有助于减小对火和其他环境因素的损伤。

2. 聚丙烯纤维及混凝土的性能：纤维加入混凝土（砂浆）中采用常规搅拌设备搅拌，只要适当延长搅拌时间（约 120 s），纤维束即可彻底分散为纤维单丝，并均匀地分布于砂浆中，而采用强制式搅拌设备可以无须延长搅拌时间。每立方米混凝土掺入 0.7 kg 纤维，纤维丝数量即可达 2 000 多万条。

聚丙烯纤维可以通过大量吸收能量，控制水泥基体内部微裂的生成及发展，大幅度提高混凝土抗裂能力及改善抗冲击性能，并能大幅度提高混凝土抗折强度并降低其脆性，同时也提高了混凝土的抗渗能力、抗冻能力，使混凝土耐久性大大增强。

聚丙烯纤维的使用非常方便，根据配合比掺量，将适量纤维（体积掺量 0.05% ~0.15%）和加入料斗中的骨料一同送入搅拌机加水搅拌。在预拌混凝土搅拌站，可直接将整袋纤维置于传送带上的骨料中即可。由于包装纸袋为特制的快速水降解纸制成，进入搅拌机后见水迅速溶融，散于水泥基体中。聚丙烯纤维完全为物理性配筋，同混凝土骨料及外加剂不起任何化学反应，故不需改变混凝土或砂浆的其他配合比，对坍落度影响很小，初凝、终凝时间变化甚微，黏聚性增强，泵送性能可以改善，施工及养护工艺无须特殊要求。

3. 聚丙烯纤维在工程中的应用：聚丙烯纤维在我国的应用始于 20 世纪 90 年代初期在广佛高速公路的小批量试用，近年来已经先后应用于各种工程中，如高速公路修补路面，公路收费站特殊路段；桥梁；地下室工程结构性自防水、外墙抹灰、仓库地板、屋面防水；高层建筑转换层大梁、钢筋混凝土柱；水池、游泳池；停车场、网球场、停机坪；水泥预制构件、保温制品等许多方面。

第三节　碳纤维片材加固混凝土结构技术

用于土木建筑结构加固的碳纤维增强材料有很多，其片材结构如图 9-2，而碳纤维片材加固修补混凝土结构技术是一种新型的结构加固技术，且应用最多，主要利用树脂类黏结材料将碳纤维片材黏结于混凝土表面，以达到对结构及构件加固补强的目的。片材根据纤维排列方向可分为两类：单向纤维片材和双向纤维片材。

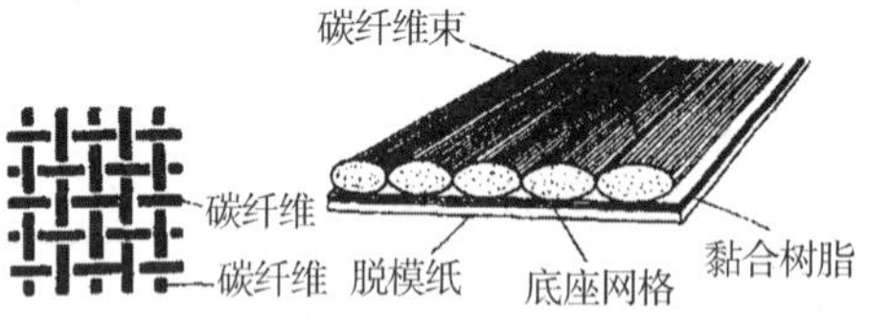

（a）双向织物片材　　（b）单向片材

图 9-2　碳纤维片材结构

一、材料

碳纤维片材又分为碳纤维布和碳纤维板，加固修补混凝土结构所用材料主要为碳纤维材料与黏结用树脂。其材料及性能指标见表 9-9 至表 9-11。

表 9-9　碳纤维片材的主要力学性能指标要求

性能	碳纤维布	碳纤维板
抗拉强度标准值/MPa	≥3 000	≥2 000
弹性模量/MPa	$\geq 2.1\times10^5$	$\geq 1.4\times10^5$
延伸率/%	≥1.4	≥1.4

表 9-10　底层树脂及找平材料的性能指标

性能	性能指标要求
正拉黏结强度	≥2.5 MPa,且大于被加固混凝土抗拉强度 f_{tk} 的 1.2 倍

表 9-11　浸渍树脂和黏结树脂的性能指标

性能	试验方法	性能指标要求
拉伸剪切强度	GB 7124—86	≥10 MPa
拉伸强度	GB/T 2568—1999	≥30 MPa
弯曲强度	GB/T 5270—1999	≥40 MPa
正拉黏结强度	—	≥2.5 MPa 且大于被加固混凝土抗拉强度 f_{tk} 的 1.2 倍

二、施工工艺

工艺流程为:卸荷→基底处理→涂底胶→找平→粘贴→保护。

(1)卸荷:加固前应对所加固的构件尽可能卸荷。

(2)基底处理:混凝土表层出现剥落、空鼓、蜂窝、腐蚀等劣化现象的部位应予以凿除,对于较大面积的劣质层面,在凿除后应用不低于原混凝土强度等级的环氧砂浆修复。裂缝部位应用环氧砂浆进行封闭处理。除去混凝土表面的浮浆、油污等杂质,突起部位要磨平,转角粘贴处平滑过渡,表面清理干净,并保持干燥。

(3)涂底胶(FP 胶):按主剂∶固化剂 =2∶1的比例搅拌均匀,根据现场实际气温决定用量并严格控制时间,一般情况下 1 h 内用完。用滚筒刷将底胶均匀涂刷在混凝土表面,固化后再进行下一道施工。一般固化时间为 2 ~3 d。

(4)找平:混凝土表面凹陷部位应用 FE 胶填平,转角处也应用 FE 胶修补成光滑的圆弧,半径不小于 10 mm。

(5)粘贴:按设计要求的尺寸及层数剪裁碳纤维布,除特殊要求外,碳纤维的长度一般应在 3 m 之内。调配、搅拌粘贴材料 FR 胶(使用方法与 FP 胶相同),然后均匀涂抹于待粘贴部位。粘贴碳纤维布,剥去离型纸,用特制滚子反复沿纤维方向滚压,去除气泡。多层粘贴重复上述步骤,在碳纤维布表面指触干燥后方可进行上一层的粘贴,最后在碳纤维布表面均匀涂抹罩面 FR 胶。碳纤维布沿纤维方向的搭接长度不得小于 100 mm,端部用横向碳纤维布固定。

(6)保护:加固后的碳纤维布表面应采取抹灰或喷防火涂料等措施进行保护。表面保护材料应于罩面 FR 胶具有可靠的黏结强度及良好的变形性能后再涂抹。当被加固结构处于其他特殊环境时,应采取相应的防护措施。

三、其他注意事项

(1)气温低于5 ℃,应停止施工。

(3)施工时应考虑环境湿度对树脂固化的不利影响。

(4)施工安全技术、劳动保护、防火、防毒等应按国家现行的有关规定执行。

(5)裁剪和使用碳纤维布时应尽量远离电源。

(6)施工人员应穿工作服,佩戴口罩和手套,严禁在现场吸烟。

配制及使用胶的场所必须保持良好通风。

第四节　玻璃纤维混凝土

玻璃纤维混凝土是由玻璃纤维与水泥混凝土复合的材料,主要用于制作复合外墙板(以岩棉、泡沫聚苯等作芯材)、隔墙板、阳台栏板、垃圾道和通风道、卫生盒子间等。

一、原材料及要求

(一)抗碱玻璃纤维

配制玻璃纤维混凝土应采用抗碱玻璃纤维,因为这种玻璃纤维中含有一定量的氧化锆(ZrO_2),在碱液作用下,其表面的氧化锆会转化成含氢氧化锆[$Zr(OH)_4$]的胶状物,并经脱水聚合在其表面,形成致密的膜层,从而减缓了水泥石液相中的氢氧化钙[$Ca(OH)_2$]对玻璃纤维的侵蚀。其化学成分、力学性能和耐腐蚀性能分别见表9-12、表9-13、表9-14。

表9-12　抗碱玻璃纤维的化学成分

名称	化学成分/%								
	SiO_2	CaO	Na_2O	K_2O	ZrO_2	TiO_2	Al_2O_3	MgO	Fe_2O_3
中国锆铁纤维	61.0	5.0	10.4	2.6	14.5	6.0	0.3	0.25	0.2

表9-13　抗碱玻璃纤维的力学性能

名称	单丝直径/μm	密度/(g·mm^{-2})	抗拉强度/(N·mm^{-2})	弹性模量/($\times10^4$ N·mm^{-2})	极限延伸率/%
中国锆铁纤维	12~14	2.7~2.78	2 000~2 100	6.3~7.0	4.0

表9-14　抗碱玻璃纤维的耐腐蚀性能

玻璃纤维类别	纤维经碱液侵蚀后的抗拉强度保留率/%	
	100 ℃饱和$Ca(OH)_2$溶液中4 h	80 ℃合成水泥滤液①24 h
抗碱	66.2~88.1	54.3~84.3

（续表）

玻璃纤维类别	纤维经碱液侵蚀后的抗拉强度保留率/%	
	100 ℃饱和 $Ca(OH)_2$ 溶液中 4 h	80 ℃合成水泥滤液①24 h
中碱	41.5～44.3	24.6～26.4
无碱	29.2～35.5	25.3～32.0

注：①合成水泥滤液成分如下：

$Ca(OH)_2$　　0.48 g/L；
NaOH　　0.88 g/L；
KOH　　3.45 g/L。

抗碱玻璃纤维的品种如下：

1. 无捻粗砂：将 30 股左右的连续玻璃纤维原丝（含 200 根左右的单丝）不经加捻直接平行合并成卷并绕成圆筒纱团。使用时可从纱团内的孔抽出粗纱并切割任意长度。

2. 网格布：是由玻璃纤维无捻粗砂，经、纬相交编织而成的具有方形网孔的织物。根据玻璃纤维混凝土制品或构件受力状况，可织成经、纬纱粗、细不等的网格布。其常用的规格和性能见表 9-15。

表 9-15　网格布的规格和性能

网格尺寸/mm	幅宽/mm	经向		纬向		重量/$(g\cdot m^{-2})$
		经纱密度/$(根\cdot cm^{-1})$	承载力/$(N\cdot cm^{-1})$	纬纱密度/$(根\cdot cm^{-1})$	承载力/$(N\cdot cm^{-1})$	
5×5	850	4	324	2	151	130

（二）硫铝酸盐水泥

硫铝酸盐水泥分早强型和 I 型低碱度两种。

二、配制和成型工艺

（一）配制

玻璃纤维水泥制品的配制因成型工艺而异，见表 9-16。

表 9-16　玻璃纤维水泥制品的配制

成型工艺	玻璃纤维	水泥	骨料	外加剂	灰砂比	水灰比
直接喷射法	抗碱玻璃纤维无捻粗纱切短，长度 = 33～44 mm，体积掺率 =2%～5%	早强型或 I 型低碱硫铝酸盐水泥	d_{max} =2 mm；细度模数 = 1.2～2.4；含泥率≤0.3%	减水剂或超塑化剂，掺量由预拌试验确定	1:0.3～1:0.5	0.32～0.38
喷射－抽吸法				一般可不掺	—	起始值：0.5～0.55；最终值：0.25～0.30
铺网－喷浆法	抗碱玻璃纤维网格布，厚 10 mm 的板用多层网格布，体积掺率 =2%～3%			同直接喷射法	1:1～1:1.5	0.4～0.45

(二)成型

1. 直接喷射法:将玻璃纤维无捻粗砂气割至一定长度后由气流喷出,再与雾化的水泥砂浆在空间混合并一起喷落在模具上,如此反复喷射直至模具上的混凝土达到一定厚度。然后用压辊或振动抹刀压实,再覆盖塑料薄膜,经 20 多小时的自然养护后脱模,继而在湿气养护室养护 7 d 左右;也可将压实的制品静停 2 ~3 h后,在 40 ~50 ℃下进行 6 ~8 h 蒸养,脱模后再在湿气养护室内养护 4 d 左右即可。

直接喷射法采用的机具见表 9-17。喷射时,应使用纤维喷枪,与砂浆喷浆的夹角保持在 28° ~32°之间,切割喷射机和喷射面的间距宜在 300 ~400 mm 范围内。

表 9-17 直接喷射法采用的机具

项次	机具名称	作用	型式	主要技术参数
1	切割喷射机(图 9-3)	使玻璃纤维无捻粗砂切成一定长度后喷出,水泥砂浆雾化喷出,并使两者混合	按纤维与水泥砂浆的喷射方式可分为双枪式、同心式;按动力类型可分为气动式、电动式	纤维切割长度:22 ~66 mm; 纤维喷射量:100 ~1 000 g/min; 砂浆喷射量:2 ~22 kg/min
2	砂浆搅拌机	制备水泥砂浆	强制式	容积:1 ~25 L/min
3	砂浆输送泵	使已制备的水泥砂浆送至切割喷射器的砂浆喷枪内,并可调节其输送量	挤压式或螺旋式	输送能力:1 ~25 L/min
4	空气压缩机	喷吹纤维与水泥砂浆,带动切割喷射器的气动电动机	气冷式	送气量:0.9 ~1.2 m^3/mm 气压:0.6 ~0.7 N/mm^2

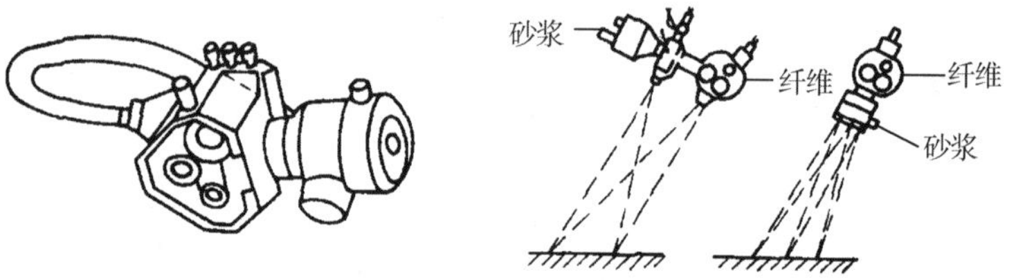

(a)单枪外形 (b)双枪式喷射 (c)单枪式喷射

图 9-3 切割喷射机

2. 喷射 - 抽吸法:其工艺原理与直接喷射法相同,所不同的是,混合后的玻璃纤维砂浆喷落在可抽真空的模具上(模具的表面开有许多棋盘式小孔,并覆以滤水性好的织物)。当喷射达到一定厚度后,即可通过真空抽吸,以降低料层的水灰比,并使之趋于密实,从而获得具有一定强度的湿坯。用真空吸盘将湿坯吸至另一成型模具上,用手工模塑成型,可生产多种外型制品。

喷射 - 抽吸法采用的机具除与直接喷射法相同外,还需增加真空泵(使模型的真空腔内的真空度达到 8 000Pa)与真空吸盘管。

3. 铺网 - 喷浆法:用喷枪在模具上喷一层砂浆,然后铺一层玻璃纤维网格布,再喷一层砂浆,再铺第二层玻璃纤维网格布,如此反复喷铺,直至达到一定的厚度。其他同直接喷射法,采用的机具除前述外另增加砂浆喷枪。

三、玻璃纤维混凝土的主要性能

玻璃纤维混凝土的主要性能见表9-18。

表9-18　玻璃纤维混凝土的性能参考

项次	项目	性能参考
1	质量密度	1.9～2.1 g/cm^3
2	抗拉强度	初裂强度4.0～5.0 N/mm^2,极限强度7.5～9.0 N/mm^2
3	抗弯强度	初裂强度7.0～8.0 N/mm^2,极限强度15～25 N/mm^2
4	抗压强度	比未增强的水泥砂浆约降低10%以下
5	抗冲击强度	用摆锤法测得15～30 kJ/m^2
6	弹性模量	(2.6～3.1)×10^4 N/mm^2
7	吸水率	10%～15%
8	韧性	比未增强的水泥砂浆可提高30～120倍
9	抗冻性	25次反复冻融,无分层和龟裂现象
10	耐热性	使用温度不宜超过80 ℃
11	抗渗性	有较高的不透水性,在潮湿状态下还有较高的不透气性
12	防火性	由两层厚各为10 mm的玻璃纤维混凝土板,内夹100 mm厚的珍珠岩水泥内芯组成的复合板,其耐火度可达4 h以上

第五节　聚合物水泥混凝土

聚合物水泥混凝土是由水泥混凝土和高分子材料有机结合而成的一种性能比普通混凝土优越的复合材料。聚合物水泥混凝土配制比较简单,只要利用现有普通混凝土的生产设备,将聚合物同水泥、骨料、水一起搅拌即可。

将聚合物搅拌在混凝土中,聚合物在混凝土内形成膜状体,填充水泥水化产物和骨料之间的空隙,与水泥水化产物结成一体,起到增强同骨料黏结的作用,从而使聚合物水泥混凝土比普通混凝土具有优良的特性。如提高了普通混凝土的密实度和强度,而且显著地增加了抗拉、抗弯强度,不同程度地改善了耐化学腐蚀性能和减少了收缩变形等。

一、原材料选择

聚合物水泥混凝土主要由胶凝材料、骨料和水、助剂等组成。

(一)胶凝材料

(1)水泥:对水泥的要求同普通水泥混凝土。除普通硅酸盐水泥外,还可使用各种硅酸盐水泥、高铝水泥(矾土水泥)、快硬水泥等。

(2)聚合物:与水泥掺合使用的聚合物可分为以下三类。

①水溶性聚合物分散体乳胶类,如橡胶乳胶、树脂乳液和混合分散体。

②水溶性聚合物,如甲基纤维素(MC)、聚乙烯醇、聚丙烯酸盐 - 聚丙烯酸钙和糠醇。

③液体聚合物,如不饱和聚醋和环氧树脂等。

必须选用与水泥水化适应性好的有机高分子材料。因此,聚合物必须具备下列要求:①对水泥凝结硬化和胶结性能无不良影响;②在水泥碱性介质中,不被水解或破坏;③对钢筋无锈蚀作用。

(二)骨料

使用与普通水泥混凝土相同的粗骨料和细骨料,有时也可使用轻骨料。当用于防腐目的时,应使用硅质碎石和碎砂。

(三)拌合水

与普通水泥混凝土用水相同。

(四)主要助剂

稳定剂:由于水溶性聚合物分散体(乳胶类)树脂在生产过程中,大多数用阴离子型乳化剂进行乳液聚合,因此,当这些聚合物乳胶与水泥浆混合后,由于与水泥浆中溶出的大量多价钙离子的作用,会引起乳液变质破乳,导致过早凝聚,使其不能在水泥中均匀分散,因此,必须加入阻止这种变质现象的稳定剂。稳定剂的加入保证了聚合物与水泥混合均匀,并能有效地结合起来。常用的稳定剂有 OP 型乳化剂、均染剂 102、农乳 600 等。

消泡剂:将胶乳与水泥拌合时,由于乳液中的乳化剂和稳定剂等表面活性剂的影响,通常会产生许多小泡,如不把这些小泡消除,势必会增加混凝土的孔隙率,使强度明显下降。因此,必须添加适量的消泡剂。常用的消泡剂有醇类——有异丁烯醇、3 - 辛醇等;磷酸酯类——有磷酸三丁酯等;有机硅类——有二烷基聚硅氧烷等。

二、配合比设计与施工工艺

影响聚合物水泥混凝土的因素有聚合物种类、聚合物与水泥之比、水灰比、消泡剂及乳化剂的种类、掺量等。其中,水灰比的影响没有像对水泥混凝土那样大。因此,对聚合物水泥混凝土的水灰比,主要以和易性(坍落度或流动度)来表示。

(一)配合比设计

聚合物的使用方法是与水泥、骨料、水一起搅拌。在一般情况下,其掺量为水泥重量的 5% ~25% ,不宜过多。

1. 设计原则:聚合物水泥混凝土除应着重考虑其和易性和抗压强度外,还必须考虑抗拉强度、黏结性、水密性(防水性)、耐腐蚀性等其他一些性能。这些性质虽然和水灰比有关,但与聚灰比(聚合物与水泥在整个固体中的重量比)的关系更密切,所以,确定的配合比还必须符合使用要求。

聚合物水泥砂浆的参考配合比:聚合物水泥混凝土的配合比设计,除考虑聚灰比以外,其他可大致按水泥混凝土进行。通常聚合物水泥砂浆的配合比为水泥:砂 =1:2 ~1:3(重量比)。聚灰比在 5% ~20% 范围内,水灰比可根据和易性要求适当选择,大致在 0.3 ~0.6。表 9-19 和表 9-20 为聚合物水泥砂浆和聚丙烯酸乙酯水泥混凝土参考配合比。

表 9-19　聚合物水泥砂浆参考配合比（重量比）

用途	参考配合比			涂层厚度/mm
	水泥	砂	聚合物	
路面材料	1	3	0.2～0.3	5～10
地板材料	1	3	0.3～0.5	10～15
防水材料	1	2～3	0.3～0.5	5～20
防腐材料	1	2～3	0.4～0.6	10～15
黏结材料	1	0～3	0.2～0.5	
	1	0～1	0.2 以上	
	1	0～3	0.2 以上	

表 9-20　聚丙烯酸乙酯水泥混凝土参考配合比

聚合物水泥比/%	水灰比/%	砂率/%	聚合物分散体用量/($kg\cdot m^{-3}$)	用水量/($kg\cdot m^{-3}$)	水泥用量/($kg\cdot m^{-3}$)	粗骨料用量($kg\cdot m^{-3}$)	细骨料用量($kg\cdot m^{-3}$)	测定量	
								坍落度/cm	含气量/%
0	50	45	0	160	320	812	510	5	5
5	50	45	36	140	320	768	485	7	7
10	50	45	71	121	320	749	472	21	7

2. 配制方法：配制聚合物水泥混凝土时，可使用与普通混凝土一样的设备。聚合物水泥混凝土应在拌合后 1 h 内浇筑完毕。

配制方法有以下三种：

(1)配制工艺与普通水泥混凝土相似，只是在加水搅拌混凝土时，掺入一定量的聚合物分散体及辅助材料。

(2)可采用单体直接加入，然后聚合的办法制得。

(3)采用聚合物粉末直接掺入水泥的方法来配制聚合物水泥混凝土。在混凝土成型和初始硬化后，加热混凝土，使聚合物融化，这样聚合物便浸入混凝土的孔隙中，待冷却和聚合物凝固后而成。这种聚合物水泥混凝土的抗水性能较好。

(二)施工工艺

聚合物水泥砂浆施工如下：

1. 基层处理。

砂浆或混凝土的基层处理，应按下列工序处理：

(1)边喷砂、边用钢丝刷刷去老砂浆或混凝土表面脆性的浮浆层或泥土等，用溶剂（汽油、酒精或丙酮）洗掉油污或润滑油迹。

(2)遇有孔隙、裂缝等伤痕要进行“V”形开槽，用同配合比砂浆进行堵塞修补。管道贯通部位也进行同样的处理。

(3)用水冲洗干净后，用棉纱擦去游离的水分。

2. 施工要点(用于面层)。

(1)涂一层厚度为7～10 mm的聚合物水泥砂浆。当所需的厚度大于10 mm时,可以涂2～3次。涂抹聚合物水泥砂浆时应注意以下几点:

①聚合物水泥砂浆不宜像普通水泥砂浆那样反复抹,以抹2～3遍为宜。

②在抹平时,抹子上往往会黏附一层聚合物薄膜,应边抹边用木片、棉纱等将其拭掉。

③当大面积涂抹时,每隔3～4 m要留15 mm宽的缝。

(2)施工后必须注意养护。未硬化前不能洒水,并应注意防雨。养护方法取决于聚合物种类,如耐水性很差的聚醋酸乙烯酯乳液,在水中的养护强度将大大降低。

(三)聚合物水泥混凝土的应用

聚合物水泥混凝土由于在其组织结构内具有耐化学侵蚀性的聚合物连续薄膜,一般比普通水泥混凝土抵抗各种化合物侵蚀的能力要强。但根据聚合物分散体的种类不同,聚合物水泥混凝土对油类及有机溶剂的抵抗力要稍差一些。

聚合物水泥混凝土、砂浆及聚合物水泥色浆是近年来才发展起来的一种新材料,其中一些主要的结构特性(如徐变等)还在研究之中。一般主要用于以下几方面:

(1)路桥面材料:用于地面、路面、桥面等,具有较好的耐腐蚀性能,强度高,不易弯曲变形。

(2)防腐蚀材料和内衬材料:接触化学物质的槽、罐、池等部位衬里或砌体,尤其是洒落化学物质的楼地面更为适宜。

(3)其他用途:用于建筑保温层的罩面抗裂材料;用于喷射混凝土和新旧混凝土接头等。

聚合物水泥混凝土的具体适用范围见表9-21。

表9-21　聚合物水泥混凝土的使用范围

用途	使用范围
地面层材料	一般房屋、仓库、办公室、商店、厕所、体育馆、工厂等的地面板、通道、楼梯、站台、公路等
防水材料	混凝土屋面板、砂浆及混凝土块材、水箱、游泳池、化粪池、水泥库等
黏结材料	在混凝土面板、墙板上黏结其他面板、墙板及绝缘材料等用的黏结材料、老混凝土与砂浆的黏结、修补裂缝等
防腐材料	废液沟、化工厂地面、耐酸瓷砖的填缝材料、化粪池、机器基础、化学实验室及药品仓库地板
罩面材料	内外墙面、船舶的内外窗面、桥面、火车、货车的地板、天桥的桥面等

第六节　轻集料混凝土

轻集料混凝土是用轻粗集料、轻细集料(或普通砂)和水泥配制成的混凝土,其干表观密度不大于1 950 kg/m^3。

一、轻集料混凝土的组成材料

（一）水泥

一般采用硅酸盐水泥、普通水泥、矿渣水泥、火山灰水泥及粉煤灰水泥。

（二）轻集料

轻粗集料——粒径在5 mm以上，堆积密度小于1 000 kg/m^3。

轻细集料——粒径不大于5 mm，堆积密度小于1 200 kg/m^3。

轻集料按原料来源分有以下三类：

(1)工业废料轻集料——如粉煤灰陶粒、膨胀矿渣珠、自燃煤矸石、煤渣及其轻砂。

(2)天然轻集料——如浮石、火山渣及其轻砂。

(3)人造轻集料——如页岩陶粒、黏土陶粒、膨胀珍珠岩集料及其轻砂。

轻集料的堆放和运输应符合下列要求：

(1)轻集料应按不同品种分批运输和堆放，避免混杂。

(2)轻粗集料运输和堆放应保持颗粒混合均匀，减少离析。采用自然级配时，其堆放高度不宜超过2 m，并应防止树叶、泥土和其他有害物质混入。

(3)轻砂在堆放和运输时，宜采取防雨措施。

在气温5 ℃以上的季节施工时，可根据工程需要，对轻粗集料进行预湿处理。预湿时间可根据外界气温和来料的自然含水状态确定，一般应提前半天或一天对集料进行淋水、预湿，然后滤干水分进行投料。在气温5 ℃以下时，不宜进行预湿处理。

（三）水

要求同普通混凝土。

二、轻集料混凝土配合比设计

轻集料混凝土的配合比应通过计算和试配确定。为了使所配制的混凝土具有必要的强度保证率，混凝土试配强度应按下式确定：

$$f'_{cu}=f_{cu,k}+1.645\sigma$$

式中　$f'_{cu,k}$——轻集料混凝土的试配抗压强度(MPa)；

$f_{cu,k}$——轻集料混凝土强度标准值(即强度等级)(MPa)；

σ——轻集料混凝土强度的总体标准差(MPa)。

生产单位如有25组以上的轻集料混凝土抗压强度资料时，总体标准差可用样本标准差$S_{f_{cu}}$代替，计算式如下：

$$S_{f_{cu}}=\sqrt{\frac{\sum_{i=1}^{n}f_{cu,i}^{2}-nm_{f_{cu}}^{2}}{n-1}}$$

式中　$f_{cu,i}$——第i组混凝土试件的抗压强度(MPa)；

$m_{f_{cu}}$——n组混凝土试件抗压强度的平均值(MPa)。

如生产单位无强度资料时，σ可按表9-22取用。

表 9-22 σ 值

强度等级	CL5.0～CL7.5	CL10～CL20	CL25～CL40	CL45～CL50
σ/MPa	2.0	4.0	5.0	6.0

对轻集料混凝土配合比的设计方法，砂轻混凝土宜采用绝对体积法；全轻混凝土宜采用松散体积法。配合比计算中粗细集料用量的计算以干燥状态为准。

（一）设计参数的选择

1. 水泥：配制轻集料混凝土用的水泥品种可选用硅酸盐水泥、普通水泥、矿渣水泥、火山灰水泥及粉煤灰水泥。当配制低强度等级混凝土采用高等级水泥时，其掺量可通过试验确定加入火山灰质的掺合料，以保证其稠度符合要求。

不同试配强度的轻集料混凝土的水泥用量可参照表 9-23 选用。

表 9-23 不同试配强度混凝土的水泥用量 单位：kg/m^3

混凝土试配强度/MPa	轻集料密度等级						
	400	500	600	700	800	900	1 000
<5.0	260～320	250～300	230～280	220～300	240～330	260～360	250～350
5.0～7.5	280～360	260～340	240～320	240～320	270～370	310～380	300～370
7.5～10	—	280～370	260～350	260～340	320～390	360～430	350～420
10～15	—	—	280～350	280～380	370～440	—	—
15～20	—	—	300～400	330～400	—	—	—
20～25	—	—	—	380～450	—	—	—
25～30	—	—	—	—	—	—	—
30～40	—	—	—	420～500	390～490	380～480	370～470
40～50	—	—	—	—	430～530	420～520	410～510
50～60	—	—	—	—	450～550	440～540	430～530

注：1. 表中 25～30 及以上为采用 32.5 级时的水泥用量；25～30 以下为采用 42.5 级时的水泥用量；采用其他等级水泥时，可乘以表 9-24 中规定的调整系数。

2. 表中下限值适用于圆球型和普通型轻粗集料；上限值适用于碎石型粗集料及全轻混凝土。

3. 最高水泥用量不宜超过 550 kg/m^3。

表 9-24 水泥用量调整系数

水泥强度等级	混凝土试配强度/MPa			
	5.0～15	15～30	30～50	50～60
32.5	1.00	1.00	1.10	1.15
42.5	—	0.85	1.00	1.00
52.5	—	—	0.85	0.90

2. 水灰比：轻集料混凝土配合比中的水灰比以净水灰比表示。配制全轻混凝土时，允许以总水灰比表示，但必须加以说明。

净水灰比是指不包括轻集料 1 h 吸水量在内的净用水量与水泥用量之比。

总水灰比是指包括轻集料 1 h 吸水量在内的总用水量与水泥用量之比。

轻集料混凝土最大水灰比和最小水泥用量的限制,应符合表 9-25 的规定。

表 9-25　轻集料混凝土最大水灰比和最小水泥用量

混凝土所处的环境	最大水灰比	最小水泥用量/(kg·m^{-3})	
		配筋的	无筋的
不受风雪影响的混凝土	不做规定	250	225
受风雪影响的混凝土;位于水中及水位升降范围的混凝土和在潮湿环境中的混凝土	0.7	275	250
寒冷地区位于水位升降范围的混凝土和在潮湿环境中的混凝土	0.65	300	275
严寒地区位于水位升降范围的混凝土	0.60	325	300

注:1. 严寒地区指最寒冷月份的月平均温度低于 −15 ℃;寒冷地区指最寒冷月份的月平均温度为 −15 ~ −5 ℃。

2. 水泥用量不包括掺合料。

3. 用水量轻集料混凝土的净用水量可根据施工要求和稠度(坍落度或维勃稠度)按表 9-26 选用。

表 9-26　轻集料混凝土的净用水量

用途		稠度		净用水量/(kg·m^{-3})
		维勃稠度/s	坍落度/mm	
预制混凝土构件	振动台成型	5 ~ 10	0 ~ 10	155 ~ 180
	振捣棒或平板振动器振实	—	30 ~ 50	165 ~ 200
现浇混凝土	机械振捣	—	50 ~ 70	180 ~ 210
	人工振捣或钢筋较密的	—	60 ~ 80	200 ~ 220

注:1. 表中值适用于圆球型和普通型轻粗集料,对于碎石型轻粗集料,按表中值增加 10 kg 左右的用水量。

2. 表中值适用于砂轻混凝土,若采用轻砂时,需取轻砂 1 h 吸水量为附加水量;若无轻砂吸水量数据,也可适当增加用水量,最后按施工稠度的要求进行调整。

4. 砂率:轻集料混凝土的砂率应以体积砂率表示,即细集料体积与粗细集料总体积之比。体积可用密实体积或松散体积表示,其对应的砂率为密实体积砂率或松散体积砂率。砂率可按表 9-27 选用。

表 9-27　轻集料混凝土的砂率

用途	细集料品种	砂率/%
预制混凝土构件	轻砂	35 ~ 50
	普通砂	30 ~ 40
现浇混凝土	轻砂	—
	普通砂	35 ~ 45

注:1. 当细集料采用普通砂和轻砂混合使用时,宜取中间值,并按普通砂和轻砂混合比例进行插入计算。
2. 当轻粗集料采用圆球型时,宜取表中下限值;采用碎石型时,则取上限值。

5. 掺合料:当采用粉煤灰作掺合料时,粉煤灰取代水泥百分率、超量系数等参数的选择,应参照《粉煤灰在混凝土和砂浆中应用技术规程》(JGJ 28—86)的有关规定执行。

6. 外加剂:轻集料混凝土允许采用各种化学外加剂,外加剂质量应符合有关标准的要求,其合理掺量须通过试验确定。

(二)配合比的计算和调整

1. 绝对体积法。

轻砂混凝土宜采用绝对体积法进行配合比计算,即按每立方米混凝土的绝对体积为各组成材料的绝对体积之和进行计算。其设计步骤如下:

(1)根据设计要求的轻集料混凝土的强度等级、密度等级和混凝土的用途,确定粗细集料的种类和粗集料的最大粒径。

(2)测定粗集料的堆积密度、颗粒表观密度、筒压强度和 1 h 吸水率,并测定细集料的堆积密度和相对密度。

(3)计算混凝土试配强度。

(4)按表选择水泥用量。

(5)根据制品生产工艺和施工条件要求的混凝土稠度指标确定净用水量。

(6)根据轻集料混凝土的用途选用密实体积砂率。

(7)根据净用水量和附加水量的关系,按下式计算总用水量:

$$m_{wt}=m_{wn}+m_{wa}$$

式中 m_{wt}——每立方米混凝土的总用水量(kg);

m_{wn}——每立方米混凝土的净用水量(kg);

m_{wa}——每立方米混凝土的附加水量(kg),其计算方法见表 9-28。

(8)按下式计算混凝土干表观密度(ρ_{cd}),并与设计要求的干表观密度进行对比,如其误差大于 3%,则应重新调整和计算配合比。

$$\rho_{cd}=1.15\ m_c+m_a+m_s$$

2. 松散体积法。

全轻混凝土宜采用松散体积法进行配合比计算,即以给定每立方米混凝土的粗细集料松散总体积为基础进行计算,然后按设计要求的混凝土干表观密度为依据进行校核,最后通过试验调整得出配合比。其设计步骤如下:

(1)根据设计要求的轻集料混凝土的强度等级、密度等级和混凝土的用途,确定粗细集料的种类和粗集料的最大粒径。

(2)测定粗集料的堆积密度、筒压强度和 1 h 吸水率,并测定细集料的堆积密度。

(3)根据施工稠度的要求,按表 9-26 选择净用水量。

(4)根据混凝土用途,按表 9-27 选取松散体积砂率。

(5)根据粗细集料的类型,按表 9-28 选用粗细集料总体积,并按公式计算每立方米混凝土的粗细集料用量。

表 9-28 粗细集料总体积

轻粗集料粒径	细集料品种	粗细集料总体积/m^3
圆球型	轻砂	1.25～1.15
	普通砂	1.20～1.40
普通型	轻砂	1.30～1.60
	普通砂	1.25～1.50
碎石型	轻砂	1.35～1.65
	普通砂	1.30～1.60

注:1. 当采用膨胀珍珠岩砂时,宜取表中上限值。

2. 混凝土强度等级较高时,宜取表中下限值。

$$V_s = V_t \times S_p$$

$$m_s = V_s \times \rho_{is}$$

$$V_a = V_t - V_s$$

$$m_a = V_a \times \rho_{ic}$$

式中 V_s、V_a、V_t——分别为细集料、粗集料和粗细集料的松散体积(m^3);

m_s、m_a——分别为细集料和粗集料的用量(kg);

S_p——松散体积砂率(%);

ρ_{is}、ρ_{ic}——分别为细集料和粗集料的堆积密度(kg/m^3)。

(6)根据净用水量和附加水量的关系计算总用水量。

附加水量的计算见表 9-29。

(7)计算混凝土干表观密度(ρ_{cd}),并与设计要求的干表观密度进行对比,如其误差大于 3%,则应重新调整和计算配合比。

附加水量应根据粗集料的预湿处理方法和细集料的品种,按表 9-29 所列公式计算。

表 9-29 附加水量的计算方法

项目	附加水量(m_{wa})
粗集料预湿,细集料为普砂	$m_{wa} = 0$
粗集料不预湿,细集料为普砂	$mwa = m_a \cdot \omega_a$
粗集料预湿,细集料为轻砂	$mw_a = m_a \cdot \omega_s$
粗集料不预湿,细集料为轻砂	$mw_a = m_a \cdot \omega_a + m_s \cdot \omega_s$

注:1. ω_a、ω_s 分别为粗、细集料的 1 h 吸水率。

2. 当轻集料含水时,必须在附加水量中扣除自然含水量。

三、轻集料混凝土的拌制

轻集料混凝土拌制时,砂轻混凝土拌合物中的各组分材料均按重量计量;全轻混凝土拌合物中的轻集料组分可采用体积计量,但宜按重量进行校核。

粗、细集料、掺合料的重量计量允许偏差为±3%，水、水泥和外加剂的重量计量允许偏差为±2%。

全轻混凝土、干硬性的砂轻混凝土和采用堆积密度在500 kg/m^{3}以下的轻粗集料配制的干硬性或塑性的砂轻混凝土，宜采用强制式搅拌机；采用堆积密度在500 kg/m^{3}以上的轻粗集料配制的塑性砂轻混凝土可采用自落式搅拌机。

强度低而易破碎的轻集料，搅拌时尤其要严格控制混凝土的搅拌时间。

使用外加剂时，应在轻集料吸水后加入。当用预湿粗集料时，液状外加剂可与净用水量同时加入；当用干粗集料时，液状外加剂应与剩余水同时加入。粉状外加剂可制成溶液并采用与液状外加剂相同的方法加入，也可与水泥相混合同时加入。

四、施工要点

1. 为防止轻集料混凝土拌合物离析，运输距离应尽量缩短。在停放或运输过程中，若产生拌合物稠度损失或离析较重者，浇筑前宜采用人工二次拌合。拌合物从搅拌机卸料起到浇筑入模止的延续时间不宜超过45 min。

2. 轻集料混凝土拌合物应采用机械振捣成型。对流动性大、能满足强度要求的塑性拌合物及结构保温类、保温类轻集料混凝土拌合物，可采用人工插捣成型。

3. 用干硬性拌合物浇筑的配筋预制构件，宜采用振动台和表面加压（加压重力约0.2 N/cm^2）成型。

4. 现场浇筑的竖向结构物（如大模板或滑模施工的墙体），每层浇筑高度宜控制在30～50 cm。拌合物浇筑倾落高度大于2 m时，应加串筒、斜槽、溜管等辅助工具，避免拌合物离析。

5. 浇筑上表面积较大的构件，若厚度在20 cm以下，可采用表面振动成型；厚度大于20 cm，宜先用插入式振捣器振捣密实后，再采用表面振捣。

6. 振捣延续时间以拌合物捣实为准，振捣时间不宜过长，以防集料上浮。振捣时间随拌合物稠度、振捣部位等不同，宜在10～30 s选用。

7. 采用自然养护，浇筑成型后应防止表面失水过快，避免由于湿差太大而出现表面网状裂纹。脱模后应及时覆盖，或喷水养护。

8. 采用加热养护时，成型后静停时间不应少于2 h，以避免混凝土表面产生起皮、酥松等现象。

9. 采用自然养护时，湿养护时间应遵守下列规定：用普通硅酸盐水泥、硅酸盐水泥、矿渣水泥拌制的混凝土，养护时间不少于7 d；用粉煤灰水泥、火山灰水泥拌制的及在施工中掺缓凝型外加剂的混凝土，养护时间不少于14 d。构件用塑料薄膜覆盖养护时，要保持密封。

第七节　耐火混凝土

耐火混凝土是一种能长期承受高温作用（200 ℃以上），并在高温下保持所需要的物理力学性能（如有较高的耐火度、热稳定性、荷重软化点及高温下较小的收缩等）的特种混凝土。它是由耐火骨料（粗细骨料）与适量的胶结料（有时还有矿物掺合料或有机掺合料）、水按一定比例配制而成。耐火混凝土按其胶结料的不同，有水泥耐火混凝土和水玻璃耐火混凝土等；按其骨料的不同，有黏土熟料耐火混凝土、高炉矿渣耐火混凝土和红砖耐火混凝土等。

一、耐火混凝土的组成材料

1. 配制耐火混凝土用的普通水泥、矿渣水泥或矾土水泥，除应符合国家现行水泥标准外，还应符合下列要求：

(1)普通水泥中不得掺有石灰岩类的混合材料。

(2)用矿渣水泥配制极限使用温度为 900 ℃的耐火混凝土时，水泥中水渣含量不得大于 50%。

2. 配制水玻璃耐火混凝土用的水玻璃和工业氟硅酸钠的技术要求如下：

(1)水玻璃的相对密度以 1.38 ~ 1.4 为宜，模数在 2.6 ~ 2.8 之间，允许采用由可溶性硅酸钠(硅酸盐块)做成的水玻璃。

(2)工业氟硅酸钠的纯度按重量计应不少于 95%；氟硅酸钠的含水率不得大于 1%；其颗粒通过 0.125 mm筛孔的筛余量应不大于 10%。

3. 耐火混凝土掺合料和骨料的技术要求见表 9-30、表 9-31。

表 9-30　耐火混凝土掺合料和骨料的技术要求(一)

种类		掺合料 4 900 孔筛通过量不少于/%		骨料颗粒级配(累计筛余按重量计)/%					
				粗骨料粒径/mm			细骨料粒径/mm		
		水泥胶结料耐火混凝土	水玻璃耐火混凝土	25	10	5	5	1.2	0.15
黏土质	黏土熟料	70	50	0 ~ 5	30 ~ 60	90 ~ 100	0 ~ 10	20 ~ 55	90 ~ 100
	黏土砖	70	50	0 ~ 5	30 ~ 60	90 ~ 100	0 ~ 10	20 ~ 55	90 ~ 100
	红砖	70	—	0 ~ 5	30 ~ 60	90 ~ 100	0 ~ 10	20 ~ 55	90 ~ 100
高铝质	高铝砖	70	—	0 ~ 5	30 ~ 60	90 ~ 100	0 ~ 10	20 ~ 55	90 ~ 100
	矾土熟料	70	—	0 ~ 5	30 ~ 60	90 ~ 100	0 ~ 10	20 ~ 55	90 ~ 100
镁质	冶金镁砂	—	70	—	0 ~ 5	90 ~ 100	0 ~ 10	20 ~ 55	90 ~ 100
	镁砖	—	70	—	0 ~ 5	90 ~ 100	0 ~ 10	20 ~ 55	90 ~ 100
粉煤灰		85	—	—	—	—	—	—	—
高炉重矿渣		—	—	0 ~ 5	30 ~ 60	90 ~ 100	0 ~ 10	20 ~ 55	90 ~ 100

表 9-31　耐火混凝土掺合科和骨料的技术要求(二)

种类		化学成分含量/%							备注
		MgO	SiO_2	Al_2O_3	CaO	Fe_2O_3	SO_3	烧失量	
黏土质	黏土熟料	—	—	≥30	—	≤5.5	≤0.3	—	熟料煅烧温度不低于 1 350 ℃
	黏土砖	—	—	≥30	—	—	—	—	已用过的砖应除去表面熔渣和杂质
	红砖	—	—	—	—	—	—	—	已用过的砖应除去表面熔渣和杂质，且强度等级应不大于 MU10
高铝质	高铝砖	—	—	≥65	—	—	—	—	已用过的砖应除去表面熔渣和杂质
	矾土熟料	—	—	≥48	—	—	—	—	熟料煅烧温度不低于 1 450 ℃
镁质	冶金镁砂	≥87	≤4	—	≤5	—	—	≤0.5	使用前必须经过碳化处理(见注 1)
	镁砖	≥87	—	—	≤3.5	—	—	—	不得使用已使用过的镁质制品

（续表）

种类	化学成分含量/%							备注
	MgO	SiO_2	Al_2O_3	CaO	Fe_2O_3	SO_3	烧失量	
粉煤灰	—	—	≥20	—	—	≤4	≤8	—
高炉重矿渣	—	—	—	≤4.5	—	—	—	应具有良好的安定性，不允许有大于 25 mm 的玻璃质颗粒

注：1. 冶金镁砂碳化处理方法：将掺合料或破碎的骨料铺成 5～10 cm 厚（一层），用水湿润后，盖上潮湿的麻袋，并在 15～25 ℃的温度下搁置 5 d。

2. 对钢筋设置不密的厚大结构，允许采用最大粒径为 40 mm 的粗骨料。

3. 掺合料的含水率不得大于 1.5%。

二、耐火混凝土的配合比

耐火混凝土配合比的选择，应根据混凝土的强度、极限使用温度和使用条件、材料来源、经济效益等加以综合考虑。各种耐火混凝土的材料组成、极限使用温度和适用范围见表 9-32。极限使用温度 700 ℃以下的施工参考配合比见表 9-33。

表 9-32　耐火混凝土的材料组成、极限使用温度和适用范围

耐火混凝土名称	极限使用温度/℃	材料组成及用量/($kg \cdot m^{-3}$)			混凝土最低强度等级	适用范围
		胶结料	掺合料	粗细骨料		
普通水泥耐火混凝土和矿渣水泥耐火混凝土	700	普通水泥(300～400)	水渣、粉煤灰(150～300)	高炉重矿渣、红砖、安山岩、玄武岩(1 300～1 800)	C15	温度变化不剧烈，无酸、碱侵蚀的工程
		矿渣水泥(350～450)	水渣、黏土熟料、黏土砖(0～200)	高炉重矿渣、红砖、安山岩、玄武岩(1 400～1 900)	C15	温度变化不剧烈，无酸、碱侵蚀的工程
	900	普通水泥(300～400)	耐火度不低于 1 600 ℃的黏土熟料、黏土砖(150～300)	耐火度不低于 1 610 ℃的黏土熟料、黏土砖(1 400～1 600)	C15	无酸、碱侵蚀的工程
		矿渣水泥(300～400)	耐火度不低于 1 670 ℃的黏土熟料、黏土砖(100～200)	耐火度不低于 1 610 ℃的黏土熟料、黏土砖(1 400～1 600)	C15	无酸、碱侵蚀的工程
	1 200	普通水泥(300～400)	耐火度不低于 1 670 ℃的黏土熟料、黏土砖、矾土熟料(150～300)	耐火度不低于 1 670 ℃的黏土熟料、黏土砖、矾土熟料(1 400～1 600)	C20	无酸、碱侵蚀的工程

（续表）

耐火混凝土名称	极限使用温度/℃	材料组成及用量/（kg·m^{-3}）			混凝土最低强度等级	适用范围
		胶结料	掺合料	粗细骨料		
矾土水泥耐火混凝土	1 300	矾土水泥（300～400）	耐火度不低于1 730 ℃的黏土熟料、矾土熟料（150～300）	耐火、度不低于1 730 ℃的黏土砖、矾土熟料、高铝砖（1 400～1 700）	C20	宜用于厚度小于400 mm的结构，无酸、碱侵蚀的工程
水玻璃耐火混凝土	600	水玻璃（300～400）加氟硅酸钠（占水玻璃重量的12%～15%）	黏土熟料、黏土砖、石英石（300～600）	安山岩、玄武岩、辉绿岩（1 550～1 650）	C15	可用于受酸（氢氟酸除外）作用的工程，但不得用于经常有水蒸气及水作用的部位
	900	水玻璃（300～400）加氟硅酸钠（占水玻璃重量的12%～15%）	耐火度不低于1 670 ℃的黏土熟料、黏土砖（300～600）	耐火度不低于1 610 ℃的黏土熟料、黏土砖（1 200～1 300）	C15	可用于受酸（氢氟酸除外）作用的工程，但不得用于经常有水蒸气及水作用的部位
	1 200	水玻璃（300～400）加氟硅酸钠（占水玻璃重量的12%～15%）	一等冶金镁砂或镁砖（见注2）（500～600）	一等冶金镁砂或镁砖（1 700～1 800）	C15	可用于受氯化钠、硫酸钠、碳酸钠、氟化钠溶液作用的工程，但不得用于受酸作用、有水蒸气及水作用的部位

注：1. 表中所列极限使用温度为平面受热时的极限使用温度，对于双面受热或全部受热的结构，应经过计算和试验后确定。

2. 用镁质材料配制的耐火混凝土宜制成预制砌块，并在40～60 ℃的温度下烘干后使用。

3. 耐火混凝土的强度等级以100 mm×100 mm×100 mm试块的烘干，抗压强度乘以0.9系数而得。

4. 用水玻璃配制的耐火混凝土，以及用普通水泥、矿渣水泥配制的耐火混凝土，必须加入掺合料；用矾土水泥配制的耐火混凝土也宜加掺合料。

5. 极限使用温度在350 ℃及以上的普通水泥和矿渣水泥耐火混凝土，可不加掺合料。

6. 极限使用温度为700 ℃的矿渣水泥耐火混凝土，如水泥中矿渣含量大于50%，可不加掺合料。

7. 按上述各项要求由试验室确定施工配合比。

表9-33 耐火（700 ℃以下）混凝土参考配合比

混凝土强度等级	配合比/(kg·m^{-3})					
	水	水泥		耐火砖砂(红砖砂)(0.15~5 mm)	耐火砖块(红砖块)(5~25 mm)	粉煤灰
		标号	用量			
C15	400	矿渣32.5	350	(484)	(591)	150
C20	232	矿渣32.5	340	850	918	
C20	300	普通32.5	350	810	990	
C20	236	矿渣32.5	393	707	983	

注:1. 表中配合比适用于极限使用温度700 ℃以下。

2. 混凝土坍落度:用机械振捣时应不大于2 cm,用人工捣固时不大于4 cm。

三、耐火混凝土施工要点

1. 耐火混凝土的拌制应按下列规定进行:

(1)拌制水泥耐火混凝土时,水泥和掺合料必须拌合均匀。拌制水玻璃耐火混凝土时,氟硅酸钠和掺合料必须预先混合均匀。混凝土宜用机械搅拌。

(2)水玻璃耐火混凝土的拌制要求与水玻璃耐酸混凝土相同,应遵守下列规定:

①粉状骨料应先与氟硅酸钠拌合,再用筛孔为2.5 mm的筛子过筛两次。

②干燥材料应在混凝土搅拌机中预先搅拌2 min,然后再加入水玻璃。

③搅拌时间自全部材料装入搅拌机后算起,应不少于2 min。

④每次拌制量应在混凝土初凝前用完,但不超过30 min。

(3)耐火混凝土的用水量(或水玻璃用量)在满足施工要求的条件下应尽量少用,其坍落度应比普通混凝土相应地减少1~2 cm,如用机械振捣,可控制在2 cm左右,用人工捣固,宜控制在4 cm左右。

(4)耐火混凝土的搅拌时间应比普通混凝土延长1~2 min,使混凝土的混合料颜色达到均匀为止。

2. 耐火混凝土浇筑应分层进行,每层厚度为25~30 cm。

3. 耐火混凝土的养护应遵守下列规定:

(1)水泥耐火混凝土浇筑后,宜在15~25 ℃的潮湿环境中养护,其中普通水泥耐火混凝土的养护时间不少于7 d,矿渣水泥耐火混凝土的养护时间不少于14 d,矾土水泥耐火混凝土一定要加强初期养护管理,养护时间不少于3 d。

(2)水玻璃耐火混凝土宜在15~30 ℃的干燥环境中养护3 d,烘干加热,并需防止因直接暴晒而脱水快,产生龟裂,一般10~15 d即可吊装。

(3)水泥耐火混凝土在气温低于7 ℃和水玻璃耐火混凝土在低于10 ℃的条件下施工时,均应按冬期施工执行,并应遵守下列规定:

①水泥耐火混凝土可采用蓄热法或加热法(电流加热、蒸汽加热等),加热时普通水泥耐火混凝土和矿渣水泥耐火混凝土的温度不得超过60 ℃,矾土水泥耐火混凝土不得超过30 ℃。

②水玻璃耐火混凝土的加热只许采用干热方法,不得采用蒸养,加热时混凝土的温度不得超过60 ℃。

③耐火混凝土中不应掺用化学促凝剂。

(4)用耐火混凝土浇筑的热工设备，必须在混凝土强度达到设计强度的70%时(自然养护时，并在不少于上述规定的养护龄期后)，方准进行烘烤。烘烤制度见表9-34。

表9-34　耐火混凝土烘烤制度

烘烤温度/℃	常温～250(升温)	250～300(恒温)	300～700(升温)	700～使用温度(降温)
升温速度/(℃/h)	15～20	—	150～200	—
加热时间占烘烤时间的百分率/%	45	40	10	5

四、耐火混凝土的检验项目和技术要求

耐火混凝土的检验项目和技术要求见表9-35。

表9-35　耐火混凝土的检验项目和技术要求

极限使用温度	检验项目	技术要求
≤700 ℃	混凝土强度等级 加热至极限使用温度并经冷却后的强度	≥设计强度等级 ≥45%烘干抗压强度
900 ℃	混凝土强度等级 残余抗压强度： (1)水泥胶结料耐火混凝土 (2)水玻璃耐火混凝土	≥设计强度等级 ≥30%烘干抗压强度，不得出现裂缝 ≥70%烘干抗压强度，不得出现裂缝
1 200 ℃ 1 300 ℃	混凝土强度等级 残余抗压强度： (1)水泥胶结料耐火混凝土 (2)水玻璃耐火混凝土 (3)加热至极限使用温度后的线收缩： ①极限使用温度为1 200 ℃时 ②极限使用温度为1 300 ℃时 (4)荷重软化温度(变形4%)	≥设计强度等级 ≥30%烘干抗压强度，不得出现裂缝 ≥50%烘干抗压强度，不得出现裂缝 ≤0.7% ≤0.9% ≥极限使用温度

注：如设计对检验项目及技术要求另有规定时，应按设计规定进行。

第八节　补偿收缩混凝土

当混凝土的体积受到约束时，因其体积膨胀而产生的压应力(0.2～0.7 MPa)全部或大部分补偿了因水泥硬化收缩而产生的拉应力，这种混凝土称为补偿收缩混凝土。

一、补偿收缩混凝土的原材料

(一)水泥

可掺入硅酸盐水泥、普通硅酸盐水泥、矿渣硅酸盐水泥、火山灰质硅酸盐水泥及粉煤灰硅酸盐水泥五大水泥中使用,但从工程质量的角度来看,更宜加入32.5号以上的硅酸盐水泥、普通硅酸盐水泥和矿渣硅酸盐水泥中使用。不得使用硫铝酸盐水泥、铁铝酸盐水泥和高铝水泥。

(二)膨胀剂

所用膨胀剂应符合混凝土膨胀剂国家标准《混凝土外加剂应用技术规范》(GB 50119—2013)的要求。

(三)骨料

骨料的种类和品质应符合《普通混凝土用砂质量标准及检验方法》《普通混凝土用碎石或卵石质量标准及检验方法》。

(四)水

拌制混凝土宜用饮用水。钢筋混凝土和预应力混凝土均不得用海水和污水拌制。

(五)外加剂

混凝土膨胀剂可与减水剂、缓凝剂、早加剂、速凝剂、抗冻剂复合使用。混凝土中掺用的其他外加剂应符合《混凝土外加剂应用技术规范》,并经试验符合要求后方可使用。氯盐的掺用应符合《混凝土结构工程施工质量验收规范》的规定。

二、补偿收缩混凝土配合比设计及施工

(一)补偿收缩混凝土的配合比设计

进行补偿收缩混凝土的配合比设计时,可以采用与普通混凝土的配合比设计相似的试配法,即首先通过3~4个水灰比,找出强度和水灰比的关系曲线,再根据要求的强度来选定水灰比。然后,按选定的水泥用量(不少于280 kg/m^3)来计算加水量。此后,再根据选定的砂率来计算试配用的混凝土配合比。

进行试配时要核对坍落度,并制作强度试件、自由膨胀率试件和限制膨胀率试件。当强度和膨胀率均符合设计要求时,再经过现场试拌进行调整,便可确定工程采用的配合比。

(二)补偿收缩混凝土施工

在施工浇筑方面,补偿收缩混凝土除应遵照普通混凝土的施工规程以外,还应特别注意下述几方面:

(1)在浇筑补偿收缩混凝土之前,应将所有与混凝土接触的物件充分加以湿润。与老混凝土接触的面,最好先行保湿12~24 h。

(2)补偿收缩混凝土拌合物黏稠,无离析和泌水现象,因此,泵送性能很好,宜于泵送施工。由于不泌水,容易产生早期塑性收缩裂缝,因此,必须注意早期养护。拌合之后,如运输和停放时间较长,坍落度损失将引起施工困难,此时,不允许再添加拌合水,以免大大降低强度和膨胀率。补偿收缩混凝土的浇筑温度不宜超过35 ℃。

(3)补偿收缩混凝土浇筑后的保湿养护十分重要。浇筑后立即开始养护,养护时间不少于7 d,以充分供应膨胀过程中需要的水分。养护方法最好是蓄水,亦可洒水和用塑料薄膜覆盖。

(4)由于补偿收缩混凝土不泌水,凝结时间较短,所以抹面和修整的时间可以提早,不宜过晚。此外,在施工过程中,补偿收缩混凝土会产生少量的膨胀,这对模板不会产生危害,因此,不需要对模板进行特别设计和处理。

三、补偿收缩混凝土的应用

(一)补偿收缩

应用补偿收缩混凝土的目的是防止裂缝,即在短龄期混凝土强度较小时,使混凝土膨胀,令混凝土不产生拉应力。即使在长龄期时,混凝土产生干缩,也比普通混凝土的干缩值要小,从而防止混凝土产生裂缝。其抗渗性、耐久性也获得改善。

(二)填充砂浆、混凝土

(1)用于装配式钢筋混凝土框架结构拼装时的锚固、连接。

(2)用于各种钢筋混凝土预制件之间,以及梁、柱接头等处的锚固连接。

(3)用于抢修及修补工程、非大体积的结构加固工程、混凝土及钢筋混凝土后浇带的灌缝连接等。

(4)用于精密高速动力设备底座的灌浆或地脚螺栓等。

第九节　水下不分散混凝土

水下不分散混凝土技术是借助于混凝土外加剂——絮凝剂的应用,即在普通混凝土中加入絮凝剂后,使混凝土在水中浇筑不离析、不分散,水泥不流失,能自流平、自密实,使浇筑的混凝土优质均匀,凝结硬化后其物理力学性能、耐久性与普通混凝土类同。

一、水下不分散混凝土专用外加剂——絮凝剂

用于配制水下不分散混凝土的絮凝剂主要有以下几种:

1. 合成或天然水溶性有机聚合物,如纤维脂、淀粉胶、聚乙烯、聚丙烯酰胺、羧乙烯基聚合物、聚乙烯醇等,这些材料可以增加新拌混凝土的黏度。

2. 微细无机材料,如硅灰、硅酸铝(海泡石)、膨润土、硅藻土等,这些材料能增加新拌混凝土的保水能力,增加密实性。

3. 有机水溶性絮凝剂,如带有羟基的苯乙烯共聚合物、天然胶、水溶性多糖聚合物、威兰树脂(Welan Gum)等,这些材料也能增加新拌混凝土的黏度。

4. 有机材料乳液,如丙烯酸乳液、石蜡乳液等,可提高水泥颗粒之间的吸引力。

目前,德国、日本、美国等以纤维素类絮凝剂为主,西欧以水溶性多糖聚合物絮凝剂为主,我国以水溶性有机聚合物为主。市场上供应的主要为UWB絮凝剂。UWB絮凝剂是由水溶性高分子聚合物和表面活性物质所组成,呈固体粉末,一般为浅棕色,掺量为水泥重量的2.0%~2.5%。根据UWB型水下不分散混凝土絮凝剂的技术条件,掺UWB絮凝剂的混凝土质量必须符合表9-36的规定,其混凝土配合

比为水泥∶砂∶石∶水 =1∶1.45∶2.0∶0.52,单位水泥用量为450 kg/m^3,絮凝剂用量为水泥重量的2.5%,中砂、石子的最大粒径为 20 mm。

表 9-36　掺 UWB 絮凝剂的水下不分散混凝土的质量指标

项目			指标
坍落度/mm			200 ±20
坍扩度/mm			400 ~500
泌水率/%			<0.1
凝结时间/h	初凝		>5
	终凝		<30
水下落下实验	悬浮物/(mg·L^{-1})		<150
	pH 值		<12
混凝土抗压强度	水中成型混凝土/MPa	期龄 7 d	16.0
		期龄 28 d	24.0
	水中和空气中成型混凝土试件抗压强度比/%	期龄 7 d	>60
		期龄 28 d	>70
混凝土抗折强度	水中和空气中成型混凝土试件抗折强度比/%	期龄 7 d	>50
		期龄 28 d	>60

该絮凝剂与其他外加剂相容性好,可根据工程对水下混凝土的要求,复配其他外加剂,如各种减水剂、引气剂、调凝剂、早强剂等,从而配制成系统的水下不分散混凝土絮凝剂。当前主要有五种不同的 UWB 絮凝剂品种,见表 9-37。

表 9-37　UWB 絮凝剂主要品种

品种名称	质量指标	应用范围
UWB 普通型	同表 1-37	适用一般无特殊要求的水下工程
UWB 早强型	初凝 <3 h,终凝 <20 h,其余同表 1-37	适用于潮差地段、水流较大及抢险等快硬早强的水下工程
UWB 泵送型	坍落度≥24 cm,其余同表 1-37	适用于较大流动性,流动性损失小,长距离输送,以及灌注桩、狭壁、狭小异型结构混凝土
UWB 低发热型	初凝 >8 h,终凝 >36 h,其余同表 1-37	适用于大体积水下混凝土浇筑、水下构筑物的连续浇筑
UWB 高性能型	坍落度≥24 cm 水中混凝土强度≥40 MPa 抗冻融≥250 d 抗渗≥P9 其余同表 1-37	适用于水下落差大,强度要求高,具有良好的施工性和耐久性的水下混凝土

絮凝剂无毒、无害,产品需密封包装,要防止在运输和储存时受潮,以避免引起性能变化,储存期一般为一年,不受潮可继续使用。

二、水下不分散混凝土的性能

(一)新拌混凝土的性能

新拌水下不分散混凝土的性能与普通混凝土的性能相比较,具有以下特性:

(1)高抗分散性。可不排水施工,即使受到水的冲刷作用,也能使在水下浇筑的水下不分散混凝土不分散、不离析且水泥不流失。

(2)优良的施工性。水下不分散混凝土虽然黏性大,但富于塑性,有良好的流动性,浇筑到指定位置能自流平、自密实。

(3)适应性强。新拌水下不分散混凝土可用不同的施工方法进行浇筑,并可通过各种外加剂的复配满足不同施工性能的要求。

(4)不泌水、不产生浮浆,凝结时间略延长。

(5)安全环保性好。掺加的絮凝剂经卫生检疫部门检测,对人体无毒、无害,可用于饮用水工程,新拌水下不分散混凝土在浇筑施工时,对施工水域无污染。

(二)硬化后混凝土的性能

(1)抗压强度。掺絮凝剂的水下不分散混凝土与普通混凝土一样,遵守水灰比定则,强度受水灰比、水泥品种、胶结料用量、絮凝剂掺量、龄期等因素的影响。水下不分散混凝土的水中成型试件的抗压强度与陆上成型试件的抗压强度比称为水陆强度比,一般 28 d 水陆强度比为 70% 以上。

(2)静弹性模量。静弹性模量与普通混凝土的静弹性模量相近或略低一些。

(3)干缩。水下不分散混凝土比普通混凝土的干缩值略大。

(4)抗冻性。水下不分散混凝土的抗冻性比普通混凝土略差,在抗冻性要求高的水工混凝土中要掺适量的引气剂。

(5)其他。如耐蚀性、抗渗性等与普通混凝土类同。

三、水下不分散混凝土的配合比设计配制

(一)原材料

水下不分散混凝土所采用的原材料除絮凝剂外,一般的施工可以使用与普通混凝土所用的水泥、水、粗骨料、细骨料等相同的原材料。

(二)配合比

水下不分散混凝土的配合比设计,一般指决定水泥、水、粗骨料、细骨料、絮凝剂及其他外加剂的组成比例。其配合比除满足设计所提出的强度要求外,由于水下不分散混凝土的施工质量在很大程度上取决于其黏稠性和流动性,所以在配合比设计时更为重要的是满足水下施工的抗分散性和流动性的要求。

(1)施工流动性的确定:水下不分散混凝土在水下浇筑施工不可能进行捣固作业,靠其本身良好的流动性达到自流平、自密实。为此,水下不分散混凝土的流动性在很大程度上决定了水下混凝土的浇筑质量。

(2)混凝土强度的配制:水下不分散混凝土的配制强度与陆上混凝土的配制强度的规律相近。一般水下不分散混凝土的强度设计要求为 20 ~ 40 MPa。其强度设计基本上遵循水灰比定则。

(3)水灰比:水灰比主要根据水下不分散混凝土的强度来确定的,同时考虑混凝土耐久性的要求。其水灰比大小应统一综合考虑,并应采用其较小者作为设计水灰比。这与普通混凝土的水灰比设计相近。

(4)单位用水量:由于絮凝剂的掺入,水下不分散混凝土的黏性大大提高,要使水下不分散混凝土达到自流平、自密实,得到流动性好的水下不分散混凝土,其单位用水量比普通混凝土要大得多。一般坍落扩展度要达到45 cm左右,水下不分散混凝土的单位用水量约为230 kg/m^3。试配时还可加入减水剂、引气剂等并调整砂率、选择粗骨料的最大粒径等,尽可能降低单位用水量。

(5)单位水泥用量:是根据单位用水量和水灰比确定的。水下不分散混凝土单位用水量大,因此单位水泥用量也大。一般水下不分散混凝土强度≥20 MPa时,单位水泥用量≥400 kg/m^3。

(6)砂率:与水下不分散混凝土的流动性有一定关系,其砂率大小应使水下不分散混凝土有适宜的流动性,以单位用水量最小来确定。砂的细度模数越小,其砂率也应减少,一般控制在35%~45%为宜。

(7)粗骨料的最大粒径:与水下不分散混凝土抗分散有一定关系。粗骨料粒径过大,混凝土在水下浇筑容易分离,且容易使混凝土过渡区产生缺陷,影响水下不分散混凝土的质量。最大粒径的选择一定要根据混凝土的质量、混凝土的经济性综合考虑,一般情况下最大粒径在40 mm以下,同时要求不得超过构件最小尺寸的1/4及钢筋间距的3/4。

(8)絮凝剂和其他外加剂的掺量:絮凝剂赋予水下不分散混凝土一定的黏稠性,使水下不分散混凝土在水下浇筑时不分散、不离析。一般絮凝剂的掺量与混凝土的黏稠性大小有关,为此,絮凝剂的掺量可根据施工方法、施工条件等通过试验来确定,一般絮凝剂掺量占水泥重量的1%~2.5%。

对于其他外加剂需进行与使用目的相适应的试验,一般絮凝剂与各种减水剂、引气剂等的相容性都比较好。

(9)含气量:水下不分散混凝土的含气量与一般混凝土的要求相同,但在处于潮差段的水下不分散混凝土要求含气量达到5%。

(三)试配和校准

试配是水下不分散混凝土配合比设计中的一个重要阶段,混凝土试配量一般为15~30 L,试配时,主要测定水下不分散混凝土的流动性、抗分散性、抗压强度等主要性能。试配与原配合比设计有不符合之处,应通过用水量、水灰比、絮凝剂及外加剂用量、混凝土级配等加以调整。当对施工的混凝土还有其他性能要求时,也要对其他项目进行试验。

(四)搅拌

水下不分散混凝土的搅拌与普通混凝土大致相同。搅拌时将水泥、骨料与絮凝剂、其他外加剂同时加入并搅拌20~30 s,然后加水搅拌。根据施工需要,若絮凝剂与流化剂同时使用,可根据运输时间、流化剂的流动性损失和施工条件等,将流化剂采用后掺法,待运输后在现场附近掺入并搅拌30~40 s。由于水下不分散混凝土黏性大,要想制备匀质混凝土,最好采用强制式搅拌机,搅拌时间一般是2~3 min,并应通过试验加以确定。若施工现场不具备强制搅拌条件,也可采用正反转可倾式搅拌机进行搅拌,但搅拌时间需延长到3~6 min。若在搅拌车中加入絮凝剂进行搅拌时,根据搅拌车的搅拌能力,最短需搅拌5 min以上。当搅拌机内的水下不分散混凝土未全部排出时,不得投入下批材料进行搅拌,搅拌停止后,必须对搅拌机进行彻底清洗。

(五)运输与浇筑

(1)运输:水下不分散混凝土工程量大,必须在混凝土搅拌站集中搅拌再运往现场,一般陆上运输有搅拌车或车载吊罐、料斗等,水上运输用吊罐、料斗等装在驳船上运往现场。

若在现场搅拌,现场运输必须考虑工程条件、施工环境、混凝土量、混凝土工作性能及经济性等。一般现场运输方法有混凝土泵、吊罐或料斗、溜槽及手推车运输等。混凝土泵适用于现场较长距离运输,运距(水平压送)可达200 m,运输量一般为9~30 m^3/h,一般大中型水下工程比较适宜。吊罐或料斗运输对中小型水下工程比较适用,运输距离一般不超过50 m,每次运输量为0.5~2.0 m^3/次。溜槽适用于混凝土流动性较好、水深不超过2 m的水下直接浇筑工程,运输量一般为30 m^3/h左右。手推车适用于水深不超过2 m的小型水下工程,运输量为0.05~0.2 m^3/次,施工比较灵活,但由于水下不分散混凝土黏性大,卸车较困难,在混凝土运输结束时,应清选运输设备。

(2)浇筑:水下不分散混凝土的浇筑主要有导管法、泵送法、容器(吊罐、料斗)开底法、溜槽法、袋装法、模袋法、自流灌浆法等。

水下不分散混凝土导管法施工要求与普通混凝土导管法施工要求基本相同。由于水下不分散混凝土的自流平性和抗分散性,很少出现水下流动导致的混凝土质量下降,其流动直径可达6 m,所以在配置导管时,应考虑到水下不分散混凝土的特性。浇筑时除要求能连续将混凝土供给料斗外,还应尽可能将料斗的容积加大,以保证混凝土连续浇筑。在保证混凝土能连续浇筑的条件下,也可将下端从混凝土中拔出0.5 m以内,使混凝土在水中自由下落,从而保证混凝土的质量。导管法施工一般要求水流速度小于3 m/s。

泵送法施工与普通混凝土基本相同。但由于泵送水下不分散混凝土的管内压力损失一般为普通混凝土的2~3倍,有时会达到4倍,因此,在泵送较长距离时,必须扩大管径,降低输送速度,减少弯头,加大输送泵压等。水下不分散混凝土泵送施工时,其水流速度要求小于3 m/s。

容器开底法。装有水下不分散混凝土的开底容器如料罐或料斗放入水下浇筑处后,浇筑时容器底必须易于开启,在不妨碍施工的情况下,宜尽量采用大容量的容器,底的形状以水下不分散混凝土能顺利流出为佳。由于容器用吊车运输,可在垂直、水平部位灵活浇筑,施工技术相对导管法和泵送法要求较低,操作比较简便。

溜槽法。一些小型工程可将水下不分散混凝土沿溜槽直接滑入浇筑的水下构筑物中,其溜槽长度一般为5~30 m。溜槽法要求水下不分散混凝土易于流动,溜槽与水平夹角一般应不小于60°。

无论哪种浇筑方法,在浇筑前应充分考虑运输与浇筑机具的配套与衔接,应对其机具进行认真检查,以防出现故障。

四、模板与养护

(1)模板:水下不分散混凝土的模板由于有垂直荷载、水平荷载作用及侧压力较大,所以模板必须能准确无误地确保所施工的构筑物的位置、形状和尺寸。模板组装要求严格,大型模板应尽量在水上安装,模板组装和拆卸作业应力求操作简单、易行,注意安全。

(2)养护:水下不分散混凝土浇筑到水下后,在养护中不必对干燥、冻融等加以考虑。虽然水下不分散混凝土有较大的黏性,对动水和波浪的抵抗力较强,但还应采取相应的养护措施,在混凝土表面最好有所遮盖，以避免动水、波浪的冲刷和掏空。混凝土浇筑后，要养护到混凝土达到必要的拆模强度才能拆除模板。

五、水下不分散混凝土施工要点

1. 絮凝剂是水下不分散混凝土的专用外加剂，其掺量对水下不分散混凝土性能有很大的影响。一般采用导管法、泵送法、模袋法等施工，其掺量建议为胶结料重量的 1.0% ~2.50%。吊罐法、溜槽法、灌浆法等施工，其掺量建议为胶结料重量的 2.0% ~3.0%。

2. 絮凝剂可使水下不分散混凝土的凝结时间延长，黏度加大，抗冻融有所降低。可根据设计要求，与调凝剂、流化剂、引气剂等外加剂复配使用。一般情况下，絮凝剂与其他外加剂有良好的相容性。

3. 水下不分散混凝土搅拌时，絮凝剂可采用同掺法，与胶结料、骨料同时加入。先干拌 30 s 左右，然后加水搅拌，搅拌宜采用强制式搅拌机，加水后一般搅拌 2 ~3 min。若采用正反转可倾斜式搅拌机，搅拌时间可适当延长。

4. 水下不分散混凝土在水中浇筑很难进行振捣，需自流平、自密实，所以在施工时要控制好流动性，一般坍落度应控制在 35 cm 以上。对于泵送法、灌浆法等要求流动性较大，一般坍落度控制在 45 cm 以上。

5. 水下不分散混凝土原材料中的胶结料一般大于 400 kg/m^3，细骨料宜采用中砂，粗骨料石子最大粒为 20 ~40 mm，砂率一般为 35% ~45%，以保证混凝土有良好的自流平性和自密实性。

6. 水下不分散混凝土掺加适量掺合料（如磨细矿渣、优质粉煤灰等），可以适当改善其施工性、物理力学性能和耐久性，并降低大体积混凝土水化热。

7. 目前，配制水下不分散混凝土的专用外加剂 UWB 絮凝剂已形成系列产品，可根据设计要求选择不同品种的絮凝剂，以保证工程质量。

8. 水下不分散混凝土在浇筑前要认真检查模板支护，浇筑的水下部位要清除浮泥、冲刷基底。

9. 水下不分散混凝土在浇筑时，动水速度应小于 3 m/s。水中落差一般应控制在 0.5 m 以内，必要时水中落差要进行严格管理，以防混凝土质量下降及水质污染。在混凝土硬化前若受动水、波浪等冲刷，要注意设置模板或苫布保护混凝土。

10. 导管法施工时，浇筑范围应与混凝土流动半径、导管数量和位置相匹配。

11. 水下不分散混凝土的施工组织应尽量紧凑，从供料、搅拌、运输到浇筑要做到秩序井然，不得混乱。

12. 浇筑后，对浇筑的水下不分散混凝土流动面、扩展状态及填充状态要进行认真检查，以保证混凝土工程的质量。一般由潜水员直接观察或利用测深锤进行测定。

第十章　砌体工程施工技术

第一节　预拌砂浆施工技术

一、普通建筑砂浆的代号和分类

普通建筑砂浆按用途可分为砌筑砂浆、抹灰砂浆、地面砂浆和防水砂浆，可采用表 10-1 的代号表示。

表 10-1　普通砂浆代号

品种	砌筑砂浆	抹灰砂浆	地面砂浆	防水砂浆
代号	M	P	S	W

普通建筑砂浆按生产方式可分为现场拌制砂浆和预拌砂浆，其预拌砂浆又可分为湿拌砂浆和干混砂浆。现场拌制砂浆可采用表 10-2 的代号表示。

表 10-2　现场拌制砂浆代号

品种	现场拌制砌筑砂浆	现场拌制抹灰砂浆	现场拌制地面砂浆	现场拌制防水砂浆
代号	SM	SP	SS	SW

湿拌砂浆按用途分可采用表 10-3 的代号表示。

表 10-3　湿拌砂浆代号

品种	湿拌砌筑砂浆	湿拌抹灰砂浆	湿拌地面砂浆	湿拌防水砂浆
代号	WM	WP	WS	WW

湿拌砂浆按强度等级、抗渗等级、稠度和凝结时间的分类应符合表 10-4 的规定。

表 10-4 湿拌砂浆分类

项目	湿拌砌筑砂浆	湿拌抹灰砂浆	湿拌地面砂浆	湿拌防水砂浆
强度等级	M5、M7.5、M10、M15、M20、M25、M30	M5、M10、M15、M20	M15、M20、M25	M10、M15、M20
抗渗等级	—	—	—	P6、P8、P10
稠度/mm	50、70、90	70、90、110	50	50、70、90
凝结时间	≥8、≥12、≥24	≥8、≥12、≥24	≥4、≥8	≥8、≥12、≥24

干混砂浆按用途分类，可分为干混砌筑砂浆、干混抹灰砂浆、干混地面砂浆、干混普通防水砂浆、干混陶瓷砖黏结砂浆、干混界面砂浆、干混保温板黏结砂浆、干混保温板抹面砂浆、干混聚合物水泥防水砂浆、干混自流平砂浆、干混耐磨地面砂浆和干混饰面砂浆，采用表 10-5 的代号表示。

表 10-5 干混砂浆代号

品种	代号	品种	代号
干混砌筑砂浆	DM	干混保温板黏结砂浆	DEA
干混抹灰砂浆	DP	干混保温板抹面砂浆	DBI
干混地面砂浆	DS	干混聚合物水泥防水砂浆	DWS
干混普通防水砂浆	DW	干混自流平砂浆	DSL
干混陶瓷砖黏结砂浆	DTA	干混耐磨地面砂浆	DFH
干混界面砂浆	DIT	干混饰面砂浆	DDR

干混砌筑砂浆、干混抹灰砂浆、干混地面砂浆和干混普通防水砂浆按强度等级、抗渗等级的分类应符合表 10-6 的规定。

表 10-6 干混砂浆分类

项目	干混砌筑砂浆		干混抹灰砂浆		干混地面砂浆	干混普通防水砂浆
	普通砌筑砂浆	薄层砌筑砂浆	普通抹灰砂浆	薄层抹灰砂浆		
强度等级	M5、M7.5、M10、M15、M20、M25、M30	M5、M10	M5、M10、M15、M20	M5、M10	M15、M20、M25	M10、M15、M20
抗渗等级	—		—		—	P6、P8、P10

二、预拌砂浆标记

(一)湿拌砂浆

1. 标记如图 10-1 所示。

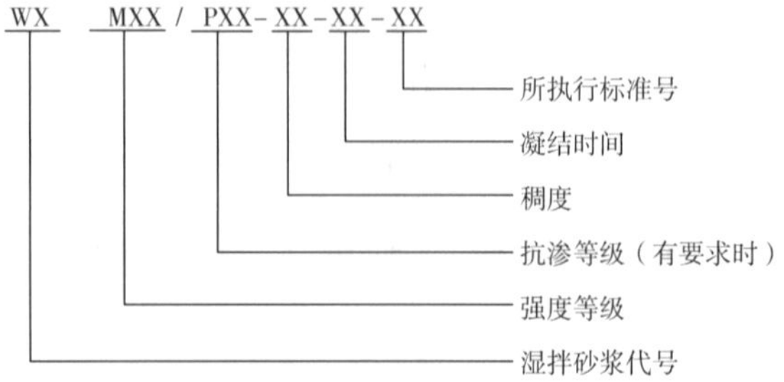

图 10-1 标记

2. 标记示例。

示例1:湿拌砌筑砂浆的强度等级为M10,稠度为70 mm,凝结时间为12 h,其标记为WMM10－70－12－GB/T 25181。

示例2:湿拌防水砂浆的强度等级为M15,抗渗等级为P8,稠度为70 mm,凝结时间为12 h,其标记为WWM15/P8－70－12－GB/T 25181。

(二)干混砂浆

1. 标记如图10-2所示。

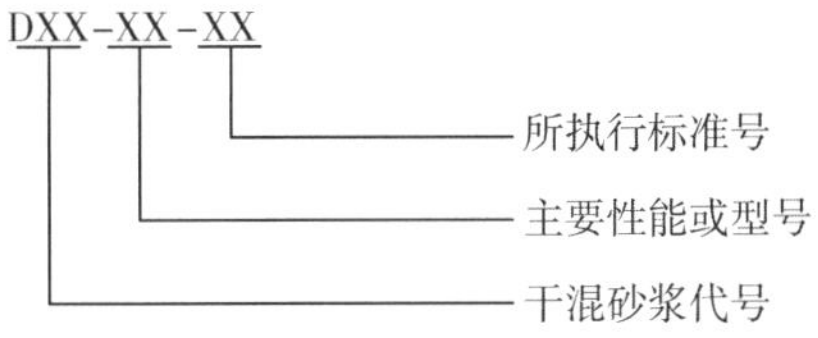

图10-2　**标记**

2. 标记示例。

示例1:干混砌筑砂浆的强度等级为M10,其标记为DMM10－GB/T 25181—2010。

示例2:用于混凝土界面处理的干混界面砂浆的标记为DIT－C－GB/T 25181。

三、材料

(一)原材料的要求

预拌砂浆所用原材料不应对人体、生物及环境造成有害影响,并应符合国家有关安全和环保相关标准的规定。

(二)水泥

1. 宜采用通用硅酸盐水泥,且应符合《通用硅酸盐水泥》的规定。采用其他水泥时,应符和相应标准的规定。

2. 宜采用散装水泥。

3. 水泥进场时应具有质量证明文件。对进场水泥应按国家现行标准的规定按批进行复验,复验合格后方可使用。

(三)骨料

1. 细骨料应符合《建筑用砂》(GB/T 14684—2011)的规定,且不应含有粒径大于4.75 mm的颗粒。天然砂的含泥量应小于5.0%,泥块含量应小于2.0%。细骨料最大粒径应符合相应砂浆品种的要求。

2. 轻骨料应符合相关标准的规定。

3. 骨料进场时应具有质量证明文件。对进场骨料应按国家现行相关标准的规定按批进行复验,复验合格后方可使用。

(四)矿物掺合料

1. 粉煤灰、粒化高炉矿渣粉、天然沸石粉、硅灰应分别符合《用于水泥和混凝土的粉煤灰》(GB/T 1596—2017)、《用于水泥、砂浆和混凝土中的粒化高炉矿渣粉》(GB/T 18046—2017)、《高强高性能混凝土用矿物外加剂》(JGJ/T 112—2019)、《民用建筑修缮工程施工标准》(GB/T 18736—2017)的规定。采用其他品种矿物掺合料时,应经过试验验证。

2. 矿物掺合料的掺量应符合相关标准的规定，并应通过试验确定。

3. 矿物掺合料进场时应具有质量证明文件。对进场矿物掺合料应按国家现行相关标准的规定按批进行复验，复验合格后方可使用。

(五)外加剂

1. 外加剂应符合《混凝土外加剂》、《砂浆、混凝土防水剂》(JC 474—2008)及国家现行标准的规定。

2. 外加剂进场时应具有质量证明文件。对进场外加剂应按国家现行相关标准的规定按批进行复验，复验合格后方可使用。

(六)添加剂

1. 保水增稠材料、可再分散乳胶粉、颜料、纤维等应符合相关标准的规定或经过试验验证。

2. 保水增稠材料用于砌筑砂浆时应符合《砌筑砂浆增塑剂》(JG/T 164—2004)的规定。

3. 添加剂进场时应具有质量证明文件。对进场添加剂，应按国家现行相关标准的规定按批进行复验，复验合格后方可使用。

(七)填料

重质碳酸钙、轻质碳酸钙、石英粉、滑石粉等应符合相关标准的规定或经过试验验证。

(八)拌合水

拌制砂浆用水应符合《混凝土拌合用水标准》的规定。

四、要求

(一)湿拌砂浆

1. 湿拌砌筑砂浆的砌体力学性能应符合《砌体结构设计规范》(GB 50003—2011)的规定，湿拌砌筑砂浆拌合物的表观密度不应小于 1 800 kg/m^3。

2. 湿拌砂浆性能应符合表 10-7 的规定。

表 10-7　湿拌砂浆性能指标

项目		湿拌砌筑砂浆	湿拌抹灰砂浆	湿拌地面砂浆	湿拌防水砂浆
保水率/%		≥88	≥88	≥88	≥88
14 d 拉伸黏结强度/MPa		—	M5：≥0.15 >M5：≥0.20	—	≥0.20
28 d 收缩率/%		—	≤0.20	—	≤0.15
抗冻性[a]	强度损失率/%	≤25			
	质量损失率/%	≤5			
a：有抗冻性要求时，应进行抗冻性试验					

3. 湿拌砂浆抗压强度应符合表 10-8 的规定。

表 10-8　预拌砂浆抗压强度

强度等级	M5	M7.5	M10	M15	M20	M25	M30
28 d 抗压强度/MPa	≥5.0	≥7.5	≥10.0	≥15.0	≥20.0	≥25.0	≥30.0

4. 湿拌防水砂浆抗渗压力应符合表 10-9 的规定。

表 10-9　预拌砂浆抗渗压力

抗渗等级	P6	P8	P10
28 d 抗渗压力/MPa	≥0.6	≥0.8	≥1.0

5. 湿拌砂浆稠度实测值与合同规定的稠度值之差应符合表 10-10 的规定。

表 10-10　湿拌砂浆稠度允许偏差

规定稠度	允许偏差/mm
50、70、90	±10
110	-10 ~ +5

（二）干混砂浆

1. 外观：粉状产品应均匀、无结块。

双组分产品液料组分经搅拌后应呈均匀状态、无沉淀；粉料组分应均匀、无结块。

2. 干混砌筑砂浆的砌体力学性能应符合《砌体结构设计规范》的规定，干混普通砌筑砂浆拌合物的表观密度不应小于 1 800 kg/m^3。

3. 干混砌筑砂浆、干混抹灰砂浆、干混地面砂浆、干混普通防水砂浆的性能应符合表 10-11 的规定。

表 10-11　干混砂浆的性能指标

项目		干混砌筑砂浆		干混抹灰砂浆		干混地面砂浆	干混普通防水砂浆
		普通砌筑砂浆	薄层砌筑砂浆[a]	普通抹灰砂浆	薄层抹灰砂浆[a]		
保水率/%		≥88	≥99	≥88	≥99	≥88	≥88
凝结时间/h		3 ~ 9	—	3 ~ 9	—	3 ~ 9	3 ~ 9
2 h 稠度损失率/%		≤30	—	≤30	—	≤30	≤30
14 d 拉伸黏结强度/MPa		—	—	M5：≥0.15 >M5：≥0.20	≥0.30	—	≥0.20
28 d 收缩率/%		—	—	≤0.20	≤0.20	—	≤0.15
抗冻性[b]	强度损失率/%	≤25					
	质量损失率/%	≤5					

a：干混薄层砌筑砂浆宜用于灰缝厚度不大于 5 mm 的砌筑；干混薄层抹灰砂浆宜用于砂浆层厚度不大于 5 mm 的抹灰。

b：有抗冻性要求时，应进行抗冻性试验

4. 干混砌筑砂浆、干混抹灰砂浆、干混地面砂浆、干混普通防水砂浆的抗压强度应符合表 10-8 的规定；干混普通防水砂浆的抗渗压力应符合表 10-9 的规定。

5. 干混陶瓷砖黏结砂浆的性能应符合表 10-12 的规定。

表 10-12　干混陶瓷砖黏结砂浆的性能指标

项目		性能指标	
		I(室内)	E(室外)
拉伸黏结强度/MPa	常温常态	≥0.5	≥0.5
	晾置时间,20 min	≥0.5	≥0.5
	耐水	≥0.5	≥0.5
	耐冻融	—	≥0.5
	耐热	—	≥0.5
压折比		—	≤3.0

6. 干混界面砂浆的性能应符合表 10-13 的规定。

表 10-13　干混界面砂浆的性能指标

项目		性能指标			
		C(混凝土界面)	AC(加气混凝土界面)	EPS(模塑聚苯板界面)	XPS(挤塑聚苯板界面)
拉伸黏结强度/MPa	常温常态,14 d	≥0.5	≥0.3	≥0.10	≥0.20
	耐水				
	耐热				
	耐冻融				
晾置时间/min		—	≥10	—	—

7. 干混保温板黏结砂浆的性能应符合表 10-14 的规定。

表 10-14　干混保温板黏结砂浆的性能指标

项目		EPS(模塑聚苯板界面)	XPS(挤塑聚苯板界面)
拉伸黏结强度/MPa(与水泥砂浆)	常温常态	≥0.60	≥0.60
	耐水	≥0.40	≥0.40
拉伸黏结强度/MPa(与保温板)	常温常态	≥0.10	≥0.20
	耐水		
可操作时间/h		1.5~4.0	

8. 干混保温板抹面砂浆的性能应符合表 10-15 的规定。

表 10-15　干混保温板抹面砂浆的性能指标

项目		EPS(模塑聚苯板界面)	XPS(挤塑聚苯板界面)
拉伸黏结强度/MPa	常温常态	≥0.10	≥0.20
	耐水		
	耐冻融		
柔韧性[a]	抗冲击/J	≥3.0	

（续表）

项目		EPS（模塑聚苯板界面）	XPS（挤塑聚苯板界面）
柔韧性[a]	压折比	≤3.0	
可操作时间/h		1.5～4.0	
24 h 吸水量/（$g \cdot m^{-2}$）		≤500	
a：对于外墙外保温采用钢丝网做法时，柔韧性可只检测压折比			

9. 干混聚合物水泥防水砂浆的性能应符合《聚合物水泥防水砂浆》（JC/T 984—2011）的规定。

10. 干混自流平砂浆的性能应符合《地面用水泥基自流平砂浆》（JC/T 985—2017）的规定。

11. 干混耐磨地坪砂浆的性能应符合《混凝土地面用水泥基耐磨材料》（JC/T 906—2017）的规定。

12. 干混饰面砂浆的性能应符合《墙体饰面砂浆》（JC/T 1024—2019）的规定。

五、预拌砂浆包装、贮存和运输

（一）包装

1. 干混砂浆可采用散装或袋装。

2. 袋装干混砂浆每袋净含量不应小于其标志质量的 99%。随机抽取 20 袋，总质量不应小于标志质量的总和。包装袋应符合《水泥包装袋》（GB 9774—2016）的规定。

3. 袋装干混砂浆包装袋上应有标志标明产品名称、标记、商标、加水量范围、净含量、使用说明、贮存条件及保质期、生产日期或批号、生产单位、地址、电话等。

（二）贮存

1. 干混砂浆在贮存过程中不应受潮或混入杂物。不同品种和规格型号的干混砂浆应分别贮存，不应混杂。

2. 散装干混砂浆应贮存在散装移动筒仓中，筒仓应密闭，且防雨、防潮。砂浆保质期自生产日起为 3 个月。

3. 袋装干混砂浆应贮存在干燥的环境中，应有防雨、防潮、防扬尘措施。在贮存过程中，包装袋不应破损。

4. 袋装干混砌筑砂浆、抹灰砂浆、地面砂浆、普通防水砂浆、自流平砂浆的保质期自生产日起为 3 个月，其他袋装干混砂浆的保质期自生产日起为 6 个月。

（三）运输

1. 湿拌砂浆。

（1）湿拌砂浆应采用搅拌运输车运送。

（2）运输车在装料前，装料口应保持清洁，筒体内不应有积水、积浆及杂物。

（3）运输车在装料、运送过程中应能保证砂浆拌合物的均匀性，不产生分层、离析现象。

（4）不应向运输车内的砂浆加水。

（5）运输车在运送过程中应避免遗洒。

湿拌砂浆供货量以立方米（m^3）为计算单位。

2. 干混砂浆。

（1）干混砂浆运输时，应有防扬尘措施，不应污染环境。

(2)散装干混砂浆宜采用散装干混砂浆运输车运送,并提交与袋装标志相同内容的卡片,并附有产品使用说明书。散装干混砂浆运输车应密封、防水、防潮,并宜有除尘装置。更换砂浆品种时,运输车应清空并清理干净。

(3)袋装干混砂浆可采用交通工具运输。运输过程中不得混入杂物,并应有防雨、防潮和防扬尘措施。搬运砂浆时,不应摔包,不应自行倾卸。

六、订货和交货

(一)订货

1. 购买预拌砂浆时,供需双方应签订订货合同。

2. 订货合同签订后,供货方应按订货单组织生产和供应。订货单应包括以下内容:

①订货单位及联系人。

②施工单位及联系人。

③工程名称。

④交货地点。

⑤砂浆标记。

⑥要求。

⑦供货时间。

⑧供货量。

⑨其他。

(二)交货

1. 供需双方应在合同规定的地点交货。

2. 交货时,供方应随每一运输车向需方提供所运送预拌砂浆的发货单。发货单应包括以下内容:

①合同编号。

②发货单编号。

③需方。

④供方。

⑤工程名称。

⑥砂浆标记。

⑦供货日期。

⑧供货量。

⑨供需双方确认手续。

⑩其他。

需方需指定专人及时对所供预拌砂浆的质量、数量进行确认。

3. 供方提供发货单时应附上产品质量证明文件。

第二节　砖砌体工程施工技术

一、材料和主要机具设备

1. 砌筑用砖：烧结普通砖、蒸压粉煤灰砖、烧结多孔砖、混凝土多孔砖、混凝土实心砖、烧结空心砖、蒸压灰砂砖。

2. 砌筑用砂浆：水泥、砂、掺合料按配合比拌制。

3. 主要机具设备：砂浆搅拌机、瓦刀、托线板、线坠、水平尺、皮数杆、泥桶、存灰槽、筛子、运砖车、灰浆车、磅称和砖笼等。

二、作业条件

1. 基础顶面或楼板面已弹好墙身轴线、墙边线、门窗洞口和柱子的位置线。

2. 砌筑部位的灰渣、杂物已清除干净，并浇水湿润。

3. 在墙转角处、楼梯间及内外墙交接处，已按标高立好皮数杆；皮数杆的间距以 15 ~20 m 为宜。

4. 脚手架已搭设完毕。

三、施工工艺

(一)烧结普通砖砌体

1. 砌筑前的准备。

选砖：用于清水墙、柱表面的砖应边角整齐，色泽均匀。

砖浇水：砌筑烧结普通砖、烧结多孔砖、蒸压灰砂砖、蒸压粉煤灰砖砌筑时，砖应提前 1 ~2 d 适度湿润，严禁采用干砖或处于吸水饱和状态的砖砌筑。

块体湿润程度应符合下列规定：

(1)烧结类块体的相对含水率宜为 60% ~70%。

(2)混凝土多孔砖及混凝土实心砖不需浇水湿润，但在气候干燥炎热的情况下，宜在砌筑前对其喷水湿润。其他非烧结类块体的相对含水率为 40% ~50%。

校核放线尺寸：砌筑基础前，应用钢尺校核放线尺寸，允许偏差应符合规定。

选择砌筑方法：宜采用“三一”砌筑法，即一铲灰、一块砖、一揉压的砌筑方法。当采用铺浆法砌筑时，铺浆长度不得超过 750 mm，施工期间气温超过 30 ℃时，铺浆长度不得超过 500 mm。

设置皮数杆：在砖砌体转角处、交接处应设置皮数杆，皮数杆上标明砖皮数、灰缝厚度及竖向构造的变化部位。皮数杆的间距不应大于 20 m。在相对两皮数杆砖的上边线处拉准线。

2. 砖基础。

（1）砖基础的下部为大放脚，上部为基础墙。大放脚有等高和间隔式。等高式大放脚是每砌两皮砖，两边各收进 1/4 砖长；间隔式大放脚是每砌两皮砖及一皮砖，轮流两边各收进 1/4 砖长，最下面应为两皮砖。

（2）砖基础大放脚一般采用一顺一丁砌筑形式，上下皮垂直灰缝相互错开 60 mm。砖基础的转角处、交接处为错缝，需要加砌配砖。砖基础的水平灰缝厚度和垂直灰缝厚度宜为 10 mm。水平灰缝的砂浆饱满度不得小于 80%。

（3）砖基础的底标高不同时，应从低处砌起，并应由高处向低处搭砌，当设计无要求时，搭砌长度不应小于砖基础大放脚的高度。砖基础的转角处和交接处应同时砌筑，当不能同时砌筑时，应留置斜槎。

（4）基础墙的防潮层：当设计无具体要求，宜用 1∶2 水泥砂浆加适量防水剂铺设，其厚度宜为 20 mm。防潮层位置宜在室内地面标高以下一皮砖处。

3. 砖墙。

（1）砖墙根据其厚度的不同，可采用全顺、两平一侧、全丁、一顺一丁、梅花丁、三顺一丁的砌筑形式。

（2）一砖厚承重墙的每层墙的最上一皮砖、砖墙的阶台水平面上及挑出层，应整砖丁砌。

（3）砖墙的转角处、交接处为错缝，需要加砌配砖。砖砌体的转角处和交接处应同时砌筑，严禁无可靠的内外墙分砌施工。在抗震设防烈度为 8 度及以上地区，对不能同时砌筑而又必须留置的临时间断处应砌成斜槎，普通砖砌体斜槎水平投影长度不应小于高度的 2/3，多孔砖砌体的斜槎长高比不应小于 1/2。斜槎高度不得超过一步脚手架的高度。

（4）砖墙的水平灰缝厚度和垂直灰缝厚度宜为 10 mm，但不应小于 8 mm，也不应大于 12 mm。砖墙的水平灰缝砂浆饱满度不得小于 80%；垂直灰缝宜采用挤浆或加浆方法，不得出现透明缝、瞎缝和假缝。

（5）竖向灰缝不应出现瞎缝、透明缝和假缝。

（6）砖砌体施工临时间断处补砌时，必须将接槎处表面清理干净，洒水湿润，并填实砂浆，保持灰缝平直。

（7）在墙上留置临时施工洞口，其侧边离交接处墙面不应小于 500 mm，洞口净宽度不应超过 1 m。不得在下列墙体或部位设置脚手眼：半砖厚墙；过梁上与过梁成 60°的三角形范围及过梁净跨度 1/2 的高度范围内；宽度小于 1 m 的窗间墙；墙体门窗洞口两侧 200 mm 和转角处 450 mm 范围内；梁或梁垫下及其左右 500 mm 范围内；设计不允许设置脚手眼的部位。施工脚手眼补砌时，灰缝应填满砂浆，不得用干砖填塞。

（8）设计要求的洞口、管道、沟槽应于砌筑时正确留出或预埋，未经设计同意，不得打凿墙体和在墙体上开凿水平沟槽。宽度超过 300 mm 的洞口上部应设置过梁。

（9）砖墙工作段的分段位置宜设在变形缝、构造柱或门窗洞口处；相邻工作段的砌筑高度不得超过一个楼层高度，也不宜大于 4 m。

4. 砖柱。

（1）砖柱应选用整砖砌筑。砖柱砌筑应保证砖柱外表面上下皮垂直灰缝相互错开 1/4 砖长，砖柱内部少通缝，为错缝需要应加砌配砖，不得采用包心砌法。

（2）砖柱的水平灰缝厚度和垂直灰缝厚度宜为 10 mm，但不应小于 8 mm，也不应大于 12 mm。砖柱水平灰缝和竖向灰缝的砂浆饱满度不得小于 90%。

（3）成排同断面砖柱，宜先砌两端的砖柱，以此为准，拉准线砌中间部分的砖柱，这样可保证各砖柱皮数相同，水平灰缝厚度相同。

（4）砖柱中不得留脚手眼。

5. 砖垛：砖垛应与所附砖墙同时砌起。砖垛应隔皮与砖墙搭砌，搭砌长度不小于 1/4 砖长。砖垛外表面上下皮垂直灰缝应相互错开 1/2 砖长，砖垛内部应尽量少通缝，为错缝需要应加砌配砖。

6. 砖平拱。

（1）砖平拱应用整砖侧砌，平拱高度不小于砖长。砖平拱的拱脚下面应伸入墙内的长度不小于 20 mm。砖平拱砌筑时，应在其底部支设模板，模板中央应有 1% 的起拱。砖平拱的砖数应为单数。砌筑时应从平拱两端同时向中间砌筑。

（2）砖平拱的灰缝应砌成楔形。灰缝的宽度在平拱的底面不应小于 5 mm；在平拱的顶面不应大于 15 mm。砖平拱底部的模板应在灰缝砂浆强度不低于设计强度 75% 时，方可拆除。

（3）砖平拱截面计算高度内的砂浆强度等级不宜低于 M5。砖平拱的跨度不得超过 1.2 m。

7. 钢筋砖过梁。

（1）钢筋砖过梁的底面为砂浆层，砂浆层厚度不宜小于 30 mm。砂浆层中应配置钢筋，钢筋直径不应小于 5 mm，其间距不宜大于 120 mm，钢筋两端伸入墙体内的长度不宜小于 250 mm，并有向上的直角弯钩。

（2）钢筋砖过梁砌筑前，应先支设模板，模板中央应略有起拱。砌筑时，宜先铺 15 mm 厚的砂浆层，把钢筋放在砂浆层上，使其弯钩向上，然后再铺 15 mm 的砂浆层，使钢筋位于 30 mm 厚的砂浆层中间。之后，按墙体砌筑形式与墙体同时砌筑。

（3）钢筋砖过梁截面计算高度内（7 皮砖高）的砂浆强度不宜低于 M5。钢筋砖过梁的跨度不应超过 1.5 m。钢筋砖过梁底部的模板应在砂浆强度不低于设计强度 75% 时，方可拆除。

（二）烧结多孔砖砌体

（1）砌筑清水墙的多孔砖应边角整齐、色泽均匀。在常温状态下，多孔砖应提前 1 ~ 2 d 浇水湿润。砌筑时砖的含水率宜控制在 10% ~ 15%。对抗震设防地区的多孔砖墙，应用“三一”砌砖法砌筑；对非抗震设防地区的多孔砖墙，可采用铺浆法砌筑，铺浆长度不得超过 750 mm。

当施工期间最高气温高于 30 ℃时，铺浆长度不得超过 500 mm。

（2）方形多孔砖一般采用全顺砌法，多孔砖中手抓应平行于墙面，上下皮垂直灰缝相互错开半砖长。矩形多孔砖宜采用一顺一丁或梅花丁的砌筑形式，上下皮垂直灰缝相互错开 1/4 砖长。

（3）多孔砖的孔洞应垂直于受压面砌筑。半盲孔多孔砖的封底面应朝上砌筑。

（4）竖向灰缝不应出现瞎缝、透明缝和假缝。

（5）砖砌体施工临时间断处补砌时，必须将接槎处表面清理干净，洒水湿润，并填实砂浆，保持灰缝平直。

（6）多孔砖墙的灰缝应横平竖直。水平灰缝厚度和垂直灰缝厚度宜为 10 mm，但不应小于 8 mm，也不应大于 12 mm。多孔砖墙灰缝砂浆应饱满。水平灰缝的砂浆饱满度不得低于 80%，垂直灰缝宜采用加浆填灌的方法，使其砂浆饱满。

(7)除设置构造柱的部位外，多孔砖墙的转角处和交接处应同时砌筑，对不能同时砌筑又必须留置的临时间断处，应砌成斜槎。施工中需在多孔砖墙中留设临时洞口，其侧边离交接处的墙面不应小于 0.5 m；洞口顶部宜设置钢筋砖过梁或钢筋混凝土过梁。

(8)多孔砖墙中留设脚手眼的规定同烧结普通砖墙中留设脚手眼的规定。

(三)烧结空心砖砌体

(1)砌筑空心砖墙时，砖应提前 1 ~2 d 浇水湿润，砌筑时砖的含水率宜为 10% ~15%。空心砖墙应侧砌，其孔洞呈水平方向，上下皮垂直灰缝相互错开 1/2 砖长。空心砖墙底部宜砌 3 皮烧结普通砖。空心砖墙与烧结普通砖交接处，应以普通砖墙引出不小于 240 mm 长与空心砖墙相接，并与隔 2 皮空心砖高在交接处的水平灰缝中设置 2ϕ6 钢筋作为拉结筋，拉结筋在空心砖墙中的长度不小于空心砖长。

(2)空心砖墙的转角处应用烧结普通砖砌筑，砌筑长度角边不小于 240 mm。空心砖墙砌筑不得留置斜槎或直槎，中途停歇时，应将墙顶砌平。在转角处、交接处，空心砖与普通砖应同时砌起。

(3)空心砖墙中不得留置脚手眼；不得对空心砖进行砍凿。

四、质量控制

(一)主控项目

1. 砖及砂浆强度等级必须符合设计要求。

抽检数量：每一生产厂家的砖到现场后，按烧结砖 15 万块、多孔砖 5 万块、灰砂砖及粉煤灰砖 10 万块各为一验收批，抽检数量为 1 组。

检验方法：查砖和砂浆试块试验报告。

2. 砌体水平灰缝的砂浆饱满度不得小于 80%。

抽检数量：每检验批抽查不应少于 5 处。

检验方法：用百格网检查砖底面与砂浆的黏结痕迹面积。每处检测 3 块砖，取其平均值。

3. 砖砌体的转角处和交接处应同时砌筑，严禁无可靠措施的内外墙分砌施工。对不能同时砌筑而又必须留置的临时间断处应砌成斜槎，斜槎水平投影长度不应小于高度的 2/3。

抽样数量：每检验批抽 20% 接槎，且不应少于 5 处。

检验方法：观察检查。

4. 非抗震设防及抗震设防烈度为 6 度、7 度地区的临时间断处，当不能留斜槎时，除转角处外可留直槎，但直槎必须做成凸槎。留直槎处应加设拉结筋，拉结钢筋的数量为每 120 mm 墙厚放置 1ϕ6 拉结钢筋(120 mm 厚墙放置 2ϕ6 拉结钢筋)，间距沿墙高不应超过 500 mm；竖向间距偏差不应超过 100 mm。埋入长度从留槎处算起，每边均不应小于 500 mm，对抗震设防烈度 6 度、7 度的地区，不应小于 1 000 mm；末端应有 90°弯钩。

抽检数量：每检验批抽 20% 接槎，且不应少于 5 处。

检验方法：观察和尺量检查。

合格标准：留槎正确，拉结钢筋设置数量、直径正确，竖向间距偏差不超过 100 mm，留置长度基本符合规定。

5. 砖砌体的位置及垂直度允许偏差应符合表 10-16 的规定。

表 10-16 砖砌体尺寸、位置的允许偏差及检验

项次	项目			允许偏差/mm	检验方法	抽检数量
1	轴线位移			10	用经纬仪和尺或用其他测量仪器检查	承重墙、柱全数检查
2	基础、墙、柱顶面标高			±15	用水准仪和尺检查	不应少于 5 处
3	墙面垂直度	每层		5	用 2 m 托线板检查	不应少于 5 处
		全高	≤10 m	10	用经纬仪、吊线和尺或用其他测量仪器检查	外墙全部阳角
			>10 m	20		
4	表面平整度	清水墙、柱		5	用 2 m 靠尺和楔形塞尺检查	不应少于 5 处
		混水墙、柱		8		
5	水平灰缝平直度	清水墙		7	拉 5 m 线和尺检查	不应少于 5 处
		混水墙		10		
6	门窗洞口高、宽(后塞口)			±10	用尺检查	不应少于 5 处
7	外墙上下窗口偏移			20	以底层窗口为准,用经纬仪或吊线检查	不应少于 5 处
8	清水墙游丁走缝			20	以每层第一皮砖为准,用吊线和尺检查	不应少于 5 处

抽样数量:轴线查全部承重墙柱;外墙垂直度全高查阳角,不应少于 4 处,每层每 20 m 查一处;内墙按有代表性的自然间抽 10%,但不应少于 3 间,每间不应少于 2 处,柱不少于 5 根。

(二)一般项目

1. 砖砌体组砌方法应正确,上、下错缝,内外搭砌,砖柱不得采用包心砌法。

抽样数量:外墙每 20 m 抽查一处,每处 3~5 m,且不应少 3 处;内墙按有代表性的自然间抽 10%,且不应少于 3 间。

检验方法:观察检查。

合格标准:除符合本条要求外,清水墙、窗间墙无通缝;混水墙中长度大于或等于 300 mm 的通缝每间不超过 3 处,且不得位于同一面墙上。

2. 砖砌体的灰缝应横平竖直,厚薄均匀。水平灰缝厚度宜为 10 mm,但不应少于 8 mm,也不应大于 12 mm。

抽检数量:每步脚手架施工的砌体,每 20 m 抽查一处。

检验方法:用尺量 10 皮砖砌体高度折算。

五、成品保护

1. 墙体拉结钢筋、抗震组合柱钢筋、各种预埋件、暖卫管线、电气管线均应注意保护,不得随意碰撞、拆改或损坏。安装暖卫、电气设备和管线时,也不得随意拆打,剔凿墙体。

2. 雨天施工下班时,应适当覆盖墙体表面,以防雨水冲刷。

3. 砖墙、柱未安装楼板或屋面板前，当遇六级以上大风时，应采取适当临时支撑措施，以防砖墙、柱失稳倾倒。

4. 墙面预留脚手眼，应用与原墙相同规格、色泽的砖嵌砌严密，不留痕迹。

六、安全措施

1. 脚手架应经检查合格后方能使用。砌筑时不准随意拆改和移动脚手架，楼层屋盖上的盖板或防护栏杆不得随意挪动拆除。

2. 在架子上砍砖时，操作人员应面向里把碎砖打在架板上，严禁把砖头打向架外。挂线用的坠砖应绑扎牢固，以免坠落伤人。

3. 脚手架堆砖不得超过三层。采用砖笼吊砖时，砖在架子上或楼板上要均匀分布，不应集中堆放。

七、施工注意事项

1. 在砌筑过程中，要经常检查校核墙体的轴线和边线，以防轴线产生位移。

2. 立皮数杆要保持标高一致，盘角时要均匀掌握灰缝，砌筑时小线要拉紧，不得一层线松、一层线紧，以防水平灰缝出现大小不均匀的现象。

3. 构造柱及圈梁混凝土浇筑，混凝土要分层进行，振动棒不得直接碰撞墙体，以免造成砖墙鼓胀。

4. 砌筑混水墙应注意溢出墙面的灰渍应随时刮尽、刮平顺；半砖应分散使用；首层或楼层的第一皮砖砌筑要查对皮数杆的层数及标高。

5. 构造柱砌筑应注意使构造柱砖墙砌成马牙槎，设置好拉结筋，应从柱脚开始先退后近；构造柱内的落地灰、砖渣杂物应清理干净，防止夹渣，以免影响构造柱的整体性。

第三节　小型空心砌块工程技术

小型砌块墙系采用小型砌块与水泥砂浆或水泥混合砂浆砌成。其具有规格小，重量轻，砌筑不用吊装机具，操作方便，劳动强度低，可提高劳动生产率，加快施工速度，降低工程和施工成本等优点。

一、材料和主要机具设备

1. 混凝土小型空心砌块：普通混凝土小型空心砌块、轻骨料混凝土小型空心砌块，主规格一般为 390 mm × 190 mm × 190 mm。产品的龄期不应小于 28 d。规格、质量、强度等级应符合有关设计和规范的要求。

2. 水泥：采用 32.5 及以上普通硅酸盐水泥或矿渣硅酸盐水泥，要求新鲜无结块。

3. 砂：用中砂，含泥量小于 5%。

4. 其他材料：石灰膏、粉煤灰和磨细生石灰等，石灰膏的熟化时间不少于 7 d。

5. 主要机具设备：砂浆搅拌机、筛砂机、瓦刀、小撬棍、木槌、线坠、灰槽、手推胶轮车及砌块夹具等。

二、作业条件

1. 所需机具设备已准备就绪，并已安装就位。

2. 已制订施工方案，应按房屋设计图编绘小砌块平面、立面排块图，选定组砌方法。

3. 基层已经清扫干净，并在基层上弹出纵横墙轴线、边线、门窗洞口位置线及其他尺寸线。

4. 立好皮数杆，复核基层标高。根据砌块尺寸和灰缝厚度计算皮数和排数，以保证砌体尺寸符合设计要求。

三、施工工艺

（一）一般构造要求

混凝土小型空心砌块砌体所用的材料，除满足强度计算外，还应符合下列要求：

1. 对室内地面以下的砌体，应采用普通混凝土小型砌块和不低于 M5 的水泥砂浆。

2. 5 层及以上民用建筑的底层墙体，应采用不低于 MU5 的混凝土小砌块和 M5 的砌筑砂浆。

在墙体的下列部位，应用 C20 混凝土灌实砌块的孔洞：

（1）底层室内地面以下或防潮层以下的砌体。

（2）无圈梁的楼板支承面下的一皮砌块。

（3）没有设置混凝土垫块的屋架、梁等构件支承面下，高度不应小于 600 mm，长度不应小于 600 mm 的砌体。

（4）挑梁支承面下，距墙中心线每边不应小于 300 mm，高度不应小于 600 mm 的砌体。砌块墙与后砌隔墙交接处，应沿墙高每隔 400 mm 在水平灰缝内设置不少于 2ϕ5、横筋间距不大于 200 mm 的焊接钢筋网片，钢筋网片伸入后砌隔墙内不应少于 600 mm。

（二）芯柱设置

墙体的下列部位宜设置芯柱：

1. 在外墙转角、楼梯间四角的纵横墙交接处的 3 个孔洞，宜设置素混凝土芯柱。

2. 5 层及以上的房屋，应在上述部位设置钢筋混凝土芯柱。

（1）芯柱处的小砌块墙体砌筑应符合下列规定：

①每一楼层芯柱处第一批砌块应采用开口小砌块。

②砌筑时应随砌随清除小砌块孔内的毛边，并将灰缝中挤出的砂浆刮净。

（2）芯柱混凝土宜选用专用小砌块灌孔混凝土。浇筑芯柱混凝土应符合下列规定：

①每次连续浇筑的高度宜为半个楼层，但不应大于 1.8 m。

②浇筑芯柱混凝土时，砌筑砂浆强度应大于 1 MPa。

③清除孔内掉落的砂浆等杂物，并用水冲淋孔壁。

④浇筑芯柱混凝土前，应先注入适量与芯柱混凝土成分相同的去石砂浆。

⑤每浇筑 400 ~ 500 mm 高度捣实一次，或边浇筑边捣实。

3. 芯柱截面不小于 120 mm × 120 mm，宜用不低于 C20 的细石混凝土浇灌。

4. 钢筋混凝土芯柱每孔内的插竖筋不应小于 1ϕ10，底部应伸入室内地面下 500 mm 或与基础圈梁锚固，顶部与屋盖圈梁锚固。

5. 在钢筋混凝土芯柱处，沿墙高每隔600 mm应设ϕ4 钢筋网片拉结，每边伸入墙体不小于600 mm。

6. 芯柱应沿房屋的全高贯通，并与各层圈梁整体现浇。

（三）小砌块施工

普通混凝土小砌块不宜浇水；当天气干燥炎热时，可在砌块上稍加喷水润湿；轻骨料混凝土小砌块施工前可洒水，但不宜过多，块体的相对含水率宜为40% ~50%，雨天及小砌块表面有浮水时不得施工。龄期不足28 d及潮湿的小砌块不得砌筑。

应尽量采用主规格小砌块，小砌块的强度等级应符合设计要求，并应清除小砌块表面污物和芯柱用小砌块孔洞底部的毛边。

在房屋四角或楼梯间转角处设立皮数杆，皮数杆间距不得超过15 m。皮数杆上应画出各皮小砌块的高度及灰缝厚度。在皮数杆上相对小砌块上边线之间拉准线，小砌块依准线砌筑。

小砌块砌筑应从转角或定位处开始，内外墙同时砌筑，纵横墙交错搭接。外墙转角处应使小砌块隔皮露端面；T字交接处应使横墙小砌块隔皮露端面，纵墙在交接处改砌两块辅助规格小砌块，所有露端面用水泥砂浆抹平。

小砌块应对孔错缝搭砌。上下皮小砌块竖向灰缝相互错开190 mm。个别情况当无法对孔砌筑时，普通混凝土小砌块错缝长度不小于90 mm，轻骨料混凝土小砌块错缝长度不应小于120 mm；当不能保证此规定时，应在水平灰缝中设置2ϕ4 钢筋网片，钢筋网片每端应超过该垂直灰缝，其长度不得小于300 mm。

小砌块砌体的灰缝应横平竖直，全部灰缝均应铺填砂浆；竖向灰缝的砂浆饱满度按净面积计算不得低于90%；砌筑中不得出现瞎缝、透明缝。水平灰缝厚度和竖向灰缝厚度应控制在8 ~12 mm。当缺少辅助规格小砌块时，砌体通缝不应超过两皮砌块。

墙体转角处和纵横交接处应同时砌筑，小砌块砌体临时间断处应砌成斜槎，斜槎水平投影长度不应小于斜槎高度；如留斜槎有困难，除外墙转角处及抗震设防地区，砌体临时间断处不应留直槎外，可从砌体面伸出200 mm砌成阴阳槎，并沿砌体高每三皮砌块（600 mm），设拉结筋或钢筋网片，接槎部位宜延至门窗洞口。

承重砌体严禁使用断裂小砌块或壁肋中有竖向裂缝的小砌块砌筑；也不得采用小砌块与烧结普通砖等其他块体材料混合砌筑。小砌块砌体内不宜设脚手眼，如必须设置时，可用辅助规格小砌块侧砌，利用其孔洞作脚手眼，砌体完工后用C15混凝土填实。但在砌体下列部位不得设置脚手眼：过梁上部，与过梁成60°的三角形及过梁跨度1/2范围内；宽度不大于800 mm的窗间墙；梁、梁垫下及左右各500 mm的范围内；门窗洞口两侧200 mm内和砌体交接处400 mm的范围内；设计规定不允许设脚手眼的部位。

对砌体表面的平整度和垂直度，灰缝的厚度和砂浆饱满度应随时检查，校正偏差。在砌完每一楼层后，应校核砌体的轴线尺寸和标高，允许范围内的轴线及标高的误差可在楼板面上校正。

（四）芯柱施工

芯柱部位宜采用不封底的通孔小砌块，当采用半封底小砌块时，砌筑前必须打掉孔洞毛边。在楼地面砌筑第一皮小砌块时，在芯柱部位应用开口砌块砌出操作孔，在操作孔侧面宜预留连通孔，必须清除芯柱孔洞内的杂物及削掉孔内的砂浆，并用水冲洗干净，校正钢筋位置并绑扎或焊接固定后，方可浇灌混凝土。

芯柱钢筋应与基础或基础梁中的预埋钢筋连接，上、下楼层的钢筋可在楼板面上搭接，搭接长度不应小于40d(d为钢筋直径)。砌完一个楼层高度后，应连续浇灌芯柱混凝土。每浇灌400~500 mm高度捣实一次，或边浇灌边捣实。浇灌混凝土前，先注入适量水泥砂浆；严禁灌满一个楼层后再捣实，宜采用插入式混凝土振动器捣实；混凝土坍落度不应小于50 mm。砌筑砂浆强度达到1.0 MPa以上方可浇灌芯柱混凝土。

四、质量控制

(一)主控项目

1. 小砌块和芯柱混凝土、砌筑砂浆的强度等级必须符合设计要求。

抽检数量：每一生产厂家，每1万块小砌块为一检验批，不足1万块按一批计，抽检数量为1组；用于多层以上建筑的基础和底层的小砌块，抽检数量应不少于2组。砂浆试块的抽检数量应符合规范《砌体结构工程施工质量验收规范》(GB 50203—2011)的规定。

检验方法：检查小砌块和芯柱混凝土、砌筑砂浆试块试验报告。

2. 砌体水平灰缝和竖向灰缝的砂浆饱满度，按净面积计算不得小于90%。

抽检数量：每检验批抽查不应小于5处。

检验方法：用专用百格网测小砌块与砂浆黏结痕迹，每处测3块小砌块，取其平均值。

3. 墙体转角处和纵横交接处应同时砌筑。临时间断处应砌成斜槎，斜槎水平投影长度不应小于斜槎高度。施工洞口可预留直槎，但在洞口砌筑和补砌时，应在直槎上下搭砌的小砌块孔洞内用强度等级不低于C20的混凝土灌实。

抽检数量：每检验批抽查不应小于5处。

检验方法：观察检查。

4. 小砌块砌体的芯柱在楼盖处应贯通，不得削弱芯柱截面尺寸；芯柱混凝土不得漏灌。

抽检数量：每检验批抽查不应小于5处。

检验方法：观察检查。

(二)一般项目

1. 砌体水平灰缝厚度和竖向灰缝宽度宜为10 mm，但不应大于12 mm，也不应小于8 mm。

抽检数量：每层楼的检测点不应少于3处。

检验方法：用尺量5皮小砌块的高度和2 m砌体长度折算。

2. 小砌块砌体的一般尺寸允许偏差应符合表10-17的规定。

表10-17　混凝土小砌块砌体的一般尺寸允许偏差

项次	项目		允许偏差/mm	检验方法	抽检数量
1	基础顶面和楼面标高		±15	用水平仪和尺量检查	不应少于5处
2	表面平整度	清水墙、柱	5	用2 m靠尺和楔形塞尺检查	有代表性自然间10%，但不应少于3间，每间不应少于2处
		混水墙、柱	8		

（续表）

项次	项目		允许偏差/mm	检验方法	抽检数量
3	门窗洞口高度		±5	用尺检查	检验批洞口的 10%，不少于 5 处
4	外墙上下窗口偏移		20	以底层窗口为准，用经纬仪或吊线检查	检验批的 10%，且不应少于 5 处
5	水平灰缝平直度	清水墙	7	拉 10 m 线和尺检查	有代表性自然间 10%，但不应少于 3 间，每间不应少于 2 处
		混水墙	10		

五、成品保护

1. 楼板安装时，避免冲击已完墙体。

2. 水电和室内设备安装时，应注意保护墙体，不得随意凿洞。

3. 雨天施工应有防雨措施，不得使用湿砌块。雨后施工时，应复核墙体的垂直度。

六、安全措施

1. 在楼板上堆放砌块，宜分散堆放，不得超过楼板的设计允许承载能力。

2. 操作过程中，对稳定性较差的窗间墙、独立柱等部分，应适当加设临时支撑。

3. 当楼层砌到标高时，应立即吊装楼盖，使墙体保持稳定。未安装楼板的墙体，大风天时宜加设适当临时支撑，保证其稳定性。

七、施工注意事项

1. 砌块砌筑前，应绘好砌块排列图，保证施工顺利进行。

2. 砌体中的芯柱必须按设计位置设置，在孔中插入钢筋并浇筑混凝土，不得遗漏，不能马虎，应严格保证芯柱的混凝土质量，同时做好隐蔽验收的检查记录。

3. 对墙体表面的平整度和垂直度、灰缝的均匀程度等，应随时检查并校正所发现的偏差。在砌完每一层楼后，应校核墙体的轴线尺寸和标高。在允许范围内的轴线及标高的偏差，可在楼板面上校正。

第四节 配筋砌体施工技术

一、材料和主要机具设备

1. 烧结普通砖和混凝土小型空心砌块，须符合设计及有关规定要求。

2. 水泥：采用 32.5 及以上普通硅酸盐水泥或矿渣硅酸盐水泥，要求新鲜无结块。

3. 砂:用中砂,含泥量小于5%。

4. 其他材料:石灰膏、粉煤灰、拉结筋、钢筋网片和磨细生石灰等,石灰膏的熟化时间不少于7 d。

5. 主要机具设备:砂浆搅拌机、筛砂机、瓦刀、小撬棍、木槌、线坠、灰槽、手推胶轮车及砌块夹具等。

二、作业条件

1. 所需机具设备已准备就绪,并已安装就位。

2. 已制订施工方案,绘好砌块排列图,选定组砌方法。

3. 基层已经清扫干净,并在基层上弹出纵横墙轴线、边线、门窗洞口位置线及其他尺寸线。

4. 立好皮数杆,复核基层标高。根据砌块尺寸和灰缝厚度计算皮数和排数,以保证砌体尺寸符合设计要求。

三、施工工艺

(一)构造柱和砖组合砌体

1. 构造柱和砖组合砌体构造。

构造柱和砖组合墙由钢筋混凝土构造柱、烧结普通砖墙及拉结钢筋组成。钢筋混凝土构造柱的截面尺寸不宜小于240 mm×240 mm,其厚度不应小于墙厚,边柱、角柱的截面宽度宜适当加大。构造柱内竖向受力钢筋,对于中柱不宜少于4ϕ12;对于边柱、角柱,不宜少于4ϕ14。构造柱的竖向受力钢筋的直径也不宜大于16 mm。其箍筋一般部位宜采用ϕ6,间距200 mm,楼层上下500 mm范围内宜采用ϕ6、间距100 mm。构造柱的竖向受力钢筋应在基础梁和楼层圈梁中锚固,并应符合受拉钢筋的锚固要求。构造柱的混凝土强度等级不宜低于C20。

烧结普通砖墙所用砖的强度等级不应低于MU10,砌筑砂浆的强度等级不应低于M5。砖墙与构造柱的连接处应砌成马牙槎,每一个马牙槎凹凸尺寸不宜小于60 mm,高度不宜超过300 mm,马牙槎应先退后进,对称砌筑。并应沿墙高每隔500 mm设置2ϕ6拉结钢筋,拉结钢筋每边伸入墙内不宜小于600。

构造柱和砖组合墙的房屋,应在纵横交接处、墙端部和较大洞口的洞边设置构造柱,其间距不宜大于4 m。各层洞口宜设置在对应位置,并宜上下对齐。构造柱和砖组合墙的房屋,应在基础顶面、有组合墙的楼层处设置现浇钢筋混凝土圈梁。圈梁的截面高度不宜小于240 mm。

2. 构造柱和砖组合砌体施工。

施工程序应为先砌墙后浇混凝土构造柱。构造柱施工程序为绑扎钢筋、砌砖墙、支模板、浇混凝土、拆模。

构造柱的模板可用木模板或组合钢模板。在每层砖墙及其马牙槎砌好后,应立即支设模板,模板必须与所在墙的两侧严密贴紧,支撑牢靠,防止模板缝漏浆。构造柱的底部应留出2皮高的孔洞,以便清除模板内的杂物,清除后封闭。

构造柱浇灌混凝土前,必须将马牙槎部位和模板浇水湿润,将模板内的落地灰、砖渣等杂物清理干净,并在结合面处注入适量与构造柱混凝土相同的水泥、砂浆。

构造柱的混凝土坍落度宜为50~70 mm,石子粒径不宜大于20 mm。混凝土随拌随用,拌合好的混凝土应在1.5 h内浇灌好。构造柱的混凝土浇灌可以分段进行,每段高度不宜大于2 m。在施工条件较好并能确保混凝土浇灌密实时,亦可每层一次浇灌。捣实构造柱混凝土时,宜采用插入式混凝土振动器,应分层振捣,振动棒随振随拔,每次振捣层的厚度不应超过振捣棒长度的1.25倍。振捣棒应避免直接碰触砖墙,严禁能过砖墙传振。构造柱与砖墙连接的马牙槎内的混凝土必须密实饱满。

构造柱从基础到顶层必须垂直,对准轴线。在逐层安装模板前,必须根据构造柱轴线随时校正竖向钢筋的位置和垂直度。

(二)网状配筋砖砌体

1. 网状配筋砖砌体构造。

网状配筋砖砌体有配筋砖柱、砖墙,即在烧结普通砖砌体的水平灰缝中配置钢筋网片。网状配筋砖砌体。所用烧结普通砖强度等级不应低于MU10,砂浆强度等级不应低于M7.5。钢筋网可采用方格网或连弯网。方格网的钢筋直径宜采用3~4 mm;连弯网的钢筋直径宜采用8 mm。钢筋网中钢筋的间距不应大于120 mm,并不应小于30 mm。

钢筋网在砖砌体中的竖向间距不应大于五皮砖高,并不应大于400 mm。当采用连弯网时,网的钢筋方向应互相垂直,沿砖砌体高度交错设置,钢筋网的竖向间距取同方向网的间距。

设置钢筋网的水平灰缝厚度,应保证钢筋上下至少各有2 mm厚的砂浆层。

2. 网状配筋砖砌体施工。

砖砌体部分与常规方法砌筑相同。在配置钢筋网的水平灰缝中应先铺一半厚的砂浆层,放入钢筋网后再铺一半砂浆层,使钢筋网居于砂浆层厚度中间。钢筋网四周应有砂浆保护层。

配置钢筋网的水平灰缝厚度:当用方格网时,水平灰缝厚度为2倍钢筋直径加4 mm;当用连弯钢筋网时,水平灰缝厚度为钢筋直径加4 mm。确保钢筋上下各有2 mm厚的砂浆保护层。网状配筋砌体外表面宜用1∶1水泥砂浆勾缝或进行抹灰。

(三)配筋砌块砌体

1. 配筋砌块砌体构造。

配筋砌块砌体有配筋砌块剪力墙和配筋砌块柱。配筋砌块剪力墙,所用砌块强度等级不应低于MU10;砌筑砂浆强度等级不应低于M7.5;灌孔混凝土强度等级不应低于C20。配筋砌块柱所用材料的强度要求同配筋砌块剪力墙。配筋砌块柱截面边长不宜小于400 mm,柱高度与柱截面短边之比不宜大于30。配筋砌块砌体和配筋砌块柱的构造配筋应符合设计要求及规范规定。

2. 配筋砌块砌体施工。

配筋砌块砌体施工前,应按设计要求将所配置钢筋加工成型,堆置于配筋部位的近旁。砌块的砌筑应与钢筋设置互相配合。应采用专用的小砌块砌筑砂浆和专用的小砌块灌孔混凝土。

钢筋的设置应符合规范要求。

四、质量控制

(一)主控项目

1. 钢筋的品种、规格和数量应符合设计要求。

检验方法:检查钢筋的合格证书、钢筋性能试验报告、隐蔽工程记录。

2. 构造柱、芯柱、组合砌体构件、配筋砌体剪力墙的混凝土或砂浆的强度等级应符合设计要求。

抽检数量：各类构件和每一检验批砌体至少应做一组试块。

检验方法：检查混凝土或砂浆试块试验报告。

3. 构造柱与墙体的连接处应砌成马牙槎，马牙槎应先退后进，预留的拉结钢筋应位置正确，施工中不得任意弯折。

抽检数量：每检验批抽 20% 的构造柱，且不少于 3 处。

检验方法：观察检查。

合格标准：钢筋竖向移位不应超过 100 mm，每一马牙槎沿高度方向尺寸不应超过 300 mm。钢筋竖向位移和马牙槎尺寸偏差每一构造柱不应超过 2 处。

4. 构造柱位置及垂直度的允许偏差应符合表 10-18 的规定。

表 10-18　构造柱位置及垂直度的允许偏差

<table>
<tr><th>项次</th><th colspan="3">项目</th><th>允许偏差/mm</th><th>检验方法</th></tr>
<tr><td>1</td><td colspan="3">柱中心位置</td><td>10</td><td rowspan="2">用经纬仪和尺检查或用其他测量仪器</td></tr>
<tr><td>2</td><td colspan="3">柱层间错位</td><td>8</td></tr>
<tr><td rowspan="3">3</td><td rowspan="3">垂直度</td><td colspan="2">每层</td><td>10</td><td>用 2 m 托线板检查</td></tr>
<tr><td rowspan="2">全高</td><td>≤10 m</td><td>15</td><td rowspan="2">用经纬仪、吊线和尺检查，或用其他测量仪器检查</td></tr>
<tr><td>>10 m</td><td>20</td></tr>
</table>

抽检数量：每检验批抽 10%，且不应少于 5 处。

5. 对配筋混凝土小型空心砌块砌体，芯柱混凝土应在装配式楼盖处贯通，不得削弱柱截面尺寸。

抽检数量：每检验批抽 10%，且不应少于 5 处。

检验方法：观察检查。

6. 配筋砌体中受力钢筋的连接方式及锚固长度、搭接长度应符合设计要求。

（二）一般项目

1. 设置在砌体水平灰缝内的钢筋，应居中置于灰缝中。水平灰缝厚度应大于钢筋直径 4 mm 以上。砌体外露面砂浆保护层的厚度不应小于 15 mm。

抽检数量：每检验批抽检 3 个构件，每个构件检查 3 处。

检验方法：观察检查，辅以钢尺检测。

2. 设置在潮湿环境或有化学侵蚀性介质的环境中的砌体灰缝内的钢筋应采取防腐措施。

抽检数量：每检验批抽检 10% 的钢筋。

检验方法：观察检查。

合格标准：防腐涂料无漏刷、无起皮脱落现象。

3. 网状配筋砌体中，钢筋网及放置间距应符合设计要求。

钢筋安装位置的允许偏差和检验方法如表 10-19 所示。

表 10-19　钢筋安装位置的允许偏差和检验方法

项目		允许偏差/mm	检验方法
受力钢筋保护层厚度	网状配筋砌体	±10	检查钢筋网成品，钢筋网放置间距局部剔缝观察，或用探针刺入灰缝内检查，或用钢筋位置测定仪测定
	组合砖砌体	±5	支模前观察与尺量检查
	配筋小砌块砌体	±10	浇注灌孔混凝土前观察与尺量检查
配筋小砌块砌体墙凹槽中水平钢筋间距		±10	钢尺量连续三档，取最大值

抽检数量：每检验批抽查不应少于 5 处。

检验方法：钢筋规格检查钢筋网成品，钢筋网放置间距局部剔缝观察，或用探针刺入灰缝内检查，或用钢筋位置测定仪测定。

合格标准：钢筋网沿砌体高度位置超过设计规定一皮砖厚不得多于 1 处。

4. 组合砖砌体构件，竖向受力钢筋保护层应符合设计要求，距砖砌体表面的距离不应小于 5 mm；拉结筋两端应设弯钩，拉结筋及箍筋的位置应正确。

抽检数量：每检验批抽检 10%，且不应少于 5 处。

检验方法：支模前观察与尺量检查。

合格标准：钢筋保护层符合设计要求；拉结筋位置及弯钩设置 80% 及以上符合要求，箍筋间距超过规定者，每件不得多于 2 处，且每处不得超过一皮砖。

5. 配筋砌块砌体剪力墙中，采用搭接接头的受力钢筋搭接长度不应小于 $35d$，且不应少于 300 mm。

抽检数量：每检验批每类构件抽 20%，且不应少于 3 件。

检验方法：尺量检查。

五、成品保护

1. 楼板安装时，避免冲击已完墙体。

2. 水电和室内设备安装时，应注意保护墙体，不得随意凿洞。

3. 雨天施工应有防雨措施，不得使用湿砌块。雨后施工时，应复核墙体的垂直度。

六、安全措施

1. 在楼板上堆放砌块，宜分散堆放，不得超过楼板的设计允许承载能力。

2. 砍砖时应面向内打，防止碎砖跳出伤人。

3. 操作过程中，对稳定性较差的窗间墙、独立柱等部分，应适当加设临时支撑。

4. 当楼层砌到标高时，应立即吊装楼盖，使墙体保持稳定。未安装楼板的墙体，大风天时宜加设适当临时支撑，保证其稳定性。

七、施工注意事项

1. 砌块砌筑前，应绘好砌块排列图，保证施工顺利进行。

2. 砌体中的芯柱必须按设计位置设置，在孔中插入钢筋并浇筑混凝土，振捣混凝土时，在保证混凝土密实的前提下时间不能振得太长。

3. 对墙体表面的平整度和垂直度、灰缝的均匀程度等，应随时检查并校正所发现的偏差。在砌完每一层楼后，应校核墙体的轴线尺寸和标高。在允许范围内的轴线及标高的偏差，可在楼板面上校正。

4. 砌体中的拉结筋和钢筋网片必须按设计要求放置，不得漏放。

第五节　填充墙砌体施工技术

填充墙砌体施工技术适用于工业与民用建筑工程采用普通砖、蒸压加气混凝土砌块、轻骨料混凝土小型空心砌块等砌筑填充墙砌体工程。

一、基本规定

1. 水泥进场使用前，应分批对其强度、安定性进行复验。检验批应以同一生产厂家、同一编号为一批。

当在使用中对水泥质量有怀疑或水泥出厂日期超过 3 个月（快硬硅酸盐水泥超过 1 个月）时，应复查试验，并应按试验结果使用。不同品种的水泥不得混合使用。

2. 水泥应按品种、强度等级、出厂日期分别堆放，并保持干燥。

3. 砂中不得含有有害杂物。砂的含泥量应满足下列要求：

（1）对于水泥砂浆和强度等级不小于 M5 的水泥混合砂浆，不应超过 5%。

（2）对于强度等级小于 M5 的水泥混合砂浆，不应超过 10%。

（3）人工砂、山砂及特细砂，应经试配满足砌筑砂浆技术条件要求。

4. 拌制砂浆用水宜采用饮用水。当采用其他来源的水时，水质必须符合现行行业标准《混凝土拌合用水标准》（JGJ 63—2006）的规定。

5. 凡在砂浆中掺入有机塑化剂、早强剂、缓凝剂、防冻剂等，应经检验和试配符合要求后方可使用。有机塑化剂应有砌体强度型式检验报告。

二、普通砖墙填充砌体工程

（一）施工准备

1. 技术准备。

（1）普通砖墙填充砌体施工前，应认真熟悉图纸，核实门窗洞口位置及洞口尺寸，明确预埋、预留位置，算出窗台及过梁顶部标高，熟悉相关构造及材料要求。

（2）外墙饰面为块料面层时，应对窗间墙尺寸进行预排砖核算，经技术核定可适当调整窗间墙的砌筑宽度（高度），使饰面砖达到整砖镶贴的装饰效果。

(3)根据设计图纸及规范要求,确定填充墙体构造柱位置及墙梁标高尺寸。

(4)使用经过校验合格的监视和测量工具。

(5)填充墙砌体施工前,工程技术人员应结合设计图纸及实际情况,编制出专项施工技术交底。

(6)制订该分项工程的质量目标、检查验收制度等保证工程质量的措施。

2. 材料要求。

(1)普通砖:品种、规格、强度等级必须符合图纸设计要求。规格尺寸应一致,质量等级应符合标准要求。进场时应有出厂合格证。

(2)水泥:一般采用32.5级矿渣硅酸盐水泥、普通硅酸盐水泥或复合硅酸盐水泥,应有出厂质量证明。水泥进场使用前,应分批对强度、安定性进行复检。如遇水泥强度等级不明或出厂时间超过3个月(快硬硅酸盐水泥超过1个月)时,应进行复查试验,并按试验结果使用。不同品种的水泥不得混合使用。

(3)砂。

①一般用中砂,过5 mm孔径筛子,并不应含有杂物。

②砂含泥量:对水泥砂浆和强度等级≥M5的水泥混合砂浆,不应超过5%;对强度等级<M5的水泥混合砂浆,不应超过10%。

③人工砂、山砂及特细砂应经试配能满足砌筑砂浆技术条件要求。

(4)掺合料:选用石灰膏、粉煤灰、磨细生石灰粉等。

①水泥混合浆:不得采用脱水硬化的石灰膏和消石灰,生石灰熟化时间不得少于7 d。

②掺入有机塑化剂、早强剂、缓凝剂、防冻剂等,应经检验和试配符合要求后,方可使用。有机塑化剂应有砌体强度的型式检验报告。

(5)水:拌制砂浆用水,水质应符合国家现行标准《混凝土拌合用水标准》的规定。

(6)其他材料。

①墙体拉结钢筋:预埋于构造柱内的拉结钢筋要事先下料,放置于作业面随砌随用。框架拉结钢筋要事先预埋在结构墙柱中,砌筑前焊接接长。如果采用后置式与结构锚固,要进行拉拔强度试验。

②门、窗洞口木砖事先制作,并进行防腐处理。

③门、窗及洞口预制钢筋混凝土过梁,按设计要求专人预制,按规格、尺寸堆放。

3. 主要机具。

(1)机械设备:砂浆搅拌机、电子秤或磅秤、手推车或翻斗车、吊斗、砖笼等。

(2)工具:胶皮管、筛子、铁锹、半截灰桶、喷水壶、托线板、线坠、水平尺、小白线、瓦刀、砂浆试模、百格网、钢尺、皮数杆、砂浆稠度仪等。

4. 作业条件。

(1)基础、主体结构等相关部分施工完毕,已经有关部门验收认可。

(2)弹出楼层轴线或主要控制线,经复核,办理相关手续。

(3)根据统一标高控制线及窗台、窗顶标高,预排出砖砌块的皮数线,皮数线可画在框架柱上,并标明拉结筋、圈梁、过梁、墙梁的尺寸、标高,皮数线经技术质检部门复核,办理相关手续。

(4)根据最下面第一皮砖的标高,拉通线检查,如水平灰缝厚度超过 20 mm,先用 C15 以上细石混凝土找平。严禁用砂浆或砂浆包碎砖找平,更不允许采用两侧砌砖,中间填芯找平。

(5)构造柱钢筋绑扎,隐检验收完毕。

(6)砌筑砂浆配合比经有资质的试验部门试配确定,有书面配合比试配单。在施工现场根据砌体方量准备好取样砂浆试模。

(7)框架外墙施工时,外防护脚手架应随着楼层搭设完毕,墙体距外架间的间隙应水平防护,防止高空坠物。内墙已准备好工具式脚手架。

5. 施工组织及人员准备。

(1)砌体工程施工前配备专业的施工工长(分项工程主要责任人),负责砌体工程的施工任务的划分、人员的安排、现场安全文明的管理。

(2)专职质量检查人员应在施工过程中进行质量旁站监督检查,进行质量验收,对满足质量要求的部位进行标识。

(3)班组砌筑工人要求中,高级工不少于 70%。

(二)质量、安全与环境保护控制要点

1. 材料的关键要求。

(1)普通砖抗压强度应符合设计及规范要求,尺寸一致,并确保尺寸相近的块材砌筑在同一墙面,保证墙体棱角分明、观感一致。

(2)填充墙砌体施工时,块材的湿润程度应符合规范及施工要求。

(3)砌筑砂浆配制要符合《砌筑砂浆配合比设计规程》(JCJ 98—2011),砂浆的抗压强度应符合评定标准。

(4)消石灰粉不得直接用于砌筑砂浆中。生石灰熟化成石灰膏时,应用孔径不大于 3 mm×3 mm 的网过滤,熟化时间不得少于 7 d。磨细生石灰的熟化时间不得少于 2 d。

(5)砌筑砂浆中掺入的砂浆外加剂,应具有法定检测机构出具的该产品的砌体强度型式检验报告,并经砂浆性能试验合格后方可使用。

2. 技术的关键要求。

(1)砌筑砂浆的配合比设计必须符合《砌筑砂浆配合比设计规程》的行业标准。

(2)墙体必须设置皮数杆,带线作业,并进行严格的技术交底,履行签字手续。

(3)填充墙体和框架柱间有可靠的拉结,砖墙与混凝土连接处的砂浆应嵌填密实,防止通缝,使外墙产生渗水。

(4)砖砌筑到框架梁或板底时,要留一定空隙,停止 7 d 施工,使墙体砂浆达到一定强度、沉降稳定后,再施工斜砌砖。补砌砂浆要挤压饱满。防止墙体产生裂缝。

(5)砌筑构造柱时,马牙槎按规范留设。拉结筋应按规范要求埋设于墙体灰缝中,拉结筋在构造柱中按设计要求确保可靠的锚固长度。构造柱混凝土应浇筑密实。

3. 质量的关键要求。

(1)原材料必须逐车过磅,计量准确,搅拌时间要达到规定的要求,砂浆试块应由专人负责制作与养护。

(2)排砖时必须把立缝排匀,砌完一步架高度,每隔两皮砖在丁砖立楞处用托线板吊直弹线,二步架往上继续吊直弹粉线,由底往上所有七分头的长度应保持一致,留设的上层窗口必须同下层窗口保持垂直。

(3)立皮数杆要保持标高一致,盘角时灰缝要掌握均匀,砌砖时准线要拉紧,防止一层线松、一层线紧。

(4)排砖时,为了使窗间墙、垛排成好活,把破活排在中间或不明显位置,在砌过梁上的第一行砖时,不得随意变活。

(5)舌头灰刮尽,保持墙面整洁;正确排砖,半头砖分开使用,避免造成通缝;准确标高及平直度,防止墙背面偏差过大,水平灰缝不平直、不均匀。

(6)构造柱砖墙应砌成大马牙槎,设置好拉结筋,从柱脚开始两侧都应先退后进,当凿深 12 cm 时,宜上口一皮进 6 cm,再上一皮进 12 cm,以保证混凝土浇筑时上角密实,构造柱内的落地灰、砖渣杂物必须清理干净,防止混凝土内夹渣。

4. 职业健康安全的关键要求。

(1)在操作之前必须检查操作环境是否符合安全要求,道路是否畅通,机具是否完好无损,安全设施和防护用品是否齐全,经检查符合要求后才可施工。

(2)脚手架经检查符合要求后方能使用。砌筑时不准随意拆除和改动脚手架,楼层屋盖上的盖板防护栏杆不得随意挪动拆除。

(3)在架子上砍砖时,操作人员应向里把碎砖打在架板上,严禁把砖头打向架外。挂线用的坠砖应绑扎牢固,以免坠落伤人。

(4)脚手架上堆砖不得超过 3 层(侧放)。采用砖笼吊砖时,砖在架子或楼板上要均匀分布,不应集中堆放。灰桶、灰斗应放置有序,使架子上保持畅通。

(5)采用内脚手架砌墙时,不得站在墙上勾缝或在墙顶上行走。

(6)起吊砖笼和砂浆料斗时,砖和砂浆不能过满。吊臂工作范围内不得有人停留。

(7)操作人员应戴好安全帽,高空作业时应挂好安全网。

(三)施工工艺

1. 工艺流程:基层清理→测量放线→砌块预排→墙体砌筑→设置拉结筋、施工构造柱→砌体与门窗口连接→砌体与梁底(板底)连接。

2. 操作工艺。

(1)墙体拉结筋焊接。

①每一楼层的砖墙壁施工前,必须把墙、柱上填充的墙壁体预留拉结筋按规范要求焊接完毕,拉结筋每 500 mm 高留一道,每道设 $2\phi6$ 钢筋长度≥1 000 mm,端部设 90°弯钩。单面搭接焊的焊缝长度应≥$10d$,双面搭接焊的焊缝长度应≥$5d$。焊接不应有咬边、气孔等质量缺陷,并进行焊接质量检查验收。

②在框架柱上采用后植式埋设拉结筋,应通过拉拔强度试验。

(2)施工放线:根据楼层中的控制轴线,事先测放出每一楼层墙体的轴线和门窗洞口的位置线,将窗台和窗顶的位置标高线标识在框架柱上。待施工放线完成后,上报技术部门验收合格后,方可进行墙体砌筑。

(3)基层清理:在砌筑砖体前应对墙基层进行清理,将楼层上的浮浆、灰尘清扫冲洗干净,并浇水使基层湿润。

(4)构造柱钢筋绑扎:构造柱钢筋笼可预先制作,和原结构梁上预留插筋的搭接绑扎长度满足设计要求,柱子中心线应垂直。

(5)立皮数杆、排砖。

①在皮数杆上或框架柱、墙上排出砖块的皮数及灰缝厚度,并标出窗台、洞口及墙梁等构造标高。

②根据要砌筑的墙体长度、高度试排砖,摆出门、窗及孔洞的位置。

③外墙第一皮砖撂底时,横墙应排丁砖,梁及梁垫的下面一皮砖、窗台等阶台水平面上的一皮砖应用丁砖砌筑。

(6)砖墙砌筑。

①砌筑砂浆要求。

a. 砂浆的配合比应用重量比,计量精度为水泥、有机塑化剂和冬期施工中掺用的防冻剂等配料精度 ±2%,砂及掺合料 ±5%。砂应计入其含水量对配料的影响。

b. 水泥及水泥混合砂浆的搅拌时间不少于 2 min;水泥粉煤灰砂浆和掺外加剂的砂浆不得少于 3 min;掺用有机塑化剂的砂浆,必须采用机械搅拌。搅拌时间自投料完算起为 3 ~5 min。

c. 水泥砂浆的最小用量不宜小于 200 kg/m^3;水泥混合砂浆中水泥和掺加料总量宜为 300 ~ 350 kg/m。

d. 砂浆的分层度不应大于 30 mm,砂浆的稠度宜为 70 ~90 mm。

e. 砂浆应随拌随用,水泥或水泥混合砂浆一般应在拌合后 3 ~4 h 内用完,气温在 30 ℃以上时,应在 2 ~3 h 内用完,严禁使用已硬化或过夜砂浆。

f. 墙砌体采用铺浆砌筑法时,应在铺浆后立即砌筑,铺浆长度不得超过 750 mm;施工期间气温超过 30 ℃时,铺浆长度不得超过 500 mm。

②砖应提前 1 ~2 d 浇水湿润,湿润程度达到水浸润砖体 15 mm 为宜,含水率为 10% ~15%;灰砂砖、粉煤灰砖含水率宜为 5% ~8%。不宜在砌筑时临时浇水,严禁干砖上墙,严禁在砌筑后向砖墙冲水。冬期施工防止砖块浇水形成薄冰。

③挂线:砌筑一砖厚以下混水墙时,宜采用单面外手挂线,可照顾砖墙两面成平整。砌筑一砖半厚以上者,必须双面挂线。如果长墙几个人同时砌筑共享一根通线,中间应设支线点,小线要拉紧,每层砖都要穿线看平,使水平缝均匀一致,平直通顺。

④砌砖。

a. 组砌方法:普通砖墙厚度在一砖以上可采用一顺一丁、梅花丁或三顺一丁的砌法。砖墙厚度为 3/4 砖时,采用两平一侧的砌法,弧形墙可采用全丁的砌法。

b. 砖体砌筑必须内外搭砌,上下错缝,灰缝平直,砂浆饱满。砌砖采用“四一”或铺浆法砌筑,并随手将挤出的砂浆刮去。通过对砖的挤揉使砂浆进入砖竖缝内,并使砂浆黏结饱满,增加砖体间的黏结能力。操作时要经常进行自检,如有偏差,应随时纠正,严禁事后采用撞砖纠正。

c. 砖缝宽度:墙体砌筑灰缝应横平竖直、上下错位 1/2 砖搭砌。水平灰缝厚度为 8 ~12 mm,确保灰缝砂浆黏结饱满度达80%以上。竖向灰缝宽度应控制在8～12 mm，在水平铺灰时，竖缝要添灰堵实，不产生透缝现象。

d. 砖墙砌筑时除设置构造柱的部位外，墙体的转角处和交接处应同时砌筑，严禁无可靠措施的内外墙分砌施工。

e. 墙体一般不留槎，如必须留置临时间断处，应砌成斜槎，烧结普通砖砌体的斜槎长度不应小于高度的2/3；施工中不能留成斜槎时，除转角处外，可于墙中引出直凸槎（抗震设防地区不得留直槎）。直槎墙体每间隔高度≤500 mm，应在灰缝中加设拉结钢筋，拉结筋数量按每12 mm墙厚放置一根ϕ6的钢筋，埋入长度从墙的留槎处算起，两边均不应小于500 mm，末端应有90°弯钩；拉结筋不得穿过烟道和通气道。

f. 砌体接槎时，必须将接槎处的表面清理干净，浇水湿润，并应填实砂浆，保持灰缝平直。

g. 木砖预埋：木砖经防腐处理，木纹应与钉子垂直，埋设数量按洞口高度确定；洞口高度≤2 m时，每边放2块，高度在2～3 m时，每边放3～4块。预埋木砖的部位一般在洞口上下四皮砖处开始，中间均匀分布或按设计预埋。

h. 砖墙勾缝：清水墙砌筑应随砌随画缝，画缝深度按图纸尺寸要求进行；如图纸没有明确规定时，一般深度为6～8 mm，缝深浅应一致，清扫干净。砌体应保证灰缝平直，宽度、深度均匀，颜色一致，砌混水墙应随砌随将溢出砖墙面的灰迹块刮除。

I. 设计墙体上应预埋、预留的构造，应随砌随留、随复核，确保位置正确、构造合理。

(7)构造柱。

①构造柱的截面尺寸一般为240 mm×240 mm，构造柱与墙体的连接处应砌成马牙槎，马牙槎应“先退后进”二退二进，并沿墙高每500 mm设2ϕ6拉结筋，钢筋端部设90°弯钩，伸入墙内不宜小于1 000 mm。拉结筋应事先放在砌筑操作现场，保证随用随拿。拉结筋应从构造柱纵筋内边穿过。

②马牙槎边缘对挤揉出来的砂浆应用工具随手清除，防止凸出的砂浆“吃”进构造柱内。根部的落地灰、碎砖块等杂物应及时清除。

③支设构造柱模板时，宜采用对拉螺栓式夹具，为了防止模板与砖墙接缝处漏浆，宜用双面胶条黏结。构造柱模板根部应留垃圾清扫孔。

④在浇灌构造柱混凝土前，必须向柱内砌体和模板浇水润湿，并将模板内的落地灰清除干净，先注入适量水泥砂浆，再浇灌混凝土。振捣时，振捣器应避免触碰砖墙，严禁通过砖墙传振。

(8)空斗砖墙砌筑。

①空斗墙仅适用于一砖墙，采用平砌和侧砌相结合，依其立面的砌筑形式，有一斗一卧、二斗一卧、三斗一卧、全斗等四种砌法。

②空斗砌砖宜采用满刀灰法。应用整砖砌筑，砌筑前应试排，不够整砖处，可加砌斗砖，不得砍凿斗砖。

③空斗墙中留置的洞口必须在砌筑时留出，严禁砌完后再行砍凿。

④砖墙最低的三皮和最顶的两皮应砌实心砖墙。外墙阴阳转角、丁字墙接头、门窗立边。过梁、宽1 m以内的窗间墙、预埋件、框架拉墙筋连接处及安装卫生器具等的边缘部分应砌筑实心砖墙。

(四)质量标准

1. 一般规定。

(1)蒸压灰砂砖和蒸压粉煤灰砖不得用于长期受热200 ℃以上、受急冷急热和有酸性介质侵蚀的部位。

(2)砌筑时,砖应提前1 ~2 d浇水湿润。烧结普通砖、多孔砖的含水率宜为10% ~15%,灰砂砖、粉煤灰砖的含水率宜为5% ~8%。

(3)当采用铺浆法砌筑时,铺浆长度不得超过750 mm,施工期间气温超过30 ℃时,铺浆长度不得超过500 mm。

(4)砖墙中的洞口、管道、沟槽和预埋件等,宽度超过300 mm的,应砌筑平拱或设置过梁。

(5)砖砌平拱过梁的灰缝应砌成楔形缝。灰缝的宽度在过梁底面不应小于5 mm;在过梁顶面不应大于15 mm。拱脚应伸入墙内不少于20 mm,拱底应有1%的起拱。

(6)砖过梁底部的模板,应在灰缝砂浆强度不低于设计强度的50%时,方可拆除。

(7)施砌的蒸压(养)砖的产品龄期不应小于28 d。

(8)竖向灰缝不得出现透明缝、瞎缝和假缝。

(9)施工临时间断处补砌时,必须将接槎处表面清理干净,浇水湿润,并填实砂浆,保持灰缝平直。

2. 主控项目。

(1)砖和砂浆的强度等级必须符合设计要求。

抽检数量:每一生产厂家的砖到现场后,按烧结砖15万块为一验收批,抽检数量为一组。

砂浆试块的抽检数量,同一类型、强度等级的试块应不少于3组。

检验方法:查砖和砂浆试块试验报告。

(2)砌体水平灰缝的砂浆饱满度不得小于80%。

抽查数量:每检验批抽查不应少于5处。

检验方法:用百格网检查砖底面与砂浆的黏结痕迹面积。每处检测3块砖,取其平均值。

(3)砖砌体的转角处和交接处应同时砌筑,严禁无可靠措施的内外墙分砌施工。对不能同时砌筑而又必须留置的临时间断处应砌成斜槎,斜槎水平投影长度不应小于高度的2/3。

抽查数量:每检验批抽20%接槎,且不少于5处。

检验方法:观察检查。

(4)砖砌体的位置及垂直度允许偏差应符合规定。

3. 一般项目。

(1)普通砖墙填充砌体一般尺寸的允许偏差应符合要求。

(2)填充墙砌体留置的拉结钢筋或网片的位置应与块体皮数相符合。拉结筋应置于灰缝中,埋置长度应符合设计要求,竖向位置偏差不应超过一皮高度。

抽检数量:在检验批中抽检20%,且不应少于5处。

检验方法:观察和用尺量检查

(3)填充墙砌筑时应错缝搭砌。竖向通缝不应大于2处。

(4)填充墙砌体的灰缝厚度和宽度应为8～12 mm。

抽检数量:在检验批的标准间中抽检10%,且不应少于3处。

检验方法:用尺量检查5皮砖的高度和2 m砌体长度折算。

(5)墙体砌至接近梁、板底时,应留一定的空隙,待填充墙砌筑完并应至少间隔7 d后,再将其补砌挤紧。

抽检数量:每验收批抽10%填充墙片(每两柱间的填充墙为一墙片)且不应少于3片墙。

检验方法:观察检查。

4. 资料核查项目。

(1)水泥、砖等主要材料的出厂合格证,要求为按批量出厂的原件。

(2)水泥、砖等主要材料的进场按批量的见证取样单及复检试验报告。

(3)砂浆配合比试验报告及砂浆试块强度检验报告。

(4)施工隐蔽记录及分项工程质量检验记录。

5. 观察检查项目。

(1)砖砌体组砌方法正确,木砖埋设、过梁安装或设置符合规范要求。

(2)填充墙砌体灰缝横平竖直、砂浆饱满,不得有瞎缝、假缝、透明缝,墙面清洁。

(3)清水墙砖缝深浅均匀、颜色一致,墙面清洁干净。

(4)框架梁或板下补砌斜砖施工方法正确,无明显裂缝。墙体与框架柱或墙连接处砂浆竖缝填嵌饱满。

(5)抗震构造柱、墙体拉结筋、墙梁等设置正确,墙体留槎、洞口等留设正确。

(6)墙体脚手眼留设正确,堵孔密实。

(五)成品保护

1. 砌筑好的砖墙不得碰撞撬动,否则应重铺砂浆砌筑。

2. 洞口、管道、沟槽等应事先预留预埋,防止砌后剔凿。

3. 运料、卸料、翻架子等,防止碰撞墙面及门窗洞口。

4. 墙体拉结筋、抗震构造柱钢筋及各种预埋件,暖卫、电气管线等,均应注意保护,不得任意拆改或损坏。

5. 墙体砌筑后,砂浆达到一定的强度后才能支设构造柱、过梁模板。

6. 浇灌构造柱及过梁混凝土时,不能撬动或碰撞墙体,防止砖体松动。

7. 雨期施工收工时,应覆盖砌体,以防雨水冲刷。

(六)安全环保措施

1. 砖砌体施工脚手架要搭设牢固。

2. 砖过梁底部的模板,应在灰缝砂浆强度不低于设计强度的50%时,方可拆除。

3. 外墙施工时,必须有外墙防护及施工脚手架,墙与脚手架间的间隙应封闭,以防高空坠物伤人。

4. 严禁站在墙上做划线、吊线、清扫墙面、支设模板等施工作业。

5. 在脚手架上,堆放普通砖不得超过2层。

6. 操作时精神要集中，不得嬉笑打闹，以防意外事故发生。

7. 现场实行封闭化施工，有效控制噪声，以及扬尘、废物、废水等的排放。

（七）季节性施工措施

1. 冬期施工措施。

当室外日平均气温连续 5 d 稳定低于 5 ℃时，应采取冬期施工措施。

（1）砌筑前，应清除块材表面污物、冰霜等。遭水浸冻后的砖或砌块不得使用。

（2）石灰膏、电石膏等应防止受冻，如遭冻结，应经融化后方可使用。

（3）拌制砂浆用砂，不得含有冰块和大于 10 mm 的冻结块。

（4）冬期施工不得使用无水泥配制的砂浆；宜采用普通硅酸盐水泥拌制。

（5）拌合砂浆宜采用两步投料法。水的温度不得超过 80 ℃；砂的温度不得超过 40 ℃。

（6）砌体用砖或其他块材不得遭水浸冻；气温低于 0 ℃以下，砖可不浇水湿润，但必须增大砂浆稠度。抗震设防烈度为 9 度的建筑物，普通砖无法浇水湿润时，如无特殊措施，不得砌筑。

（7）掺砌筑砂浆防冻剂时，应经检验和试配符合要求后方可使用。

（8）新砌砌体每日砌筑后，应使用保温材料覆盖，砌筑表面不得留有砂浆。在继续砌筑前，应扫净砌筑表面，然后再施工。

（9）冬期施工砂浆试块的留置，除应按常温规定的要求外，还应增留不少于 1 组与砌体同条件养护的试块，测试检验 28 d 强度。

2. 雨期施工措施。

（1）雨期施工时，砂浆稠度应根据实际情况调整。

（2）外露砌体每日砌筑的高度不宜超过 1.2 m，并应覆盖保护，以防雨水冲刷。

3. 质量记录。

（1）砂浆配合比设计检验报告单。

（2）砂浆强度检验报告单。

（3）水泥检验报告单。

（4）砖检验报告单。

（5）砂检验报告单。

（6）填充砌体工程检验批质量验收记录。

三、蒸压加气混凝土砌块填充砌体

（一）施工准备

1. 技术准备。

（1）砌筑前，应认真熟悉图纸，核实门窗洞口位置及洞口尺寸，明确预埋、预留位置，算出窗台及过梁顶部标高，熟悉相关构造及材料要求。

（2）已审核完建筑施工图纸，并确保填充墙、门窗洞口的位置、轴线尺寸准确无误，确保圈梁、过梁的标高正确。

(3)使用校验合格的监视和测量工具。

(4)施工前,工程技术人员应结合设计图纸及实际情况,编制出专项施工技术交底和作业指导书等技术性文件。

(5)制订该分项工程的质量目标、检查验收制度等保证工程质量的措施。

(6)由试验室出具完整的砌筑砂浆配合比试验报告。

2. 材料要求。

(1)蒸压加气混凝土砌块常用规格尺寸如下:

长度(mm):600;

宽度(mm):240、200、120 等。

高度(mm):300、250、200 等。

其规格尺寸比较灵活,根据设计要求和需要选用或加工。

(2)蒸压加气混凝土砌块干密度等级别应符合要求。

(3)蒸压加气混凝土砌块干密度为 300 ~ 800 kg/m,选择砌块时必须具有出场合格证,其强度等级及干表观密度必须符合设计要求及施工规范的规定。

(4)蒸压加气混凝土砌块应符合《建筑材料放射性核素限量》(GB 6566—2000)的规定。

(5)施工用水泥采用强度等级为 22.5 级或 32.5 级的普通硅酸盐水泥或矿渣硅酸盐水泥,需新鲜、无结块。

(6)施工期用砂宜采用中砂,砂中泥土含量不应超过 5%,并过 5 mm 的密目网筛。

3. 主要机具。

(1)机械:塔式起重机、卷扬机、井架、切割机、砂浆搅拌机等。

(2)工具:瓦刀、夹具、手锯、小推车、灰斗、灰铁锹、小撬棍、小木槌、线锤、皮数杆等。

4. 作业条件。

(1)砌筑前,将楼、地面基层水泥浮浆及施工垃圾清理干净。

(2)弹出楼层轴线及墙身边线,经复核,办理相关手续。

(3)根据标高控线及窗台、窗顶标高,预排出砖砌块的皮数线,皮数线可画在框架柱上,并标明拉结筋、圈梁、过梁、墙梁的尺寸、标高,皮数线经技术质检部门复核,办理相关手续。

(4)根据最下面第一皮砖的标高,拉通线检查,如水平灰缝厚度超过 20 mm,先用 C15 以上细石混凝土找平。严禁用砂浆或砂浆包碎砖找平,更不允许采用两侧砌砖,中间填芯找平。

(5)构造柱钢筋绑扎,隐检验收完毕。

(6)砌筑砂浆配合比经有资质的试验部门试配确定,有书面配合比试配单。在施工现场根据砌体方量准备好取样砂浆试模。

(7)做好水电管线的预留、预埋工作。

(8)“三宝”(安全帽、安全带、安全网)配备齐全,“四口”(通道口、预留口、电梯井口、楼梯口)和临边做好防护。

(9)框架外墙施工时,外防护脚手架应随着楼层搭设完毕,墙体距外架间的间隙应水平防护,防止高空坠物。内墙已准备好工具式脚手架。

5. 施工组织及人员准备。

(1)加气混凝土砌块填充墙的施工质量控制应不低于 B 级,对管理人员和技术工人的组织形式的要求:制度基本健全,并能执行。

(2)施工方有专业技术管理人员并持证上岗;高、中级技工不应少于砌筑工人的 70% 。

(二)质量、安全与环境保护控制要点

1. 材料的关键要求。

(1)蒸压加气混凝土砌块砌筑时的产品龄期应超过 28 d。

(2)砌筑砂浆用水必须符合国家现行标准《混凝土拌合用水标准》的规定。

(3)水泥进场使用前,应分批对强度、安定性进行检验。当在使用中对水泥质量有怀疑或水泥出厂超过 3 个月时,应进行复查试验,并按其结果使用。

(4)钢筋材质应有出厂合格证、质量证明单和复试报告。

2. 技术的关键要求。

(1)砌筑前,墙底部应砌烧结普通砖或多孔砖,或现浇混凝土坎台,其高度不宜小于 200 mm。

(2)框架柱、剪力墙侧面等结构部位应预埋 $\phi6$ 的拉墙筋和构造柱、圈梁的插筋,或者结构施工后植上钢筋。

(3)蒸压加气混凝土砌块填充墙砌体施工过程中,严格按设计要求留设构造柱,当设计无要求时,应按墙长度每 5 m 设构造柱。构造柱应置于墙的端部、墙角和 T 形交叉处。造柱马牙槎应先退后进,进退尺寸大于 60 mm,进退高度宜为砌块的 1 ~2 层高度,且在 300 mm 左右。

(4)加气混凝土砌块填充墙与构造柱之间以 $\phi6$ 拉结筋连接,拉结筋按墙厚每 120 mm 放置 1 根,120 mm 厚的墙放置 2 根拉结筋。拉结筋埋于砌体的水平灰缝中,埋入每边墙的长度不应小于 500 mm。对抗震设防烈度 6 到 8 度的地区,不应小于 1 000 mm,末端应作 90°弯钩。

(5)加气混凝土砌体填充墙每天的砌柱高度不宜超过 1. 8 m,并且填充墙上不得留设脚手眼,搭设脚手架。

(6)蒸压加气混凝土砌体填充墙砌筑前应进行排砖、截砖,达到节能降耗、减少环境污染的目的。

3. 质量的关键要求。

(1)加气混凝土砌块填充墙砌体的灰缝砂浆饱满度应符合施工规范≥80% 的要求,尤其是外墙,防止因砂浆不饱满、假缝、透明缝等引起墙体渗漏,内墙的抗剪切强度不足引起质量通病。

(2)填充墙砌至接近梁底、板底时,应留一定的空隙,待填充墙砌筑完并至少间隔 7 d 后,再将其补砌挤紧,防止上部砌体因砂浆收缩而开裂。方法为:当上部空隙小于或等于 20 mm 时,用 1∶2 水泥砂浆嵌填密实;稍大的空隙用细石混凝土镶填密实;大空隙用烧结标准砖或多孔砖成 60°角斜砌挤紧,但砌筑砂浆必须密实,不允许出现平砌、生摆(填充墙上部斜砖砌筑时出现的干摆或砌筑砂浆不密实形成孔洞等)等现象。

(3)砌筑时,应向砌筑面适量浇水湿润,砌筑砂浆有良好的保水性,并且砌筑砂浆铺设长度不应大于 2 m,避免因砂浆失水过快引起灰缝开裂。

(4)砌筑过程中,应经常检查墙体的垂直平整度,并应在砂浆初凝前用小木槌或撬杠轻轻进行修正,防止因砂浆初凝造成灰缝开裂。

(5)砌体施工应严格按施工规范的要求进行错缝搭砌,避免因墙体形成通缝削弱其稳定性。

4. 职业健康安全的关键要求。

(1)工人进入工地必须佩戴经安检合格的安全帽。

(2)电工和机械操作工必须经过安全培训,并持证上岗。

(3)工人高空作业之前须例行体检,防止高血压患者或有恐高症者进行高空作业,高空作业时必须佩戴安全带。

(4)工人作业前,须检查临时脚手架的稳定性、可靠性。

5. 环境的关键要求。

(1)遵守当地有关环卫、市容管理的有关规定,现场出口应设洗车台,机动车辆进出场时对其轮胎进行冲洗,防止汽车轮胎带土,污染市容。

(2)砌体施工时,必须做到工完场清。

(3)施工作业面应不间断地洒水湿润,最大限度地减少粉尘污染。

(4)砌筑后,应及时清理的垃圾要堆放在施工平面规划位置,并进行封闭,防止粉尘扩散、污染环境。

(5)机械切割蒸压加气混凝土砌块时应向砌筑面适量浇水,并采取防风措施,切割的锯粉应及时清理。

(6)宜定制非标准砌块,以减少切割,防治环境污染。

(三)施工工艺

1. 工艺流程:弹墙线→立皮数杆→确定组砌举措→砌块浇水→拌制砂浆→排砌块→砌砌块墙→验收。

2. 操作工艺。

(1)结构经验收合格后,把砌筑基层楼地面的浮浆残渣清理干净并进行弹线,填充墙的边线、门窗洞口位置线尽可能准确,偏差控制在规范允许的范围内。皮数杆尽可能立在填充墙的两端或转角处,并拉通线。

(2)蒸压加气混凝土砌块砌筑时,墙底部应砌 200 mm 高烧结普通砖、多孔砖或混凝土空心砌块,或浇筑 200 mm 高墙厚混凝土坎台,混凝土强度等级宜为 C20。

(3)砌筑时应预先试排砌块,并优先使用整体砌块。不得已须断开砌块时,应使用手锯、切割机等工具锯裁整齐,并保护好砌块的棱角,锯裁砌块的长度不应小于砌块总长度的 1/3。长度小于或等于 150 mm的砌块不得上墙。砌筑最底层砌块时,当灰缝厚度大于 20 mm 时应使用细石混凝土铺密实,上下皮灰缝应错开搭砌,搭砌长度不应小于砌块总长的 1/3。当搭砌长度小于 150 mm 时,即形成所谓的通缝,竖向通缝不应大于 2 皮砌块,否则应配 $\phi4$ 钢筋网片或 $2\phi6$ 钢筋,长度宜为 700 mm。

(4)砌块墙的转角处应隔皮纵、横墙砌块相互搭砌。砌块墙的 T 字交接处应使横墙砌块隔皮断面露头。

(5)蒸压加气混凝土砌体的竖向灰缝宽度和水平灰缝厚度宜分别为 20 mm 和 15 mm。灰缝应横平竖直、砂浆饱满,正、反手墙面均宜进行勾缝。砂浆的饱满度不得小于 80%。横向灰缝的一次铺灰长度不应大于 2 m,竖向灰缝应采用临时内外夹板夹紧后灌缝。蒸压加气混凝土砌体填充墙与结构或构造柱连接的部位,应预埋 2ϕ6 的拉结筋,拉结筋的竖向间距应为 500~1 000 mm,当有抗震要求时,拉结筋的末端应做 40 mm 长 90°弯钩。

(6)有抗震要求的砌体填充墙按设计要求应设置构造柱、圈梁,构造柱的宽度由设计确定,厚度一般与墙等厚,圈梁宽度与墙等宽,高度不应小于 120 mm。圈梁、构造柱的插筋宜优先预埋在结构混凝土构件中或后植筋,预留长度符合设计要求。构造柱施工时按要求应留设马牙槎,马牙槎宜先退后进,进退尺寸不小于 60 mm,高度为 300 mm 左右。当设计无要求时,构造柱应设置在填充墙的转角处、T 形交接处或端部;当墙长大于 5 m 时,应间隔设置。圈梁宜设在填充墙高度中部。

(7)蒸压加气混凝土砌块填充墙砌体与后塞口门窗的连接:后塞口门窗与砌体间通过木砖与门窗框连接,具体可用 100 mm 长的铁钉把门框与木砖钉牢。木砖可以预埋,也可以后打。预埋木砖时,木砖应经过炭化,埋到预制混凝土块中,随加气混凝土块一起砌筑,预制混凝土块大小应符合砌体模数,或用普通烧结砖在需放木砖的部位砌长度 240 mm、宽度与加气块等厚的砖礅,木砖放置中间。

(8)加气混凝土填充墙砌体在转角处及纵横墙交接处,应同时砌筑,当不能同时施工时,应留成斜槎。砌体每天的砌筑高度不应超过 1.8 m。

(9)切锯砌块应使用专用工具,不允许用斧或瓦刀任意砍劈。

(10)墙体洞口上部应放置 2ϕ6 的拉结筋,伸过洞口两边的长度每边不少于 500 mm。

(11)不同干密度和强度等级的加气混凝土不应混砌。加气混凝土砌块也不得与其他砖、砌块混砌。但在墙底、墙顶及门窗洞口处局部采用烧结普通砖和多孔砖砌筑不视为混砌。

(四)质量标准

1. 一般规定。

(1)蒸压加气混凝土砌块施工前,其产品龄期不应少于 28 d。

(2)蒸压加气混凝土砌块在运输、装卸过程中,严禁抛掷和倾倒。进场后应按品种、规格分别堆放整齐,堆置高度不应超过 2 m,并应采取措施,防止雨淋。

(3)蒸压加气混凝土砌块砌筑时,应向砌筑面浇适量的水。

(4)蒸压加气混凝土砌块砌筑墙体时,墙底部应砌普通烧结砖或多孔砖,或普通小型混凝土空心砌块,或现浇混凝土坎台等,其高度不宜小于 200 mm。

2. 主控项目。

蒸压加气混凝土砌块和砌筑砂浆的强度等级应符合设计要求。

检验方法:检查砌块的产品合格证书、产品性能检测报告和砂浆试验报告。

3. 一般项目。

(1)填充墙砌体一般尺寸的允许偏差宜符合国家标准的规定。

(2)加气混凝土砌体填充墙横向和竖向灰缝砂浆的饱满度应大于或等于 80%,用百格网检查。

(3)圈梁、构造柱及墙体拉结筋的位置、锚固及搭接长度应符合设计及施工规范的要求,并进行隐蔽验收，填写隐蔽验收单。

4. 资料核查项目。

(1)砌块出厂合格证及检测报告。

(2)水泥出厂合格证及复试报告。

(3)砂检测报告。

(4)砂浆配合比试验报告及砂浆试块强度检验报告。

(5)隐蔽工程验收记录。

(6)砌体工程检验批质量验收记录。

5. 观感检查项目。

(1)砌体墙面应整洁，砌体灰缝横平竖直，厚薄均匀。

(2)砌体组砌方法正确，上下错缝，转角、丁字接头部位搭砌正确。

(3)砌体顶面与梁板接触面组砌紧密无裂缝。

(五)成品保护

1. 加气混凝土砌块运输、装卸过程中，严禁抛掷和倾倒，防止损坏棱角边。

2. 搭、拆脚手架时，不得碰撞已砌墙体和门窗边角。

3. 在加气混凝土墙上开洞、开槽时，应弹线切割，并保持块体完整；如有活动或损坏，应进行补强处理。

(六)安全环保措施

1. 砌体施工脚手架要搭设牢固。

2. 外墙施工时，必须有外墙防护及施工脚手架，墙与脚手架间的间隙应封闭，以防高空坠物伤人。

3. 严禁站在墙上做划线、吊线、清扫墙面、支设模板等施工作业。

4. 现场施工机械等应根据《建筑机械使用安全技术规程》(JGJ 33—2012)检查各部件工作是否正常，确认运转合格后方能投入使用。

5. 现场施工临时用电必须按照施工方案布置完成，并根据《施工现场临时用电安全技术规范》(JGJ 46—2005)检查合格后才可以投入使用。

6. 施工现场应经常洒水，防止扬尘。

7. 砂浆搅拌机污水应经过沉淀池沉淀后排入指定地点。

(七)季节性施工

1. 雨期施工措施。

(1)雨期施工时，加气混凝土砌块应有防雨措施，砌块严禁被雨淋。

(2)雨天施工时，加气混凝土砌块砌体顶面应防止被雨水直接冲刷，雨后应检查墙体灰缝砂浆和墙面垂直度等，整修合格后方可继续施工。

2. 冬期施工措施。

(1)室外平均气温连续 5 d 稳定低于 5 ℃时，砌体工程应采取冬期施工措施；当日最低气温低于 0 ℃时，也应按冬期施工措施执行。

(2)冬期施工所用的材料应符合下列规定:

①砌筑前应清除砌块表面的污物、冰霜、雪等,遭水浸泡受冻的砌块不得使用。

②砂浆采用普通硅酸盐水泥拌制。

③石灰膏、电石灰应有防冻措施,如遭冻结融化后方可使用。

④冬期施工不得使用无水泥拌制的砂浆,所用砂不得有冰块或直径大于 10 mm 的冰结块。

⑤拌合砂浆宜采用两步投料法,水的温度不得超过 80 ℃,砂的温度不得超过 40 ℃。

⑥加气混凝土砌块在气温低于 0 ℃的条件下砌筑时可不浇水,但必须增大砂浆的稠度,抗震设防烈度为 9 度的建筑物,无特殊措施不得砌筑。

⑦冬期施工每日砌筑后应及时在砌筑表面覆盖保温材料,砌筑表面不得留有砂浆,在继续砌筑前,应扫净砌筑表面,然后再施工。

(3)冬期施工砂浆砌块的留置除应按常温规定要求外,还应增留不少于 2 组与砌体同条件养护的试块,测试检验各龄期的强度和转入常温 28 d 的强度。

(4)冬期施工砂浆使用时的温度不应低于 5 ℃。

(5)采用掺盐砂浆法施工时,宜将砂浆强度等级按常温施工的等级提高一级。

(6)配筋砌体不得采用掺盐砂浆法施工。

(八)质量记录

(1)砂浆配合比设计检验报告单。

(2)砂浆抗压强度检验报告单。

(3)水泥检验报告单。

(4)加气混凝土砌块检验报告单。

(5)砂检验报告单。

(6)加气混凝土砌块砌体工程检验批质量验收记录。

四、轻骨料混凝土小型空心砌块填充砌体

(一)施工准备

1. 技术准备。

(1)砌筑前应认真熟悉图纸,核实门窗洞口位置及洞口尺寸,明确预埋、预留位置,算出窗台及过梁顶部标高,熟悉相关构造及材料要求。

(2)审核施工图纸,并确保填充墙、门窗洞口的位置、轴线尺寸准确无误,确保圈梁、过梁的标高正确。

(3)使用校验合格的监视和测量工具。

(4)编制出专项施工技术交底和作业指导书等技术性文件。

(5)制订该分项工程的质量目标、检查验收制度等保证工程质量的措施。

(6)由试验室出具完整的砌筑砂浆配合比试验报告。

2. 材料要求。

(1)轻骨料混凝土小型空心砌块按孔的排数分实心(0)、单排孔(1)、双排孔(2)、三排孔(3)和四排

孔(4)五类,其主要规格为 390 mm×190 mm×190 mm。

(2)按砌块尺寸允许偏差和外观质量分为两个等级:一等品(B)、合格品(C)。

(3)外观质量及尺寸允许偏差要求。

(4)轻骨料混凝土小型空心砌块按密度可分为 500、600、700、800、900、1 000、1 200、1 400 八个等级。按其强度可分为 MU10、MU7.5、MU5、MU3.5、MU2.5、MU1.5 六个等级。实际砌筑填充墙时,其强度等级及干密度应符合设计要求和施工规范的规定。

(5)施工用水泥应符合《通用硅酸盐水泥》《矿渣火山灰硅酸盐水泥》《复合硅酸盐水泥》的要求。

(6)轻骨料混凝土小型空心砌块应符合《建筑材料放射性核素限量》的规定。

(7)施工用砂宜采用中砂,砂中含泥量不应超过 5%,并过 5 mm 的密目网筛。

3. 主要机具。

(1)机械:塔式起重机、卷扬机、井架、切割机、砂浆搅拌机等。

(2)工具:瓦刀、夹具、手锯、小推车、灰斗、灰铁锹、小撬棍、小木槌、线锤、皮数杆等。

4. 作业条件。

(1)砌筑前,将楼、地面基层水泥浮浆及施工垃圾清理干净。

(2)弹出楼层轴线及墙身边线,经复核,办理相关手续。

(3)根据标高控制线及窗台、窗顶标高,预排出砖砌块的皮数线,皮数线可画在框架柱上,并标明拉结筋、圈梁、过梁、墙梁的尺寸、标高,皮数线经技术质检部门复核,办理相关手续。

(4)根据最下面第一皮砖的标高拉通线检查,如水平灰缝厚度超过 20 mm,先用 C15 以上细石混凝土找平。严禁用砂浆或砂浆包碎砖找平,更不允许采用两侧砌砖,中间填芯找平。

(5)构造柱钢筋绑扎,隐检验收完毕。

(6)砌筑砂浆配合比经有资质的试验部门试配确定,有书面配合比试配单。在施工现场根据砌体方量准备好取样砂浆试模。

(7)做好水电管线的预留、预埋工作。

(8)"三宝"(安全帽、安全带、安全网)配备齐全,"四口"(通道口、预留口、电梯井口、楼梯口)和临边做好防护。

(9)框架外墙施工时,外防护脚手架应随着楼层搭设完毕,墙体距外架间的间隙应水平防护,防止高空坠物。内墙已准备好工具式脚手架。

5. 施工组织及人员准备。

(1)加气混凝土砌块填充墙的施工质量控制应不低于 B 级,对管理人员和技术工人的组织形式的要求:制度基本健全,并能执行。

(2)施工方有专业技术管理人员并持证上岗;高、中级技工不应少于砌筑工人的 70%。

(二)质量、安全与环境保护控制要点

1. 材料的关键要求。

(1)轻骨料混凝土小型空心砌块砌筑时的产品龄期应超过 28 d。

(2)砌筑砂浆用水必须符合国家现行标准《混凝土拌合用水标准》的规定。

(3)水泥进场使用前,应分批对强度、安定性进行检验。当在使用中对水泥质量有怀疑或水泥出厂超过3个月时,应进行复查试验,并按其结果使用。

(4)钢筋的材质应有出厂合格证、质量证明单和复试报告。

2.技术的关键要求。

(1)砌筑前,墙底部应砌筑普通砖或多孔砖,或现浇混凝土坎台,其高度不宜小于200 mm。

(2)框架柱、剪力墙侧面等结构部位应预埋$\phi 6$的拉墙筋及芯柱、圈梁的插筋,或者结构施工后植上钢筋。

(3)砌体每天的砌筑高度不宜超过1.8 m,填充墙上不得留设脚手眼,搭设脚手架。

3.质量的关键要求。

(1)砌体灰缝砂浆的饱满度应符合施工规范规定≥80%的要求,尤其是外墙,防止因砂浆不饱满、假缝、透明缝等引起墙体渗漏,内墙的抗剪切强度不足引起质量通病。

(2)填充墙砌至接近梁底、板底时,应留一定的空隙,待填充墙砌筑完并至少间隔7 d后,再将其补砌挤紧,防止上部砌体因砂浆收缩而开裂。方法为:当上部空隙≤20 mm时,用1∶2水泥砂浆嵌填密实;稍大的空隙用细石混凝土镶填密实;大空隙用烧结标准砖或多孔砖成60°度角斜砌挤紧,但砌筑砂浆必须密实,不允许出现平砌、生摆(填充墙上部斜砖砌筑时出现的干摆砖或砌筑砂浆不密实形成孔洞等)等现象。

(3)为使砌体与砂浆之间黏结牢固,砌筑时应提前2 d浇水湿润,含水率宜控制在5%～8%。

(4)砌筑过程中,应经常检查墙体的垂直平整度,并应在砂浆初凝前用小木槌或撬杠轻轻进行修正,防止因砂浆初凝造成灰缝开裂。

(5)砌体施工应严格按施工规范的要求进行错缝搭砌,避免墙体因出现通缝而削弱其稳定性。

4.职业健康安全的关键要求。

(1)施工人员不得酒后作业,以防安全事故的发生。施工期间,必须按要求佩戴劳动保护用品,同时戴好安全帽、系好安全带。作业层及操作面上必须设置安全防护设施。

(2)砌块切割作业,应设置防护措施,防止砌块粉尘到处飞扬,同时作业人员应佩戴口罩,以防粉尘进入人体。

(3)施工前必须检查所有机械设备的性能是否安全、可靠。

(4)工地食堂必须符合当地卫生检疫部门的有关规定。保持室内洁净、无污染,用具消毒,米、菜清洗干净,以防食物中毒。

5.环境的关键要求。

(1)遵守当地有关环卫、市容管理的有关规定,现场出口应设洗车台,机动车辆出场时对其轮胎进行冲洗,防止汽车轮胎带土污染市容。

(2)砌体施工时,必须做到工完场清。

(3)施工作业面应不间断地洒水湿润,最大限度地减少粉尘污染。

(4)水泥、外加剂等在库内存放,搅拌机搭设封闭搅拌棚。

(5)搅拌污水应经沉淀池沉淀后排入指定地点。

(6)砌块残渣等施工垃圾应集中堆放,倒弃在指定地点。

(三)施工工艺

1. 工艺流程:弹体墙线→立皮数杆→确定组砌方法→砖浇水→拌制砂浆→排砖→砌砖墙→验收。

2. 操作工艺。

(1)结构经验收合格后,把砌筑基层楼地面的浮浆残渣清理干净并弹线。填充墙的边线、门窗洞口位置线尽可能准确,偏差控制在规范允许的范围内。皮数杆尽可能立在填充墙的两端或转角处,并拉通线。

(2)轻骨料混凝土小型空心砌块填充墙砌筑时,墙底部应砌 200 mm 高烧结普通砖、多孔砖或混凝土空心砌块,或浇筑 200 mm 高墙厚混凝土坎台,混凝土强度等级宜为 C20。

(3)填充墙砌筑时应预选、预排砌块,并清除砌块表面污物,剔除外观质量不合格的砌块。

当填充墙设置芯柱时,还应清除所用砌块的底部毛边,并在砌柱第一皮砌块时,采用开口小砌块或 U 形小砌块,以形成清理口,混凝土浇筑前,可从清理口中掏出落在砌块孔洞中的杂物。

(4)砌块墙的转角处应隔皮纵、横墙砌块相互搭砌。砌块墙的 T 字交接处应使横墙砌块隔皮断面露头。

(5)砌筑时填充墙必须遵循"反砌"原则,每皮砌块底部朝上砌筑,上下皮应对孔错缝搭砌,搭砌长度一般为砌块长度的 1/2。如上下皮砌块不能对孔砌筑时,搭砌长度也不应小于砌块 90 mm,如不能满足上述要求时,应在水平灰缝预埋 2ϕ6 拉结筋或 ϕ4 钢筋焊接网片,拉结筋或钢筋网片的长度不宜小于 700 mm。但是,竖向通缝不应大于 2 皮砌块。

(6)轻骨料混凝土小型空心砌块填充墙砌体的竖向灰缝宽度和水平灰缝厚度应为 8 ~ 12 mm。砌筑时的铺灰长度不得超过 800 mm。

(7)填充墙砌体的水平灰缝应平直,按净面积计算的砂浆饱满度不应小于 80%。竖向灰缝应采用加浆方法,使砌砂浆饱满,严禁用水冲浆灌缝,不得出现假缝、瞎缝、透明缝。竖缝的饱满度不应低于 80%。水平灰缝和竖向灰缝的厚度一般为 10 mm,最大不应超过 12 mm,最小不小于 8 mm。

(8)轻骨料混凝土小型空心砌块填充墙砌体与结构构件的连接部位应预埋拉结筋。当设计有要求时按设计要求预埋,当设计没有要求时沿高度间距 500 ~ 1 000 mm 预埋或后植 2ϕ6 的拉结筋。当有抗震要求时,拉结筋的末端应做 40 mm 长 90°弯钩。拉结筋不得任意弯曲,应埋在水平灰缝的砂浆中。

(9)当设计有要求时,轻骨料混凝土小型空心砌块填充墙应按设计要求设置素混凝土或钢筋混凝土芯柱,芯柱的宽度由设计确定,留设位置宜在填充墙的转角处、十字交接处、T 形交接处或大开间中纵横向填充墙中间等部位。芯柱布置应体现对称均匀的原则。

(10)轻骨料混凝土小型空心砌块填充墙砌体在转角处及纵横墙交接处应同时砌筑,当不能同时施工时,应留成斜槎,斜槎长度不应小于高度的 2/3(一般按一步脚手架高度控制)。

如留斜槎确实有困难时,除外墙转角处或有抗震设防的地区墙体临时间断外,可从墙面伸出 200 mm砌成阴阳槎,并沿墙高每三皮砖或 600 mm 高宜设 2ϕ6 拉结筋。从留槎处算起,拉结筋每边伸入墙体或芯柱内不小于 600 mm。

(11)芯柱所用混凝土的强度等级不应小于 C15。为便于混凝土的浇筑,混凝土的坍落度不应低于

90 mm。宜采用软轴式混凝土振捣器每400～500 mm高分层边振捣边浇筑。混凝土浇筑时应保证砌体砂浆的强度等级不低于1 MPa。

(12)轻骨料混凝土小型空心砌块填充墙砌体与后塞口门窗的连接有多种方式，此处推荐一种简单易用的方法，即通过预埋混凝土块，各种材料的门窗框铁皮拉条或燕尾铁等固定件，通过射钉、膨胀螺栓等打入混凝土预埋块中。混凝土预埋块的尺寸宜为与墙等厚、与砌块等高、砌入墙中200 mm或300 mm的正六面体。其他形式的连接方式可根据国家标准、本地区的图集或地方标准灵活选用。

(13)轻骨料混凝土小型空心砌块填充墙砌体每天的砌筑高度不应超过1.8 m。

(14)墙体洞口上部应放置2ϕ6的拉结筋，伸过洞口两边的长度每边不少于500 mm。

(15)对设计规定的洞口、管道、沟槽和预埋件，应在砌筑墙体时预留和预埋，不得随意打凿砌好的墙体。

(四)质量标准

1. 一般规定。

(1)轻骨料混凝土小型空心砌块施工前，其产品龄期不应少于28 d。

(2)轻骨料混凝土小型空心砌块在运输、装卸过程中，严禁抛掷和倾倒。进场后应按品种、规格分别堆放整齐，堆置高度不应超过2 m。

(3)砌筑前应提前2 d浇水湿润。严禁雨天施工，砌块上有浮水时，亦不得施工。

(4)轻骨料混凝土小型空心砌块砌筑墙体时，墙底部应砌普通烧结砖、多孔砖，或普通小型混凝土空心砌块，或现浇混凝土坎台等，其高度不宜小于200 mm。

2. 主控项目：轻骨料混凝土小型空心砌块和砌筑砂浆的强度等级应符合设计要求。

检验方法：检查砌块的产品合格证书、产品性能检测报告和砂浆试验报告。

3. 一般项目：轻骨料混凝土小型空心砌块填充墙砌体一般尺寸的允许偏差应符合标准的规定。

4. 资料核查项目。

(1)砌块出厂合格证及检测报告。

(2)水泥出厂合格证及复试报告。

(3)砂检测报告。

(4)砂浆配合比试验报告及砂浆试块强度检验报告。

(5)隐蔽工程验收记录。

(6)砌体工程检验批质量验收记录。

5. 观感检查项目。

(1)砌体墙面应垂直平整，表面整洁。

(2)砌体组砌方法正确，上下错缝，转角、丁字接头部位搭砌正确。

(3)砌体灰缝横平竖直，厚薄均匀。无透明缝、瞎缝和假缝。

(4)砌体顶面与梁板接触面组砌紧密无裂缝。

(五)成品保护

1. 空心砌块在运输、装卸过程中，严禁抛掷和倾倒，防止损坏棱、角。

2. 在搭、拆脚手架和砌筑施工过程中，不得碰撞已砌墙体和门窗边角。

3. 在墙体上开洞、开槽时，应弹线切割，并保持块体完整，如有活动或损坏，应进行补强处理。

（六）安全环保措施

1. 对工人进行三级安全教育，做好职业健康安全教育。结合培训，对各个工种进行安全操作规程教育，合格后方能上岗。施工机械应设专人操作并持证上岗。

2. 砂浆搅拌机、卷扬机等应根据《建筑机械使用安全技术规程》检查各部件工作是否正常，确认运转合格后方能投入使用。

3. 施工现场的临时用电必须按照施工方案布置完成，并根据《施工现场临时用电安装技术规范》检查合格后才可以投入使用。

4. 施工现场应经常洒水，防止扬尘；砂浆搅拌机污水应经过沉淀池沉淀后排入指定地点。

（七）季节性施工

1. 雨期施工措施。

（1）雨天施工不得使用过湿的砌块，以避免砂浆流淌，影响砌体质量；雨后继续施工时，应复核砌体垂直度。

（2）砌体砌筑如遇雨期停止施工时，应及时进行覆盖，防止砂浆被雨水冲刷，造成砂浆流失，影响气体质量。

2. 冬期施工措施。

（1）冬期施工时砌块不得浇水湿润，也不得使用受冻的砌块。砌筑前应清除表面污物、冰、雪等。

（2）砂浆宜优先采用普通硅酸盐水泥拌制，不得使用无水泥拌制的砂浆。

（3）砂子不得含有直径大于 1 cm 的冻结块或冰块。

（4）砂浆拌制时应采用热拌，其水的温度不得超过 80 ℃，砂的温度不得超过 40 ℃。

（5）砌块施工不得采用冻结法。

（6）对当日砌筑的砌体应及时进行表面覆盖，避免受冻，同时应清理干净，使表面无砂浆。

（7）砌筑砂浆时温度不应低于 5 ℃。当气温等于或低于 -15 ℃时，砂浆等级应提高一级。

（8）冬期施工时应采用掺氯盐外加剂，同时应对钢筋做好防腐处理。

（9）冬期施工时，每日砌筑高度不宜超过 1.2 m。

（八）质量记录

1. 砂浆配合比设计检验报告单。

2. 砂浆立方体试件抗压强度检验报告单。

3. 水泥检验报告单。

4. 混凝土小型空心砌块检验报告单。

5. 砂检验报告单。

6. 混凝土小型空心砌块砌体工程检验批质量验收记录。

第十一章　装配式混凝土结构技术

第一节　基本规定

装配式混凝土结构施工单位应具备相应的资质,并建立完善的质量和安全生产管理体系。预制构件生产企业应具备相应的生产工艺设施和必要的试验检测手段。施工单位应当对相关管理人员、预制构件吊装及连接灌浆等作业人员进行技术培训。

预制构件生产前,应进行施工图深化设计。其深度应满足建筑、结构和机电设备等各专业及构件制作、运输、安装等各环节的综合要求。装配式混凝土结构施工图深化设计和施工应采用建筑信息模型(BIM)技术。施工图深化设计主要有以下内容:

1. 预制构件的连接方式和材料。
2. 预制构件连接钢筋的位置、尺寸与形状。
3. 注浆孔、出浆孔和排气孔的直径、位置。
4. 预制外墙板的接缝构造和防水处理措施。
5. 夹心外墙板的拉结件布置图与保温板排板图。
6. 外墙饰面材料的类别、规格、尺寸和连接构造。
7. 预埋管线的规格及布置。
8. 预埋件(板)、预留孔的规格和位置。
9. 预制构件吊环的规格和吊点位置。
10. 预制构件临时支撑点的位置及固定措施。
11. 预制构件与塔吊、施工电梯等附着装置连接的位置与固定措施。

预制构件深化设计图纸应经原设计单位签章或会签,并按规定进行施工图审查。装配式混凝土结构施工前，施工单位应编制包括以下主要内容的施工专项方案：

1. 模板及支架的安装和拆除。
2. 钢筋的连接与安装。
3. 预制构件的堆放、吊运、安装和成品保护。
4. 预制构件的节点连接。
5. 混凝土浇捣。
6. 外脚手架的安装和拆除。
7. 质量管理及安全文明施工。

施工专项方案编制后，经企业技术负责人审批同意，报监理机构（建设单位）审查，总监理工程师（建设单位项目负责人）签字批准后实施。采用新材料、新设备、新工艺的装配式建筑专用的施工操作平台、高处临边作业的防护设施及超过一定规模的危险性较大的分部分项工程施工专项方案应按规定进行专家论证。

装配式混凝土结构施工的下列关键工序应进行样板施工：

1. 有代表性的单元或部位的预制构件固定安装、灌浆连接和密封处理。
2. 现浇结构与预制构件连接节点的模板安装、钢筋连接和混凝土浇捣。
3. 在现浇结构中预埋的定位连接钢筋。
4. 外墙预制构件的接缝处理。

施工单位应根据样板施工的情况及时调整完善施工方案和施工工艺。

装配式混凝土结构隐蔽工程的施工应有影像资料。装配式混凝土结构施工过程中的构件和成品保护应符合施工专项方案的要求，防止构件损坏或污染。装配式混凝土结构的质量验收除符合《装配式混凝土结构技术规程》（JGJ 1—2014）外，还应符合国家现行标准《混凝土结构工程施工质量验收规范》（GB 50204—2002）的有关规定。

第二节　材料控制

一、材料要求

装配式混凝土结构使用的材料、试件、试块应按《混凝土结构工程施工质量验收规范》《装配式混凝土结构技术规程》及相应的国家现行标准进行见证取样检验。

钢筋和钢材的规格、型号、力学性能指标等应符合国家现行标准和设计的要求。混凝土的强度等级和耐久性应符合设计要求。钢筋焊接网应符合现行行业标准《钢筋焊接网混凝土结构技术规程》（JGJ 114—2016）的规定。

预制构件的吊环应采用未经冷加工的 HPB 300 级钢筋制作，吊装用内埋式螺母或吊杆的材料应符合设计要求和国家现行标准的规定。钢筋套筒灌浆连接接头采用的套筒应符合现行行业标准《钢筋连接用灌浆套筒》(JG/T 398—2012)的规定。钢筋套筒灌浆连接接头采用的灌浆料应符合现行行业标准《钢筋连接用套筒灌浆料》(JG/T 408—2013)的规定。

钢筋锚固板的材料应符合现行行业标准《钢筋锚固板应用技术规程》(JGJ 256—2011)的规定。预制构件和现浇结构的模板应选用不影响构件结构性能和装饰工程施工的隔离剂。受力预埋件的锚板及锚筋材料应符合设计要求。专用预埋件及连接件材料应符合国家现行标准的规定。

二、连接要求

连接用焊接材料如螺栓、锚栓和铆钉等紧固件的材料应符合国家现行标准《钢结构工程施工质量验收规范》(GB 50205—2001)、《钢结构焊接规范》(GB 50661—2001)和《钢筋焊接及验收规程》(JGJ 18—2015)等的规定。

三、连接件

夹心外墙板中内外叶墙板的连接件应符合下列规定：

1. 金属及非金属材料连接件应采用防腐性能强的材料;连接件的规格、承载力、变形和耐久性能,应符合设计要求并经过试验验证。

2. 连接件应满足夹心外墙板的节能设计要求。

四、外墙板接缝处的密封材料

外墙板接缝处的密封材料应符合下列规定：

1. 密封胶应与混凝土具有相容性,以及规定的抗剪切、伸缩变形能力。密封胶还应具有防霉、防水、防火、耐候等性能。

2. 硅酮、聚氨酯、聚硫建筑密封胶应分别符合国家现行标准《硅酮建筑密封胶》(GB/T 14683—2017)、《聚氨酯建筑密封胶》(JC/T 482—2003)、《聚硫建筑密封胶》(JC/T 483—2006)的规定。

3. 夹心外墙板接缝处填充用保温材料的燃烧性能应满足国家标准《建筑材料及制品燃烧性能分级》(GB 8624—2012)中A级的要求。

4. 水平接缝应采用相应的灌浆料封闭。

第三节　预制构件制作与运输

一、预制构件制造

预制构件制作前,生产企业应对其技术要求和质量标准进行技术交底,并制订生产方案。钢筋套筒灌装连接接头应在构件生产前进行抗拉强度试验,每种规格的连接接头试件数量不应少于3个。

预制构件混凝土浇筑前，应按设计要求对隐蔽工程进行验收。验收合格后，才能进行混凝土施工。验收项目应包括下列主要内容：

1. 钢筋的牌号、规格、数量、位置、间距等。
2. 纵向受力钢筋的连接方式、接头位置、接头质量、接头面积百分率、搭接长度等。
3. 箍筋弯钩的弯折角度及平直段长度。
4. 预埋件、吊环、插筋的规格、数量、位置等。
5. 灌浆套筒（预留孔洞）的规格、数量、位置等。
6. 防止混凝土浇捣时向灌浆套筒内漏浆的封堵措施。
7. 钢筋的混凝土保护层厚度。
8. 夹心外墙板的保温层位置、厚度，拉结件的规格、数量、位置等。
9. 预埋管线、线盒的规格、数量、位置及固定措施。
10. 隐蔽工程检查合格后，应签署书面记录，并有完整的影像资料。

二、模具验收要求

预制构件模具尺寸的允许偏差和检验方法应符合设计要求，当设计无要求时，模具尺寸的允许偏差应符合表 11-1 的规定。

表 11-1　预制构件模具尺寸的允许偏差和检验方法

<table>
<tr><th>项次</th><th colspan="2">检查项目及内容</th><th>允许偏差/mm</th><th>检验方法</th></tr>
<tr><td rowspan="3">1</td><td rowspan="3">长度</td><td>≤6 m</td><td>1，-2</td><td rowspan="3">用钢尺量平行构件高度方向，取其中偏差绝对值较大处</td></tr>
<tr><td>>6 m 且≤12 m</td><td>2，-4</td></tr>
<tr><td>>12 m</td><td>3，-5</td></tr>
<tr><td>2</td><td rowspan="2">截面尺寸</td><td>端板</td><td>1，-2</td><td rowspan="2">用钢尺测量两端或中部，取其中偏差绝对值较大处</td></tr>
<tr><td>3</td><td>其他构件</td><td>2，-4</td></tr>
<tr><td>4</td><td colspan="2">对角线差</td><td>3</td><td>用钢尺量纵、横两个方向的对角线</td></tr>
<tr><td>5</td><td colspan="2">侧向弯曲</td><td>1/1 500 且≤5</td><td>拉线，用钢尺量测侧向弯曲最大处</td></tr>
<tr><td>6</td><td colspan="2">组曲</td><td>1/1 500</td><td>对角拉线测量交点间距高值的两倍</td></tr>
<tr><td>7</td><td colspan="2">底模平面平整度</td><td>2</td><td>用 2 m 靠尺和塞尺量</td></tr>
<tr><td>8</td><td colspan="2">组装缝隙</td><td>1</td><td>用塞片或塞尺量</td></tr>
<tr><td>9</td><td colspan="2">端模与侧模高低差</td><td>1</td><td>用钢尺量</td></tr>
</table>

固定在模具上的预埋件、预留孔洞中心位置的允许偏差应符合表 11-2 的规定。

表 11-2　模具预埋件、预留孔洞中心位量的允许偏差

项次	检验项目及内容	允许偏差/mm	检验方法
1	预埋件、插筋、吊环、预留孔洞中心线位置	3	用钢尺量
2	预埋螺栓、螺母中心线位置	2	用钢尺量

（续表）

项次	检验项目及内容	允许偏差/mm	检验方法
3	灌装套筒中心线位置	1	用钢尺量

注:检查中心线位置时,应沿纵、横两个方向量测,并取其中的较大值。

采用后浇混凝土或砂浆、灌浆料连接的预制构件结合面,制作时应按设计要求进行粗糙面处理。

预制混凝土构件的制作和养护应符合《装配式混凝土结构技术规程》、《装配式混凝土建筑技术标准》(GB/T 51231—2016)、《混凝土结构工程施工规范》(GB 50666—2011)和《混凝土结构工程施工质量验收规范》的规定及设计、生产方案的要求。

三、构件验收

预制构件出厂前,生产企业应对构件质量进行检查。检查合格后,方能出厂。预制构件应按设计要求和现行国家标准《混凝土结构工程施工质量验收规范》的有关规定进行结构性能检验。陶瓷类装饰面砖与构件基面的黏结强度应符合现行行业标准《建筑工程饰面砖黏结强度检验标准》(JGJ/T 110—2017)和《外墙饰面砖工程施工及验收规程》(JGJ 126—2015)等的规定。

预制构件的外观质量不应有严重缺陷对出现的一般缺陷应按技术方案进行处理,并重新检验达到合格标准。预制构件检查合格后,应在构件上设置表面标识,表面标识宜采用信息技术。标识包括下列主要内容:

1. 构件编号和制作日期。
2. 质量等级(合格状态)。
3. 生产单位等信息。
4. 混凝土强度等级。
5. 构件的重量和起吊点。
6. 注浆孔、出浆孔和排气孔。
7. 安装临时固定点。

预制构件出厂时,应提供产品清单、合格证、预埋灌浆套筒工艺检验和抗拉强度检验报告、结构性能检测报告、混凝土强度报告、保温材料性能检测报告、装饰面砖的黏结强度报告和夹心外墙拉结件性能的试验验证报告。预制构件的运输时间、次序和线路应满足施工组织的要求。对于超高、超宽或形状特殊的大型构件运输,应有专门的质量安全保证措施。

四、运输要求

1. 预制构件的运输车辆应满足构件尺寸和载重要求,装卸与运输时应符合下列规定:

(1)装载构件时,应采取保证车体平衡的措施。

(2)运输构件时,应有防止构件移动、倾倒、变形等的固定措施。

(3)运输构件时,应采取防止构件损坏的措施,对构件的边角部位、门窗框或链索接触处的混凝土,有相应的保护措施。

(4)应对构件的外露钢筋、灌浆套筒分别采取包裹、封盖措施。

2. 墙板运输过程中其堆放应符合下列规定：

(1)当采用靠放架堆放时，靠放架应具有足够的承载力和刚度，与地面的倾斜度宜大于80°；墙板应对称放且外饰面朝外，构件上部采用木垫块或柔性材料隔离。

(2)当采用插放架堆放时，应采取直立方式；插放架应有足够的承载力和刚度，并支垫稳固。

(3)采用叠层平放的方式堆放时，应采取防止构件产生裂缝的措施。

第四节 施工过程控制

一、施工准备

装配式混凝土结构的预制结构构件、模板、钢筋、混凝土等分项工程施工前，技术负责人应对专项施工方案中的技术要求和质量标准进行交底。施工现场的道路应满足预制构件运输的要求。

施工现场的堆放场地应平整、坚实，有良好的排水措施，满足构件周转使用的要求。堆放场地应设置在吊车工作的范围内，并有构件起吊、翻转的操作空间；卸放、吊运区域内不得有障碍物。

预制构件的堆放应符合下列规定：

1. 预制构件应按品种、规格、所用部位、出厂日期和吊装顺序分别堆放。

2. 预埋吊钩应朝上，标识朝向堆垛间的通道。

3. 构件支垫应坚实，垫块在构件下的位置宜与脱模、吊装时的起吊位置一致。

4. 重叠堆放时，每层构件的垫块应上下对齐，堆垛层数应根据构件、垫块的承载力确定，并根据需要采取防止倾覆的措施。

5. 墙板堆放应符合国家标准规定。

预制构件进场后应进行验收，构件的允许尺寸偏差及检验方法应符合表11-3的规定。

表11-3 预制构件尺寸允许偏差及检验方法

<table>
<tr><th colspan="3">项目</th><th>允许偏差/mm</th><th>检验方法</th></tr>
<tr><td rowspan="4">长度</td><td rowspan="3">楼板、梁、柱、桁架</td><td><12 m</td><td>±5</td><td rowspan="4">尺量</td></tr>
<tr><td>≥12 m且<18 m</td><td>±10</td></tr>
<tr><td>≥18 m</td><td>±20</td></tr>
<tr><td colspan="2">墙板</td><td>±4</td></tr>
<tr><td rowspan="2">宽度、高(厚)度</td><td colspan="2">楼板、梁、柱、桁架</td><td>±5</td><td rowspan="2">用尺量一端及中部，取其中的偏差绝对值</td></tr>
<tr><td colspan="2">墙板</td><td>±4</td></tr>
<tr><td rowspan="2">表面平整度</td><td colspan="2">楼板、梁、柱、墙板内表面</td><td>5</td><td rowspan="2">用2 m靠尺和塞尺量测</td></tr>
<tr><td colspan="2">墙板外边面</td><td>3</td></tr>
<tr><td rowspan="2">侧向弯曲</td><td colspan="2">楼板、梁、柱</td><td>$L/750$且≤20</td><td rowspan="2">用拉线、直尺量测最大侧向弯曲处</td></tr>
<tr><td colspan="2">墙板、桁架</td><td>$L/1\ 000$且≤20</td></tr>
</table>

（续表）

项目		允许偏差/mm	检验方法
翘曲	楼板	L/750	用调平尺在两端量测
	墙板	L/1 000	
对角线	楼板	10	用尺量两个对角线
	墙板	5	
预留孔	中心线位置	5	用尺量
	孔尺寸	±5	
预留洞	中心线位置	10	用尺量
	洞口尺寸、深度	±10	
预埋件	预埋板中心线位置	5	用尺量
	预埋板与混凝土面平面高差	0，-5	
	预埋螺栓	2	
	预埋螺栓外露长度	+10，-5	
	预埋套筒、螺母中心线位置	2	

注：1. L 为构件长度，单位为 mm。

2. 检查中心线、螺栓和孔道位置偏差时，沿纵、横两个方向量测，并取其中的偏差较大值。

核对已完成结构的混凝土强度、外观质量、尺寸偏差等，使其符合现行国家标准《混凝土结构工程施工规范》和《装配式混凝土结构技术规程》的有关规定。核对预制构件的混凝土强度及预制构件、配件的型号、规格、数量等，使其符合设计要求。设计未规定时，预制构件的混凝土强度应大于设计强度的 75%。

固定在预制墙板上的脚手架，应对墙板的强度和刚度进行验算。

脚手架安装前，板的底部灌浆料强度应满足规定；脚手架固定螺栓与墙板之间应同时设置钢制和柔性垫片。构件安装前应进行测量放线、设置构件安装定位标识。复核构件的装配位置、节点连接构造及临时支撑措施等。标注连接钢筋插入构件套筒的最小锚固长度。

复核灌浆料、焊接材料、紧固件、防水和密封材料等，使其符合现行国家标准和设计要求。检查并复核吊装设备及吊具，使其处于安全操作状态。

1. 起重吊装设备的选型应根据构件的重量、起吊高度、吊装半径及周边环境确定。

2. 汽车起重机进行的作业场地和行走道路的承载力、平整度、安全距离应符合要求。

3. 通过吊钩起重吊装时，钢丝绳的安全系数不应小于 6。

构件起吊前应制订具体的安装顺序、吊装路线和构件防撞措施。核实现场环境、天气、道路状况等是否满足吊装施工要求。

二、模板和支撑体系

装配式结构混凝土模板及支撑的安装、拆除允许偏差应满足《混凝土结构工程施工规范》和《混凝土结构工程施工质量验收规范》的相关规定或设计要求。安装模板时，应进行测量放线，并采取保证模板位置准确的定位措施。模板及支架应编制施工专项方案，满足承载力、刚度和整体稳定性的要求。

预制叠合梁、板的竖向支撑宜选用工具式支撑体系和可调托座。竖向支撑架宜与周边其他支撑架形成一体。预制构件连接部位后浇混凝土的模板宜选择定型模板或采用标准定型连接方式及产品。后浇混凝土利用构件做模板时，应有保证构件强度和稳定的构造措施。

预制混凝土梁的两端与板的边缘必须设置支撑，且每个构件的支撑不应少于2道。在满足计算确定的条件下，支撑立杆的间距不大于2 m。预制阳台板、空调板等悬挑构件的支撑应设置斜撑等构造措施，并与结构墙体有可靠的刚性拉结。预制构件的支撑拆除时，除满足混凝土结构设计强度外，还应保证该结构上部构件通过支撑传递下来的荷载。

三、构件安装

起重机械作业前，应例行检查和试吊，确认机械性能良好。未经设计允许，不得对预制构件进行切割或开洞。预制构件安装前，应清理结合部，并依据设计图纸检查和复核下列重点内容：

1. 套筒、预留孔的规格、位置、数量，套筒和预留孔内无杂物。

2. 套筒深度应大于连接钢筋的锚固长度，连接钢筋的锚固长度不小于8d。

3. 连接钢筋的规格、数量、位置和长度。

4. 防水材料的规格、型号、数量、位置和安装质量符合设计要求。

5. 坐浆料均匀、饱满，强度符合设计要求。设计无要求时，座浆料的强度应≥M15，厚度不大于20 mm。

预制墙板、柱的底部应设置可调整接缝厚度和底部标高的钢垫片。预制构件在安装过程中应根据水准点和轴线校正位置，安装就位后方可进行脱钩并及时采取临时固定措施。预制墙板安装的临时支撑应符合下列要求：

1. 每个构件的临时支撑在垂直和水平方向均不宜少于2道。

2. 墙板上部斜支撑的支撑点与底部的与不宜小于高度的2/3，且不应小于高度的1/2。

3. 可以对安装就位构件的位置和垂直度进行微调。

预制构件的搁置长度应符合设计要求，端部与支承构件应座浆或设置支承垫块，座浆或支承垫块的厚度不大于20 mm。预制楼梯安装前应对安装位置进行测量定位，并标记梯段上、下安装部位的水平位置与垂直位置的控制线。

设计未规定时，预制楼梯在支承构件上的搁置长度不应小于75 mm。根据控制线位置调整预制楼梯的垫片高度，并在梯梁支撑部位铺设水泥砂浆找平层。水泥砂浆的强度应符合设计要求，并不低于M15。预制梯段就位后，应进行位置校正和吊装工序验收。吊装工序验收合格后先进行固定端施工，再进行滑动铰端施工。

四、灌浆

灌浆施工的环境温度低于 5 ℃时不宜施工，低于 0 ℃时不得施工；当环境温度高于 30 ℃时，应根据灌浆料产品说明书的要求采取降低灌浆料拌合物温度的措施。套筒灌浆连接应采用由接头形式检验确定并相匹配的灌浆套筒和灌浆料。

钢筋套筒灌浆前，应在现场以模拟构件连接接头的灌浆方式进行灌注质量及接头抗拉强度的检验。检验数量为同一批号、同一类型、同一规格的灌浆套筒，每 1 000 个为一批，每批随机抽取 3 个套筒制作灌浆连接接头试件。

连接钢筋的位置、规格、数量和长度应符合设计要求。连接钢筋偏离套筒或孔洞中心线小于 5 mm，孔内清理干净。构件接缝周围或灌浆套筒与钢筋之间缝隙防止漏浆的封堵措施应符合设计和专项施工方案的要求。

灌浆应从钢筋套筒的注浆孔注入，并在浆体从出浆孔流出后及时封堵。灌浆料宜在加水后 30 min 内用完。灌浆料同条件养护试件抗压强度达到 35 N/mm^2后，方可进行对接头有扰动的后续施工。

五、钢筋工程

装配式结构钢筋工程的施工应符合《混凝土结构工程施工规范》的规定和设计要求。装配式混凝土结构中的节点及接缝处的纵向钢筋的连接方式应符合设计要求。受力钢筋的牌号、规格、数量和位置必须符合设计要求。

箍筋、横向钢筋、附加钢筋的牌号、规格、数量、间距、位置及长度，箍筋弯钩的弯折角度应符合设计要求。

预制构件与现浇构件、预制构件与预制构件之间的钢筋连接方式、接头位置、接头质量、接头面积百分率、搭接长度、锚固方式及锚固长度应符合设计要求。纵向钢筋的套筒灌浆连接接头应满足《钢筋机械连接技术规程》(JGJ 107—2016)中 I 级接头的性能要求，并应符合国家现行有关标准的规定。

六、后浇混凝土

装配式结构混凝土施工应满足《混凝土结构工程施工规范》和《混凝土结构工程施工质量验收规范》的相关规定和设计要求。装配式结构的后浇混凝土部位在浇筑前应进行隐蔽工程验收。混凝土施工时，模板、叠合板上的混凝土和施工荷载应均匀布设，严禁超载。

后浇混凝土的施工应符合下列规定：

1. 预制构件结合面粗糙度质量应符合设计要求，疏松部分的混凝土应剔除并清理干净。

2. 在浇筑混凝土前应洒水润湿结合面，混凝土应振捣密实。

3. 同一配合比的混凝土，每工作班且浇捣不超过 100 m^3应制作一组标准养护试件；连续浇捣超过 1 000 m^3时，每 200 m^3应制作一组标准养护试件；每一楼层应制作不少于一组标准养护试件和一组同条件养护试件。

七、外墙防水

防水材料的品种和规格应符合设计要求。外墙预制构件、门窗的连接节点防水施工应符合设计和施工专项方案的要求。外墙板下边缘的混凝土部分(高低缝)应完整,无裂缝和缺损。

外墙板接缝的防水施工应符合下列规定:

1. 底部的灌浆料应饱满,强度符合设计要求。

2. 防水施工前,应将板缝空腔清理干净。

3. 应按设计要求填塞背衬材料。

4. 密封材料嵌填应饱满、密实、均匀、顺直、表面平滑,厚度符合设计要求。

5. 防水施工完成后,应进行淋水试验。

第五节　检测

一、检查依据

涉及装配式结构安全的重要部位应进行结构实体检验。结构实体检验的内容包括预制构件结构性能检验和装配式结构连接性能检验两部分。预制构件结构性能检验内容应符合《混凝土结构工程施工质量验收规范》中附录 B、C 的要求。

二、检测内容

装配式结构连接性能检验包括下列内容:

1. 连接节点部位的后浇混凝土强度。

2. 钢筋套筒连接灌注浆体强度。

3. 构件接缝部位灌注浆体强度。

4. 钢筋保护层厚度。

5. 工程合同约定的其他项目。

后浇混凝土或灌注浆体的强度检验,应以在浇注地点制备并与结构实体同条件养护的试件强度为依据,也可按国家现行标准规定采用非破损或局部破损的检测方法检测。

装配式混凝土结构检测内容应符合设计要求。设计未规定时,应符合表 11-4 的规定。

表 11-4　装配式混凝土结构检测项目表

序号	检测项目	取样数量/(个·批$^{-1}$)	检测方法(参考规范)	评定标准(参考规范)
1	钢筋质量与性能	同一厂家、同一牌号、同一规格、同一出厂检验批	《混凝土结构工程施工质量验收规范》,见证取样	《钢筋混凝土用钢　第1部分:热轧光圈钢筋》 《钢筋混凝土用钢　第2部分:热轧带肋钢筋》 《钢筋混凝土用钢　第3部分:钢筋焊接网》 《钢筋混凝土用余热处理钢筋》
2	灌浆料质量与性能	15 d内生产的同配方、同批号原材料的产品,50 t为一生产批号	《钢筋连接用套筒灌浆料》《水泥取样方法》	《钢筋连接用套筒灌浆料》
3	灌浆套筒质量与性能	同批号、同规格、同类型每1 000个为一批,随机抽取10个	《钢筋连接用灌浆套筒》,检查型式检验报告、外观质量、标识和尺寸偏差	《钢筋连接用灌浆套筒》《钢筋套筒灌浆连接应用技术规程》
4	密封胶质量与性能	同一品种、同一类型5 t(10 t)为一批,单组分随机抽取3个包箱,每箱抽取2～3支;桶装按GB 3186规定抽取4 kg	《硅酮建筑密封胶》 《聚氨酯建筑密封胶》 《聚硫建筑密封胶》	《硅酮建筑密封胶》 《聚氨酯建筑密封胶》 《聚硫建筑密封胶》
5*	套筒灌浆连接时接头质量、强度	同批号、同规格、同类型每1 000个为一批,随机抽取3个	《装配式混凝土结构技术规程》,见证取样	《钢筋机械连接技术规程》《钢筋套筒灌浆连接应用技术规程》
6	机械连接时钢筋接头质量	同一批材料的同等级、同型式、同规格接头,500个为一个验收批,抽取10%进行拧紧扭矩校核,随机抽取3个做抗拉试验	检查钢筋机械连接施工记录及见证取样试件强度试验报告	《钢筋机械连接技术规程》
7	焊接连接时钢筋接头质量	二层楼面中300个同牌号钢筋、同型式接头为一批,随机抽取3个。装配式结构按生产条件每批3个	检查钢筋焊接施工记录及见证取样试件强度	《钢筋焊接及验收规程》
8	后浇混凝土强度	同一配合比,每工作班且建筑面积不超过1 000 m^{2}为1组;同一楼层不少于3组标养试块	《装配式混凝土结构技术规程》,见证取样	混凝土强度应达到设计要求(《混凝土强度检验评定标准》)
9	灌浆料强度	每工作班1组且每层不少于3组,940 mm×40 mm×160 mm试件	检查灌浆施工质量检查记录、灌浆料强度试验报告及评定记录见证取样	《装配式混凝土结构技术规程》,灌浆应饱满、密实,所有出口均应出浆,强度满足设计要求

（续表）

序号	检测项目	取样数量/（个·批$^{-1}$）	检测方法（参考规范）	评定标准（参考规范）
10	构件底部坐浆强度	每工作班1组且每层不少于3组，70.7 mm试件	检查坐浆材料强度试验报告及评定记录见证取样	《装配式混凝土结构技术规程》
11	预制构件安装后的尺寸偏差	《混凝土结构工程施工质量验收规范》9.3.9条规定	《混凝土结构工程施工质量验收规范》，尺量	《混凝土结构工程施工质量验收规范》9.3.9条
12	预制构件结构性能（进场构件检测附录B）	《混凝土结构工程施工质量验收规范》9.2.2条规定	《混凝土结构工程施工质量验收规范》附录B、C	《混凝土结构工程施工质量验收规范》附录B
13	外墙板接缝防水	每1 000 m^2为一个检验批，每检验批每100 m^2至少检查1处，每处不少于10 m^2	《装配式混凝土结构技术规程》淋水试验	不应渗漏

* 注：埋入预制构件的灌浆套筒应在构件生产前进行工艺检验，其余在构件生产过程中完成，施工现场仅做灌浆料28 d强度检验；不埋入预制构件的灌浆套筒应在施工现场初次灌浆施工前进行工艺检验，可与第一批检验合并，其余在套筒灌浆施工过程中完成。